Forma

Jordan Ellenberg

Forma

A geometria oculta em todas as coisas

Tradução:
George Schlesinger

Grafia atualizada segundo o Acordo Ortográfico da Língua Portuguesa de 1990, que entrou em vigor no Brasil em 2009.

Título original
Shape: The Hidden Geometry of Information, Biology, Strategy, Democracy, and Everything Else

Capa
Eduardo Foresti | Foresti Design

Preparação
Cláudio Figueiredo

Revisão técnica
Marco Moriconi

Índice remissivo
Gabriella Russano

Revisão
Luís Eduardo Gonçalves
Ingrid Romão

Dados Internacionais de Catalogação na Publicação (CIP)
(Câmara Brasileira do Livro, SP, Brasil)

Ellenberg, Jordan
Forma : A geometria oculta em todas as coisas / Jordan Ellenberg ; tradução George Schlesinger. — 1ª ed. — Rio de Janeiro : Zahar, 2023.

Título original : Shape : The Hidden Geometry of Information, Biology, Strategy, Democracy, and Everything Else.
ISBN 978-65-5979-093-7

1. Formas 2. Geometria I. Título.

22-135369 CDD: 516

Índice para catálogo sistemático:
1. Geometria 516

Eliete Marques da Silva – Bibliotecária – CRB-8/9380

EDITORA SCHWARCZ S.A.
Praça Floriano, 19, sala 3001 — Cinelândia
20031-050 — Rio de Janeiro — RJ
Telefone: (21) 3993-7510
www.companhiadasletras.com.br
www.blogdacompanhia.com.br
facebook.com/editorazahar
instagram.com/editorazahar
twitter.com/editorazahar

Aos habitantes do espaço em geral
E a CJ e AB em particular

Sumário

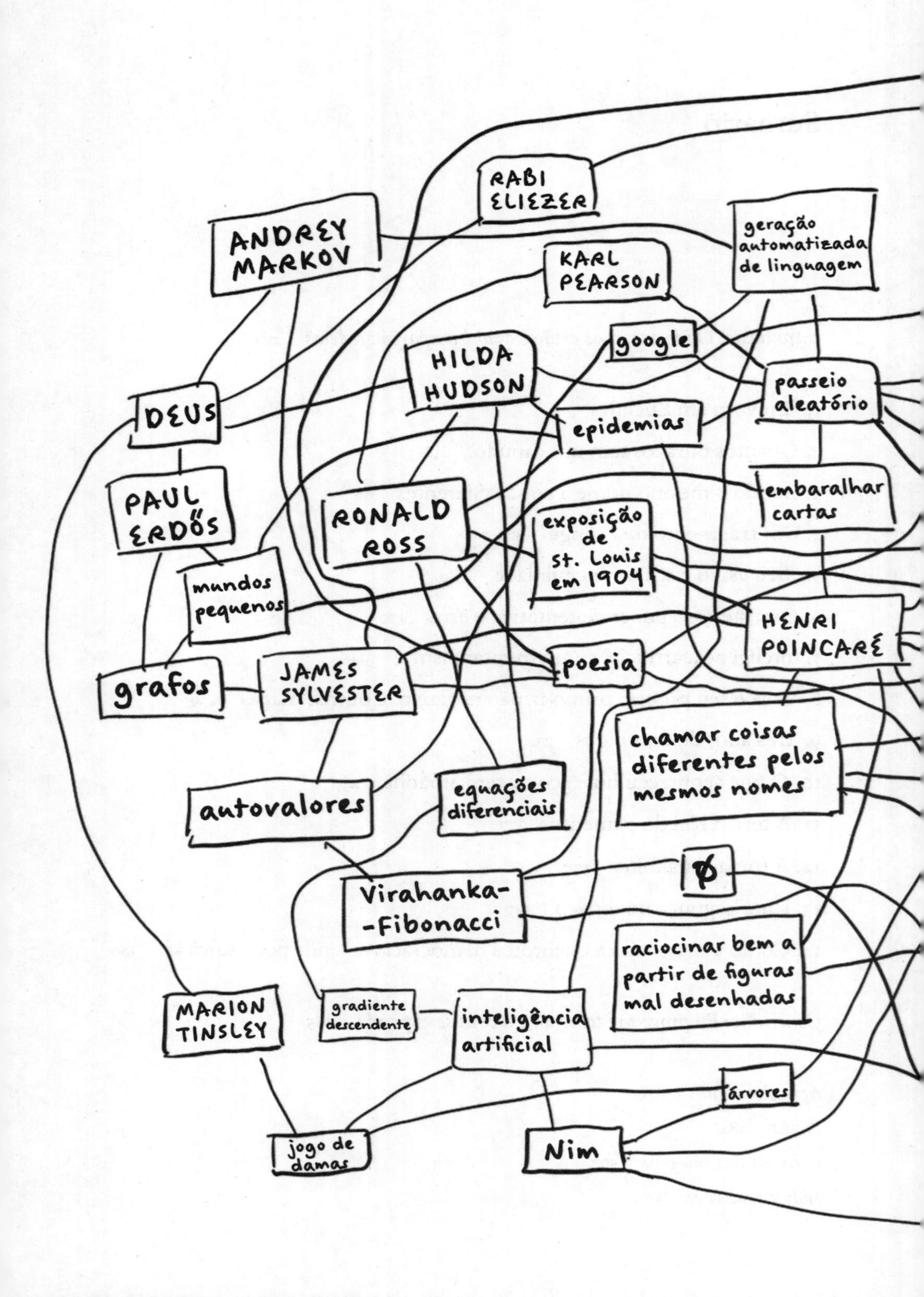

RABI ELIEZER
ANDREY MARKOV
geração automatizada de linguagem
KARL PEARSON
google
HILDA HUDSON
passeio aleatório
DEUS
epidemias
PAUL ERDŐS
RONALD ROSS
exposição de St. Louis em 1904
embaralhar cartas
mundos pequenos
HENRI POINCARÉ
grafos
JAMES SYLVESTER
poesia
chamar coisas diferentes pelos mesmos nomes
autovalores
equações diferenciais
ϕ
Virahanka-Fibonacci
raciocinar bem a partir de figuras mal desenhadas
MARION TINSLEY
gradiente descendente
inteligência artificial
árvores
jogo de damas
Nim

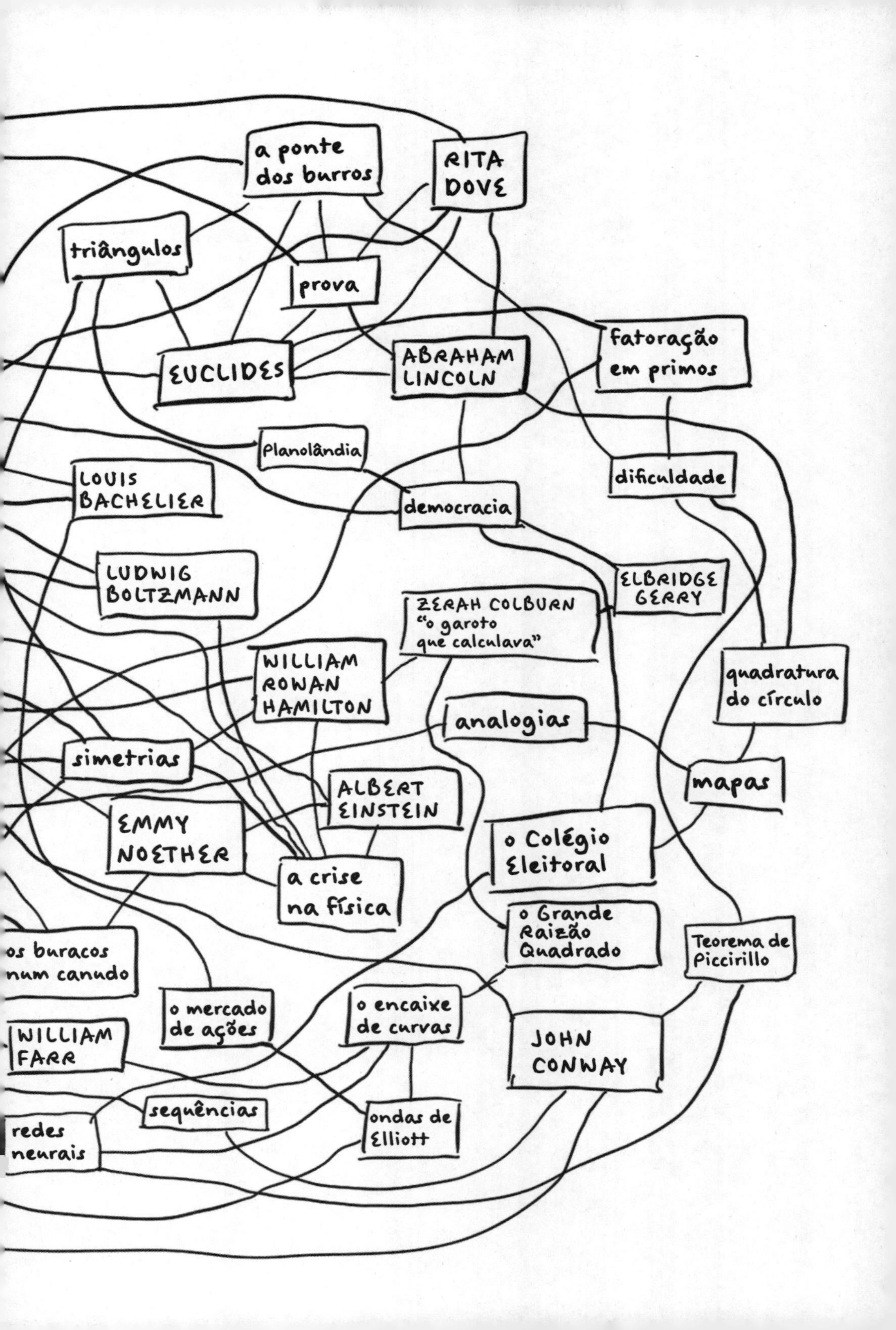
a ponte dos burros
RITA DOVE
triângulos
prova
EUCLIDES
ABRAHAM LINCOLN
fatoração em primos
Planolândia
dificuldade
LOUIS BACHELIER
democracia
LUDWIG BOLTZMANN
ELBRIDGE GERRY
ZERAH COLBURN "o garoto que calculava"
WILLIAM ROWAN HAMILTON
quadratura do círculo
analogias
simetrias
mapas
ALBERT EINSTEIN
EMMY NOETHER
o Colégio Eleitoral
a crise na física
o Grande Raizão Quadrado
Teorema de Piccirillo
os buracos num canudo
o mercado de ações
o encaixe de curvas
JOHN CONWAY
WILLIAM FARR
sequências
ondas de Elliott
redes neurais

Introdução

Onde as coisas estão e qual é a aparência delas

Eu sou um matemático que fala sobre matemática em público, e isso parece destravar algo nas pessoas. Elas me contam coisas. Elas me contam histórias que eu sinto que não contaram para ninguém por muito tempo, talvez nunca tenham contado. Histórias sobre matemática. Às vezes histórias tristes: um professor de matemática esfregando o ego de uma criança na lama sem outro motivo além de mesquinhez. Às vezes a história é mais feliz: uma experiência de iluminação abrupta que abre a mente da criança, uma experiência para a qual o adulto queria encontrar um caminho de volta, mas nunca conseguiu. (Na verdade, isso também é meio triste.)

Com frequência são histórias sobre geometria. Ela parece se destacar nas memórias das pessoas sobre o ensino médio como uma nota esquisita fora de escala num coral. Há pessoas que a detestam, que me dizem que a geometria foi o momento em que a matemática deixou de fazer sentido para elas. Geometria é o coentro da matemática. Poucas pessoas se mostram neutras em relação a ela.

O que torna a geometria diferente? De certa forma, ela é primal, enraizada no nosso corpo. A partir do instante em que começamos a existir, saindo aos gritos do útero, estamos tentando entender onde as coisas estão e qual é a aparência delas. Não sou uma dessas pessoas que dizem que tudo que é importante na nossa vida interior pode ser rastreado até as necessidades de um bando peludo de caçadores-coletores habitantes das savanas, mas é difícil duvidar que esse pessoal teve que desenvolver conhecimento de formas, distâncias e localizações, provavelmente antes de terem palavras para falar sobre isso. Quando os místicos da América do Sul (e seus imitadores não sul-americanos) tomam ayahuasca, o chá alucinógeno sagrado, a primeira coisa que acontece — tudo bem, a primeira coisa que acontece após o vômito incontrolável — é a percepção da forma geométrica pura: a repetição de padrões bidimensionais como o trabalho de treliça numa mesquita clássica, ou visões inteiras tridimensionais de células hexaédricas agrupadas em colmeias pulsantes.[1] A geometria ainda está lá quando o resto da nossa mente que raciocina já está longe.

Leitor, vou ser sincero a respeito da geometria: no começo não ligava muito para ela. O que é estranho, porque agora sou matemático. Fazer geometria é literalmente o meu trabalho!

Era diferente quando eu era um garoto da equipe de matemática competindo em outras escolas. Sim, havia um circuito. O time do meu colégio era chamado Anjos do Inferno e comparecíamos a cada encontro vestindo camisetas pretas combinadas e com uma caixa de som tocando "Hip to Be Square" com Huey Lewis and the News. E nesse circuito eu era conhecido entre meus colegas por enrolar toda vez que me apresentavam um "demonstre que o ângulo *APQ* é congruente com o ângulo *CDF*", ou coisas do tipo. Não é que eu não resolvesse essas questões! Mas fazia isso do jeito mais complicado, o que significava atribuir coordenadas numéricas a cada um dos muitos pontos no diagrama, depois encher páginas e mais páginas de álgebra e cálculo numérico para calcular as áreas dos triângulos e comprimentos dos segmentos de reta. Qualquer coisa para evitar fazer realmente geometria da maneira consagrada. Às vezes eu resolvia o problema corretamente, às vezes não. Mas toda vez era uma resolução nada elegante.

Se existe algo como ser geométrico por natureza, eu sou o oposto. É possível submeter um bebê a um teste de geometria.[2] Você apresenta uma série de pares de figuras; a maior parte do tempo as duas figuras têm o mesmo formato, porém mais ou menos a cada terceira figura o formato da figura do lado direito é invertido. Os bebês passam mais tempo olhando as figuras invertidas. Eles sabem que há ali *alguma coisa* diferente e suas mentes, sempre em busca de novidades, se esforçam para saber o que é. E os bebês que passam mais tempo observando as formas espelhadas tendem a obter melhores resultados em testes de matemática e raciocínio espacial quando são pré-escolares. São mais rápidos e mais acurados em visualizar formas e imaginar qual seria a aparência delas se fossem giradas ou grudadas entre si. E eu? Essa habilidade me falta quase completamente. Sabe aquela figurinha que aparece na maquininha do cartão de crédito no posto de gasolina que mostra o sentido correto de se introduzir o cartão? Aquela figura é inútil para mim. Está além da minha capacidade mental traduzir aquele desenho plano numa ação tridimensional. Toda vez eu preciso tentar cada uma das quatro possibilidades — faixa magnética para cima à direita, faixa magnética para cima à esquerda, faixa magnética para baixo à direita, faixa magnética para baixo à esquerda — até a máquina consentir em ler meu cartão.

E no entanto, a geometria é em geral percebida como uma qualidade crucial para realmente visualizarmos o mundo. Katherine Johnson, a matemática da Nasa agora bem conhecida como a heroína do livro e do filme *Estrelas além do tempo*, descreve seu sucesso inicial na Divisão de Pesquisa de Voo: "Os caras todos tinham diploma de matemática; eles tinham esquecido toda a geometria que já tinham aprendido... Eu ainda me lembrava da minha".[3]

Poderoso é o encanto

William Wordsworth, no longo poema, basicamente autobiográfico, "The Prelude", conta uma história um tanto implausível sobre a vítima de um naufrágio arremessada às margens de uma ilha não habitada, sem mais nada em seu poder além de um exemplar dos *Elementos* de Euclides, o livro de axiomas e proposições geométricas que estabeleceu a geometria como disciplina formal cerca de 2500 anos atrás. Que sorte para o náufrago: por mais deprimido e faminto que esteja, ele se consola elucidando as demonstrações de Euclides, uma a uma, traçando os diagramas na areia com uma vara. Assim era o Wordsworth jovem, sensível e poético, escreve o Wordsworth de meia-idade! Ou, deixando o poeta falar por si:

Poderoso é o encanto
daquelas abstrações para uma mente atormentada
Por imagens e assombrada por si mesma[4]*

(Pessoas que tomam ayahuasca têm uma sensação similar — a droga religa o cérebro e suspende a mente acima do labirinto distorcido em que ela pensa estar encalhada.)

A coisa mais estranha sobre a história de Wordsworth associando naufrágio e geometria é que ela é basicamente verdadeira. Wordsworth a tomou emprestada, deixando intactas diversas frases, das memórias de John Newton, um jovem aprendiz de um mercador de escravos que, em 1745, se viu não exatamente naufragado mas largado por seu dono na Plantain Island no mar de Serra Leoa, com pouco a fazer e menos ainda para comer. A ilha não era desabitada; os africanos escravizados viviam lá com ele, e o seu principal algoz era uma mulher africana que controlava o fluxo de comida: "uma pessoa de alguma importância no seu próprio país", Newton a descreve, e então se queixa, numa incapacidade realmente impressionante de captar a situação: "Essa mulher (não sei por que razão) desde o começo nutriu contra mim um estranho preconceito".

Alguns anos depois, John Newton quase morre no mar, torna-se religioso, vira padre anglicano, escreve "Amazing Grace" (que apresenta uma recomendação bem diferente sobre qual livro você deve ler quando está deprimido) e finalmente renuncia ao comércio de escravizados e se torna um personagem importante no movimento pela abolição da escravidão no Império Britânico. Mas de volta a Plantain Island, sim — ele tinha consigo um livro, a edição de Isaac Barrow de Euclides, e em seus momentos sombrios retirava-se para o conforto abstrato que o livro oferecia. "Assim frequentemente eu enganava minhas tristezas", escreve ele, "e quase esquecia meus sentimentos."[5]

---

* Tradução livre dos versos *"Mighty is the charm/ of those abstractions to a mind beset/ With images, and haunted by itself"*. (N. T.)

A apropriação de Wordsworth da história da geometria na areia de Newton não foi seu único flerte com o tema. Thomas De Quincey, um contemporâneo de Wordsworth, escreveu em seu *Literary Reminescences* [Reminiscências literárias]: "Wordsworth era um profundo admirador da mais sublime matemática; pelo menos da geometria mais elevada. O segredo desta admiração pela geometria estava no antagonismo entre o mundo da abstração incorpórea e o mundo da paixão".[6] Wordsworth tinha sido mau aluno de matemática na escola,[7] mas criou uma amizade de admiração mútua com o jovem matemático irlandês William Rowan Hamilton, que, segundo alguns,[8] inspirou Wordsworth a incluir em *The Prelude* a famosa descrição de Newton (Isaac, não John): "Uma mente para sempre/ Viajando por estranhos mares do Pensamento, sozinha."*

Ainda bem jovem, Hamilton já era fascinado por todas as formas de conhecimento erudito — matemática, línguas antigas, poesia —, mas viu seu interesse pela matemática aumentar depois de um encontro na sua infância com Zerah Colburn, o "Garoto Americano que Calculava".[9] Colburn, um menino de seis anos de uma família rural de Vermont de recursos modestos, foi descoberto por seu pai, Abia, sentado no chão recitando tabuadas que nunca lhe tinham sido ensinadas. O garoto provou ter imensos poderes de cálculo mental, algo nunca visto antes na Nova Inglaterra. (E, como todos os homens da sua família, tinha seis dedos em cada mão e em cada pé.) O pai de Zerah o levou para encontrar-se com vários dignitários locais, inclusive o governador de Massachusetts, Elbridge Gerry (voltaremos a esse sujeito mais tarde, num contexto muito diferente), que aconselhou Abia, dizendo que só na Europa havia pessoas capazes de compreender e estimular os talentos particulares do garoto. Eles atravessaram o Atlântico em 1812, tendo Zerah a partir de então alternado períodos em que recebia alguma educação com outros em que viajava pela Europa para ser exibido em troca de dinheiro. Em Dublin apareceu ao lado de um gigante, de um albino e de Miss Honeywell, uma americana que demonstrava habilidade prodigiosa com os dedos dos pés. E em 1818, agora com catorze anos, en-

---

* Tradução livre de "*A mind forever/ Voyaging through strange seas of Thought, alone*". (N. T.)

volveu-se numa competição de cálculo com Hamilton, adolescente irlandês que era sua contrapartida na matemática. Na disputa, Hamilton "teve um desempenho honroso, mas seu antagonista foi no geral o vencedor".[10] Mas Colburn não levou adiante sua associação com a matemática; seu interesse era puramente em computação mental. Ao estudar Euclides, achou sua obra fácil, mas "árida e destituída de interesse". E quando, dois anos mais tarde, Hamilton conheceu o Garoto que Calculava, e o interrogou acerca de seus métodos ("Ele havia perdido todo resquício de seu sexto dedo", recorda-se; Colburn mandara que um cirurgião londrino os cortasse fora),[11] descobriu que Colburn não compreendia muito bem por que seus métodos aritméticos funcionavam.[12] Depois de abandonar sua educação, Colburn tentou fazer carreira nos palcos ingleses, não teve sucesso, mudou-se de volta para Vermont e viveu o resto de sua vida como pregador.

Quando Hamilton conheceu Wordsworth em 1827, tinha apenas 22 anos, e já havia sido nomeado professor da Universidade de Dublin e astrônomo real da Irlanda. Wordsworth tinha 57. Hamilton enviou uma carta para a irmã descrevendo o encontro: o jovem matemático e o velho poeta "deram uma *caminhada à meia-noite* juntos por um longo, longo tempo, *sem qualquer companhia* exceto as estrelas e os nossos próprios pensamentos e palavras ardentes".[13] E seu estilo aqui sugere que Hamilton não tinha desistido totalmente de suas ambições poéticas. Imediatamente começou a mandar seus poemas para Wordsworth, que respondia de forma calorosa, mas crítica. Pouco depois, Hamilton renunciou à poesia; na verdade, ele o fez em verso, dirigindo-se diretamente à Musa num poema chamado "À Poesia", que enviou a Wordsworth. Então, em 1831, mudou de ideia, ressaltando sua decisão escrevendo *outro* poema chamado "À Poesia". E mandou também este para Wordsworth. A resposta de Wordsworth é um clássico dos desencorajamentos gentis: "Você despeja sobre mim versos, que recebo com muito prazer, como todos nós; no entanto, receamos que essa atividade possa seduzi-lo a se afastar do caminho da Ciência, o qual você parece destinado a trilhar com tanta honra para si mesmo e proveito para os outros".

Nem todo mundo no círculo de Wordsworth apreciava tanto quanto ele e Hamilton o intercâmbio entre paixão e razão solitária, estranha e fria. Num jantar na casa do pintor Benjamin Robert Haydon no fim de 1817,[14] Charles Lamb ficou bêbado e começou a provocar Wordsworth, seu amigo, dizendo que Newton era "um sujeito que não acreditava em nada a menos que estivesse claro como os três lados do triângulo". John Keats entrou na brincadeira, acusando Newton de ter despido o arco-íris de todo seu romantismo ao mostrar que um prisma exibe o mesmo efeito óptico. Wordsworth riu junto, forçando-se a não reagir, imagina-se, para evitar uma briga.

O retrato de Wordsworth feito por De Quincey vai adiante, para alardear outra cena de matemática em "The Prelude", ainda inédito na época. Naqueles tempos poemas tinham trailers! Nessa cena, que na opinião de um De Quincey empolgado "chega ao próprio *nec plus ultra* da sublimidade", Wordsworth adormece lendo o *Dom Quixote* e sonha que conhece um beduíno montado num camelo cruzando o deserto vazio. O árabe tem dois livros na mão, só que um dos livros, como ocorre nos sonhos, não é apenas um livro, mas ao mesmo tempo uma pedra pesada, e o outro livro também é uma reluzente concha do mar. (Algumas páginas adiante, o próprio beduíno acaba revelando ser Dom Quixote.) O livro-concha emite profecias apocalípticas quando colocado junto ao ouvido. E o livro-pedra? É novamente *Elementos* de Euclides, aqui aparecendo não como um humilde instrumento de autoajuda, mas como um meio de conexão com o imutável e indiferente cosmo: o livro "unia alma com alma no laço mais puro/ De razão, sem ser perturbado por espaço ou tempo".* Faz sentido que De Quincey se sentisse à vontade nessa coisa psicodélica; ele era um ex-menino-prodígio que tinha adquirido um vício persistente em láudano, e anotou suas confusas visões em *Confissões de um comedor de ópio*, um sensacional best-seller do começo do século XIX.

A abordagem de Wordsworth é típica da geometria quando vista com certo distanciamento. Admiração, sim, mas do jeito que admiramos um ginasta olímpico, executando contorções e saltos mortais que parecem

* Tradução livre de "*wedded soul to soul in purest bond/ Of reason, undisturbed by space or time*". (N. T.)

impossíveis para os humanos comuns. É também o que temos no mais famoso poema de geometria, o soneto "Euclid Alone Has Looked on Beauty Bare" [Só Euclides olhou para a Beleza nua], de Edna St. Vincent Millay.* O Euclides de Millay é uma figura singular, não terrena, objeto de um momento de iluminação ao ser atingido por um clarão de lucidez num "dia santo, terrível". Não como o resto de nós, que, segundo Millay, *se tivermos sorte*, poderíamos conseguir ouvir os passos da Beleza se afastando às pressas por um corredor distante.

Não é dessa geometria que este livro fala. Não me entenda mal — como matemático, eu tiro muito proveito do prestígio da geometria. Dá uma sensação boa quando as pessoas pensam que o trabalho que você faz é misterioso, eterno, elevado acima do plano comum. "Como foi seu dia?" "Oh, santo e terrível, como sempre."

Porém quanto mais você força esse ponto de vista, mais leva as pessoas a ver o estudo da geometria como uma obrigação. Ela adquire o leve cheiro de mofo de algo admirado porque é bom para alguém. Como ópera. E esse tipo de admiração não é suficiente para sustentar a empreitada. Há uma porção de óperas novas — mas você consegue citá-las? Não: você ouve a palavra "ópera" e pensa num mezzo-soprano vestindo peles e bradando Puccini, provavelmente em preto e branco.

Há muita geometria nova também, e, como acontece com óperas novas, isso não é tão bem divulgado como poderia ser. Geometria não é Euclides, e não tem sido já há um bom tempo. Não é uma relíquia cultural, arrastando um odor de sala de aula, mas um tema vivo, que vem avançando como nunca antes. Nos próximos capítulos encontraremos a nova geometria da disseminação pandêmica, do bagunçado processo político americano, do jogo de damas em nível profissional, da inteligência

* Em 1922, quando Millay escreveu isso, Euclides na verdade não estava mais sozinho; geometrias não euclidianas, à sua própria maneira igualmente belas e despidas, haviam sido não somente descobertas, mas também eram entendidas, graças a Einstein, como sendo a verdadeira geometria subjacente do espaço, como veremos no capítulo 3. Eu me pergunto se Millay sabia disso e estava adotando aqui uma persona intencionalmente anacrônica, mas meus amigos estudiosos de poesia me dizem que ela provavelmente não estava a par das últimas novidades em física matemática.

artificial, da língua inglesa, das finanças, da física, até mesmo da poesia. (*Um monte* de geômetras sonhava secretamente, como William Rowan Hamilton, em ser poetas.)

Estamos vivendo uma época de rápida e feroz explosão geométrica, de escopo global. A geometria não está lá fora além do espaço e do tempo, está bem aqui conosco, misturada com o raciocínio da vida cotidiana. Será que é bela? Sim, mas não está nua. Os geômetras veem a Beleza vestida com suas roupas de trabalho.

1. "Eu voto em Euclides"

Em 1864, o reverendo J. P. Gulliver, de Norwich, Connecticut, recordou uma conversa com Abraham Lincoln sobre como o presidente tinha adquirido sua habilidade retórica, famosa pela persuasão. A fonte, disse Lincoln, era a geometria.

> No decorrer das minhas leituras de leis, constantemente me deparava com a palavra "demonstrar". No começo pensei que entendia o seu significado, mas logo aceitei que não entendia. [...] Consultei o dicionário *Webster's*. Ele falava de "prova certa", "prova além da possibilidade de dúvida"; mas não consegui formar nenhuma ideia sobre que tipo de prova era essa. Pensei que muitas coisas eram provadas além de uma possibilidade de dúvida, sem recorrer a nenhum processo extraordinário de raciocínio conforme eu entendia que "demonstração" fosse. Consultei todos os dicionários e livros de referência que pude encontrar, mas sem resultados melhores. Era como definir "azul" para um cego. Por fim eu disse: "Lincoln, você nunca vai conseguir se tornar um advogado se não entender o que significa *demonstrar*"; e deixei minha posição em Springfield, fui para a casa do meu pai e fiquei lá até conseguir comprovar qualquer proposição nos seis livros de Euclides que havia lá. E então descobri o que "demonstrar" significa, e voltei aos meus estudos de direito.[1]

Gulliver estava plenamente de acordo, e respondeu:

> Nenhum homem pode falar bem a menos que seja capaz antes de mais nada de definir para si mesmo sobre o que está falando. Euclides, se bem estudado,

> libertaria o mundo de metade de suas calamidades, banindo metade dos absurdos que agora o iludem e amaldiçoam. Muitas vezes pensei que Euclides seria um dos melhores livros para colocar num catálogo da Tract Society,* se conseguissem fazer com que as pessoas o lessem. Seria um caminho para a graça.

Lincoln, Gulliver nos conta, riu e concordou: "Eu voto em Euclides".

Como o náufrago John Newton, Lincoln havia encontrado em Euclides uma fonte de conforto numa época difícil de sua vida; na década de 1850, após um único mandato na Câmara dos Representantes, ele parecia sem futuro na política e estava tentando ganhar a vida como um advogado itinerante comum. Aprendera os rudimentos da geometria quando trabalhara como agrimensor e agora procurava preencher as lacunas. Seu sócio na advocacia, William Herndon, que muitas vezes precisou dividir a cama com Lincoln em pequenas estalagens rurais nas suas jornadas pelo circuito de trabalho, relembrou o método de estudo dele; Herndon adormecia, enquanto Lincoln, com suas longas pernas penduradas fora da cama, ficava acordado até tarde da noite com uma vela acesa, mergulhado em Euclides.

Certa manhã, Herndon se deparou com Lincoln no escritório num estado de confusão mental:

> Ele estava sentado à mesa, com uma enorme quantidade de papel em branco espalhada à sua frente, folhas grandes e pesadas, um compasso, uma régua, numerosos lápis, vários frascos de tinta de diversas cores e uma profusão de material de papelaria e utensílios de escrita em geral. Evidentemente estivera se debatendo com um cálculo de alguma grandeza, pois havia também espalhadas folhas e mais folhas de papel cobertas com uma variedade incomum de figuras. Estava tão absorto no estudo que mal olhou para mim quando entrei.

Só mais tarde naquele dia é que Lincoln finalmente se levantou da escrivaninha e disse a Herndon que vinha tentando quadrar o círculo.

* American Tract Society, sociedade missionária protestante fundada em 1825. (N. T.)

Isto é, estava tentando construir um quadrado com a mesma área que um círculo dado, onde "construir" algo, em estilo euclidiano correto, é desenhar a figura na página usando apenas duas ferramentas: uma régua e um compasso. Ele havia trabalhado no problema por dois dias seguidos, lembra-se Herndon, "quase até o ponto de exaustão".

> Tinham me dito que a chamada quadratura do círculo é uma impossibilidade prática, mas na época eu não estava ciente disso, e duvido que Lincoln estivesse. Sua tentativa de estabelecer a proposição terminara em fracasso, e nós, no escritório, desconfiamos que ele estivesse mais ou menos sensível em relação a isso e, portanto, fomos suficientemente discretos para evitar nos referirmos ao fato.[2]

A quadratura do círculo é um problema muito antigo, cuja temível reputação desconfio que Lincoln na realidade devia conhecer; "quadratura do círculo" tem sido há muito tempo uma metáfora para uma tarefa difícil ou impossível. Dante chega a mencioná-la no *Paraíso*: "Como o geômetra que dá tudo de si para quadrar o círculo, e ainda assim não consegue achar a ideia de que necessita, era *assim* que eu estava".[3] Na Grécia, onde tudo começou, um comentário exasperado frequente quando alguém está tornando uma tarefa mais difícil que o necessário é dizer: "Eu não estava lhe pedindo para quadrar o círculo!".

Não existe *razão* para alguém precisar quadrar o círculo — a dificuldade do problema e a fama são sua própria motivação. As pessoas dadas ao desafio tentaram quadrar o círculo desde a Antiguidade até 1882, quando Ferdinand von Lindemann provou que isso não podia ser feito (e mesmo assim alguns cabeças-duras persistiram; e ainda *hoje*). O filósofo político do século XVII Thomas Hobbes, um homem cuja confiança nos seus próprios poderes mentais não é plenamente captada pelo prefixo "super", achou que tinha resolvido o problema. Segundo seu biógrafo John Aubrey, Hobbes descobriu a geometria na meia-idade e quase por acidente:

> Estando numa biblioteca típica de um cavalheiro, *Elementos* de Euclides estava aberto sobre a mesa, no 47 *El. Libri 1*. Ele leu a Proposição. "Por D_",

disse (de vez em quando ele soltava uma imprecação enérgica, apenas como ênfase), *isto é impossível!*". Então ele lê a Demonstração, que o remeteu de volta para uma Proposição; e essa proposição ele leu. A qual, por sua vez, o remeteu de volta para outra, que ele também leu. *Et sic deinceps* que ele ficou demonstrativamente convencido dessa verdade. Isso fez com que ele se apaixonasse pela geometria.[4]

Hobbes publicava constantemente novas tentativas, envolvendo-se em brigas frívolas com os principais matemáticos britânicos da época. A certa altura, um correspondente mostrou que uma das suas construções não estava inteiramente correta porque dois pontos *P* e *Q* que ele alegava serem o mesmo ponto na verdade estavam a distâncias ligeiramente diferentes de um terceiro ponto *R*; 41 e aproximadamente 41,012 respectivamente. Hobbes retorquiu que seus pontos eram grandes o suficiente para cobrir tal diferença mínima.[5] Morreu dizendo às pessoas que tinha quadrado o círculo.*

Um comentarista anônimo em 1833, em uma crítica de um manual de geometria, descreveu o típico quadrador de círculo de uma maneira que retrata precisamente tanto Hobbes, dois séculos antes, como patologias intelectuais que ainda pairam por aqui no século XXI:

> Tudo que eles sabem de geometria é que há nela algumas coisas que aqueles que mais a estudaram há muito tempo confessaram-se incapazes de fazer. Ouvindo que a autoridade do conhecimento exerce uma influência excessiva sobre as mentes dos homens, eles se propõem a contrabalançá-la pelo efeito da ignorância: e se por acaso alguma pessoa familiarizada com o tema tem mais o que fazer do que ouvi-los desfiar suas verdades ocultas, então para eles é um intolerante, disposto a ocultar a luz da verdade, e assim por diante.[6]

* A história longa e hilária da guerra de Hobbes contra seus pacientes críticos matemáticos é contada no capítulo 7 de *Infinitesimal: A teoria matemática que revolucionou o mundo*, de Amir Alexander [Zahar, 2016].

Em Lincoln, encontramos uma personagem mais atraente: ambição suficiente para tentar, humildade suficiente para aceitar que não tenha conseguido.

O que Lincoln pegou de Euclides foi a ideia de que, se você é cuidadoso, pode erguer uma edificação alta e sólida de crença e concordância por rigorosos passos dedutivos, andar por andar, sobre um alicerce de axiomas dos quais ninguém pode duvidar: ou, se preferir, verdades que consideramos autoevidentes. Quem quer que *não* considere essas verdades como sendo autoevidentes está excluído da discussão. Ouço os ecos de Euclides no mais famoso discurso de Lincoln, o Discurso de Gettysburg, em que ele caracteriza os Estados Unidos como "dedicados à proposição de que todos os homens são criados iguais". Uma "proposição"[7] é o termo que Euclides usa para um fato que se segue logicamente a partir de axiomas autoevidentes, algo que não se pode apenas negar racionalmente.

Lincoln não foi o primeiro presidente americano a procurar uma base de política democrática em termos euclidianos; esse papel coube ao amante da matemática Thomas Jefferson. Em carta lida numa homenagem a Jefferson em Boston em 1859, à qual ele não pôde comparecer, Lincoln escreveu:

> Qualquer um se mostraria confiante em poder convencer uma criança sã de que as proposições mais simples de Euclides são verdadeiras; não obstante, fracassaria completamente com alguém que negasse as definições e axiomas. Os princípios de Jefferson são as definições e axiomas da sociedade livre.[8]

Jefferson estudara Euclides no College of William and Mary quando jovem, adquirindo a partir de então uma alta estima pela geometria.* Enquanto vice-presidente, Jefferson dedicou seu tempo para responder a carta de um estudante da Virgínia sobre seu proposto plano de estudo acadêmico, dizendo: "Trigonometria, até aqui, é extremamente valiosa para

* Apesar disso, a frase "assumimos essas verdades como sendo autoevidentes" não foi uma fala de Jefferson; sua primeira versão da Declaração tem "assumimos que essas verdades são sagradas e inegáveis". Foi Ben Franklin quem riscou essas palavras e escreveu em vez delas "autoevidentes", tornando o documento um pouco menos bíblico, um pouco mais euclidiano.

todo homem, raramente há um dia na vida em que ele não recorra a ela para alguns dos propósitos da vida comum" (embora ele descreva grande parte da matemática superior como "um luxo; de fato um luxo delicioso; mas que não deve ser adotado por alguém que tenha uma profissão a seguir para sua subsistência").[9]

Em 1812, aposentado da política, Jefferson escreveu ao seu predecessor na presidência, John Adams: "Desisti dos jornais em troca de Tácito e Tucídides, de Newton e Euclides; e estou me sentindo muito mais feliz".[10]

Aqui vemos uma diferença real entre os dois presidentes-geômetras. Para Jefferson, Euclides era parte da educação clássica exigida de um patrício culto, assim como os historiadores romanos e gregos e os cientistas do Iluminismo. Diferente de Lincoln, o rústico autodidata. Eis aqui mais uma vez o reverendo Gulliver, recordando Lincoln recordando sua infância:

> Ainda me lembro de ir para o meu quartinho ao fim do dia, depois de escutar a conversa do vizinho com meu pai, e passar uma parte não pequena da noite andando de um lado a outro, tentando entender qual era o sentido exato de algumas das suas falas, para mim obscuras. Eu não conseguia dormir, apesar de muitas vezes tentar, quando entrava numa perseguição dessas a uma ideia — até conseguir pegá-la; quando pensava que a tinha apanhado, eu não ficava satisfeito até tê-la repetido vezes e vezes seguidas, até ter conseguido colocá-la numa linguagem suficientemente simples, a meu ver, para ser compreendida por qualquer garoto que eu conhecia. Era um tipo de paixão em mim, e permaneceu comigo, pois agora não fico à vontade quando estou lidando com um pensamento até tê-lo amarrado de todas as formas. Talvez isso explique a característica que vocês observam nos meus discursos.

Isso não é geometria, mas é o hábito mental do geômetra. Você não se contenta em deixar as coisas entendidas pela metade; fica ruminando seus pensamentos e refaz os passos de seu raciocínio, da mesma maneira que Hobbes ficou espantado vendo Euclides fazer. Esse tipo de autopercepção sistemática, pensava Lincoln, era o único jeito de sair da confusão e da escuridão.

Para Lincoln, diferentemente de Jefferson,[11] o estilo euclidiano não é algo reservado aos cavalheiros ou ao possuidor de uma educação formal, porque Lincoln não era nenhuma das duas coisas. É uma cabana de madeira talhada à mão dentro da mente. Construída de maneira apropriada, pode suportar qualquer desafio. E qualquer um, no país concebido por Lincoln, pode ter uma delas.

Formalidade congelada

A visão lincolniana da geometria para as massas americanas, como muitas de suas boas ideias, foi realizada apenas de forma incompleta. No meio do século XIX, a geometria tinha passado da faculdade para o ensino médio; mas o curso típico usava Euclides como uma espécie de peça de museu, cujas provas deviam ser memorizadas, recitadas e, em certa medida, apreciadas. Como alguém poderia ter *aparecido* com essas provas não era assunto a ser falado. O próprio confeccionador das provas quase desapareceu: um autor da época comentou que "muitos jovens leem seis livros dos *Elementos* antes de serem informados de que Euclides é o nome não de uma ciência, mas de um homem que escreveu sobre ela".[12] O paradoxo da educação: botamos numa caixa e tornamos chato aquilo que mais admiramos.

Para ser justo, não há muita coisa para se dizer sobre o Euclides histórico, porque não há muito que saibamos sobre o Euclides histórico. Ele viveu e trabalhou na grande cidade de Alexandria, no norte da África, em algum momento por volta de 300 a.C. E é isso aí — tudo o que sabemos. Seu *Elementos* reúne o conhecimento de geometria que os matemáticos gregos possuíam na época e, como sobremesa, assenta as fundações para a teoria dos números. Grande parte do material era conhecido por matemáticos antes do tempo de Euclides, mas o que é radicalmente novo, e foi instantaneamente revolucionário, é a *organização* daquele imenso corpo de conhecimento. A partir de um pequeno conjunto de axiomas, dos quais era praticamente impossível se duvidar,* é deduzido, passo a passo, todo o aparato de teoremas sobre triângulos, retas, ângulos e círculos. Antes de Euclides — se é que realmente houve um Euclides, e não um nebuloso coletivo de alexandrinos com interesse pela geometria escrevendo sob o mesmo nome — tal estrutura teria sido inimaginável. Depois disso, foi um modelo para tudo o que é admirável em termos de conhecimento e pensamento.

Existe, é claro, outro jeito de ensinar geometria, que enfatiza a invenção e tenta colocar o aluno ao volante do carro de Euclides, com o poder de criar suas próprias definições e descobrir o que delas decorre. Um manual desse tipo, *Inventional Geometry* [Geometria inventiva], parte da premissa de que "a única educação verdadeira é a autoeducação". Não olhe as construções de outras pessoas, o livro aconselha, "pelo menos até você ter descoberto uma construção própria sua", e evite ansiedade e comparação com outros alunos, porque cada um aprende no seu próprio ritmo e você tem uma chance maior de dominar a matéria se estiver tendo prazer. O livro em si não passa de uma série de quebra-cabeças e problemas, 446 ao todo. Alguns deles são diretos: "Você consegue desenhar três ângulos com duas retas? Você consegue fazer quatro ângulos com duas retas? Consegue fazer mais de quatro ângulos com duas retas?". Outros, adverte o autor, na verdade não têm solução, os melhores para você se colocar na posição de um *verdadeiro* cientista. E outros ainda, como o primeiro de todos, não têm uma "resposta certa": "Ponha um cubo com uma de suas faces apoiada na mesa e com outra face virada para você, e diga qual dimensão você considera como sendo a espessura, qual a largura e qual o comprimento".[13] De modo geral, é apenas o tipo de abordagem exploratória "centrada na criança" que os tradicionalistas ridicularizam como exemplo do que está errado na educação nos dias de hoje. O livro saiu em 1860.

---

* Exceto um, mas a problemática questão do "postulado das paralelas", e a jornada de 2 mil anos rumo à geometria não euclidiana que ela deflagrou, é bem contada em outros lugares e aqui será vista apenas de relance.

Alguns anos atrás, a biblioteca de matemática na Universidade do Wisconsin adquiriu um enorme tesouro de velhos manuais de matemática, livros que realmente haviam sido usados pelas crianças em idade escolar do Wisconsin nos últimos cem anos ou algo assim,* e acabaram sendo descartados em favor de modelos mais novos. Olhando aqueles livros gastos, vemos que toda controvérsia em educação já foi travada antes, múltiplas vezes, e tudo o que achamos que é novo e estranho — livros de matemática que pedem aos alunos para apresentar suas próprias provas, como *Inventional Geometry*, livros de matemática que tornam os problemas "relevantes" relacionando-os com a vida cotidiana dos alunos, livros de matemática projetados para promover causas sociais, progressistas ou outras — tudo isso também é velho e foi considerado estranho na época, e sem dúvida será novo e estranho outra vez no futuro.

Uma nota de passagem: a introdução de *Inventional Geometry* menciona que a geometria tem "um lugar na educação de todos, sem exceção das mulheres" — o autor do livro, William George Spencer, foi um precoce defensor da coeducação. Uma atitude mais comum no século XIX em relação a mulheres e geometria é transmitida em (mas não endossada por) *The Mill on the Floss* [O moinho à beira do rio], de George Eliot,** publicado no mesmo ano que o manual de Spencer: "Meninas não conseguem entender Euclides, conseguem, senhor?", um personagem pergunta ao mestre-escola sr. Stelling, que responde: "Elas têm um bocado de esperteza superficial; mas não conseguem ir longe em nada". Stelling representa, de forma exageradamente satírica, o modo tradicional da pedagogia britânica contra o qual Spencer estava se rebelando: uma longa marcha através da memorização dos ensinamentos dos mestres, na qual o lento e confuso processo de construir compreensão é não somente negligenciado, mas

* Num dos livros de aritmética básica, usado pela última vez por volta de 1930, descobri uma pequena anotação a lápis na margem: "vá para a p. 170". Na página 170, havia outra instrução: "vá para a p. 36", onde recebi outra ordem de comando, e assim por diante, até que cheguei na última página, onde encontrei escrito: "Você é um bobo!". Feito de trouxa por uma criança de dez anos que já está no túmulo.

** Neste contexto é relevante lembrar que "George Eliot" era pseudônimo de Mary Ann Evans.

apresentado como algo a ser evitado. "O sr. Stelling não era o homem a fragilizar e emascular a mente do seu aluno com simplificações e explicações." Euclides, uma espécie de tônico de virilidade, era algo ao qual o estudante devia ser submetido de forma brusca, como uma bebida forte ou uma ducha gelada.

Até mesmo nos mais elevados âmbitos da pesquisa matemática a insatisfação com o stellingnismo tinha começado a tomar corpo. O matemático britânico James Joseph Sylvester, sobre cuja geometria e álgebra (e desgosto pela bestificada pasmaceira da academia britânica) falaremos mais adiante, achava que Euclides devia ser escondido "bem longe do alcance dos estudantes", e a geometria ensinada por meio da sua relação com a ciência física, com ênfase na geometria do *movimento*, complementando as formas estáticas de Euclides. "É esse interesse vivo pelo tema", escreveu Sylvester, "que faz tanta falta nos nossos métodos tradicionais e medievais de ensino. Na França, Alemanha e Itália, em todo lugar em que estive no Continente, a mente atua direto sobre a mente de uma maneira desconhecida da congelada formalidade das nossas instituições acadêmicas."[14]

Observe bem!

Não obrigamos mais os alunos a decorar e recitar Euclides. No fim do século XIX, os manuais começaram a incluir exercícios, pedindo aos alunos para construir suas próprias provas de proposições geométricas. Em 1893, o Comitê dos Dez, um plenário educacional convocado pelo diretor de Harvard Charles Eliot e encarregado de racionalizar e padronizar a educação do ensino médio americano, codificou essa mudança. O sentido de se ter geometria no ensino médio, disseram eles, era treinar a mente do aluno nos hábitos do raciocínio dedutivo estrito. E essa ideia pegou. Uma pesquisa conduzida em 1950 perguntou a quinhentos professores americanos do ensino médio acerca de seus objetivos no ensino da geometria: a resposta mais popular foi, de longe, "Desenvolver o hábito de pensar com clareza e expressar-se com precisão", que obteve quase o dobro de votos que "Proporcionar conhecimento dos fatos e princípios da geometria".[15] Em outras palavras, não estamos aqui para encher nossos alunos com cada fato conhecido sobre triângulos, mas para desenvolver neles a disciplina mental de construir esses fatos a partir de princípios iniciais. Uma escola para pequenos Lincolns.

E para que serve essa disciplina mental? É porque, em algum ponto da vida posterior do estudante, ele será chamado para demonstrar, de forma definitiva e incontroversa, que a soma dos ângulos externos de um polígono é 360 graus?

Eu continuo esperando que isso aconteça comigo e nunca aconteceu.

Em última instância, a razão para ensinar crianças a escrever uma prova não é que o mundo esteja cheio de provas. É que o mundo está cheio de *não provas*, e adultos precisam saber a diferença. É difícil se contentar com uma não prova uma vez que você tenha se familiarizado com o artigo genuíno.

Lincoln sabia a diferença. Seu amigo e colega advogado Henry Clay Whitney recorda: "Mais de uma vez eu o vi desmascarar uma falácia e envergonhar tanto a falácia quanto seu autor".[16] Nós encontramos não provas vestidas de provas o tempo todo, e, a não ser que tenhamos nos tornado especialmente atentos, elas em geral passam pelas nossas defesas. Há indícios pelos quais podemos procurar. Em matemática, quando um autor começa uma sentença com "Claramente", o que ele está realmente dizendo é "Isso parece claro para mim e provavelmente eu deveria ter checado, mas fiquei um pouco confuso, então me contentei em apenas afirmar que estava claro". Algo análogo aos colunistas das páginas de opinião dos jornais é a sentença que começa por "Seguramente, estamos todos de acordo". Toda vez que você vir isso, deve a todo custo *não* ter certeza de que todos estamos de acordo sobre o que vem em seguida. Você está sendo solicitado a tratar algo como um axioma, e se existe uma coisa que podemos aprender com a história da geometria é que não se deve admitir um novo axioma no seu livro antes que ele realmente prove seu valor.

Seja sempre cético quando alguém lhe disser que está "simplesmente sendo lógico". Se estiverem falando de uma política econômica e figura cultural cujo comportamento eles condenam ou de uma concessão num relacionamento que querem que você faça, e não de uma congruência de triângulos, eles não estão "simplesmente sendo lógicos", porque estão operando num contexto em que a dedução lógica — se é que ela se aplica — não pode ser desvencilhada de todo o resto. Eles querem que você confunda uma sequência de opiniões expressada assertivamente com a prova de um teorema. Mas, uma vez que você já tinha vivenciado o estalo de uma prova genuína, nunca mais vai cair numa dessas. Diga ao seu oponente "lógico" para ir quadrar um círculo.

O que distinguia Lincoln, diz Whitney, não era que ele possuísse um intelecto superpoderoso. Um monte de gente na vida pública, Whitney escreve pesarosamente, é muito inteligente, e entre essas pessoas podem--se encontrar tanto as boas quanto as más. Não: o que o tornava especial era que "para Lincoln era moralmente impossível argumentar de forma desonesta; era tão impensável quanto roubar; para ele, em essência era a mesma coisa despojar um homem de sua propriedade por meio de furto ou por raciocínio ilógico ou perverso".[17] O que Lincoln tinha extraído de Euclides (ou o que, já existindo em Lincoln, se harmonizava com o que encontrara em Euclides) era *integridade*, o princípio de não dizer uma coisa a menos que se tenha o direito justificado, justo e correto de dizê-la. Geometria é uma forma de honestidade. Poderiam ter chamado Lincoln de Abraão Geométrico.

O único ponto em que discordo de Lincoln é quanto a ele envergonhar o autor da falácia. Porque a coisa mais difícil é a pessoa ser honesta consigo mesma, e é às falácias que nós mesmos criamos que precisamos dedicar o maior tempo e esforço para desmascarar. Você deve estar sempre cutucando suas crenças, assim como faria com um dente mole, ou melhor, com um dente que você não tem certeza se está mole. E se algo não é sólido, não é necessário passar vergonha, apenas fazer um recuo tranquilo para o terreno no qual você se sente seguro, reavaliando para onde pode ir a partir daí.

Isso, idealmente, é o que a geometria tem a nos ensinar. Mas a "congelada formalidade" da qual Sylvester se queixava está longe de ter desaparecido. Na prática, a lição que frequentemente ensinamos às crianças na aula de geometria é, nas palavras de Ben Orlin, escritor-cartunista-contador de histórias de matemática: "Uma prova é uma demonstração incompreensível de um fato que você já sabia".[18]

O exemplo de Orlin de uma prova dessas é o "teorema da congruência dos ângulos retos", a afirmação de que quaisquer dois ângulos retos são congruentes entre si. O que poderia ser exigido de um aluno da nona série diante dessa asserção? O formato mais típico é a *prova em duas colunas*, por mais de um século um pilar da educação em geometria, que neste caso teria mais ou menos o seguinte aspecto:[19]

ângulo 1 e ângulo 2 são ambos ângulos retos	**dado**
a medida do ângulo 1 é igual a 90 graus	**definição de ângulo reto**
a medida do ângulo 2 é igual a 90 graus	**definição de ângulo reto**
a medida do ângulo 1 é igual à medida do ângulo 2	**propriedade transitiva da igualdade**
o ângulo 1 é congruente ao ângulo 2	**definição de congruência**

"Propriedade transitiva da igualdade" é uma das "noções comuns" de Euclides, princípios aritméticos que ele afirma no começo dos *Elementos* e trata como anteriores até mesmo aos axiomas geométricos. É o princípio de que duas coisas que são iguais à mesma coisa são portanto iguais entre si.*

Não quero negar que haja uma certa satisfação em reduzir tudo a tais passos minúsculos, precisos. Eles se encaixam de forma tão satisfatória, como um Lego! Esse sentimento é algo que o professor quer realmente transmitir.

E todavia... não é *óbvio* que dois ângulos retos sejam a mesma coisa, apenas dispostos na página em lugar diferente e apontando em diferente direção? De fato, Euclides faz da igualdade de dois ângulos retos seu quarto axioma, as regras básicas do jogo que são consideradas verdadeiras sem prova e das quais deriva todo o resto. Então por que uma escola de en-

* O roteiro de Tony Kushner para o filme *Lincoln*, de Steven Spielberg, mostra Lincoln invocando isso num momento dramático.

sino médio moderna haveria de exigir de seus alunos que fabricassem uma prova desse fato quando o próprio Euclides disse "Vamos lá, isso é óbvio!"? Porque existem muitos conjuntos diferentes de axiomas iniciais dos quais se pode deduzir a geometria plana, e proceder exatamente como Euclides em geral fez deixou de ser considerada a escolha mais rigorosa e mais benéfica pedagogicamente. David Hilbert reescreveu toda a fundação desde o começo em 1899, e os axiomas que costumam ser usados hoje nas escolas americanas se devem mais àqueles apresentados por George Birkhoff em 1932.

Seja um axioma ou não, o fato de dois ângulos retos serem iguais é algo que o aluno simplesmente sabe. Não se pode culpar alguém por ficar frustrado quando se diz "Você *pensa* que sabia isso, mas não sabia *realmente* até seguir os passos na prova em duas colunas". É um pouco ofensivo!

Uma parte grande demais de uma aula de geometria é dedicada a provar o óbvio. Lembro-me bem de um curso de topologia que fiz no meu primeiro ano na faculdade. O professor, um pesquisador idoso muito distinto, passou duas semanas provando o seguinte fato: se você desenha uma curva fechada no plano, não importa quão esquisita e cheia de ondulações ela seja, a curva corta o plano em dois pedaços: a parte fora da curva e a parte dentro dela.

Agora, por um lado acaba se revelando bastante difícil escrever uma prova formal desse fato, conhecido como Teorema da Curva de Jordan.* Por outro lado, passei aquelas duas semanas num estado de irritação que mal conseguia controlar. Então era *disso* que a matemática tratava? Tornar o óbvio trabalhoso? Leitor, eu viajei. E o mesmo ocorreu com meus colegas de classe, muitos deles futuros matemáticos e cientistas. Dois adolescentes que estavam sentados na minha frente, estudantes muito sérios que viriam a tirar ph.D. em matemática em universidades consideradas top 5, começavam vigorosamente a se agarrar toda vez que o Distinto Pesquisador Idoso virava para o quadro-negro para anotar algum novo e delicado argumento

* É outro Jordan.

sobre a perturbação de um polígono. Eles se agarravam de verdade, como se a força da sua fome adolescente mútua pudesse de algum modo arrancá-los dali e mandá-los para outra parte do continuum onde aquela prova ainda não estivesse sendo demonstrada.

Um matemático altamente treinado, como é o meu caso atualmente, poderia dizer, numa visão menos transgressora: bem, jovens, vocês simplesmente não são sofisticados o bastante para saber quais afirmações são realmente óbvias e quais escondem sutilezas. Talvez eu traga a temida Esfera com Chifres de Alexandre, que mostra que a pergunta análoga no espaço tridimensional não é tão simples quanto se possa imaginar.

Mas pedagogicamente penso que essa é uma péssima resposta. Se usamos nosso tempo na aula para provar coisas que parecem óbvias, e insistimos que essas afirmações *não* são óbvias, nossos alunos vão alimentar ressentimento, exatamente como eu fiz, ou descobrir algo mais interessante para fazer enquanto o professor não está olhando.

Gosto do jeito que o professor Ben Blum-Smith descreve o problema: para que os alunos sintam realmente o fogo da matemática, eles precisam vivenciar o *gradiente de confiança*[20] — a sensação de mudar de algo óbvio para algo não óbvio, empurrados montanha acima pelo motor da lógica formal. Senão, estamos dizendo: "Aqui está uma lista de axiomas que parecem obviamente bastante corretos; juntem todos eles até terem outro enunciado que parece obviamente correto". É como ensinar alguém a montar Lego mostrando como transformar duas pecinhas pequenas em uma peça maior. Você pode fazer isso, e às vezes precisa fazer, mas esse decididamente não é o objetivo do Lego.

Quanto ao gradiente de confiança, talvez seja melhor vivenciá-lo do que simplesmente falar sobre ele. Se você quiser *senti-lo*, pense por um momento num triângulo retângulo.

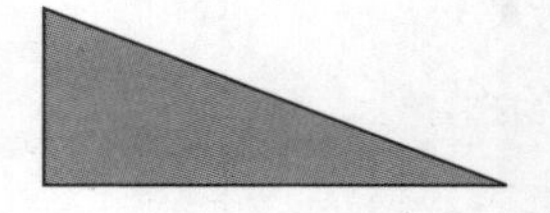

Começamos com uma intuição: se os lados vertical e horizontal são dados, então o lado diagonal também é. Se você caminha 3 km para o sul e depois 4 km para o leste, isso deixa você a certa distância do ponto de partida; não existe nenhuma ambiguidade nisso.

Mas *qual é* essa distância? É para isso que serve o Teorema de Pitágoras, o primeiro teorema real que foi provado em geometria. Ele nos diz que se a e b são os lados vertical e horizontal do triângulo retângulo, e c é o lado diagonal, a assim chamada hipotenusa, então

$$a^2 + b^2 = c^2$$

No caso de a valer 3 e b valer 4, isso nos diz que c^2 é $3^2 + 4^2$, ou $9 + 16$, ou 25. E nós sabemos qual número, quando elevado ao quadrado, dá 25: é 5. E esse é o comprimento da hipotenusa.

Por que essa fórmula haveria de ser verdadeira? Você poderia começar escalando o gradiente de confiança literalmente desenhando um triângulo com lados 3 e 4 e medir sua hipotenusa — ela de fato seria próxima de 5. Então desenhe um triângulo com lados 1 e 3 e meça *sua* hipotenusa; se você tiver sido cuidadoso com a regra, vai obter um comprimento realmente próximo de 3,16… cujo quadrado é $1 + 9 = 10$. O aumento de confiança extraída de exemplos não é uma prova. Mas isto a seguir é:

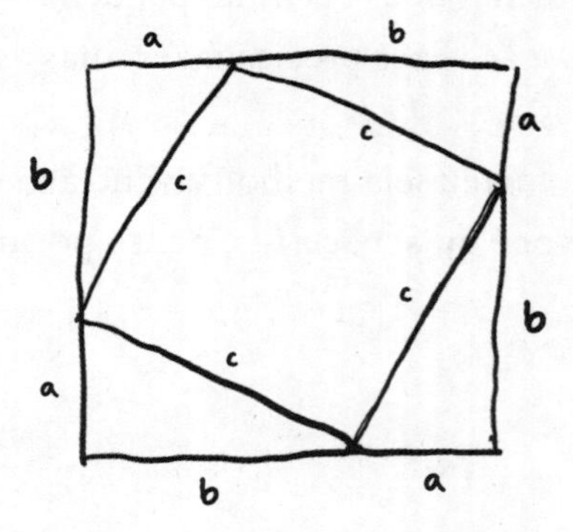

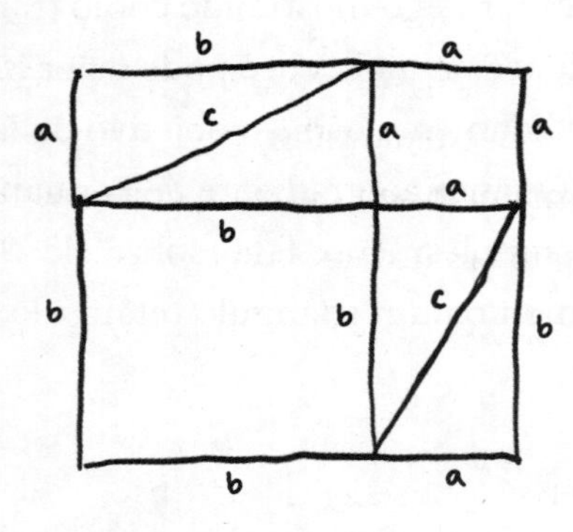

O quadrado grande é o mesmo em ambas as figuras. Mas é cortado de dois jeitos diferentes. Na primeira figura, temos quatro cópias do nosso triângulo retângulo e um quadrado cujo lado tem comprimento c. Na segunda figura, também temos quatro cópias do triângulo, mas estão arranjadas de um modo diferente; o que sobra do quadrado grande agora são dois quadrados menores, um cujo lado tem comprimento a e um cujo lado tem comprimento b. A área que resta quando se tiram quatro cópias do triângulo do quadrado grande tem que ser a mesma nas duas figuras, o que significa que c^2 (a área restante na primeira figura) tem que ser a mesma que $a^2 + b^2$ (a área que resta na segunda figura).

Se é para sermos detalhistas demais, poderíamos reclamar que não exatamente *provamos* que a primeira figura é na verdade um quadrado (seus lados terem todos o mesmo comprimento não é suficiente; esprema vértices opostos de um quadrado entre o seu polegar e o indicador e você obterá um *losango*, que definitivamente não é um quadrado, mas ainda assim tem os quatro lados do mesmo comprimento). Mas vamos lá. Antes de ver a figura, você não tem motivo para pensar que o Teorema de Pitágoras é verdade; depois que você vê a figura, sabe *por que* é verdade. Provas como esta, em que uma figura geométrica é cortada e rearranjada, são chamadas *provas por dissecção*, e são valorizadas pela sua clareza e engenhosidade. O matemático-astrônomo do século XII Bhāskara* apresenta uma demonstração do Teorema de Pitágoras nessa forma, e acha a figura uma demonstração tão convincente que nem requer explicação verbal, só uma legenda onde está escrito "Observe bem!".** O matemático amador Henry Perigal apareceu com sua própria prova por dissecção de Pitágoras em 1830, enquanto tentava quadrar o círculo, como Lincoln; ele tinha tanta estima pelo seu diagrama que mandou entalhá-lo na sua lápide, cerca de sessenta anos depois.[21]

---

* Com frequência conhecido em histórias matemáticas como Bhāskara II, para distingui-lo de um matemático anterior com o mesmo nome.

** Algumas fontes acreditam que a prova de Bhāskara do Teorema de Pitágoras tenha sido tirada de uma fonte chinesa mais antiga, o *Zhoubi suanjing*, mas isso é controverso; aliás, quanto a isso, alguns alegam que os próprios pitagóricos tinham algo que agora chamaríamos de prova.

Atravessando a ponte dos burros

Precisamos saber como fazer geometria por dedução puramente formal; mas geometria não é *apenas* uma sequência de deduções puramente formais. Se fosse, ensinar a arte do raciocínio sistemático não adiantaria mais do que mil outras coisas. Poderíamos ensinar problemas de xadrez, ou Sudoku. Ou poderíamos inventar um sistema de axiomas sem nenhuma relação com qualquer prática humana e forçar nossos alunos a deduzir suas consequências. Nós ensinamos geometria e não qualquer uma dessas coisas porque a geometria é um sistema formal que não é *apenas* um sistema formal. Ela está incrustrada na forma como pensamos sobre espaço, localização e movimento. Não podemos evitar ser geométricos. Temos, em outras palavras, intuição.

O geômetra Henri Poincaré, num ensaio de 1905, identifica intuição e lógica como os dois pilares indispensáveis do pensamento matemático. Todo matemático se inclina numa ou noutra direção, e são os que se inclinam para a intuição, diz Poincaré, que tendemos a chamar de "geômetras". Nós precisamos dos dois pilares. Sem lógica, seríamos impotentes para dizer alguma coisa sobre um polígono de mil lados, um objeto que não podemos imaginar em nenhum sentido significativo. Mas sem intuição o tema perde todo o seu sabor. Euclides, explica Poincaré, é uma esponja morta:

> Você sem dúvida já viu aquelas delicadas montagens de espículas de sílica que formam o esqueleto de certas esponjas. Quando a matéria orgânica desaparece, resta apenas um frágil e elegante trabalho de renda. É verdade, não há nada lá exceto sílica, mas o interessante é a forma que a sílica assumiu, e não poderíamos entender isso se não conhecêssemos a esponja viva que lhe deu precisamente essa forma. Assim é que as velhas noções intuitivas dos nossos antepassados, mesmo quando nós já as abandonamos, ainda imprimem sua forma nas construções lógicas que colocamos em seu lugar.[22]

De algum modo precisamos treinar nossos alunos a deduzir sem negar a presença da faculdade intuitiva, o tecido de esponja viva. E ainda assim não queremos deixar nossa intuição guiar sozinha o ônibus. A história do postulado das paralelas é instrutiva aqui. Euclides listou como um de seus cinco axiomas o seguinte: "Dada qualquer reta *L* e qualquer ponto *P* que não esteja sobre *L*, existe uma e somente uma reta passando por *P* paralela a *L*".*

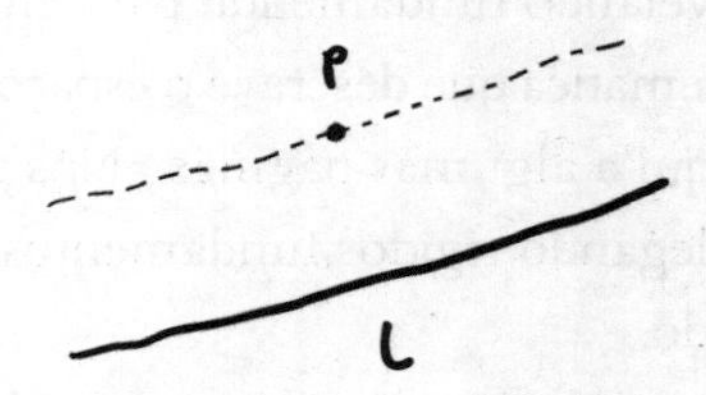

Isso é grosseiro e complicado em comparação aos seus outros axiomas, que são coisas mais elegantes, como "Quaisquer dois pontos são ligados por uma reta". Seria mais bacana, pensavam as pessoas, se o quinto axioma pudesse ser provado a partir dos outros quatro, que parecem mais básicos.

Mas por quê? Nossa intuição, afinal de contas, berra alto que o quinto axioma é verdade. O que poderia ser mais inútil do que tentar prová-lo? É como perguntar se podemos realmente provar que 2 + 2 = 4. Nós *sabemos* disso!

No entanto os matemáticos persistiram, tentando e fracassando seguidamente em mostrar que o quinto axioma era consequência dos outros quatro. E por fim demonstraram que estavam condenados ao fracasso desde o começo; porque havia *outras* geometrias, nas quais "reta" e "ponto" e "plano" significavam algo diferente do que Euclides (e provavelmente você) quer dizer com essas palavras e mesmo assim satisfaziam os primeiros quatro axiomas, mas não o quinto. Em algumas dessas geometrias, há infinitas retas paralelas a *L* passando por *P*. Em outras, não há nenhuma.

Isso não é trapacear? Não estávamos perguntando a respeito de *outras* entidades geométricas de mundos bizarros às quais perversamente nos

* Essa não é exatamente a maneira como Euclides formulou, mas é equivalente ao seu quinto axioma, que ele apresentou de modo ainda mais grosseiro e complicado.

referimos como "retas" — estávamos falando sobre *retas de verdade*, para as quais o quinto de Euclides é certamente verdade.

Claro, você é livre para ir por aí. Mas ao fazê-lo você está propositalmente fechando o acesso a todo um mundo de geometrias, só porque não são a geometria com a qual você está acostumado. A geometria não euclidiana acaba se revelando fundamental para enormes áreas da matemática, inclusive a matemática que descreve o espaço físico que habitamos. (Voltaremos a isso daqui a algumas páginas.) Nós *poderíamos* ter nos recusado a descobri-la alegando rígidos fundamentos puristas euclidianos. Mas sairíamos perdendo.

Eis aqui outro ponto em que se requer um equilíbrio cuidadoso entre lógica formal e intuição. Considere um triângulo isósceles,

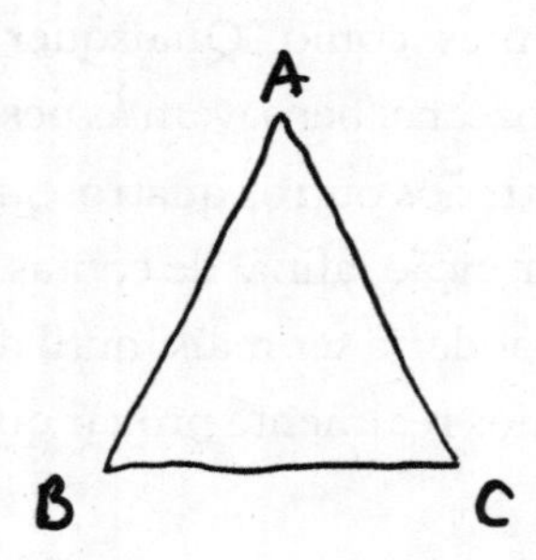

o que equivale a dizer que os lados *AB** e *AC* têm o mesmo comprimento. Eis um teorema: os ângulos *B* e *C* também são iguais.

Esse enunciado é chamado *pons asinorum*, a "ponte dos burros", porque é algo através do qual quase todos nós precisamos ser conduzidos com cuidado. A prova de Euclides contém algo mais do que o negócio com os ângulos retos ali de cima. Estamos aqui mais ou menos no meio da história, uma vez que num curso real de geometria chegaríamos à ponte dos burros só depois de algumas semanas de preparação; então vamos considerar como verdadeira a Proposição 4 do Livro I de Eucli-

* Em geometria gostamos de nos referir ao segmento de reta que une os pontos *A* e *B* simplesmente como *AB*.

des, que diz que, se você conhece os comprimentos de dois lados de um triângulo e conhece o ângulo entre esses dois lados, então você conhece o comprimento do terceiro lado, além dos dois ângulos restantes. Quer dizer, se eu desenhar isto

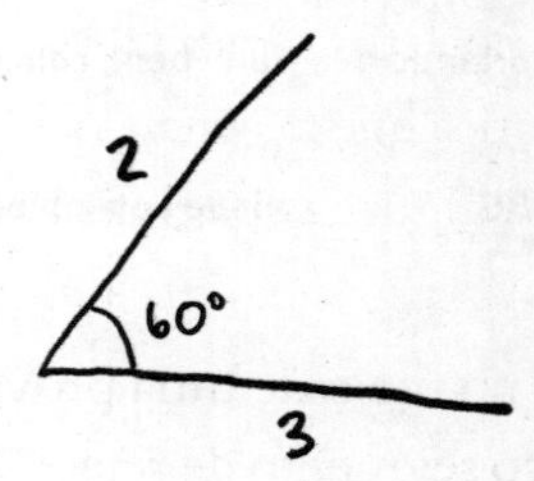

só existe um jeito de "preencher" o resto do triângulo. Outra maneira de dizer a mesma coisa: se eu tiver dois triângulos diferentes que têm dois lados e o ângulo entre eles em comum, então os dois triângulos têm *todos* os ângulos e *todos* os lados em comum: eles são, como se diz no jargão geométrico, "congruentes".

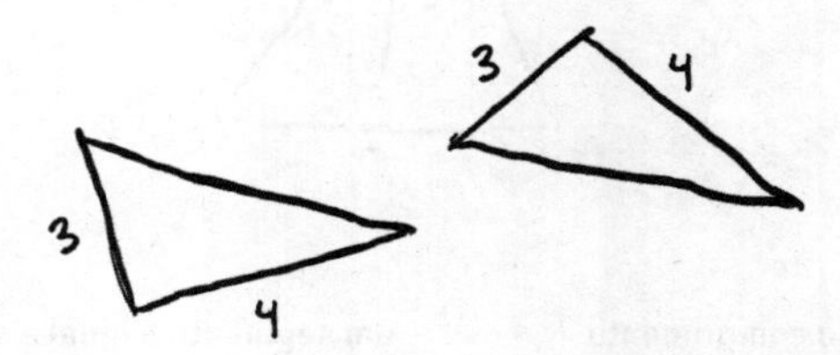

Nós já invocamos esse fato no caso em que o ângulo entre os dois lados é um ângulo reto, e penso que o fato é igualmente claro para nossa mente, qualquer que seja o ângulo.

(Aliás, também é verdade que se três lados de dois triângulos se equivalem, os dois triângulos devem ser congruentes; se os comprimentos forem 3, 4 e 5, por exemplo, o triângulo *tem que* ser o triângulo retângulo que desenhei acima. Mas isso é menos óbvio, e Euclides só o prova um pouco mais tarde, como Proposição 1.8. Se você acha que *é* óbvio, considere o seguinte: que tal uma figura de quatro lados? Lembre-se do losango:

mesmos quatro lados iguais que um quadrado, mas decididamente não é um quadrado.)

Agora voltemos à *pons asinorum*. Eis como poderia ser o aspecto de uma prova em duas colunas.

Seja uma reta *L* passando por *A* cortando o ângulo *BAC* ao meio	**tudo bem, concordo que seja**
Seja *D* o ponto onde *L* intersecta *BC*	**ainda sem objeção**

Opa! Sei que estamos no meio de uma prova, mas criamos um ponto novo e invocamos um novo segmento de reta *AD*, então é melhor atualizar nossa figura! Aliás, lembre-se da hipótese de que o nosso triângulo é isósceles, então *AB* e *AC* têm o mesmo comprimento; estamos prestes a usar isso.

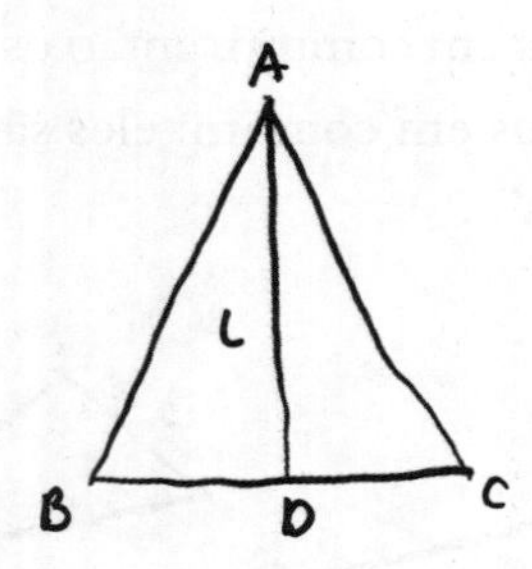

AD e *AD* têm o mesmo comprimento	**um segmento é igual a si mesmo**
AB e *AC* têm o mesmo comprimento	**dado**
os ângulos *BAD* e *CAD* são congruentes	**escolhemos AD cortando o ângulo *BAC* ao meio**
os triângulos *ABD* e *ACD* são congruentes	**Euclides 1.4, eu disse que íamos precisar disso**
o ângulo *B* e o ângulo *C* são iguais	**ângulos correspondentes em triângulos congruentes são iguais**

QED.*

* Significando *"Quod Erat Demonstrandum"*, o que quer dizer "Como queríamos demonstrar" [em português costumamos usar CQD]. Para obter um efeito extra, os matemáticos gostam de inserir um floreio em latim depois de comprovarem alguma coisa.

Essa prova é mais substancial do que a primeira que vimos, porque você tem que realmente *fazer* alguma coisa; você inventa uma reta nova *L* e dá o nome *D* ao ponto onde *L* atinge *BC*. Isso permite identificar *B* e *C* como vértices de dois triângulos recém-nascidos *ABD* e *ACD*, que então demonstramos serem congruentes.

Mas existe um modo mais esperto, anotado cerca de seiscentos anos depois de Euclides por Pappus de Alexandria, outro geômetra, em seu compêndio *Synagoguē* (que no mundo antigo podia se referir a um conjunto de proposições geométricas, não apenas a um conjunto de judeus rezando).

AB e *AC* têm o mesmo comprimento	**dado**
o ângulo em *A* é igual ao ângulo em *A*	**um ângulo é igual a si mesmo**
AC e *AB* têm o mesmo comprimento	**você já disse isso, o que está pretendendo, Pappus?**
os triângulos *BAC* e *CAB* são congruentes	**Euclides 1.4 mais uma vez**
o ângulo *B* e o ângulo *C* são iguais	**ângulos correspondentes em triângulos congruentes são iguais**

Espere aí, o que aconteceu? Parecia que não estávamos fazendo coisa nenhuma, e de repente a conclusão desejada apareceu do nada, como um coelho saltando fora da ausência de uma cartola. Isso cria um certo desconforto. Não era o tipo de coisa que o próprio Euclides gostava de fazer. Mas é, pelo meu critério de avaliação, uma prova verdadeira.

O ponto crucial do insight de Pappus é a penúltima linha: os triângulos *BAC* e *CAB* são congruentes. Dá a impressão de que estamos meramente dizendo que um triângulo é igual a ele mesmo, o que parece algo trivial. Mas observe com mais cuidado.

O que, realmente, estamos dizendo quando afirmamos que dois triângulos diferentes, *PQR* e *DEF*, são congruentes?

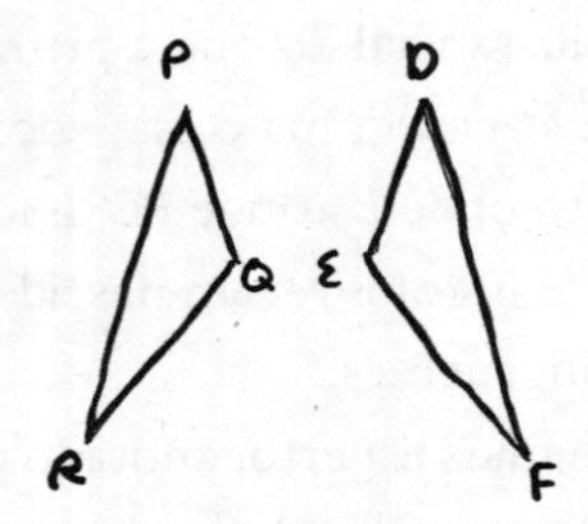

Estamos dizendo seis coisas em uma: o comprimento de *PQ* é o mesmo que o comprimento de *DE*, o comprimento de *PR* é o comprimento de *DF*, o comprimento de *QR* é o comprimento de *EF*, o ângulo em *P* é o mesmo que o ângulo em *D*, o ângulo em *Q* é o ângulo em *E*, e o ângulo em *R* é o ângulo em *F*.

PQR é congruente a *DFE*? Nesta figura, não. Porque *PQ* *não* tem o mesmo comprimento que o lado correspondente *DF*.

Se levarmos a sério a definição de congruência — e estamos sendo geômetras, então levar definições a sério é parte do nosso ofício —, então *DEF* e *DFE* não são congruentes entre si, *apesar de serem o mesmo triângulo*. Porque *DE* e *DF* não têm o mesmo comprimento.

Mas, na prova da *pons asinorum*, estamos dizendo que o nosso triângulo isósceles, quando você pensa nele como triângulo *BAC*, é o mesmo que o triângulo quando pensado como *CAB*. Esta *não* é uma afirmação vazia. Se eu lhe disser que o nome "ANNA" é o mesmo lido corretamente e de trás para frente, na verdade estou lhe dizendo algo sobre o nome: é um palíndromo. Fazer objeção ao próprio conceito de palíndromo dizendo "É claro que são o mesmo, consiste em dois As e dois Ns qualquer que seja a ordem em que você leia" seria pura perversidade.

Na verdade, "palindrômico" seria um bom adjetivo para um triângulo como *BAC*, que é congruente com o triângulo *CAB* que se obtém quando escrevemos os vértices em ordem oposta. E foi pensando dessa maneira que Pappus pôde oferecer seu caminho mais rápido para atravessar a ponte, sem ter que invocar nenhuma reta ou ponto adicional.

Ainda assim, a prova de Pappus não capta muito bem *por que* um triângulo isósceles tem dois ângulos iguais. Ela chega mais perto. Essa noção de que o triângulo isósceles é um palíndromo, que ele permanece o mesmo quando é escrito de trás para diante, registra algo que aposto que sua intuição também lhe diz — que o triângulo permanece inalterado quando você o pega, vira e coloca de volta no mesmo lugar. Como uma palavra palindrômica, ele tem uma *simetria*. É por isso que temos a sensação de que os ângulos devem ser iguais.

Numa aula de geometria geralmente não temos permissão de falar em pegar uma forma e virá-la de lado.* Mas deveríamos ter. Por mais abstrata que tentemos torná-la, a matemática é algo que fazemos com o nosso corpo. E a geometria mais que tudo. Às vezes, literalmente; todo profissional da matemática já se surpreendeu desenhando figuras invisíveis com gestos de mão, e pelo menos um estudo descobriu que as crianças que pediam para encenar uma questão geométrica com seu corpo tinham maior probabilidade de chegar a uma conclusão correta.**[23] Dizia-se que o próprio Poincaré se baseava no seu sentido de movimento ao raciocinar geometricamente. Ele não era bom visualizador, e sua capacidade de recordar rostos e imagens era pequena; quando precisava desenhar uma figura de memória, dizia ele, lembrava-se não da sua aparência e sim de como seus olhos tinham se movido para olhá-la.[24]

Braços iguais

O que significa realmente a palavra "isósceles"? Bem, significa que dois lados do triângulo são iguais. Literalmente, em grego, refere-se a duas σκέλη (*skeli*), ou "pernas". Em chinês, 等腰 significa "punhos iguais"; em hebraico um triângulo isósceles é aquele que tem "panturrilhas iguais"; em polonês,

* Nos Estados Unidos, os padrões Common Core, que se esperava que fornecessem uma estrutura universal para a educação matemática nos doze anos de ensino básico e médio, mas que agora estão claramente em retrocesso, pediam que o ponto de vista da simetria fosse tratado em aulas de geometria. Espera-se que, mesmo com retrocesso do Common Core, restem alguns argumentos sobre simetria.

** Embora não com maior probabilidade de construir uma prova formal dessa conclusão!

"braços iguais". Em qualquer caso, parece que concordamos que significa que ser isósceles é ter dois lados iguais. Mas por quê? Você provavelmente pode ver (e de fato todo o sentido da *pons asinorum* é provar!) que dois lados sendo iguais significa que dois ângulos são iguais, e vice-versa. Em outras palavras, as duas definições são equivalentes; elas pegam a mesma coleção de triângulos. Mas eu não diria que são a *mesma* definição.

E tampouco são a única opção. Teria um sabor mais moderno definir um triângulo isósceles como um triângulo palindrômico: um triângulo que se pode pegar, virar e colocar de volta, só para descobrir que ele permanece inalterado. Tal triângulo ter dois lados iguais e dois ângulos iguais é simplesmente automático. Nesse mundo geométrico, a prova de Pappus seria o meio de mostrar que um triângulo com dois lados iguais é isósceles; que os triângulos *BAC* e *CAB* são o mesmo.

Uma boa definição é a que lança luz sobre situações além daquelas para as quais foi pensada. A ideia de que "isósceles" significa "inalterado quando virado" nos dá uma boa noção do que deveríamos querer dizer por um trapezoide isósceles, ou um pentágono isósceles. Você *poderia* dizer que um pentágono é isósceles quando tem dois lados iguais; então estará admitindo pentágonos "amassados", tortos como este aqui:

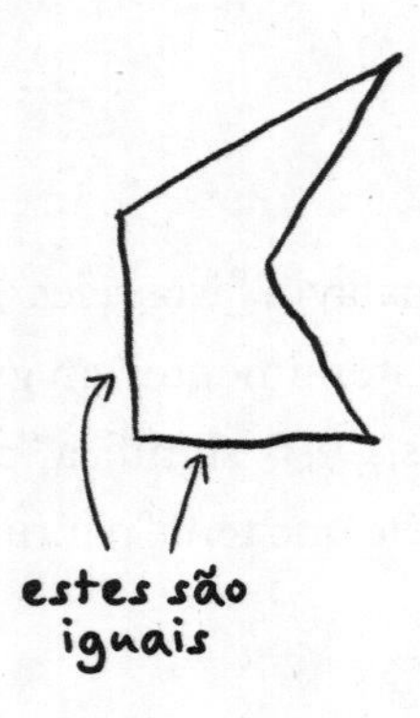

Mas será que é isso que você quer? Seguramente um pentágono como a simpática figura a seguir

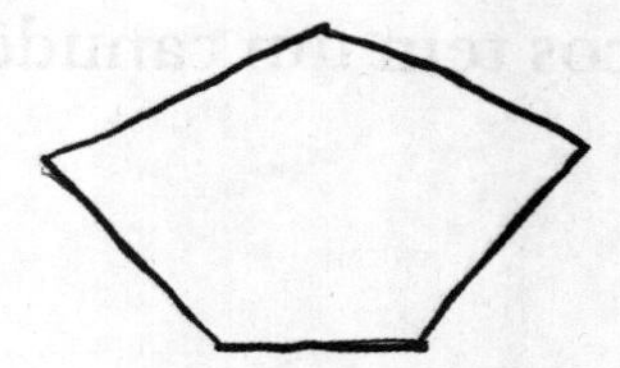

é mais parecido com o que se entende por isósceles. De fato, no seu livro escolar um "trapezoide isósceles" não é aquele com dois lados iguais, ou com dois ângulos iguais: é aquele que pode ser virado sem se modificar. A noção pós-euclidiana de simetria já se instalou, e está aí porque a nossa mente é constituída para encontrá-la. Mais e mais cursos de geometria estão colocando a ideia de simetria no centro e construindo estruturas de prova começando por aí. Não é Euclides, mas é onde a geometria está agora.

2. Quantos buracos tem um canudo?

SEMPRE É UM PRAZER, para nós, profissionais da matemática, quando a internet passa um ou dois dias polemizando sobre a solução de um problema da nossa área. Temos a chance de ver outras pessoas descobrindo e desfrutando o modo de pensamento no qual nos deleitamos a nossa vida inteira. Quando se tem uma casa realmente bonita, a gente gosta que as pessoas nos visitem inesperadamente.

Os problemas que provocam discussões apaixonadas costumam ser problemas bons, embora de início possam parecer frívolos. O que fisga e prende a nossa atenção é a sensação de encontrar uma *verdadeira questão matemática*.

Por exemplo: Quantos buracos tem um canudo?

A maioria das pessoas a quem fiz essa pergunta vê a resposta como óbvia. E ficam extremamente surpresas, às vezes até um pouco chateadas, ao saber que há pessoas cuja resposta óbvia difere da delas.

Até onde sei, a pergunta sobre o buraco no canudo aparece pela primeira vez num artigo de 1970 no *Australasian Journal of Philosophy*,[1] formulada pelo casal Stephanie e David Lewis, sendo o objeto tubular em discussão um rolo de papel-toalha. A pergunta então ressurge em 2014 como uma pesquisa num fórum de fisiculturismo.[2] Os argumentos aí apresentados têm um tom diferente daqueles elencados no *Australasian Journal of Philosophy*, mas o perfil da controvérsia é bastante consistente; as respostas "zero buracos", "um buraco" e "dois buracos" obtêm todas apoio substancial.

Então rolou um vídeo no Snapchat[3] mostrando dois colegas de faculdade ficando cada vez mais exaltados discutindo dois buracos vs. um buraco. O vídeo começou a se espalhar e acabou atraindo mais de 1,5 milhão de visualizações. A questão do canudo apareceu em todo lugar, no Reddit, no Twitter e no *New York Times*. Um grupo de funcionários do BuzzFeed, jovens, atraentes e com muitas dúvidas, gravou um vídeo,[4] e esse vídeo também acumulou centenas de milhares de visualizações.

Você provavelmente já começou a formular os principais argumentos na sua cabeça. Vamos enumerá-los aqui:

> **Zero buracos:** Um canudo é o que você obtém quando pega um retângulo de plástico e o enrola e cola fechado. Um retângulo não tem buracos. Você não *colocou* nenhum buraco nele quando o enrolou — então ele continua sem ter buracos.
>
> **Um buraco:** O buraco é o espaço vazio no centro do canudo. Ele se estende desde o topo até a base.
>
> **Dois buracos:** Basta você olhar! Há um buraco em cima e um buraco embaixo!

Meu primeiro objetivo é convencê-lo de que está confuso em relação aos buracos, mesmo que ache que não está. Cada um desses pontos de vista tem sérios problemas.

Vou dispensar primeiro a opção de zero buracos. Uma coisa pode ter um buraco sem que qualquer substância tenha sido tirada dela. Ninguém faz um bagel assando primeiro um pão chapado como um bialy e depois fazendo um furo no meio. Não — a gente enrola uma cobrinha de farinha e liga as pontas para formar o anel do bagel.[5] Se você negar que o bagel tem um buraco, será motivo de piada. Eu considero isso definitivo.

E quanto à teoria dos dois buracos? Eis aqui uma pergunta para pensar: se há dois buracos no canudo, onde termina um buraco e começa o outro? Se isso não incomoda você, considere uma fatia de queijo suíço. Alguém pede para você contar os buracos. Você conta separadamente os buracos na parte de cima da fatia e os buracos na parte de baixo?

Ou isto: tape o furo da base do canudo, eliminando assim o que você, adepto dos dois buracos, chama de buraco de baixo. Agora o canudo é basicamente um copo fino e comprido. Um copo tem buraco? Sim, você diz — a abertura superior é um buraco. Tudo bem, e se o copo for ficando mais e mais largo até virar um cinzeiro? Com certeza você não chamaria a parte de cima de um cinzeiro de "buraco". Mas se o buraco se perde na transformação do copo em cinzeiro, exatamente *quando* ele se perde?

Você poderia dizer que um cinzeiro continua tendo um buraco, porque tem uma depressão, um espaço negativo onde o material poderia estar mas não está. Um buraco não precisa "atravessar tudo de ponta a ponta", você insiste — pense naquilo a que nos referimos por um buraco no chão! É uma boa objeção, mas acho que vamos relaxar tanto sobre o que conta como buraco que vamos acabar considerando *qualquer* concavidade, e vamos expandir o conceito de tal modo que vai se tornar inútil. Quando você diz que um balde tem um buraco, não está querendo dizer que tem um entalhe no fundo, e sim que ele não retém água. Quando você dá uma mordida num pedaço de bialy ele não se transforma num bagel.

Isso nos deixa com a opção "um buraco". Esta é a mais popular das três. Agora deixe que eu a estrague para você. Quando perguntei à minha amiga Kellie a respeito do canudo, ela rejeitou a teoria de um buraco de modo muito simples: "Isso quer dizer que a boca e o ânus são o mesmo buraco?". (Kellie é professora de ioga, então tende a ver as coisas anatomicamente.) É uma boa pergunta.

Mas digamos que você seja daqueles suficientemente ousados para aceitar a equação "boca = ânus". Ainda assim há questionamentos. Eis uma cena da discussão dos colegas no Snapchat (mas, é sério, vá assistir, não consigo captar plenamente em palavras e direção de palco a beleza da frustração que vai se acumulando). O Mano 1 é defensor da teoria do um buraco, enquanto o Mano 2 é a favor dois buracos.

Mano 2 [levantando um vaso]: Quantos buracos isto aqui tem? Isto tem um buraco, certo?
[Mano 1 assente não verbalmente.]
Mano 2 [levanta um rolo de toalha de papel]: Então quantos buracos isto tem?

Mano 1: Um.

Mano 2: Como? *[Levanta o vaso de novo.]* Os dois parecem a mesma coisa?

Mano 1: Porque se eu puser um buraco bem aqui *[faz um gesto apontando a parte de baixo do vaso]* vai continuar sendo um buraco!

Mano 2 [exasperado]: Você acabou de dizer, *se eu puser um buraco bem aqui*.

[Emite uma espécie de ruído lamentoso.]

Mano 1: Se eu puser outro buraco aqui vai ser —

Mano 2: Certo — *outro* buraco incluindo este buraco! Dois! Ponto-final!

O mano dos dois buracos nesta cena está expressando um princípio muito plausível: fazer um novo buraco é algo que deveria aumentar o número de buracos.

Vamos dificultar ainda mais as coisas: quantos buracos existem num par de calças? A maioria das pessoas diria três: o buraco da cintura e os dois buracos de pernas. Mas se você fizesse uma costura fechando a cintura, o que sobraria é um enorme canudo de brim com uma dobra. Se você começou com três buracos e fechou um deles, deveria ter agora dois buracos, não um — certo?

Se você está comprometido com o canudo de um buraco, talvez você diga que as calças têm apenas dois buracos, de modo que quando você fecha a cintura fica reduzido a um. Essa é uma resposta que ouço muito. Mas ela sofre do mesmo problema que a teoria do canudo de dois buracos: se há dois buracos nas calças, onde eles estão, e onde termina um e começa o outro?

Ou talvez a sua opinião seja que o par de calças tem apenas *um* buraco, porque o que você quer dizer quando se refere a buraco é a região de espaço negativo dentro das calças. Mas e se eu rasgar meu jeans no joelho e fizer um buraco novo? Isso não conta? Não, você insiste, continua havendo um único buraco; tudo que você fez com seu artístico rasgo foi uma nova *abertura* no buraco. E quando você costurar as pernas das suas calças, ou tapar a parte de baixo de um canudo, você não estará removendo o buraco, apenas fechando uma entrada ou saída do buraco.

Mas isso nos traz de volta ao problema de ter de dizer que há um buraco num cinzeiro. Ou pior ainda: suponha que eu tenha um balão cheio de ar. De acordo com você, esse balão tem um buraco — o buraco é a zona de ar pressurizado dentro do balão. Agora pegue um alfinete e faça um furo no balão, então ele explode. O que resta é um disco de borracha, talvez com um nó. Uma peça circular de borracha obviamente não tem um buraco. Então você pegou uma coisa que tinha um buraco, fez um buraco nela, e agora ela *não tem* um buraco.

Você está confuso agora? Espero que sim!

A matemática não responde a essa pergunta, não exatamente. Ela não pode lhe dizer o que você deveria entender pela palavra "buraco" — isso é entre você e o seu idioleto. Mas ela pode dizer algo sobre o que você *poderia* estar querendo dizer, o que pelo menos evita que você fique tropeçando nas suas próprias premissas.

Deixe-me começar com uma máxima irritantemente filosófica. O canudo tem dois buracos; mas eles são o *mesmo* buraco.

Raciocinando bem a partir de figuras mal desenhadas

O estilo de geometria que estamos adotando aqui chama-se topologia, e é caracterizado pelo fato de que realmente não damos importância ao tamanho das coisas, o quanto elas são grandes, ou qual é a distância entre elas ou como elas podem ser dobradas ou deformadas, o que para começar pode parecer um doloroso afastamento dos temas deste livro e em segundo lugar pode fazer com que você se pergunte se eu estou prestes a propor algum tipo de niilismo geométrico onde não damos importância a *nada*.

Não! Grande parte da matemática consiste em descobrir o que podemos, temporariamente ou para sempre, decidir ignorar e seguir adiante. Esse tipo de atenção seletiva é parte básica da nossa razão. Você está atravessando a rua e um carro ultrapassa um sinal vermelho e vem na sua direção — há todo tipo de coisas que você *poderia* considerar enquanto planeja seu próximo movimento. Você consegue dar uma boa olhada pelo para-brisa e ver se o motorista parece incapacitado? Que modelo de carro é esse? Você vestiu uma roupa de baixo direitinha hoje caso seja atropelado? Todas essas são perguntas que você *não* faz — você se permite não se preocupar com elas e dedicar toda sua consciência à tarefa de avaliar a trajetória do carro e saltar fora do caminho dele o mais rápido e longe que puder.

Os problemas da matemática geralmente são menos dramáticos, mas invocam em nós o mesmo processo de abstração, de ignorar intencionalmente toda característica que não toque na questão que temos imediatamente diante de nós. Newton pôde criar a mecânica celeste quando entendeu que os corpos celestes não eram dirigidos por seus caprichos idiossincráticos, mas por leis universais que se aplicavam a cada porção de matéria no universo. Para isso ele precisou se resguardar contra qualquer preocupação em relação ao material de que uma coisa era feita, e qual era sua forma; o que importava era somente sua massa e sua localização relativa a outros corpos. Ou podemos voltar ainda mais, para o começo mesmo da matemática. A própria ideia de *número* é que, para efeitos de contagem, você pode tratar sete vacas ou sete rochas ou sete pessoas usando exatamente as mesmas regras de enumeração e combinação — e daí é um pequeno passo para sete nações, ou sete ideias. Não importa (para esses propósitos) *quais* são as coisas — só *quantas* são.

A topologia é assim, a mesma coisa, só que para formas. Na sua versão moderna, ela chega a nós pelo matemático francês Henri Poincaré. De novo ele! É um nome que ouviremos um bocado, porque Poincaré participou de uma gama impressionantemente ampla de desenvolvimentos geométricos, desde a relatividade especial até o caos, e até a teoria de embaralhar cartas. (Sim, há uma teoria, e isso também é geometria; chegaremos lá.) Poincaré nasceu em 1854 numa família acadêmica abastada em Nancy, filho de um professor de medicina. Aos cinco anos de idade ele caiu doente com difteria e, durante alguns meses, ficou completamente incapaz de falar; ele se recuperou, mas permaneceu fisicamente fraco por toda a infância. Mesmo quando adulto, um estudante o descreveu: "Lembro acima de tudo de seus olhos incomuns: míopes, e mesmo assim luminosos e penetrantes.[6] Fora isso, minha lembrança é a de um homem de estatura pequena, curvado e doentio, por assim dizer, nos membros e juntas". Quando Poincaré era adolescente, os alemães conquistaram a Alsácia e Lorena, embora Nancy tenha se mantido sob domínio francês. A inesperada e absoluta derrota da França na Guerra Franco-Prussiana foi um trauma nacional; não só a França resolveu recuperar o território que havia perdido, mas se propôs a imitar a eficiência burocrática e a aptidão tecnológica que acreditava ter dado vantagem à Alemanha. Assim como a surpresa do lançamento do *Sputnik* criou uma enorme onda de financiamento para educação científica nos Estados Unidos no fim dos anos 1950, a perda da Alsácia e da Lorena (ou Elsass-Lothringen, como então tinha de ser chamada) atiçou a França para alcançar as instituições científicas da Alemanha, mais avançadas.[7] Poincaré, que aprendera a ler alemão durante a Ocupação, tornou-se um dos participantes da nova vanguarda de matemáticos franceses que haviam recebido uma formação moderna e que fariam de Paris um dos centros matemáticos do mundo, com Poincaré no centro do centro. Ele foi excelente aluno, mas não um prodígio; seu primeiro trabalho de importância começou a aparecer quando tinha vinte e tantos anos, e foi só no fim da década de 1880 que ele se tornou uma figura internacionalmente famosa. Em 1889 ganhou o prêmio oferecido pelo rei Oscar da Suécia para o melhor ensaio sobre o "problema dos três corpos",[8] que envolve o movimento de três corpos celestes sujeitos apenas às forças mútuas da gravidade. No século XXI, esse problema permanece compreendido apenas de forma incompleta. Mas a teoria de sistemas dinâmicos, o método pelo qual os matemáticos modernos estudam o problema dos três corpos e milhares de outros como ele, foi lançada por Poincaré no artigo que lhe valeu o prêmio.

Ele era um homem de hábitos precisos,[9] que trabalhava em pesquisa matemática exatamente quatro horas por dia, das dez da manhã até o meio-dia e das cinco da tarde às sete da noite. Acreditava na importância crítica da intuição e do trabalho inconsciente, mas sua carreira foi num certo sentido bastante metódica, caracterizada não tanto por fulgurantes momentos de insight e sim por uma expansão sistemática e constante do reino dos fatos já compreendidos contra o território das trevas, quatro horas cada dia útil da semana e nunca durante os feriados. Por outro lado, Poincaré era famoso por sua caligrafia terrível. Era ambidestro, e a piada nos círculos parisienses era dizer que ele era capaz de escrever igualmente bem[10] — isto é, horrivelmente — com qualquer uma das mãos.

Ele não foi somente o mais ilustre matemático de seu tempo e lugar,[11] mas um escritor popular sobre ciência e filosofia para o público geral; seus livros popularizando tópicos correntes como geometria não euclidiana, os fenômenos do elemento químico rádio, novas teorias sobre o infinito venderam milhares de exemplares, e foram traduzidos para inglês, alemão, espanhol, húngaro e japonês. Era um escritor habilidoso, especialmente capaz de capturar uma ideia matemática num epigrama afinadíssimo. Eis um que é muito relevante para a questão que temos diante de nós: "Geometria é a arte de raciocinar bem a partir de figuras mal desenhadas".[12]

Ou seja: se você e eu formos falar sobre um círculo, é preciso que tenhamos algo para olhar, então vou pegar um pedaço de papel e desenhar um:

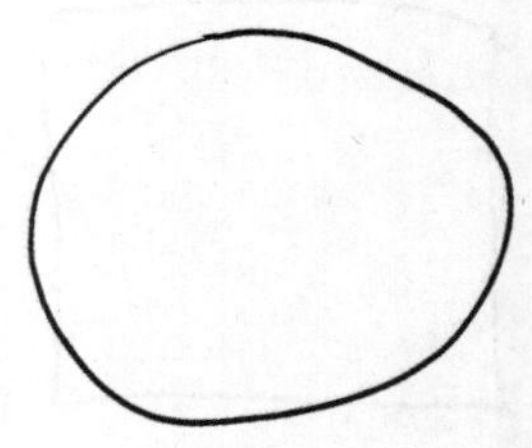

E você poderia, se quisesse bancar o pedante, reclamar que isso *não* é um círculo; talvez você meça e verifique que a distância para o meu suposto centro não é exatamente a mesma para cada ponto do pretendido círculo. Tudo bem, mas como nosso tema é quantos buracos há no círculo, isso não tem importância. Sob esse aspecto, estou seguindo o exemplo do próprio Poincaré, que, confirmando seu epigrama e sua péssima caligrafia, era terrível para desenhar figuras. Seu aluno Tobias Dantzig se lembra: "Os círculos que ele desenhava no quadro-negro eram puramente formais,[13] parecendo a variedade normal apenas no fato de serem fechados e convexos".*

* "Convexo" aqui é um termo técnico significando, grosseiramente, "só curvas para fora, nunca para dentro". Mais sobre isso no capítulo 14, quando veremos as formas dos distritos legislativos, ainda mais esquisitas.

Para Poincaré, e para nós, todos estes aí são círculos:

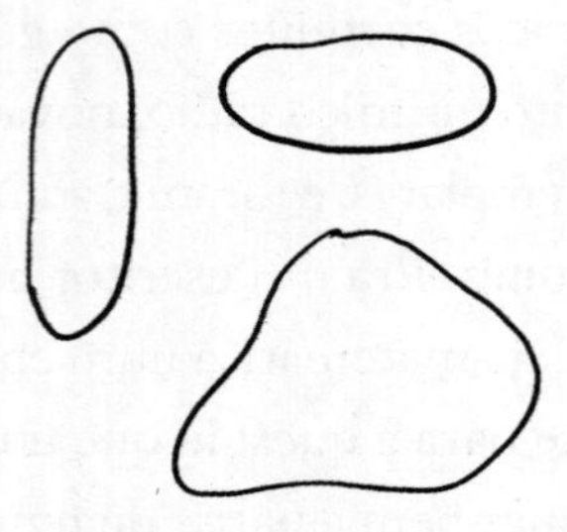

Até mesmo um quadrado é um círculo!*

Este rabisco patético também:

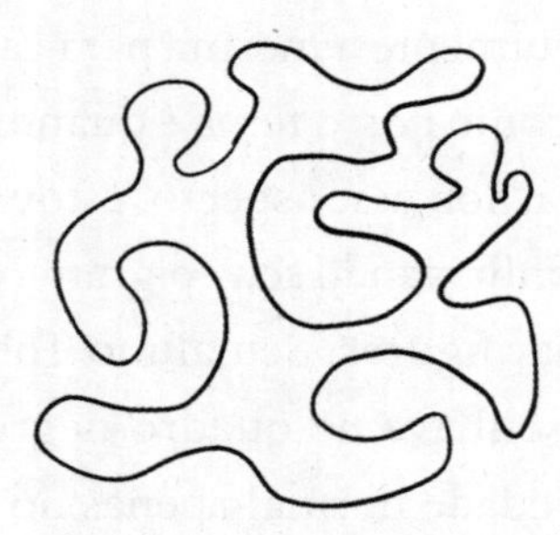

* Ou melhor: um quadrado é um círculo se dermos importância a questões topológicas sobre curvas, por exemplo quantos buracos têm, ou em quantos pedaços eles entram. Se você der importância a questões como "Quantas retas tangentes uma curva pode ter num único ponto?", um quadrado e um círculo são espetacularmente diferentes.

Mas isto

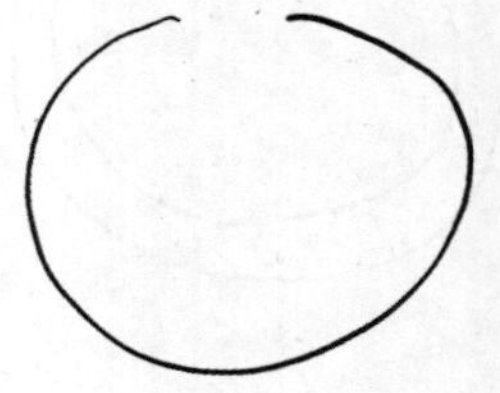

não é um círculo — porque é interrompido. E, ao interrompê-lo, fiz uma coisa mais irremediavelmente violenta do que apertá-lo ou dobrá-lo ou até mesmo lhe dar vértices; eu *realmente* mudei sua forma, transformando-o num segmento de reta mal desenhado em vez de um círculo mal desenhado. E o transformei de uma coisa com um buraco numa coisa sem buraco.

A questão do buraco no canudo dá a *sensação* de ser uma questão topológica. Será que os dois manos matemáticos, aos quais a pergunta foi apresentada, exigem saber as dimensões precisas do canudo, ou se ele é exatamente reto, ou se sua seção transversal é um círculo perfeito do tipo que Euclides endossaria? Não, não exigem. Em algum nível eles entendem que estas são perguntas que, para o presente propósito, podem ser tranquilamente deixadas de lado.

E uma vez que são deixadas de lado, o que resta? Poincaré nos aconselha a pegar o canudo e encurtá-lo, encurtá-lo, encurtá-lo. Para Henri P., é o mesmo canudo. Logo, logo ele vira apenas uma faixa de plástico:

Você poderia ir ainda mais longe e dobrar para fora as paredes da faixa, deixando a forma plana sobre a página do livro.

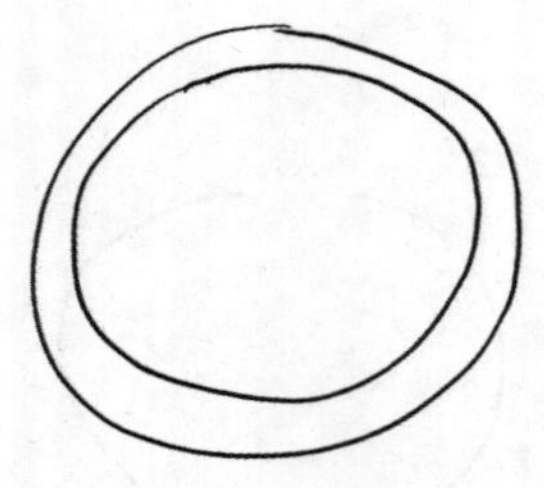

Agora ele é uma forma limitada entre dois círculos, cujo nome geométrico oficial é *coroa circular*, mas que você poderia conhecer também como compacto simples ou aro de frisbee ou ainda *chakram*, se você conseguir imaginá-la com a borda externa afiadíssima e lançada contra você num combate no século XVI na Índia.

Você pode chamar como bem quiser, continua sendo a figura de um canudo mal desenhada, e que só tem um buraco.

Se a topologia insiste em dizer que um canudo tem só um buraco, o que falar a respeito das calças? Podemos encurtá-las, da mesma maneira que fizemos com o canudo. Primeiro elas viram bermudas, depois shorts, finalmente uma tira de pano. E quando pressiono essa tira contra a página do livro para deixá-la plana, vemos uma dupla coroa circular,

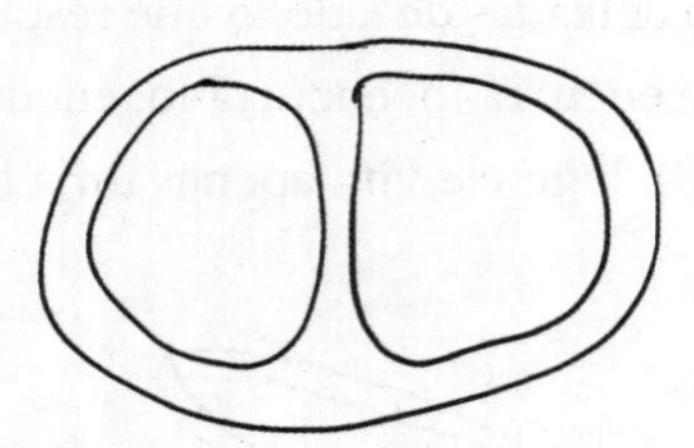

que, visivelmente, tem dois buracos. Então é aí que terminamos, por enquanto: o canudo tem um buraco, as calças têm dois.

As calças de Noether

Mas os nossos problemas ainda não terminaram. Se as calças têm dois buracos, *quais são esses buracos*? O processo de encurtamento que descrevemos parece identificar os dois buracos nas calças como sendo as pernas, enquanto a cintura virou o anel externo. Mas, como você talvez tenha notado ao dobrar sua roupa na lavanderia, poderia muito bem ter achatado a tira de pano de uma forma diferente, com um buraco de perna do lado de fora e a outra perna e a cintura formando os dois "buracos".

Minha filha, sem os benefícios de uma educação formal no trabalho de Poincaré, diz que as calças têm dois buracos, argumentando que um par de calças na verdade são apenas dois canudos. O buraco da cintura, diz ela, é a combinação dos dois buracos das pernas. Ela está certa! E a melhor maneira de captar isso é levar a sério a analogia entre calças e canudo. Imagine, por favor, um canudo na forma de um par de calças, através do qual você se empenha em tomar um milk-shake. Você pode mergulhar uma perna no copo e sugar; então a mesma quantidade de milk-shake que passa pela perna também passa pela cintura e vai para a boca. Ou você poderia fazer o mesmo com a outra perna; ou poderia enfiar as duas pernas no copo. Qualquer coisa que você faça, pela lei da conservação do milk-shake, a quantidade de milk-shake passando pelo buraco da cintura é a *soma* das quantidades que passam por cada perna. Se entram 3 mililitros de milk-shake por segundo pela perna esquerda e 5 mililitros por segundo pela direita, então 8 mililitros de milk-shake jorram pela parte superior.* É por isso que a minha filha diz que o buraco da cintura não é na verdade um novo buraco, e sim a combinação dos dois buracos das pernas.

Então isso significa que os dois buracos das pernas são os buracos "de verdade"? Calminha aí. Apenas um segundo atrás, quando estávamos dobrando a tira de pano recém-lavada, parecia não haver diferença real entre

* Não, não sei como tomar um milk-shake de forma a sugar 2/3 por um lado do canudo em relação ao outro lado, mas como você já me arranjou um canudo em forma de calças, então pode muito bem continuar acompanhando esse experimento mental.

a cintura e a perna. Mas agora a cintura parece estar desempenhando de novo um papel especial; 3 + 5 = 8, mas não 5 + 8 = 3 ou 8 + 3 = 5.

Aqui é uma questão de ser cuidadoso em relação a positivos e negativos. Fluxo para fora é o contrário de fluxo para dentro, então devemos acompanhá-lo de um sinal negativo; em vez de dizer 8 mililitros de milk-shake estão fluindo para fora da cintura do canudo, dizemos que −8 mililitros estão fluindo para dentro! E agora temos uma descrição lindamente simétrica; a soma do fluxo de milk-shake por todas as três aberturas é zero. Para dar uma imagem completa do fluxo de milk-shake através das calças, basta eu dizer dois desses três números; mas não importa *quais* dois números. Qualquer par serve.

Agora estamos prontos para corrigir a mentira que contamos antes. Não está exatamente correto dizer que o buraco de cima de um canudo (quer dizer, um canudo em forma de canudo) é o mesmo buraco que o de baixo. Na verdade, também não é um buraco novo em folha. O buraco no alto é o *negativo* do buraco de baixo. O que flui para dentro de um tem de fluir para fora do outro.

Matemáticos antes de Poincaré, especialmente o geômetra e político toscano Enrico Betti, haviam se debatido com a questão de atribuir um número de buracos a uma forma, mas Poincaré foi o primeiro a entender que alguns buracos podiam ser combinações de outros. E até mesmo ele não pensava realmente em buracos do jeito que os matemáticos pensam hoje; isso teria de esperar pelo trabalho da matemática alemã Emmy Noether, em meados da década de 1920. Noether introduziu a noção do *grupo de homologia* em topologia, e é a noção dela de "buracos" que temos usado desde então.

Ela expressou suas ideias na linguagem de "complexos de cadeias" e "homomorfismos", não de calças e milk-shakes, mas vou manter nossa notação corrente para evitar uma dolorosa mudança de estilo. A inovação de Noether[14] foi ver que não estava certo pensar em buracos como objetos discretos, e sim como algo mais parecido com direções no espaço.

Em quantas direções você pode se mover num mapa? Num certo sentido, você pode se mover em infinitas direções: pode ir para o norte, para o sul, para o leste ou oeste, pode ir para sudoeste ou nordeste, pode viajar num ângulo de exatamente 43,28 graus para leste a partir do sul, seja lá o que for. O importante é que para toda essa infinidade de escolhas há apenas duas *dimensões* nas quais você pode viajar; você pode ir a qualquer lugar que queira combinando apenas duas direções, norte e leste (isto é, contanto que esteja disposto a exprimir uma viagem de dez quilômetros para o oeste como uma viagem de dez quilômetros negativos para leste).

Mas não faz sentido perguntar quais duas direções são *as* fundamentais, a partir das quais todas as outras derivam. Qualquer par serviria tão bem como qualquer outro; você pode escolher norte e leste, sul e oeste, noroeste e nor-nordeste. A única coisa que não se pode fazer é escolher duas direções que sejam a mesma ou diretamente opostas uma à outra; experimente fazer isso e você fica confinado a uma única reta no mapa.

O topo e a base de um canudo são assim: opostos exatos, um para o norte e outro para o sul. Há apenas uma dimensão a ser encontrada aqui. A cintura e as duas pernas de um par de calças, por outro lado, preenchem duas dimensões, assim:

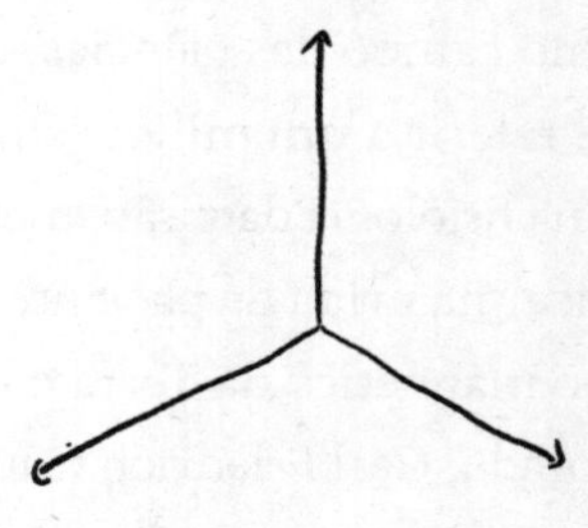

Viajar um quilômetro em uma dessas direções, depois na segunda direção, depois na terceira, traz você de volta ao ponto de partida:

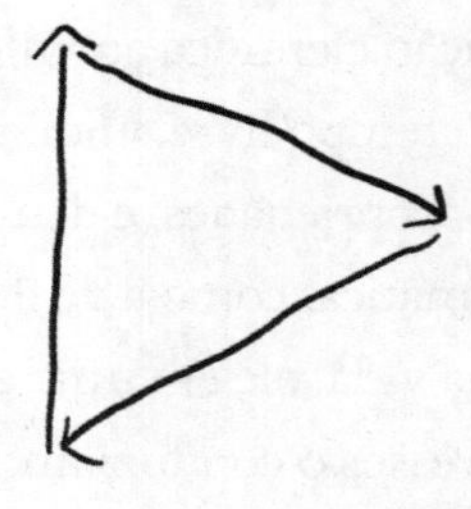

As três direções se cancelam mutuamente, combinando-se num zero. "Nos dias de hoje essa tendência é considerada autoevidente", escreveram Paul Alexandroff e Heinz Hopf em seu manual sobre os fundamentos da topologia em 1935, "mas não era assim oito anos atrás. Foi preciso a energia e personalidade de Emmy Noether para tornar o fato de conhecimento comum entre os topologistas. Por causa dela o conceito veio a desempenhar o papel que cumpre hoje nos problemas e métodos da topologia."[15]

"Atualmente ninguém duvida de que a geometria de *n* dimensões é um objeto real"

Poincaré criou a topologia moderna, mas não a chamou de topologia — ele usou o termo mais incômodo "*analysis situ*" (análise de posição). Ainda bem que esse nome não pegou! A palavra "topologia" na verdade é sessenta anos mais velha, uma palavra inventada por Johann Benedict Listing, um personagem polivalente no campo das ciências, que também inventou a palavra "mícron" para se referir a um milionésimo de metro, fez importantes desenvolvimentos na fisiologia da visão, meteu a colher em geologia e estudou o índice de açúcar na urina de pacientes diabéticos. Viajou pelo mundo medindo o campo magnético da Terra com o magnetômetro que o seu orientador de doutorado, Carl Friedrich Gauss, tinha inventado. Era um companheiro estimado por todos e de fácil convívio, talvez um pouco fácil demais, porque estava constantemente correndo das suas dívidas. O físico Ernst Breitenberger o chamou de "um dos muitos universalistas menores que emprestam tanto colorido à história da ciência do século XIX".[16]

Listing acompanhou seu endinheirado amigo Wolfgang Sartorius von Waltershausen numa expedição científica ao vulcão do monte Etna, na Sicília, no verão de 1834, e no seu tempo livre, enquanto o vulcão cochilava, ele pensava sobre formas e suas propriedades, e deu a isso o nome de topologia. Sua abordagem não era sistemática, como a de Poincaré ou Noether. Em topologia, como na ciência e na vida, ele era uma espécie de tagarela, sempre anunciando aonde seus interesses o conduziam. Desenhou montes de figuras de nós, e também a faixa de Möbius antes de August Ferdinand Möbius (embora não haja evidência de que Listing tenha entendido, como Möbius, sua curiosa propriedade de ser uma superfície com um único lado).

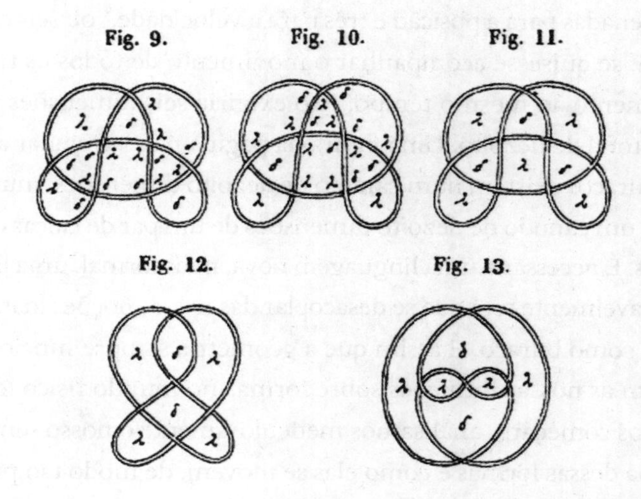

No fim da vida ele estruturou um elaborado "Censo de Agregados Espaciais", uma parafernália em forma de livro com todas as formas nas quais ele conseguia pensar. Ele foi uma espécie de John James Audubon da geometria, catalogando a riqueza da variedade natural.

Há algum motivo para ir além da lista de Listing? Discutir o número de buracos num canudo é divertido, mas o que torna isso mais importante que discutir o número de anjos que cabem numa cabeça de alfinete?

Você pode encontrar a resposta na primeira sentença do *Analysis situs* de Poincaré, que começa num tom severo: "Atualmente ninguém duvida de que a geometria em *n* dimensões é um objeto real".[17]

É fácil visualizar o canudo e as calças, e não precisamos de um formalismo matemático para fazer a distinção entre os dois. Formas em dimensões superiores são outra história. Nosso olho interior é impotente para enxergá-las. E queremos mais do que vê-las de relance; queremos fixar o olhar, observá-las. Como veremos, na geometria da aprendizagem de máquina, vamos buscar um espaço com centenas ou milhares de dimensões, tentando encontrar o pico mais alto numa paisagem invisualizável. Mesmo no século XIX, Poincaré, estudando o problema dos três corpos, precisou manter simultaneamente a observação da localização e do movimento de blocos de matéria no céu; isso significava registrar, para cada corpo celeste, três coordenadas para a posição e três para a velocidade,* ou seis dimensões ao todo. E, se quisesse acompanhar o movimento de todos os três corpos em movimento ao mesmo tempo, isso exigiria seis dimensões para cada um, num total de dezoito. Uma figura na página não vai ajudar a entender quantos buracos existem num canudo de dezoito dimensões, muito menos distinguir um canudo de dezoito dimensões de um par de calças de dezoito dimensões. É necessária uma linguagem nova, mais formal, uma linguagem que inevitavelmente terá que se desacoplar das nossas noções inatas daquilo que conta como buraco. É assim que a geometria sempre funciona: começamos com as nossas intuições sobre formas no mundo físico (onde mais poderíamos começar?), analisamos meticulosamente o nosso sentido sobre a aparência dessas formas e como elas se movem, de modo tão preciso que nos permita falar delas sem depender da nossa intuição, se isso for necessário. Porque, quando nos levantarmos das águas rasas do espaço tridimensional que estamos acostumados a habitar, *isso vai ser necessário.*

E já podemos ver o início desse processo. Há um exemplo problemático do começo dessa discussão ao qual só agora estamos prontos a retornar. Lembra-se do balão? Ele não tem buraco. Você faz um furo, um buraco nele. Ouve-se um estrondo e agora ele virou um disco de borracha. Claramente agora ele não tem buraco. Mas nós não acabamos de lhe dar um?

Eis aqui um jeito de desenrolar o aparente paradoxo. Se você fez um buraco no balão, e como resultado ele agora não tem nenhum buraco, *ele devia ter −1 buracos no começo.*

Aqui temos de tomar uma decisão. Podemos ou jogar no lixo a ideia muito sedutora de que fazer um buraco numa coisa aumenta em um o

* Em português, "velocidade" em física não é apenas um número, como "80 km/h", mas uma quantidade que tem direção, como vertical ou horizontal, e sentido, como para cima ou para a esquerda. (N. T.)

número de buracos, ou podemos jogar no lixo a ideia muito sedutora de que é maluquice falar num número negativo de buracos. A história da matemática é uma longa série de decisões dolorosas como essa. Duas ideias dão, ambas, uma sensação confortável para a intuição, e descobrimos após cuidadosa consideração que elas são logicamente incompatíveis. Uma delas precisa ir embora.*

Não existe verdade abstrata eterna sobre quantos buracos há num balão, ou num canudo, ou nas minhas calças. Temos que *escolher* uma definição quando chegamos a uma das encruzilhadas que a matemática nos apresenta. Você não deve pensar num dos caminhos como verdadeiro e no outro como falso: deve pensar num dos caminhos como melhor e no outro como pior. O melhor é aquele que prova ser mais explicativo e esclarecedor numa ampla gama de casos. E o que os matemáticos descobriram, ao longo dos muitos séculos em que estamos envolvidos nisso, é que geralmente é melhor aceitar algo que dá uma sensação "esquisita", como número negativo de buracos, do que algo que rompe com um princípio geral, como o princípio de que fazer um buraco em alguma coisa deve aumentar em um o número de buracos na coisa. Então eu finco minha bandeira: a melhor coisa é dizer que um balão não furado tem –1 buracos. Na verdade, há um modo de medir espaços chamado *característica de Euler*, que é um invariante para a topologia, imutável sob qualquer tipo de deformação. Você pode pensar nela como um menos o número de buracos:

calças: característica de Euler –1, 2 buracos
canudo: característica de Euler 0, 1 buraco
balão estourado: característica de Euler 1, 0 buracos
balão não estourado: característica de Euler 2, –1 buracos

---

* Compare Jefferson, um dos mais enérgicos expoentes das ideias de liberdade e igualdade que animaram a independência dos Estados Unidos, e que ao mesmo tempo duvidava que uma pessoa negra pudesse ser "capaz de acompanhar e compreender as investigações de Euclides" e que, apesar da oposição verbal à prática, possuiu escravos a vida toda. Por mais que gostasse de Euclides, nesse ponto ele nunca foi capaz de olhar diretamente para a contradição.

Um jeito de descrever a característica de Euler, se você quiser que ela pareça menos esquisita, é como uma diferença entre dois números: o número de buracos par-dimensionais e o número de buracos ímpar-dimensionais. Um balão não estourado, o que vale dizer uma esfera, *tem sim* um buraco, no mesmo sentido que um pedaço de queijo suíço tem buracos — o interior do balão é em si um buraco. Mas a gente tem a sensação de que é um buraco de um tipo diferente do buraco no canudo. É verdade! É o que nós chamaríamos de um buraco bidimensional. Um balão tem um buraco bidimensional e nenhum buraco unidimensional. O que poderia fazer parecer que a característica de Euler deveria ser 1 – 1, ou 0, o que não está de acordo com a nossa tabela. O que está faltando é que o balão também tem um buraco *zero*dimensional.

O que será que isso quer dizer?

É aí que entra a teoria de Poincaré e Noether. Como seu nome indica, a característica de Euler foi investigada sistematicamente pela primeira vez pelo "onímata" suíço Leonhard Euler, mas apenas para superfícies bidimensionais. Muita gente, inclusive Johann Listing, trabalhou para estender a ideia de Euler para o caso tridimensional. Mas foi só com Poincaré que as pessoas começaram a compreender como trazer Euler para dimensões além daquelas do nosso espaço tridimensional. Em vez de dar um primeiro curso de topologia algébrica espremido numa única página, só vou dizer uma coisa: Poincaré e Noether fornecem uma teoria geral de buracos de qualquer dimensão, e na estrutura deles o número de buracos zerodimensionais num espaço é exatamente o número de pedaços em que ele se quebra. Um balão, como um canudo, é um pedaço único totalmente ligado, então possui apenas um buraco zerodimensional. Mas *dois* balões têm dois buracos zerodimensionais.

Essa pode parecer uma definição estranha, mas faz tudo funcionar. O balão tem

(1 buraco zerodimensional + 1 buraco bidimensional) – (0 buracos unidimensionais)

para uma característica de Euler 2.

Um B maiúsculo tem um buraco zerodimensional e dois buracos unidimensionais, então tem característica de Euler – 1.* Corte a laçada inferior do B e ele se torna um R, que tem característica de Euler 0; há um buraco (unidimensional) a menos, então a característica de Euler aumenta. Corte a laçada do R e você obtém um K, que tem característica de Euler 1. Ou você poderia ter usado seu corte para arrancar a perna inferior do R, ficando com um P e um I; agora há dois pedaços separados no P, então dois buracos zerodimensionais, e o buraco unidimensional solitário no P, o que dá uma característica de Euler de 2 – 1 = 1 novamente. Cada vez que você faz um corte, aumenta a característica de Euler em 1, e isso persiste até mesmo quando você não abre mais nenhum buraco unidimensional. Um I tem característica de Euler 1; faça um corte e você obtém dois Is, que têm característica de Euler 2; outro corte faz a característica de Euler virar 3, e assim por diante.

E se você costurasse juntas as duas pernas das suas calças, uma grudada na outra pela barra? É meio complicado explicar isso neste espaço, mas no sistema de Poincaré a forma resultante tem um buraco zerodimensional e dois buracos unidimensionais, para uma característica de Euler –1; em outras palavras as calças vandalizadas têm o mesmo número de buracos que as calças originais. Você se livrou de um quando costurou as duas barras uma na outra, mas criou um novo circulado pelas duas pernas juntas. Isso aí está convincente? É uma discussão que eu adoraria ver no Snapchat.

* Esta é a característica de Euler mais baixa de qualquer coisa no teclado, a não ser que você tenha o cifrão com dois traços, que tem característica de Euler –3, ou o símbolo de "comando" da Apple, que tem uma característica de Euler –4. A característica de Euler mais alta é 2, para símbolos como *!* que têm dois buracos zerodimensionais e nenhum outro buraco de qualquer tipo.

3. Dando o mesmo nome a coisas diferentes

Simetria é a base da geometria da maneira como os geômetras agora a veem. Mais que isso: o que nós decidimos considerar como simetria é o que determina que tipo de geometria estamos fazendo.

Na geometria euclidiana, as simetrias são os *movimentos rígidos*: qualquer combinação que inclua deslizar coisas (translações), pegar as coisas e virá-las ao contrário (reflexões) e girá-las. A linguagem da geometria nos fornece um jeito mais moderno de falar sobre congruência. Em vez de dizer que dois triângulos são congruentes se todos os seus lados e todos os seus ângulos concordarem, dizemos que são congruentes se pudermos aplicar um movimento rígido a um deles de modo a fazê-lo coincidir com o outro. Isso não é mais natural? De fato, lendo Euclides podemos sentir que ele mesmo se esforçava (nem sempre com sucesso) para evitar se expressar dessa maneira.

Por que considerar movimentos rígidos como simetrias fundamentais? Um bom motivo é que (embora isto não seja fácil de provar!) os movimentos rígidos são exatamente aquelas coisas que você pode fazer com o plano que mantém todo segmento de reta do mesmo comprimento — portanto, *simetria*, do grego para "com medida". Se é para recorrermos ao grego, melhor seria usar a expressão para "mesma medida", ou *isometria*, e é exatamente assim que chamamos um movimento rígido na matemática moderna.

Os dois triângulos abaixo são congruentes,

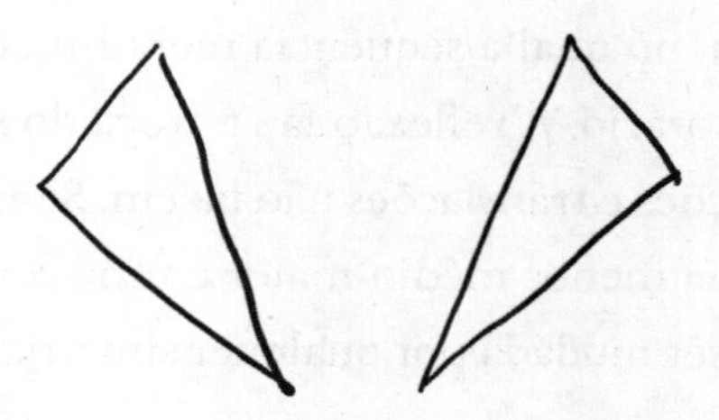

e então ficamos inclinados a fazer como Euclides e declará-los iguais, mesmo que não sejam *realmente* o mesmo; são dois triângulos diferentes separados por alguns centímetros.

Isso nos conduz a outra máxima do sempre citável Poincaré: "Matemática é a arte de dar o mesmo nome a coisas diferentes". Colapsos de definição como esse são parte do nosso jeito cotidiano de pensar e falar. Imagine se, quando alguém lhe perguntasse se é de Chicago, você dissesse: "Não, eu sou da Chicago de 25 anos atrás" — isso seria absurdamente pedante, porque quando falamos de cidades implicitamente invocamos uma simetria sob translação no tempo. À la Poincaré, chamamos a Chicago-de-então e a Chicago-de-agora pelo mesmo nome.

É claro que poderíamos ser mais rigorosos que Euclides no que conta como simetria; poderíamos, por exemplo, proibir reflexões e rotações, permitindo apenas deslizamentos pelo plano sem girar. Então esses dois triângulos acima não seriam mais o mesmo, porque estão apontando em direções diferentes.

E se permitirmos rotações mas não reflexões? Você poderia pensar nessa opção como a classe de transformações que temos permissão de realizar se estivermos encalhados no plano com o triângulo, capazes de deslizar as coisas e girá-las, mas nunca de *pegá-las e virá-las ao contrário*, porque isso envolveria fazer uso do espaço tridimensional que neste momento estamos impedidos de explorar. Sob essas regras, ainda não podemos chamar os dois triângulos pelo mesmo nome. No triângulo da esquerda, ordenar os lados do menor para o maior nos leva a um trajeto no sentido anti-horário. Não importa como deslizemos e giremos a figura, esse fato nunca muda; o que significa que nunca podemos fazer com que ele coincida com o triângulo da direita, no qual a sequência menor-médio-maior leva a um trajeto no sentido horário. A reflexão faz a troca do sentido horário para o anti-horário; rotações e translações não fazem. Sem reflexões, o sentido horário da sequência menor-médio-maior é uma característica do triângulo que não pode ser mudada por qualquer simetria. É o que chamamos de *invariante*.

Toda classe de simetrias tem seus invariantes particulares. Movimentos rígidos nunca podem modificar a área de um triângulo, ou de qualquer figura; em termos físicos, poderíamos dizer que existe uma "lei da conservação da área" para movimentos rígidos. Há uma "lei da conservação do comprimento", também, pois um movimento rígido não pode alterar o comprimento de um segmento de reta.*

Rotações do plano são fáceis de entender, mas elevarmos a questão para o espaço tridimensional aumenta consideravelmente o desafio. Já no século XVIII compreendia-se (Leonhard Euler de novo!) que qualquer rotação do espaço tridimensional pode ser pensada como rotação em torno de alguma reta fixa, ou eixo. Até aqui, tudo bem: mas isso deixa um monte de perguntas sem resposta. Suponha que eu gire vinte graus em torno de uma reta vertical e então trinta graus em torno de uma reta que aponte horizontalmente para o norte. A rotação resultante deve ser uma rotação de algum número de graus em volta de algum eixo, mas qual? É aproximadamente 36 graus em volta de um eixo que aponte para cima e em alguma direção mais ou menos a nor-noroeste. Mas isso não é fácil de ver! A pessoa que desenvolveu uma maneira muito mais prática de pensar nessas rotações — pensar numa rotação como um tipo de *número* chamado *quatérnion* — foi William Rowan Hamilton, o jovem amigo de Wordsworth. Segundo a famosa história, em 16 de outubro de 1843 Hamilton e sua esposa estavam

* Não consigo resistir à tentação de acrescentar: na verdade, a conservação do comprimento *implica* a conservação das áreas dos triângulos, porque dois triângulos com comprimentos de lados iguais são congruentes e portanto têm a mesma área; ou você pode usar uma bela fórmula antiga de Heron de Alexandria que simplesmente diz qual é a área em termos dos comprimentos dos lados.

dando um passeio ao longo do Royal Canal em Dublin quando — bem, vou deixar Hamilton contar a história:

> Embora ela falasse comigo de vez em quando, ainda assim uma *corrente subterrânea* de pensamentos atravessava minha mente, que deu pelo menos um *resultado*, cuja importância eu poderia dizer que senti imediatamente. Um circuito elétrico pareceu se fechar; e uma faísca se acendeu... E tampouco pude resistir ao impulso — por menos filosófico que possa ter sido — de, ao passarmos pela ponte de Brougham, riscar com uma faca numa pedra a fórmula fundamental...[1]

Hamilton passou grande parte do resto de sua vida elaborando as consequências da sua descoberta. Desnecessário dizer, também escreveu um poema sobre o assunto.

> *De elevada Mathesis, com seu severo encanto*
> *De reta e número, era nosso tema; e nós*
> *Buscamos contemplar sua prole não nascida...**

Para você ter uma ideia.

Escronchometria

Podemos também usar um critério mais relaxado e considerar uma gama mais ampla de transformações. Poderíamos permitir ampliação e encolhimento, de modo que as duas figuras abaixo são a mesma:

---

* Tradução livre para os versos *"Of high Mathesis, with her charm severe/ Of line and number, was our theme; and we/ Sought to behold her unborn progeny"*. (N. T.)

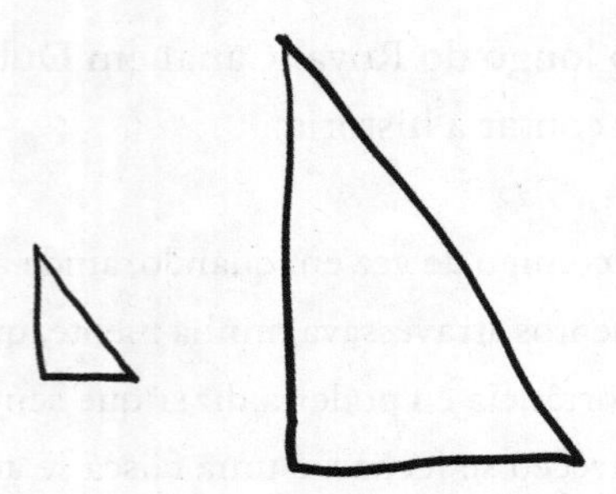

Coisas relativas aos triângulos que antes eram invariantes, como a área, sob essa noção mais indulgente de igualdade não o são mais. Outras coisas, como os três ângulos, continuam invariantes. Na nossa aula de geometria no colégio, formas que são iguais nesse sentido mais relaxado eram chamadas *semelhantes*.

Ou podemos inventar noções inteiramente novas, nunca vistas numa sala de aula. Poderíamos, por exemplo, permitir um tipo de transformação que chamaremos de *escroncho*, que estica a figura verticalmente por algum fator e compensa encolhendo-a horizontalmente pelo mesmo fator:*

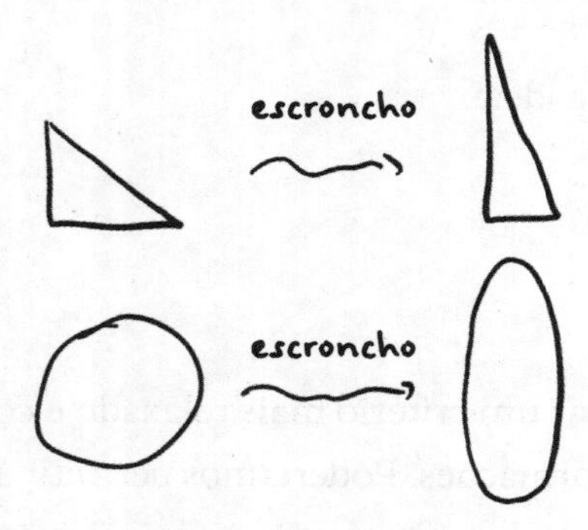

* Transformações desse tipo são bem conhecidas em desenhos animados, cujos autores as chamam de "espreme-estica", e vêm sendo usadas por mais de um século para fazer com que os objetos tenham aparência de "desenhos animados" na tela. [Como termo matemático é uma palavra inventada pelo autor. Como gíria inglesa sugere diversos sentidos, todos eles relacionados com algum tipo de deformação — amassar, despedaçar, derrubar etc. Optamos por manter a sonoridade proposta pelo autor. (N. T.)]

Quando eu escroncho uma figura, sua área não se altera. Isso é fácil de ver diretamente em retângulos orientados para ter lados verticais e horizontais, já que sua área é dada pela largura vezes a altura; o escroncho multiplica a altura por alguma coisa e divide a largura pela mesma coisa, de modo que o seu produto, a área, permanece o mesmo. Veja se você consegue provar a mesma coisa para um triângulo, o que é um pouco mais difícil!

Na geometria do escroncho, dizemos que duas figuras são iguais se conseguirmos ir de uma para a outra transladando e escronchando. Dois triângulos escronchados iguais têm a mesma área, mas dois triângulos com a mesma área não precisam ser escronchados iguais; por exemplo, qualquer segmento de reta horizontal continua horizontal depois de escronchado, então um triângulo com um lado horizontal não pode ser escronchado igual a um triângulo que não tenha esse lado horizontal.

Os tipos possíveis de simetria, mesmo no plano, são numerosos demais para serem abordados aqui exaustivamente. Para dar uma ideia modesta dessa variedade, logo abaixo há um diagrama do magistral manual de H. S. M. Coxeter e Samuel Greitzer, *Geometry Revisited*.

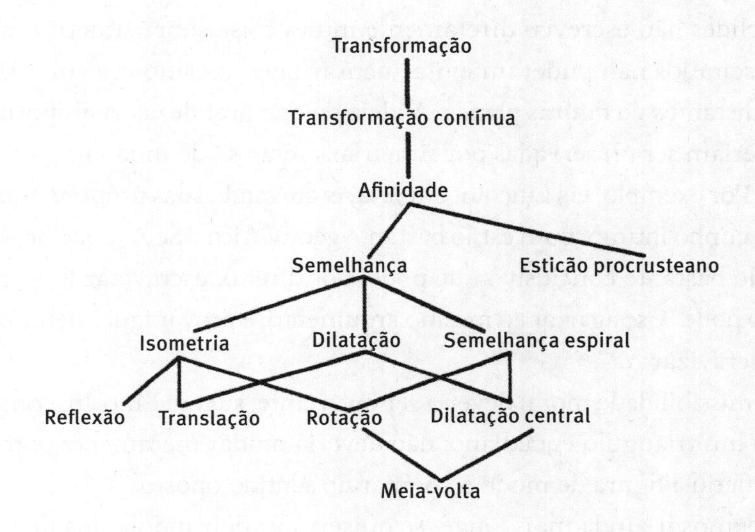

Essa é uma árvore, muito parecida com uma árvore genealógica, onde cada "filha ou filho" é um caso especial de sua "mãe ou pai" — de modo que a isometria, aquilo que chamamos de "movimento rígido", é um tipo especial de semelhança, enquanto reflexões e rotações são tipos especiais de isometrias. Um "esticão procrusteano" é um vívido termo de Coxeter e Greitzer para um escroncho. As "afinidades" são o que você obtém se permitir escronchos e semelhanças. A linguagem da simetria nos dá um modo natural de organizar as muitas definições em geometria plana. Exercício: satisfaça a si mesmo mostrando que uma elipse é qualquer figura com afinidade a um círculo. Exercício mais difícil: mostre que um paralelogramo é qualquer figura com afinidade a um quadrado.

Não há resposta certa para a pergunta sobre quais pares reúnem figuras que são "realmente" as mesmas. Isso depende do que esteja nos interessando. Se estamos interessados em área, semelhança não é um critério bom o suficiente, porque a área não é invariante para a semelhança. Mas se só estamos interessados em ângulos, não há motivo para insistir em congruência; talvez isso seja exigir demais. A semelhança bastaria. Cada noção de simetria induz sua própria geometria, sua própria maneira de decidir quais coisas são diferentes o bastante para não darmos a elas o mesmo nome.

Euclides não escreveu diretamente muita coisa sobre simetria, mas seus discípulos não puderam evitar pensar nela, mesmo em contextos muito distantes de figuras planas. A ideia de que grandezas de importância deveriam ser preservadas por simetria assenta-se de modo natural na mente. Por exemplo, eis Lincoln, em 1854, escrevendo suas próprias anotações de cunho íntimo, num estilo bastante geométrico: "Se A. pode provar, de modo bastante conclusivo que pode, por direito, escravizar B. — por que não pode B. se agarrar ao mesmo argumento, e provar igualmente que pode escravizar A.?".[2]

Permissibilidade moral deveria ser invariante, sugere Lincoln, como a área de um triângulo euclidiano; não deveria mudar meramente porque você refletiu a figura de modo a apontar no sentido oposto.

Podemos ir ainda mais longe, se quisermos, deixando a sala de aula do colégio inteiramente para trás. Nada mais de lápis, nada mais de livros, nada de olhares de reprovação por parte de Euclides! Poderíamos permitir esticadas e alisamentos completamente arbitrários de uma figura, contanto que nunca a quebremos, de modo que um triângulo poderia se transformar num círculo ou até mesmo se dobrar num quadrado,

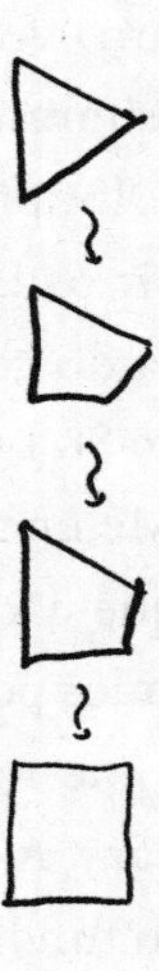

mas *não* poderia se tornar um segmento linear, porque isso exigiria rasgar e abrir o triângulo em algum ponto.* Soa familiar? Esse tipo de geometria extravagantemente indulgente, em que um triângulo, um quadrado e um círculo são todos a mesma coisa, é exatamente o campo da topologia que Poincaré fundou para contar os buracos num canudo. (Tá, talvez ele tenha tido outras razões.) Essas simetrias, que incluem todos os outros tipos de simetria dos quais falamos, são as "transformações contínuas", uma linha abaixo do topo do diagrama de Coxeter e Greitzer. Nessa geometria relaxada, noções como ângulos e área não são conservadas. Todas as não essencialidades com as quais Euclides se preocupou caem por terra; resta apenas uma noção pura de forma.

* Se você quiser ver uma verdadeira definição da ideia que esbocei aqui de maneira um tanto imprecisa, a palavra a ser procurada é "homeomorfismo" — mas, aviso logo, há uma certa dificuldade notacional para a definição formal.

Henri, escronchei o espaço-tempo

Em 1904, a cidade de St. Louis organizou a Louisiana Purchase Exposition,[3] para comemorar o centésimo aniversário da compra de vastas extensões de terras que trouxera seu território para o domínio americano, 101 anos antes. (Tente organizar um evento dessa magnitude sem atraso!) Mais de 20 milhões de pessoas visitaram a feira, que naquele verão compartilhou a cidade com os Jogos Olímpicos e com a Convenção Nacional Democrata. O objetivo era exibir os Estados Unidos, e especialmente sua região central, como à altura do cenário mundial. A canção "Meet Me in St. Louis" [Encontre-me em St. Louis] comemorava o evento ("Me encontre em St. Louis, Louis/ Me encontre na feira/ Não diga que as luzes brilham/ Em outro lugar que não ali"*). O Sino da Liberdade veio da Filadélfia. Havia quadros pintados por James McNeill Whistler e John Singer Sargent. Um bebê nascido numa tenda de construção recebeu o nome de Lousiana Purchase O'Leary. A cidade de Birmingham, Alabama, encomendou uma estátua de ferro fundido de Vulcano, deus do fogo e da forja, com quase dezenove metros de altura para promover sua indústria do aço. O cacique Gerônimo assinava retratos de si mesmo e a escritora e ativista Helen Keller compareceu perante uma enorme multidão. Alguns dizem que o sorvete de casquinha cônica foi inventado ali mesmo. E em setembro houve o Congresso Internacional de Artes e Ciências, que trouxe distintos professores estrangeiros de todos os cantos do mundo para se juntarem aos seus colegas americanos no lugar que viria a se tornar o campus da Universidade de Washington. Estava lá Sir Ronald Ross, o médico britânico que acabara de ganhar o prêmio Nobel em medicina pela descoberta do meio de transmissão da malária. Também presentes estavam os físicos alemães rivais Ludwig Boltzmann e Wilhelm Ostwald, em meio à sua grande batalha sobre a natureza fundamental da matéria: consistia ela de átomos discretos, como pensava Boltzmann, ou estaria

* Tradução livre dos versos *"Meet me in St. Louis, Louis/ Meet me at the fair/ Don't tell me lights are shining/ Any place but there"*. (N. T.)

certo Ostwald ao afirmar que campos contínuos de energia eram o material fundamental do universo? E lá estava Poincaré, então com cinquenta anos, o mais famoso geômetra do mundo. O tema da sua palestra, proferida no último dia do congresso, foi "Os princípios da física matemática". Seu tom foi de grande cautela; pois esses princípios, naquele momento, estavam sob extraordinária pressão.

"Há sintomas de uma crise séria que parece indicar que presentemente podemos esperar uma transformação", Poincaré disse. "No entanto, não há motivo para grande ansiedade. Estamos seguros de que o paciente não vai morrer, e na verdade podemos ter esperança de que esta crise acabe sendo salutar."[4]

A crise que a física enfrentava era um problema de simetria. As leis da física, seria de esperar, não mudam se você der um passo para o lado, ou virar os olhos para uma outra direção; isso quer dizer que são invariantes para movimentos rígidos do espaço tridimensional. Mais ainda, as leis conforme Poincaré as via não deveriam mudar se subíssemos num ônibus em movimento; esse é um tipo de simetria ligeiramente mais complicado, envolvendo coordenadas de espaço e tempo.

À primeira vista pode não ser óbvio que nada na física deveria se modificar do ponto de vista de um observador em movimento; a *sensação* quando nos movemos é diferente daquela que temos quando estamos parados, certo? Errado. Mesmo que Henri não suba no ônibus, ele está parado sobre a Terra, que se desloca em grande velocidade em torno do Sol, que por sua vez está em algum tipo de trajetória maluca em relação ao centro da galáxia etc. Se não existe essa coisa de um observador que possa ser considerado imóvel, seria melhor não adotar leis físicas que sejam verdadeiras somente do ponto de vista do observador. Elas deviam se manter independentes do movimento do observador.

A crise era a seguinte: a física não parecia funcionar realmente dessa maneira. As equações de Maxwell, que unificaram esplendidamente as teorias da eletricidade, do magnetismo e da luz, não eram invariantes sob as simetrias como deveriam ter sido. O jeito mais popular de resolver essa situação constrangedora era postular que *existia* um ponto de vista absolutamente parado, que era um fundo imóvel e invisível chamado éter, o feltro sobre o qual todas as bolas de bilhar do universo rolam e estalam. As verdadeiras leis da física seriam a maneira como a física funcionaria quando olhada do ponto de vista do éter, não de humanos cavalgando planetas. Porém experimentos inteligentes projetados para detectar o éter, ou para medir a velocidade da Terra passando por ele, tinham todos fracassado. Tentativas de explicar esses fracassos haviam tomado a forma de postulados adicionais ad hoc, como a "contração" de Hendrik Lorentz — a ideia de que todos os objetos em movimento sofrem redução de tamanho na direção da sua velocidade. A física fundamental estava numa situação confusa. Poincaré encerrou sua palestra tentando visualizar uma maneira de superar o perigo:

> Talvez também tenhamos que construir uma mecânica inteiramente nova, a qual só podemos ver de relance, onde, a inércia aumentando com a velocidade, a velocidade da luz seria um limite o qual seria impossível ultrapassar. A mecânica ordinária, mais simples, continuaria sendo uma primeira aproximação, já que seria válida para velocidades que não sejam grandes demais, de modo que a velha dinâmica seria encontrada dentro da nova. Não devemos ter razões para lamentar termos acreditado nos princípios mais antigos, e de fato, como as velocidades grandes demais para as velhas fórmulas sempre seriam excepcionais, a coisa mais segura a fazer na prática seria agir como se continuássemos acreditando nelas. Elas são tão úteis que deveríamos reservar um lugar para elas. Desejar bani-las totalmente seria privar-se de uma arma valiosa. Apresso-me em dizer, para encerrar, que ainda não chegamos nessa situação, e que nada prova até agora que elas não saiam da contenda vitoriosas e intactas.[5]

Exatamente como Poincaré tinha predito, o paciente não morreu. Ao contrário: ele estava prestes a saltar do leito numa condição bizarramente alterada. Em 1905, menos de um ano depois da conferência de St. Louis, Poincaré provaria que as equações de Maxwell, afinal de contas, eram simétricas. Mas as simetrias envolvidas, as chamadas transformações de

Lorentz, eram de um tipo novo, que misturava espaço e tempo de um modo muito mais sutil do que "Estou neste ônibus há duas horas, portanto estou quarenta quilômetros ao norte de onde estava". (A diferença é especialmente perceptível quando o ônibus está se movendo a 90% da velocidade da luz.) A partir desse novo ponto de vista, a contração de Lorentz não era um truque esquisito, deselegante, mas uma simetria natural; o fato de o mesmo objeto poder modificar seu comprimento quando transformado por uma simetria de Lorentz não é mais estranho do que o mesmo triângulo poder mudar de forma ao ser escronchado. Uma vez conhecidas as simetrias, você conhece a história toda de como é permitido que coisas diferentes sejam chamadas "a mesma coisa". Poincaré estava bem preparado para dar seu salto, porque já era um dos inovadores em matemática pura, desenvolvendo formas de geometria plana distintas das de Euclides, tendo em particular diferentes grupos de simetrias. E a "quarta geometria" de Poincaré, que ele já formulara nos idos de 1887, nada mais era do que o plano do escroncho.

A geometria do escroncho tem leis de "conservação de horizontal e vertical"; se dois pontos estiverem ligados por um segmento de reta horizontal ou vertical, assim serão seus respectivos escronchos. O espaço-tempo lorentziano é mais ou menos a mesma coisa. Um ponto no espaço-tempo é uma localização *e* um momento; os segmentos de reta especiais conservados pelas simetrias de Lorentz são aqueles que unem dois locais-momentos cujos dois locais estejam separados pela distância exata que a luz percorreria na quantidade de tempo entre os dois momentos. A velocidade da luz, em outras palavras, está embutida na geometria. A questão de se a luz pode alcançar o local-momento *A* para o local-momento *B* tem uma resposta definida, que é a mesma suba você no ônibus ou não.

O plano do escroncho é uma versão bebê do espaço-tempo de Lorentz. Você poderia pensar nele como o que a física relativista enxergaria se, em vez de três dimensões de espaço, houvesse apenas uma, unindo-se com a dimensão de tempo para formar um espaço-tempo bidimensional.

Mas Poincaré não inventou a teoria da relatividade. A última sentença da sua palestra em St. Louis mostra por quê. Poincaré tinha esperança de *não* modificar fundamentalmente a física. Ele havia descoberto, por exame matemático, a estranha geometria para a qual as equações de Maxwell apontavam, mas não teve ousadia suficiente para seguir até o fim, até o estranho ponto no horizonte que o dedo indicava. Estava disposto a aceitar que a física não era o que ele e Newton tinham pensado, mas não que *a própria geometria do universo* pudesse não ser o que ele e Euclides tinham imaginado.

O que Poincaré viu nas equações de Maxwell, Albert Einstein também viu no mesmo ano de 1905. O cientista mais jovem era mais ousado. E foi Einstein, superando o pensamento geométrico do mais importante geômetra do mundo, quem refez a física conforme a instrução oferecida pela simetria.

Os matemáticos foram rápidos em entender a importância dos novos desenvolvimentos. Hermann Minkowski foi o primeiro a elaborar a teoria do espaço-tempo de Einstein até alcançar sua base geométrica (portanto o que aqui estamos chamando de "plano de escroncho" é na verdade chamado plano de Minkowski, se você quiser dar uma consultada). E em 1915 Emmy Noether estabeleceu a relação fundamental entre simetria e leis de conservação. Ela vivia para a abstração; como matemática sênior, descreveria sua tese de ph.D. de 1907, um tour de force de cálculos envolvendo a determinação de 331 características invariantes de polinômios de grau quatro em três variáveis, como "*Mist*" ("uma porcaria")[6] e "*Formelngestrupp*" ("matagal de fórmulas"). Confuso e específico demais! Modernizar a teoria dos "buracos" de Poincaré de modo que se referisse ao espaço dos buracos em vez de simplesmente contá-los era algo que estava muito mais na sua linha, assim como limpar a bagunça das leis de conservação na física matemática. Achar grandezas que são conservadas pelas simetrias de interesse é quase sempre uma questão física importante; Noether provou que *todo* sabor de simetria vem junto com uma lei de conservação associada, empacotando um monte de cálculos atrapalhados numa teoria matemática bem-acabada — e solucionando um mistério que havia desconcertado o próprio Einstein.

Noether foi expulsa do departamento de matemática em Göttingen em 1933, junto com todos os outros pesquisadores judeus; conseguiu ir para os

Estados Unidos e entrou para o corpo docente de Bryn Mawr, mas morreu pouco depois, com apenas 53 anos, de uma infecção que se seguiu a uma cirurgia aparentemente bem-sucedida para remoção de um tumor. Einstein escreveu uma carta para o *New York Times*, homenageando o trabalho dela em palavras que a grande abstracionista certamente teria apreciado:

> Ela descobriu métodos que provaram ser de enorme importância no desenvolvimento da atual geração mais jovem de matemáticos. A matemática pura é, à sua própria maneira, a poesia das ideias lógicas. Buscam-se as ideias mais genéricas de operação que reúnam numa forma simples, lógica e unificada o maior círculo possível de relações formais. Nesse esforço na direção da beleza lógica são descobertas fórmulas espirituais necessárias para a penetração mais profunda nas leis da natureza.[7]

4. Um fragmento da Esfinge

Voltemos à exposição de St. Louis. Entre os medalhões científicos presentes, lembre-se, estava Sir Ronald Ross, que em 1897 descobrira que a malária era transmitida pela picada do mosquito-prego, ou anófele. Em 1904 ele era uma celebridade global, e conseguir levá-lo ao Missouri para uma palestra pública foi uma façanha. "Homem do mosquito chegando", lia-se numa manchete do *St. Louis Post-Dispatch*.[1]

A palestra de Ross era intitulada "A base lógica da política sanitária da redução de mosquitos", o que não soa como algo que desperte grande interesse, reconheço. Mas na verdade a palestra foi o primeiro vislumbre de uma nova teoria geométrica que estava prestes a explodir na física, nas finanças e até mesmo no estudo de estilos poéticos: a teoria do passeio aleatório.

Ross falou na tarde de 21 de setembro,[2] enquanto em outro ponto da exposição Richard Yates, o governador de Illinois, assistia a um desfile de gado premiado.[3] Suponham, começou Ross, que eliminemos a propagação de mosquitos numa região circular drenando os charcos de água onde eles se criam. Isso não elimina todos os potenciais mosquitos da malária da região, porque outros podem nascer fora desse círculo e voar para dentro dele. Mas a vida de um mosquito é breve e carece de ambição focalizada; ele não vai estabelecer uma rota diretamente até o centro e se ater a ela, e parece ser pequena a probabilidade de ele ficar vagando muito no interior no breve tempo que tem para voar. Então seria de esperar que alguma região perto do centro ficasse livre da malária, contanto que o círculo seja grande o suficiente.

Quão grande é grande o suficiente? Isso depende de quão longe é provável que o mosquito voe. Ross disse:

> Suponham que um mosquito nasça num determinado ponto, e que durante sua vida ele fique vagando em seu voo, de um lado a outro, para a esquerda ou direita, onde ele quiser... Depois de um tempo ele morre. Quais são as probabilidades de que seu corpo morto seja encontrado a uma dada distância do seu local de nascimento?

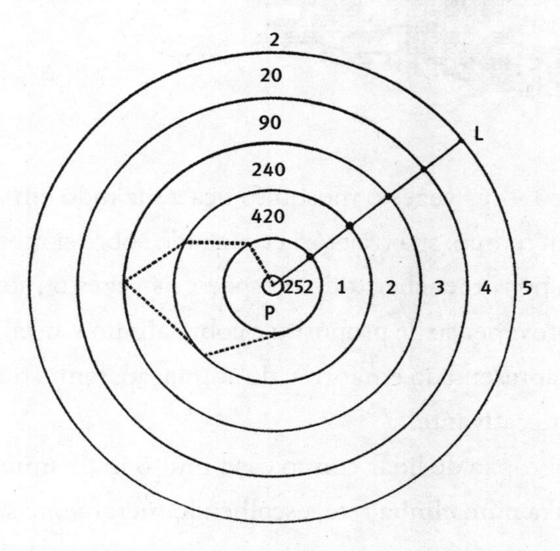

Esse foi o diagrama fornecido por Ross. A linha pontilhada é o mosquito voando de um lado para outro; a linha reta é o trajeto que um mosquito mais focado numa meta percorreria, cobrindo uma distância maior até vir a morrer. "A análise matemática total que determina a questão é de alguma complexidade", disse Ross, "e aqui não posso lidar com ela em sua totalidade."[4]

No século XXI, pode-se facilmente simular o movimento do mosquito numa trajetória rossiana, de modo a aperfeiçoar o diagrama de Ross para ver o que acontece quando o mosquito faz 10 mil desvios em vez de cinco:

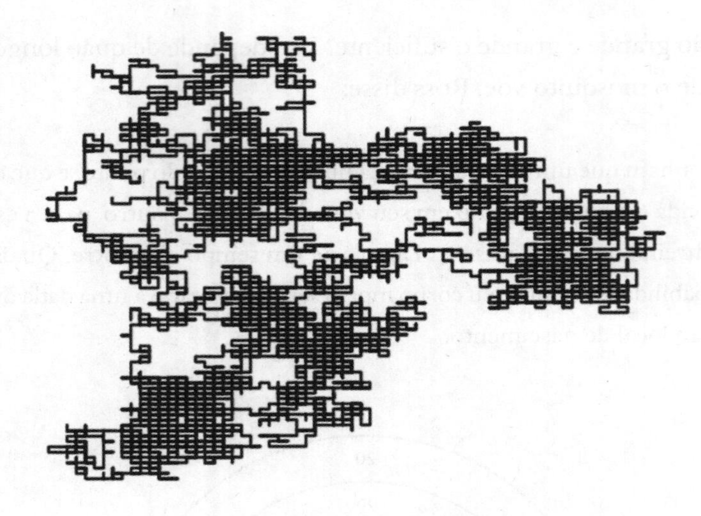

Isso é típico — às vezes o mosquito fica zanzando em torno de uma área por algum tempo, sua trajetória cruzando sobre si mesma tantas vezes que acaba por preencher todo o espaço; às vezes o mosquito parece adquirir um breve senso de propósito e cobre alguma distância. Assistir a esse processo apresentado em forma de animação, tenho que confessar, é insensatamente cativante.

Ross só foi capaz de lidar com o caso muito mais simples, em que o mosquito se fixa numa linha reta, escolhendo meramente se vai esvoaçar para nordeste ou sudoeste. Nós também somos capazes de lidar com esse caso! Suponha que o mosquito viva por dez dias, escolhendo a cada dia se vai voar um quilômetro para nordeste ou um quilômetro para sudoeste. Cada dia ele faz uma de duas escolhas, então o número total de trajetos de voo que o mosquito tem à disposição é $2 \times 2 \times 2 \times 2 \times 2 \times 2 \times 2 \times 2 \times 2 \times 2 = 1024$, e — supondo que não seja um mosquito tendencioso — cada um desses trajetos é igualmente provável. Para que o mosquito expire a dez quilômetros a nordeste do local onde sai do ovo, ele teria de fazer a escolha de voar para nordeste dez vezes seguidas, o que apenas um em 1024 mosquitos conseguirá fazer. A mesma proporção minúscula acaba a dez quilômetros a sudoeste; então, ao todo, dois em 1024 chegarão a dez quilômetros de casa. Quantos viajam oito quilômetros? Isso requer que o mosquito faça uma sequência de escolhas como

NE, NE, NE, SO, NE, NE, NE, NE, NE, NE

com nove escolhas num sentido e uma no outro. O "so" solitário pode estar em qualquer um dos dez espaços, então há dez em 1024 trajetos que terminam a oito quilômetros a nordeste, e dez que terminam a oito quilômetros a sudoeste, portanto um total de vinte. Se você der uma boa olhada, vai ver que Ross escreveu um pequeno "20" e um "2" do lado externo de cada um dos círculos. Se você quiser, pode anotar os 45 trajetos que terminam seis quilômetros a nordeste de casa, ou os 210 que terminam dois quilômetros a nordeste, ou os 252 que levam o mosquito de volta para a poça fétida onde ele foi desovado. O ponto de partida do mosquito é o seu mais provável túmulo. O que faz sentido, porque esse mosquito aleatório é na realidade a mesma coisa que jogar cara ou coroa dez vezes, contando nordeste como cara e sudoeste como coroa. Terminar a oito quilômetros de distância equivale a tirar nove caras e uma coroa; terminar em casa significa tirar cinco de cada, o que de fato é a coisa mais provável de acontecer quando se jogam dez moedas. Se você tiver feito um gráfico de barras dos diferentes locais, vai obter a velha e boa curva do sino, ou curva gaussiana, mostrando a propensão do mosquito de ficar perto das suas raízes.

Mas podemos dizer mais. Com um pouco de trabalho, pode-se calcular que, em dez dias, o mosquito médio percorrerá 2,46 quilômetros. Esse é o tempo de vida típico para esses nossos colegas; mosquitos fêmeas vivem mais perto de cinquenta dias, e nesse tempo percorrem um média de 5,61 quilômetros. Um mosquito-matusalém com um período de vida de duzentos dias, que em princípio poderia cobrir duzentos quilômetros de terreno, acabaria em média a apenas 11,27 quilômetros longe de casa. Quatro vezes o tempo de vida geram o dobro da distância percorrida. Estamos encontrando aqui um princípio observado pela primeira vez no século XVIII por Abraham de Moivre, no contexto dos lançamentos de moeda, não de mosquitos: o desvio em relação aos 50% quando uma moeda é lançada *n* vezes é caracteristicamente próximo da *raiz quadrada* de *n*. Um mosquito com um tempo de vida cem vezes maior que a norma provavelmente esvoaçaria apenas cerca de dez vezes mais que a distância esperada, mas provavelmente não vai ser tudo isso. A chance de um mosquito no seu ducentésimo dia de vida estar a pelo menos quarenta quilômetros de casa é um pouco menor que 3 em 1000.*

Corta!

Mas 2,46 não é a raiz quadrada de 10 e 11,27 não é a raiz quadrada de 200! Ótimo, estou contente que você esteja lendo com um lápis na mão. Uma aproximação melhor seria que o mosquito, nos seus primeiros *N* dias em viagens pela Terra, percorre, em média, cerca de $\sqrt{2N/\pi}$ quilômetros. Confira: para dez dias de voo do mosquito, obtemos:

$$\sqrt{2 \times 10/\pi}\ \text{km} = 2{,}52$$

Bem próximo! E, para duzentos dias,

$$\sqrt{2 \times 200/\pi} = 11{,}28\ldots$$

que também coincide bem de perto com o que vimos acima.

A presença de π aqui poderia fazer suas antenas geométricas apitarem — será que π está presente porque o mosquito está atravessando uma região circular? Infelizmente, não. Afinal, no modelo simples de Ross, o mosquito está realmente se movendo para frente e para trás numa linha reta. Sim, nós conhecemos π como uma razão surgida a partir da geometria de um círculo, mas, como a sua melhor classe de constantes matemáticas,

* O cálculo exato aqui, se você quiser consultar as palavras e fazer sozinho, é: "Qual é a probabilidade de uma variável aleatória binomial com $\pi = 0{,}5$ e $n = 2000$ assumir um valor de pelo menos 120?".

ela aparece em tudo que é lugar — toda vez que você dobra uma esquina, acaba encontrando. Um dos meus exemplos favoritos: escolha dois números inteiros ao acaso e pergunte qual a probabilidade de eles não terem outro fator em comum além de 1. A chance é de $6/\pi^2$, embora não haja nenhum círculo à vista.

O π do mosquito vem do cálculo integral e diferencial, em particular do valor de uma certa integral, que tem um π nela por suas próprias razões idiossincráticas. Seu cálculo foi um problema difícil para os analistas franceses dos séculos XVIII e XIX — agora é algo que podemos ensinar no terceiro semestre de cálculo, apesar de ser incomum que um aluno possa executar a integral sem que lhe mostrem o truque. Você pode vê-la totalmente calculada no filme *Um laço de amor* (2017), no qual a integral é apresentada como um quebra-cabeça para Mary Adler, uma menina-prodígio em matemática de sete anos, interpretada pela atriz Mckenna Grace, então com nove anos.

Eu sei disso não porque assisti ao filme num avião (o que de fato aconteceu — por algum tempo era um filme que quase sempre podia ser visto no avião), mas porque eu estava lá no set de filmagem quando essa cena estava sendo filmada, como consultor para assegurar que tudo na tela estivesse matematicamente correto. Se você já assistiu a um filme com conteúdo matemático, talvez se pergunte o esforço necessário para que os detalhes estejam certos. É muito esforço, pode ter certeza. O suficiente para pagarem a um matemático para passar quase um dia inteiro sentado no fundo do que deveria representar uma sala de aula do MIT (na verdade a Emory University) enquanto um professor, interpretado por um ator veterano, mais frequentemente escalado como vilão eslavo num filme policial, faz a menina-prodígio passar por momentos difíceis. Acabou acontecendo que havia *sim* algo para eu fazer. Numa fala do diálogo que Mary mantém com a avó (que por algum motivo é britânica, e também brigada com o tio solteiro de Mary, que é seu guardião legal, por causa de uma prova da conjetura de Navier-Stokes que a falecida mãe da menina-prodígio pode ou não ter escrito secretamente — quer saber?, é muito para explicar, vamos adiante), ela diz "negativo", sendo que o que combinava com o que estava escrito no quadro-negro era "positivo". No fundo do set, aproximei-me da mãe de Grace, a única pessoa com quem eu me sentia confiante para falar. Eu devia dizer aquilo para alguém? Perguntei a ela. Isso é importante? Era importante. Ela me conduziu diretamente ao diretor, Marc Webb, num passo decidido, e me ordenou que dissesse a ele o que tinha acabado de lhe dizer. E tudo parou instantaneamente. Eles mudaram a palavra, Grace saiu para decorar a fala nova, todo o resto do pessoal ficou parado em volta comendo salgadinhos da mesa do bufê. Quanto dinheiro se perde por segundo quando as várias dúzias de profissionais especializados necessários para fazer um filme de sucesso ficam ociosamente comendo nozes e salgados ao mesmo tempo? Essa quantia é desprezível levando em conta a importância dada pelo estúdio a detalhes matemáticos. Perguntei ao diretor: Alguém realmente se importa? Será que alguém sequer *notaria*? Numa voz cansada, mas com certa admiração, ele me disse: "As pessoas na internet vão notar".

Fazer um filme, eu descobri, tem algo em comum com escrever um artigo de matemática: a ideia subjacente não é tão difícil de exprimir, mas uma enorme quantidade de tempo é gasta definindo detalhes extremamente refinados que a maioria das pessoas deixaria passar.

Como eu já estava no set de filmagem, Webb me ofereceu a chance de ficar na frente da câmera, onde fiz o papel de "Professor" falando sobre teoria dos números por cerca de seis segundos enquanto Grace assiste atenta. Passei uma hora no camarim escolhendo o figurino para me aprontar para esses seis segundos na tela. Houve uma exceção na obsessiva devoção da equipe de *Um laço de amor* para que os detalhes estivessem exatamente corretos: eles me botaram sapatos muito mais bonitos e mais caros do que qualquer professor de matemática já calçou para dar aula. E essa foi outra coisa que aprendi acerca da indústria cinematográfica, uma coisa triste: eles não deixam você ficar com os sapatos.

O gole tem o gosto da sopa

Uma pergunta que as pessoas me fazem muito: como pode uma pesquisa de opinião com duzentas pessoas me dizer algo confiável sobre as preferências de milhões de eleitores? Realmente, se você coloca dessa maneira, parece pouco digno de confiança. É como tentar descobrir que tipo de sopa está na sua tigela provando apenas uma colherada.

Mas na verdade você pode, sim, fazer isso! Porque tem todas as razões para pensar que aquilo que está na sua colher é uma amostra aleatória da sopa. Você nunca vai enfiar a colher numa sopa de amêijoas e sentir sabor de minestrone.

O princípio da sopa é o que torna as pesquisas de opinião tão eficazes. Mas ele não diz com que exatidão você pode esperar que a pesquisa reflita a cidade, estado ou país sendo pesquisado. Essa resposta reside no lento e desordenado progresso do mosquito saindo da sua poça. Tomemos um estado como Wisconsin, onde vivo, cuja população é distribuída quase exatamente entre democratas e republicanos. Agora imagine um mosquito cujo movimento seja determinado da seguinte maneira: dou um telefonema para um habitante do Wisconsin escolhido ao acaso, pergunto-lhe qual é sua inclinação política e instruo o mosquito a voar para nordeste se ele responder que é democrata, ou para sudoeste se for republicano. Esse é exatamente o modelo de Ross; o mosquito se move aleatoriamente num sentido ou no sentido oposto, duzentas vezes. Como podemos saber que não vamos simplesmente ligar para duzentos democratas e ter uma visão totalmente deformada de como o estado do Wisconsin vota? É claro que isso poderia ocorrer — e o mosquito *poderia* ter feito isso e voado só para nordeste desde o nascimento até a morte. Mas provavelmente não é isso que vai acontecer. Já vimos que a distância do mosquito em relação ao local da desova após duzentos dias, que em quilômetros é exatamente a diferença entre o número de democratas e o número de republicanos na nossa pesquisa, é mais ou menos onze quilômetros em média. Então, encontrar 106 republicanos e 94 democratas na nossa pesquisa não seria de todo estranho. Algo distante da nossa realidade política como uma divisão 120-80 é outra história. É como mergulhar a colher na tigela do Wisconsin e obter uma colherada do Missouri. Encontrar quarenta republicanos a mais que democratas é o equivalente ao mosquito vagar quarenta quilômetros de casa, e nós já calculamos que a chance de isso acontecer é de apenas 3 em 1000.

Em outras palavras, é bastante improvável que os duzentos entrevistados da pesquisa mostrem um resultado substancialmente diferente dos habitantes do Winscosin como um todo. O gole tem o mesmo gosto da sopa. Há aproximadamente 95% de chance de que a proporção de republicanos na nossa amostra acabe sendo entre 43% e 57%, e é por isso que uma pesquisa de opinião como essa seria informada como tendo margem de erro de ±7%.

Mas: nesse caso partimos da suposição de que não haja nenhum viés oculto na nossa escolha de para quem telefonar. Ross entendeu muito bem que um viés poderia confundir seu modelo do mosquito; antes de se sentar para fazer os cálculos e desenhar os círculos, ele estipula uma paisagem tão homogênea que "cada ponto dela seja igualmente atraente para eles [os mosquitos] em termos da oferta de alimento; e que não há nada — como, por exemplo, ventos constantes ou inimigos locais — que tenda a conduzi-los para certas partes da região".

Ross insiste nessa premissa por um motivo realmente bom: sem ela, vai tudo por água abaixo. Suponha que *haja* ventos. Mosquitos são pequenos e até mesmo uma leve brisa pode arrastá-los no seu curso. Talvez um vento norte dê ao mosquito uma chance de 53% em vez de 50% de voar para nordeste. Isso é como um viés que passa despercebido na nossa pesquisa e que faz com que cada eleitor aleatório para quem eu telefono tenha uma chance de 53% de ser republicano; talvez porque os republicanos estejam mais propensos que os democratas a concordar em responder a nossas perguntas da pesquisa, ou a atender ao telefone, ou mesmo a possuir um telefone. Isso torna mais provável que a nossa pesquisa se desvie da verdade em relação ao eleitorado. Com uma pesquisa sem viés, a chance de encontrar 120 republicanos e oitenta democratas era de apenas 3 em 1000. Com o vento republicano essa chance salta para 2,7%, quase dez vezes maior.

Na vida real, nunca sabemos se uma pesquisa é perfeitamente livre de viés. Então, provavelmente, devemos ficar um pouco céticos sobre o que as pesquisas dizem ser sua margem de erro. Se as pesquisas estiverem rotineiramente desviadas numa ou noutra direção pelos suaves ventos do viés, seria de esperar que os resultados reais das eleições extrapolassem as margens de erro informadas muito mais vezes do que se anuncia. E adivinhe o quê? Isso acontece. Um artigo de 2018[5] descobriu que os resultados das eleições reais caracteristicamente se afastavam das pesquisas duas vezes mais que a margem de erro sugeria. As eleições sofrem o efeito dos ventos.

Eis aqui outra maneira de pensar na presença do vento desconhecido. Ele significa que os movimentos do mosquito, em vez de serem completamente independentes de um dia para outro, estão *correlacionados* entre si. Se o mosquito se move para nordeste no primeiro dia, isso torna um pouco mais provável que o vento esteja soprando para nordeste, o que torna mais provável que o mosquito se mova para nordeste também no dia seguinte. É um efeito pequeno, mas, como vimos, ele vai se somando.

Há uma falácia famosa, a chamada lei das médias, que afirma que depois de a moeda cair algumas vezes seguidas dando cara o próximo lançamento tem uma probabilidade maior de dar coroa, de modo a fazer com que as coisas "fiquem na média". Isso não é verdade, diz a pessoa esperta, porque os lançamentos de moeda são independentes um do outro: o próximo lançamento tem uma chance de exatamente 50-50 de dar cara, não importa o que aconteceu antes.

Mas é pior que isso! A menos que você tenha absoluta certeza de que a moeda é honesta, existe uma lei das *antimédias*. Se você tira cem caras em sequência, você pode se maravilhar com seu inusitado golpe de sorte — ou poderia, bem razoavelmente, começar a considerar a possibilidade de que estava lançando uma moeda com cara dos dois lados. Quanto mais caras você vai tirando em seguida, *mais* você deve esperar cara no futuro.*

* Porém, tome cuidado. Raciocínios superficialmente similares como "eu vivo dirigindo bêbado e até hoje não atropelei ninguém, logo não deve ser tão perigoso" podem levar a péssimas situações.

O que nos leva a Donald Trump. À medida que a eleição presidencial de 2016 se aproximava, uma coisa sobre a qual todo mundo concordava era que Hillary Clinton estava na frente. Mas as chances reais de Donald Trump estavam em grande discussão. A revista de notícias *Vox* publicou, em 3 de novembro:

> Na semana passada, a previsão da pesquisa de Nate Silver deu a Hillary Clinton esmagadores 85% de chances de vitória. Mas na quinta-feira de manhã elas tinham caído para 66,9% — sugerindo que, embora Donald Trump ainda esteja por baixo, há um palpite de um-em-três que ele vai acabar sendo o próximo presidente.[6]
>
> Liberais têm procurado se consolar com o conhecimento de que o site FiveThirtyEight é um ponto fora da curva entre as seis previsões mais importantes, e que as outras cinco dão a Trump entre 16% e menos de 1% de chances de vitória.

Sam Wang, em Princeton, dava 7% de chances para Trump e estava tão confiante numa vitória de Clinton que prometeu comer um inseto se ela perdesse. Uma semana depois da eleição, ele engoliu um grilo ao vivo na CNN. Os matemáticos* às vezes cometem erros, mas nós cumprimos nossa palavra.

Como é que Wang pôde errar tanto? Ele presumiu, como Ross, que não existia vento. Todos os que faziam previsões concordavam que os resultados da eleição dependeriam de uma pequena coleção de estados que oscilam entre republicanos e democratas, inclusive Flórida, Pensilvânia, Michigan, Carolina do Norte e, é claro, Wisconsin. Provavelmente Trump teria que ter maioria nesses estados para ganhar; mas, em cada um, parecia que Clinton se mantinha com uma modesta vantagem. As estimativas de Silver na manhã da eleição para as chances de Trump eram:

* Wang é profissionalmente um neurocientista, não um matemático, mas para mim matemático é qualquer um que esteja fazendo matemática no momento em questão.

Flórida 45%

Carolina do Norte 45%

Pensilvânia 23%

Michigan 21%

Wisconsin 17%

Trump *podia* vencer em todos esses estados, mas a chance parecia bastante pequena, da mesma maneira que é bem pequena a chance de um mosquito esvoaçar na mesma direção cinco vezes seguidas. Essa chance era possível de ser estimada — ou melhor, Sam Wang, o futuro comedor de grilo, podia estimar essa chance — como sendo

$$0{,}45 \times 0{,}45 \times 0{,}23 \times 0{,}21 \times 0{,}17$$

que é aproximadamente 1 em 600. A chance de Trump vencer até mesmo em três ou quatro desses estados, tendo em vista o mesmo tipo de cálculo, era bem pequena.

Nate Silver via as coisas de modo diferente. Seu modelo embutia uma sólida quantidade de correlação entre os diferentes estados, com base no inegável fato de que os planejadores de pesquisa podiam inadvertidamente fazer escolhas de projetos que provocassem vieses nas amostras para um candidato ou outro. Sim, a nossa melhor estimativa era que Trump estava atrás na Flórida, e na Carolina do Norte, e em cada um dos estados oscilantes. Mas, se ele ganhasse em um desses estados, era evidência de que o viés nas nossas pesquisas estava fazendo com que a posição de Clinton parecesse melhor do que era, o que tornava mais provável a vitória de Trump em um dos outros estados. É a lei das antimédias em ação, e significa que uma vitória de Trump nos estados oscilantes era mais provável do que se esperaria a partir dos números individuais. É por isso que Silver deu a Trump uma chance sólida de ganhar a eleição. E é a mesma razão que o levou a estimar que Clinton tinha uma chance melhor do que 1 em

4 de ganhar numa lavada de dois dígitos, um resultado que Wang também considerava altamente improvável.*

Pessoas que acompanham eleições piraram após a surpresa de 2016, publicando manchetes chorosas em que se diziam traídas: "Depois de 2016, podemos algum dia confiar de novo nas pesquisas?".[7]

Sim. Nós podemos. Pesquisas ainda são um meio melhor de calibrar a opinião pública do que a avaliação de um comentarista capaz de aferir uma presidencialidade abstrata ou os apartes irônicos em debates. A avaliação de Silver era que a corrida presidencial estava muito emparelhada, e qualquer um dos candidatos podia vencer. Ele estava certo! Se você considera que isso é tirar o corpo fora da responsabilidade, pergunte a si mesmo: uma análise matemática é melhor, mais sólida, se fingirmos saber com quase certeza quem vai ganhar, quando nem você nem ninguém realmente sabe?

Uma carta para a revista *Nature*

Ronald Ross tinha deduzido totalmente o comportamento de um mosquito fixo numa rota nordeste-sudoeste. Mas a situação mais realista, em que um mosquito pode voar em qualquer direção, estava além da matemática que ele conhecia. Então, naquele mesmo verão de 1904, ele escreveu para Karl Pearson.

Pearson era a pessoa natural a ser consultada se você tivesse uma ideia realmente nova que não se encaixasse direito num dos compartimentos da vida acadêmica. Era um professor de matemática aplicada bem estabelecido no University College, Londres, posição que obtivera antes de chegar aos trinta anos depois de estudar direito, abandonar essa carreira, estudar

* Exagerei uma pouco na simplificação: Wang na verdade não assumiu que *não* houvesse correlação alguma, apenas uma correlação muito pequena. Depois da eleição, ele escreveu: "A falha foi na eleição geral — e mesmo ali as pesquisas nos diziam claramente o quanto a corrida estava emparelhada. O erro foi meu, em julho: quando montei o modelo, minha estimativa da correlação dos erros na reta de chegada (também conhecido como incerteza sistemática) foi baixa demais. Para ser honesto, na época pareceu um parâmetro menos importante. Mas nas semanas finais esse parâmetro se tornou importante".

folclore alemão medieval em Heidelberg, receber a oferta de um posto em Cambridge sobre o tema e então também abandoná-lo. Ele era apaixonado pela Alemanha, que, comparada com a Inglaterra, parecia um paraíso de fogosa vida intelectual não estorvada por convenção social em geral, e religiosa em particular. Fã de Goethe, Pearson escreveu uma novela romântica chamada *The New Werther* [O novo Werther], sob o pseudônimo de Loki. A Universidade de Heidelberg escreveu "Carl" errado, "Karl", nos seus trabalhos e ele descobriu que preferia essa ortografia em lugar daquela com a qual nascera. Impressionado pelo fato de a língua alemã ter uma palavra neutra em termos de gênero, *Geschwister*, significando "irmão ou irmã", inventou a palavra inglesa "*sibling*", que tem exatamente esse sentido.

De volta à Inglaterra, defendeu o racionalismo não religioso e a liberação das mulheres, dando palestras escandalosas sobre tópicos como "Socialismo e sexo". O *Glasgow Herald* escreveu sobre uma das suas palestras: "O sr. Pearson nacionalizaria a terra e nacionalizaria o capital: ele atualmente se encontra sozinho na proposta de nacionalizar também as mulheres".[8] Seu carisma lhe possibilitava[9] safar-se de pequenos ultrajes desse tipo; foi lembrado por um ex-aluno como um "típico atleta grego, com traços refinados, cabelos encaracolados e um físico magnífico". Fotografias do começo dos anos 1880 mostram um homem com uma testa imensa, olhar intenso e um maxilar sugerindo que ele estava prestes a acertar você sobre alguma coisa.

Quando adulto, ele retornou à matemática, a matéria em que tivera desempenho excelente no colégio. Escreveu que "ansiava por trabalhar com símbolos em vez de palavras". Candidatou-se a duas cátedras de matemática e foi rejeitado; quando finalmente conseguiu sua nomeação em Londres, seu amigo Robert Parker escreveu para a mãe de Pearson:

> Conhecendo Karl como eu conheço, sempre tive certeza de que ele algum dia afirmaria o seu valor e se dedicaria a algo que *realmente* fosse adequado para ele, por mais condoídos que seus amigos possam ficar por causa de um fracasso momentâneo. E agora podemos perceber como foi importante para ele ter três ou quatro anos livres e ocupado em outros estudos diferentes da

> matemática; não quero dizer absolutamente que tudo tenha conduzido para o seu presente sucesso, mas não há dúvida de que isso o tornará um homem mais feliz e mais útil, e lhe possibilitará evitar qualquer mancha daquela estreiteza que se vê com tanta frequência, e que tanto se teme, em homens que se dedicaram exclusivamente a uma única busca absorvente. Além disso, grandes ideias muitas vezes são sugeridas fora da gama de temas especiais com os quais elas se relacionam, e Karl está retornando à ciência com um estoque dessas ideias a serem elaboradas e que algum dia o tornarão tão famoso quanto Clifford* ou qualquer um de seus predecessores.[10]

O próprio Pearson não tinha tanta certeza: escreveu para Parker, em novembro do seu primeiro semestre: "Se eu tivesse só uma centelha de originalidade ou fosse um gênio, *jamais* teria me estabelecido como professor, em vez disso teria vagado pela vida** na esperança de produzir algo que pudesse sobreviver a mim".[11] Mas Parker levou a melhor na argumentação. Pearson se tornou um dos fundadores da nova disciplina de estatística matemática, não por ter provado teoremas tão magníficos quanto seu físico, mas porque entendeu como colocar o mundo mais amplo em contato com a linguagem da matemática.

Foi com essa finalidade em mente que Pearson, em 1891, assumiu o Professorado Gresham de Geometria, uma posição cujo único dever desde sua fundação em 1597 tem sido dar uma série de palestras noturnas de matemática voltadas para o público geral. As palestras deviam ser sobre geometria, mas Pearson, no seu estilo típico, tinha em mente algo que desafiava mais as convenções do que fleumáticas aulas de apreciação matemática sobre as retas e círculos de Euclides. Ele se tornara um professor popular trazendo para as salas de aula demonstrações brilhantes, extraídas da vida real. Uma vez jogou 10 mil moedas de um penny no chão[12] e fez os alunos contarem as caras e coroas, de modo que pudessem testemunhar

* O geômetra W. K. Clifford, que podia não ser famoso para todo mundo, mas era e é um medalhão nos círculos da matemática e da física. Há uma fórmula algébrica batizada com seu nome, um sinal seguro de que você é bom no que faz.

** Como o mosquito de Ross!

e não só aprender de um livro a lei dos grandes números que puxava a proporção de caras inexoravelmente para 50%. Na inscrição de Pearson para o professorado, ele escreveu:

> Acredito que, pela interpretação legítima do sentido amplo da palavra "geometria" conforme usada na época de Sir Thomas Gresham para um dos sete ramos do conhecimento, podem ser dados cursos sobre os elementos das ciências exatas, sobre geometria do movimento, sobre a estatística gráfica, sobre a teoria da probabilidade e seguros, além dos cursos puramente geométricos, o que supriria uma lacuna sentida por funcionários e outros envolvidos na vida cotidiana da cidade.[13]

E deu cursos intitulados "Geometria da estatística", sobre o que hoje seria chamado visualização de dados. Introduziu pela primeira vez suas ideias sobre desvio-padrão e o histograma. Não demorou muito para que acabasse desenvolvendo a teoria geral da correlação; este talvez seja o mais geométrico de todos os trabalhos de Pearson, uma vez que revela que uma maneira robusta de entender como duas variáveis observadas estão presas entre si é por meio do cosseno de um ângulo num espaço de dimensão elevada!*

Na época em que Ross estava pensando em mosquitos, Pearson tornara-se um líder mundial na aplicação da matemática a problemas biológicos. Em 1901, foi cofundador da revista *Biometrika*, cujos números antigos enchiam prateleiras inteiras na minha casa de infância.** (Eu não cresci numa biblioteca acadêmica, simplesmente tenho dois bioestatísticos como pais.)

---

* E seria uma ideia perfeita a ser explicada num livro sobre geometria, salvo pelo fato de que eu já escrevi sobre isso em outro livro. Se você tem um exemplar de *O poder do pensamento matemático* [Zahar, 2015], vá ler as páginas 379-86, depois volte aqui.

** Mais ou menos nessa época, o interesse de Pearson por grandes esquemas sociais voltou-se para a defesa de "melhoramentos" eugênicos na população britânica, e a hereditariedade de características mentais. Em um dos primeiros números da *Biometrika* aparece um estudo exaustivo feito por Pearson de comparações de irmãos entre milhares de crianças em idade escolar, cada uma avaliada por ele em medidas de vivacidade, assertividade, introspecção, popularidade, consciência, humor e caligrafia.

Pearson descobriu que biólogos já trabalhando nesses problemas não estavam totalmente convencidos:

> Eu me senti tristemente deslocado entre esses biólogos, e pouco capaz de expressar opiniões, que apenas teriam ferido os seus sentimentos sem produzirem qualquer real benefício. Sempre consigo gerar hostilidade sem fazer com que os outros vejam minhas opiniões; atribuo isso à infelicidade no modo de me expressar.[14]

Tenho aqui um pouco de simpatia pelos biólogos. Matemáticos tendem a assumir uma atitude imperial; frequentemente vemos os problemas de outras pessoas como consistindo em um verdadeiro núcleo matemático cercado por uma quantidade irritante de conhecimento específico do domínio que as distrai, e que nós impacientemente jogamos fora para chegar o mais depressa possível "ao que importa". O biólogo Raphael Weldon escreveu para Francis Galton: "Aqui, como sempre acontece quando ele emerge das suas nuvens de símbolos matemáticos, Pearson me parece raciocinar displicentemente, sem ter qualquer cuidado para entender seus dados...",[15] e, em outra carta, "Mas tenho um medo terrível de matemáticos puros sem nenhum treinamento experimental. Pense em Pearson".[16] Weldon não era um biólogo qualquer; era um dos colegas mais próximos de Pearson, e Galton era seu reverenciado mentor mais velho. Esses são os três homens que mais tarde fundariam a *Biometrika*. As cartas aqui têm um sabor de dois amigos integrantes de um trio falando pelas costas a respeito do terceiro amigo — nós gostamos dele, é claro, mas às vezes ele é *tão chato*...

Pearson deve ter ficado contente por receber uma consulta geométrica de um dos mais distintos cientistas médicos do seu tempo. E enviou uma resposta a Ross:

> O enunciado matemático do caso mais simples do seu problema dos mosquitos não é difícil, mas a solução é outra coisa! Passei mais de um dia inteiro debruçado no problema & só consegui obter a distribuição após dois voos...

> Ele está, receio eu, além das minhas faculdades de análise & exige um forte analista matemático. No entanto, se mobilizarmos tal homem para algo como um problema de mosquitos, ele nem vai considerar a questão. Preciso reformular o enunciado como um problema de xadrez ou algo do tipo para fazer com que os matemáticos trabalhem nele![17]

Um matemático contemporâneo tentando despertar interesse por um problema não familiar poderia postar uma questão nas mídias sociais, ou mandar para um site público de Perguntas & Respostas como o MathOverflow. O análogo em 1905 era a coluna de cartas da revista *Nature*, que foi onde Pearson apresentou a questão, removendo toda e qualquer menção a mosquitos, conforme o prometido, mas também, para irritação de Ross, qualquer menção a Ross. Na mesma página da edição de 27 de julho encontramos uma carta do físico James Jeans tentando em vão refutar a ultramoderna teoria dos quanta de Max Planck. Entre Jeans e Pearson vem uma nota de John Butler Burke, que acreditava ter observado geração espontânea de vida microscópica numa cuba de caldo de carne por exposição ao rádio, elemento então recentemente descoberto. Não é, talvez, o lugar onde se esperaria encontrar os primórdios de um campo matemático que floresce até hoje.

A questão de Ross foi respondida muito rapidamente. Na verdade, foram necessários 25 anos negativos. O número seguinte da *Nature* incluía uma carta de Lord Rayleigh, o ganhador do prêmio Nobel de física do ano anterior, que informou a Pearson que havia resolvido o problema do passeio aleatório em 1880, no decorrer de algumas investigações da teoria matemática das ondas sonoras. Pearson respondeu, na minha opinião de forma bastante defensiva, que

> a solução de Lorde Rayleigh… é extremamente valiosa, e provavelmente poderá bastar para os propósitos que tenho imediatamente em vista. Eu a deveria conhecer, porém a minha leitura dos últimos anos me arrastou para outros canais, e não se espera encontrar o primeiro estágio de um problema biométrico fornecido num ensaio sobre som.

(Você notará que, apesar de Pearson reconhecer que a origem do problema está na biologia, Ronald Ross ainda assim foi completamente apagado.)

O que Rayleigh havia demonstrado foi que um mosquito capaz de voar em qualquer direção não era tão diferente do modelo unidimensional de Ross. Ainda é verdade que o mosquito tende a vagar só muito lentamente do seu ponto de partida, sua distância típica de casa sendo proporcional à raiz quadrada do número de dias que ele tem voado. E ainda é verdade que o local mais provável para o mosquito estar é o local de onde partiu. Isso levou Pearson a comentar: "A lição da solução de Lord Rayleigh é que, em terreno aberto, o lugar mais provável de encontrar um bêbado que ainda é capaz de se manter de pé é em algum ponto perto do seu local de partida!".*[18]

É desse comentário improvisado de Pearson que temos a costumeira metáfora do passeio aleatório como trajeto de um humano embriagado, em vez de um inseto portador de doença. Ele foi frequentemente chamado de o "andar do bêbado", embora na era atual, mais gentil, a maioria das pessoas não pensa mais num vício capaz de arruinar uma vida como um suporte divertido no qual pendurar um conceito matemático.

Um passeio aleatório até a Bolsa

Ross e Pearson não eram as únicas pessoas pensando em passeios aleatórios com a entrada do novo século. Em Paris, Louis Bachelier, um jovem da Normandia, estava trabalhando na Bolsa, o grande mercado de ações no centro financeiro da França. Ele começou a estudar matemática na

* Mas não acabamos de dizer que a distância típica de casa é proporcional à raiz quadrada do número de dias viajados, que não é zero? Sim, é uma sutileza. Se o mosquito voou por algum tempo, a distância mais provável de casa poderia ser dez quilômetros, mas os locais que estão a dez quilômetros de casa formam um círculo enorme, enquanto os locais a zero quilômetros de casa formam um círculo tão pequeno que é apenas um ponto; as chances de estar aproximadamente no círculo grande são melhores que as chances de estar mais ou menos em casa, mas as chances de estar perto de *qualquer ponto específico* nesse círculo grande são piores do que as chances de estar de volta no ponto de partida.

Sorbonne na década de 1890, desenvolvendo grande interesse nos cursos de probabilidade, que eram lecionados por Henri Poincaré. Bachelier não era um estudante típico; órfão, teve de trabalhar para se sustentar, e não recebera o treinamento do liceu que havia moldado a maioria de seus colegas nos hábitos e costumes da matemática francesa. Ele lutou para passar em seus exames, safando-se com a nota mínima de aprovação.[19] E seus interesses eram simplesmente estranhos. A matemática de alto status na época eram mecânica celeste e física, como o problema dos três corpos com que Poincaré se debatera para ganhar o prêmio do rei Oscar. O que Bachelier queria estudar eram as flutuações dos preços de títulos que tinha observado na Bolsa; ele propôs tratar esses movimentos matematicamente, da mesma maneira como seus professores vinham tratando os movimentos dos corpos celestes.

Poincaré era profundamente cético em relação a aplicar análise matemática a ações humanas, remontando pelo menos até sua relutante participação no caso Dreyfus, a incendiária controvérsia acerca de um oficial judeu acusado de espionagem para os alemães. Com pouco gosto por batalhas políticas, Poincaré de algum modo permanecera basicamente neutro à medida que o conflito engolfava a sociedade francesa. Mas seu colega Paul Painlevé, um fervoroso simpatizante de Dreyfus (e também o segundo francês a voar num avião, e bem mais tarde primeiro-ministro da França, por um breve período, sob a presidência do primo de Poincaré, Raymond), conseguiu convencê-lo a se meter na história. O chefe de polícia Alphonse Bertillon, fundador da "polícia científica", havia apresentado o caso contra Dreyfus argumentando que a inocência deste estava excluída pelas leis da probabilidade. O mais distinto matemático da França, argumentou Painlevé, não podia ficar calado agora que o assunto tinha se tornado uma questão de números. Poincaré, persuadido, escreveu uma carta avaliando os cálculos de Bertillon, a ser lida perante o júri no novo julgamento de Dreyfus em 1899, em Rennes. Correspondendo à esperança de Painlevé, ao ler a análise do chefe de polícia Poincaré encontrou crimes contra a matemática. Bertillon achou muitas "coincidências" que ele acreditava apontarem irrefutavelmente para a culpa de Dreyfus. Poincaré observou que os métodos de Bertillon lhe permitiam tantas oportunidades de localizar coincidências que teria sido incomum se ele *não* tivesse encontrado algumas. A argumentação de Bertillon, concluía Poincaré, era "absolutamente desprovida de valor científico". Mas Poincaré foi ainda mais longe, declarando que "a aplicação do cálculo de probabilidade para as ciências morais" — o que hoje chamaríamos de ciências *sociais* — "é o escândalo da matemática". O desejo de eliminar elementos morais e substituí-los por números é tão perigoso quanto inútil. Em suma, o cálculo de probabilidades não é, como as pessoas parecem acreditar, uma ciência maravilhosa que libera aqueles que a dominam de possuir senso comum.

Dreyfus foi condenado mesmo assim.[20]

Um ano depois, Bachelier se propôs em sua tese a estabelecer o preço apropriado para uma opção, um instrumento financeiro que permite comprar um título a um preço especificado em algum momento fixado no futuro. É claro que a opção só tem valor se o preço de mercado do título exceder o preço que você combinou. Então, para entender o valor da opção você precisa ter alguma noção de *quão provável* é que o preço do título acabe acima ou abaixo daquela linha crucial. A ideia de Bachelier para analisar essa questão era tratar o preço do título como um processo aleatório, que a cada dia subia ou descia um pouco, sem qualquer referência ao que tinha acontecido antes. Isso soa familiar? É o mosquito de Ross, mas agora se trata de dinheiro. E Bachelier chegou ao mesmo tipo de conclusões a que Ross chegaria cinco anos depois (e a que Rayleigh chegara vinte anos antes). A distância que um preço percorre durante certo tempo é tipicamente proporcional à raiz quadrada da quantidade de tempo que passou.

Poincaré engoliu seu ceticismo e escreveu um relatório elogioso sobre a tese de Bachelier, enfatizando a modéstia dos objetivos de seu aluno: "Pode-se recear que o autor tenha exagerado a aplicabilidade da Teoria da Probabilidade, como tem sido feito com frequência. Felizmente, este não é o caso. [...] ele se empenha em estabelecer limites dentro dos quais se pode aplicar legitimamente esse tipo de cálculo".[21] Mas a tese obteve graduação de "honorável", boa o suficiente para passar, não o "muito honorável" que ele necessitaria para se lançar na academia francesa. Seu trabalho estava longe demais da corrente principal — ou assim parecia, antes que a revolução do passeio aleatório começasse. Bachelier acabou conseguindo um emprego de professor em Besançon,[22] e viveu até 1946, tempo suficiente para ver a originalidade do seu trabalho apreciada por outros matemáticos, mas não para ver o passeio aleatório se tornar a ferramenta-padrão em matemática financeira. A expressão chegou a se difundir para o público geral: o livro sobre investimentos de Burton Malkiel, *Um passeio aleatório por Wall Street*, vendeu mais de 1 milhão de exemplares. A mensagem de Malkiel é sóbria. O sobe e desce constante do preço de uma ação *dá a impressão* de que os acontecimentos o estão conduzindo, mas pode muito bem ser tão aleatório quando o zanzar interminável do mosquito. Não perca seu tempo tentando medir o tempo dos altos e baixos do mercado; em vez disso, diz Malkiel, ponha seu dinheiro num fundo indexado e esqueça. Não há volume de pensamento que consiga predizer o próximo movimento do mosquito e lhe dar uma vantagem. Ou, como escreveu Bachelier em 1900, enunciando o que ele chama de "princípio fundamental", "*L'espérance mathématique du spéculateur est nulle*":[23] a esperança matemática do especulador é nula.

Um fato muito inesperado de aparente vitalidade

Em julho de 1905, o mesmo mês em que Pearson estava apresentando a pergunta de Ross na *Nature*, Albert Einstein publicou seu artigo "Sobre o movimento de pequenas partículas suspensas num líquido estacionário, conforme requerido pela Teoria Cinética Molecular do Calor", nos *Annalen der Physik*. O artigo se referia ao "movimento browniano", o misterioso tremor de pequenas partículas flutuando num líquido. Robert Brown havia notado pela primeira vez o movimento enquanto estudava partículas de pólen ao microscópio, e perguntou-se se esse "fato muito inesperado de aparente vitalidade" representava algum princípio de vida que permanecia no pólen mesmo depois de ser separado da planta. Mas em experimentos posteriores ele assistiu exatamente ao mesmo efeito em partículas sem origem viva: lascas de vidro da sua janela, pó de manganês, bismuto e arsênico, fibras de amianto, e — Brown menciona isso em tom casual, como se fosse uma coisa normal para um botânico ter em casa — "um fragmento da Esfinge".[24]

A explicação do movimento browniano era acaloradamente discutida. Uma teoria popular era a de que pedaços de pólen ou da Esfinge estavam sendo chutados por inúmeras partículas ainda menores, as moléculas do fluido, pequenas demais para serem vistas num microscópio do século XIX. As moléculas estavam constantemente socando o pólen ao acaso, forçando-o a essa dança browniana que sugeria vida. Mas, lembre-se, nem todo mundo acreditava que a matéria era feita de minúsculas partículas invisíveis! Isso era objeto de grande disputa, com Ludwig Boltzmann do lado das "minúsculas partículas" e Wilhelm Ostwald do outro lado. Para os ostwaldianos, "explicar" um fenômeno físico postulando minúsculas moléculas indetectáveis fazendo o trabalho era só um pouco melhor que invocar demônios invisíveis para empurrar o pólen de um lado a outro. O próprio Karl Pearson tinha escrito, no seu livro de 1892 *The Grammar of Science* [A gramática da ciência]: "Nenhum físico jamais viu ou sentiu um átomo individual". Mas Pearson era um atomista, a seu modo; quer os átomos algum dia pudessem ser detectados por instrumentos ou não, escreveu ele, a hipótese de sua existência podia trazer clareza e unidade à física e gerar experimentos passíveis de ser testados. Em 1902, Einstein organizou um clube/sociedade de discussões acadêmicas e jantares ocasionais, "A Academia Olímpia", no seu apartamento em Berna. Os jantares frugais consistiam tipicamente de "uma fatia de mortadela, um pedaço de queijo gruyère, uma fruta, um pequeno recipiente de mel e uma ou duas xícaras de chá". (Einstein, que ainda não tinha arranjado seu emprego no escritório suíço de patentes, estava se virando para sobreviver dando aulas particulares de física a três francos por hora, e contemplava a possibilidade de um esforço adicional tocando violino na rua para se manter alimentado.) A Academia leu Espinoza,[25] leu Hume, leu *What Are Numbers and What Should They Be?* [O que são números e o que deveriam ser?], de Dedekind, e *A ciência e a hipótese*, de Poincaré. Mas o primeiríssimo livro que estudaram foi *The Grammar of Science*, de Pearson. E o salto de Einstein, três anos depois, estava muito no espírito que Pearson havia imaginado.

Demônios invisíveis são imprevisíveis; não existe modelo matemático para o que esses patifes vão fazer em seguida. Moléculas, por outro lado, estão sujeitas às leis da probabilidade. Se uma minúscula molécula de água movendo-se numa direção aleatória atinge uma partícula, esta é movida pelo impacto e levada a percorrer uma pequeníssima distância nessa direção. Se houver 1 trilhão desses impactos a cada segundo, então o pólen se move percorrendo uma pequena distância fixa numa direção escolhida ao acaso a cada trilionésimo de segundo. O que o pólen faz no longo prazo? Isso poderia ser previsível, mesmo que os impactos individuais não possam ser vistos.

É exatamente a pergunta que Ross fizera. Em vez de uma partícula de pólen, Ross tinha um mosquito, e em vez de 1 trilhão de movimentos por segundo, tinha um movimento por dia, mas a ideia matemática é a mesma. Assim como Rayleigh fizera, Einstein deduziu matematicamente como partículas tenderiam a se comportar sob uma sequência de movimentos em direções aleatórias. Isso fazia da teoria molecular algo que podia ser testado experimentalmente, como subsequentemente fez Jean Perrin, com completo sucesso; foi o golpe decisivo a favor do lado de Boltzmann na batalha. Moléculas eram invisíveis, mas o efeito acumulado de 1 trilhão de moléculas dando encontrões aleatoriamente não era.

Analisar o movimento de Boltzmann e o mercado de ações e o mosquito todos de uma vez, com a matemática do passeio aleatório, é seguir o slogan de Poincaré e dar o mesmo nome a coisas diferentes. Poincaré formulou seu famoso conselho no seu discurso de 1908 para o Congresso Internacional de Matemáticos em Roma. Ele falou de forma comovente sobre como fazer cálculos complexos pode dar a sensação de "tatear às cegas" — até o momento em que se encontra algo mais: uma subestrutura matemática comum compartilhada por dois problemas separados, iluminando um ao outro. "Em uma palavra", diz Poincaré, "isso me possibilitou perceber a possibilidade de uma generalização. Então não será meramente um resultado novo que consegui, mas uma nova força."

Livre-arbítrio vs. Andrei, o furioso

Nesse meio-tempo, na Rússia, duas turmas de matemáticos brigavam ferozmente acerca da relação entre probabilidade, livre-arbítrio e Deus. A escola de Moscou era chefiada por Pavel Alekseevich Nekrasov, que foi originalmente treinado como teólogo ortodoxo antes de se voltar para a matemática. Nekrasov era um arquiconservador, um cristão devoto a ponto de abraçar o misticismo e, segundo alguns, membro do movimento ultranacionalista Centenas Negras. Sob todos os aspectos era um homem do establishment tsarista. "Nekrasov se opõe fortemente a mudanças políticas nas quais as massas participem", registra uma fonte. "Ele considera a propriedade privada um princípio fundamental, que é de competência do regime tsarista proteger."[26] Suas credenciais conservadoras o tornaram popular com políticos antirrevolucionários que queriam manter um controle sobre o radicalismo estudantil, e ele subiu consistentemente nos escalões administrativos, tornando-se reitor da Universidade de Moscou[27] e então superintendente dos Distrito Educacional de Moscou.

Seu perfeito oposto na escola de São Petersburgo era seu contemporâneo Andrei Andreyevich Markov, um ateu e amargo inimigo da Igreja ortodoxa.* Ele escrevia uma porção de cartas iradas para os jornais, sobre assuntos sociais e era largamente conhecido como Neistovyj Andrei, "Andrei, o Furioso". Em protesto contra a excomunhão de Liev Tolstói,[28] Markov exigiu em 1912 que o Santíssimo Sínodo da Igreja ortodoxa russa o excomungasse também (e teve seu desejo atendido, embora a Igreja quase tenha lhe imposto um anátema, sua punição mais dura).

Nekrasov, como seria de imaginar, caiu em desgraça depois da Revolução — não foi expurgado, mas seu papel como agente de poder matemático terminou, e dizia-se que ele parecia uma "bizarra sombra do passado". Quando morreu em 1924, o *Izvestia* publicou um obituário levemente cor-

* O pai de Markov, Andrei Grigorievich Markov, era, como Nekrasov, graduado num seminário e funcionário do governo. Tirem as conclusões que quiserem, vocês que são fãs da psicanálise.

tês elogiando Nekrasov por "empenhar-se determinadamente para compreender o sistema marxista",[29] um insulto final ao falecido.

Talvez surpreendentemente, Markov não se saiu muito melhor. Nekrasov o acusara de simpatias marxistas nos tempos do tsar, porém Markov tinha tão pouco apreço pela ideologia comunista quanto tinha pelo Santíssimo Sínodo; seu espírito furioso simplesmente achou um novo alvo. Em 1921, um ano antes de sua morte, Markov informou à Academia de Ciência de São Petersburgo que não poderia mais participar das reuniões, pois não tinha sapatos. O Partido Comunista lhe mandou um par de sapatos, que Markov julgou malfeitos a ponto de motivar uma irada declaração pública final:

> Por fim, recebi calçados; não só, porém, eles são estupidamente mal costurados, como não servem para as minhas medidas. Portanto, como antes, não posso participar das reuniões da Academia. Proponho colocar os calçados por mim recebidos no Museu Etnográfico como exemplo da cultura material do tempo presente, e para esse fim estou disposto a sacrificá-los.[30]

As diferenças radicais entre Markov e Nekrasov poderiam ter se mantido amigáveis caso não tivessem vazado de questões religiosas e políticas para o tema mais sério da matemática. Ambos, Markov e Nekrasov, se interessavam por probabilidade, e em particular pela chamada Lei dos Grandes Números, o teorema que Karl Pearson demonstrara em classe jogando no chão 10 mil moedas de um penny. A versão original desse teorema, provada cerca de duzentos anos antes do tempo de Markov por Jakob Bernoulli, diz mais ou menos o seguinte: se você lançar uma moeda uma quantidade de vezes suficiente, a proporção de caras chegará cada vez mais perto de 50%. É claro que nenhuma lei física força isto a acontecer; uma moeda *poderia* dar cara quantas vezes seguidas você pensar. Mas não é muito provável, e qualquer porcentagem fixa de desequilíbrio, seja 60% de caras, 51% de caras ou 50,00001% de caras, torna-se cada vez mais remotamente improvável à medida que o número de lançamentos aumenta. Da mesma forma que em lançamentos de moedas, assim ocorre com a existência humana. Estatísticas de conduta e ação humanas,[31] como frequências de vários crimes e idade do primeiro casamento, também tendem a se estabilizar em médias fixas, como se pessoas no agregado fossem apenas um monte de moedas sem consciência.

Nos dois séculos desde Bernoulli, muitos matemáticos, inclusive Pafnuty Chebyshev, mentor de Markov, refinaram a Lei dos Grandes Números para cobrir mais e mais casos gerais. Porém seus resultados requeriam todos uma hipótese de *independência*. O lançamento de uma moeda tinha que ser independente do lançamento de outra.

O exemplo da eleição de 2016, do qual falamos há pouco, nos mostra por que essa hipótese é importante. Em cada estado, a diferença entre nossa melhor estimativa da pesquisa e a votação final pode ser considerada como uma variável aleatória, chamada erro. Se esses erros fossem independentes entre si, a chance de que todos os erros favoreçam um candidato é muito baixa; muito mais provável é que alguns tomem uma direção, alguns tomem outra, sendo que a média ficaria perto de zero, e a avaliação geral da eleição ficaria próxima de estar certa. Mas se os erros estiverem correlacionados, como frequentemente ocorre na vida real, essa premissa poderia estar errada; torna-se muito mais provável que todo nosso aparato de pesquisa esteja sistematicamente marcado por um viés no sentido de subestimar um candidato, de forma semelhante no Wisconsin, no Arizona e na Carolina do Norte.

Nekrasov ficava perturbado pela regularidade estatística do comportamento humano. A ideia de que seres humanos eram fundamentalmente *previsíveis*, não mais capazes que um cometa ou um asteroide de escolher seu próprio rumo através do universo, era incompatível com a doutrina da Igreja, e portanto inaceitável para ele. E ele viu uma saída no Teorema de Bernoulli. A Lei dos Grandes Números dizia que as médias se comportavam previsivelmente quando as variáveis individuais eram independentes entre si. Bem, aí está, disse Nekrasov! As regularidades que vemos na natureza não significam que sejamos todos meras partículas determinísticas percorrendo a trilha pré-fixada da natureza, mas apenas que somos *independentes* uns dos outros, capazes de fazer nossas próprias escolhas. O teorema, em outras palavras, fornecia uma prova matemática do livre-

-arbítrio. Ele apresentou sua teoria numa série de artigos verborrágicos, com centenas de páginas, publicados numa revista científica editada pelo seu assessor e colega nacionalista Nikolai Vasilievich Bugaev, culminando num robusto livro em 1902.

Para Markov, isso era misticismo absurdo. Pior, era misticismo absurdo com roupagem matemática. O trabalho de Nekrasov era "um abuso da matemática", Markov queixou-se amargamente a um colega. Ele não tinha meios de consertar o que via como erros metafísicos de Nekrasov. Mas a matemática ele podia destruir a machadadas. Então pôs suas mãos à obra.

Não consigo pensar em quase nada mais estéril intelectualmente do que uma guerra verbal entre verdadeiros crentes religiosos e o movimento ateísta. E ainda assim, dessa vez, isso levou a um importante avanço matemático, cujos ecos vêm ressoando por aí desde então. O erro de Nekrasov, Markov viu imediatamente, estava em ler o teorema de trás para frente. O que Bernoulli e Chebyshev sabiam era que as médias se estabilizavam sempre que as variáveis em questão eram independentes. E a partir daí Nekrasov concluiu que as variáveis eram independentes sempre que as médias estabilizavam. Mas isso não vale! Sempre que como goulash fico com azia, mas isso não significa que sempre que tenho azia é porque comi goulash.

Para Markov realmente nocautear seu rival, ele precisava vir com um *contraexemplo*: uma família de variáveis cuja média fosse completamente previsível, mas que não eram independentes entre si. Com isso em mente ele inventou o que agora chamamos de cadeias de Markov. E, adivinhe só?, é a mesma ideia que ocorreu a Ross para modelar o mosquito, que Bachelier aplicou ao mercado de ações e que Einstein tinha usado para explicar o movimento browniano. O primeiro artigo sobre as cadeias de Markov apareceu em 1906; ele tinha cinquenta anos e no ano anterior se aposentara de seu posto acadêmico. Era o momento perfeito para realmente se debruçar sobre um banquete intelectual.

Markov considerou um mosquito levando uma vida muito restrita; ele só tem dois lugares para onde pode voar. Vamos chamá-los de Charco 0 e Charco 1. Onde quer que o mosquito esteja, lá ele prefere ficar, se tiver sangue suficiente para beber. Digamos que, num determinado dia, se o mosquito está no Charco 0, há uma chance de 90% de ele ficar lá quietinho, e uma chance de 10% de voar para o Charco 1 para ver se o sangue é mais vermelho do outro lado da cerca. No Charco 1, que talvez seja um terreno de caça menos promissor, o mosquito tem apenas 80% de chance de permanecer, e uma chance de 20% de voar para o Charco 0. Podemos capturar a situação num diagrama:

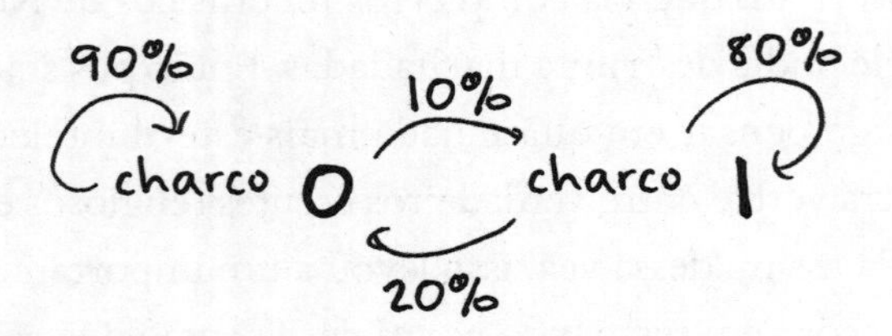

Nós acompanhamos cuidadosamente o progresso do mosquito, anotando onde ele passa cada dia. Você provavelmente verá longas sequências de permanência consecutiva no Charco 0 e no Charco 1, uma vez que a mudança de charco é um evento de baixa probabilidade. A sequência toda pode ter mais ou menos o seguinte aspecto:

0, 0, 0, 0, 1, 1, 1, 1, 1, 1, 1, 1, 1, 0, 0, 0, 0, 0, 0, 0, 0, 0, 0, 0, 0, 0, 1, 1, 0, 0, 0, 0, 0, 0, 0…

O que Markov mostrou foi isto. Se você observa o mosquito por um tempo longo e tira a média de todos esses números — isso equivale a contar que proporção da vida o mosquito passou no Charco 1 —, essa média se estabiliza numa probabilidade fixa, exatamente como a fração de caras numa sequência de lançamentos de moeda. Você poderia pensar que o mosquito, esvoaçando aleatoriamente, vai acabar com a mesma probabilidade de estar em qualquer um dos charcos. Mas não! A assimetria que embutimos no problema persiste. Nesse caso, a média de todos esses números vai se estabilizar em 1/3. O mosquito passa 2/3 da sua vida no Charco 0, e somente um terço no Charco 0.

Não se espera que isso seja óbvio. Mas quero tentar ao menos convencer você de que é razoável. Em qualquer dia no Charco 0, a chance do mosquito de ir embora é 1 em 10; então seria de se esperar que uma residência típica no Charco 0 durasse dez dias. Pelo mesmo raciocínio, uma permanência típica no Charco 1 deveria ser de cinco dias. Isso sugere que o mosquito deveria de modo geral passar o dobro do tempo no Charco 0 do que no Charco 1, e isso acaba sendo correto.

Mas — e este é o golpe fatal em Pavel Alekseevich — os números nessa sequência *não são independentes* entre si. Definitivamente! O lugar onde o mosquito está hoje e o lugar onde o mosquito estará amanhã estão altamente correlacionados; de fato, há uma esmagadora probabilidade de ser o mesmo lugar. E mesmo assim a Lei dos Grandes Números ainda se aplica. Não era requerida independência. O mesmo vale para a prova matemática do livre-arbítrio.

Uma lista de variáveis como essa é chamada de *cadeia* de Markov, porque a ordem em que as variáveis aparecem importa muito. Cada uma depende daquela que a antecede, mas em certo sentido *apenas* dessa que a antecede; se você quiser saber onde provavelmente o mosquito estará amanhã, não importa onde ele esteve ontem nem anteontem, só onde ele está hoje.* Cada variável se conecta com a seguinte, como os elos de uma cadeia. Mesmo que a rede de charcos e os trajetos entre eles sejam mais complicados que isso (contanto que ela permaneça uma rede *finita*), a proporção de tempo que o mosquito passa em cada charco tende a se estabilizar num índice fixo, exatamente como lançamentos de moedas ou jogos de dados. Onde antes só tínhamos a Lei dos Grandes Números, havia agora uma Lei dos Longos Passeios.

A comunidade científica global da qual agora desfrutamos não existia na primeira década do século XX. Não era nem fácil nem comum o trabalho matemático cruzar fronteiras nacionais e linguísticas. Einstein não sabia do trabalho de Bachelier sobre o passeio aleatório. Markov não sabia

---

* A maneira como expressamos isso em termos técnicos é dizer que cada variável é independente de todas as anteriores, *condicionalmente* ao valor mais recente.

sobre o trabalho de Einstein. E nenhum deles sabia sobre Ronald Ross. No entanto, todos tiveram a mesma percepção. Não dá para evitar sentir que, naqueles primeiros anos de 1900, havia alguma coisa no ar — um doloroso reconhecimento de alguma inevitável aleatoriedade borbulhando na essência das coisas. (Sem falar no desenvolvimento da mecânica quântica, que acabaria por entrelaçar a probabilidade com a física de uma maneira totalmente diferente.) Falar sobre a geometria de um espaço, seja ele um frasco de líquido, o espaço de condições de mercado ou um pântano infestado de mosquitos, é falar sobre como nos movemos através dele — e parece não haver nenhum espaço no mundo da geometria onde o passeio aleatório não tenha se revelado uma ferramenta ilustrativa. Veremos mais adiante neste livro que as cadeias de Markov são cruciais na exploração dos modos de cinzelar um estado em distritos legislativos; e veremos, agora mesmo, como elas se aplicam ao espaço puramente abstrato da própria língua inglesa.

Pondenome of demonstures of the reptagin

O trabalho original de Markov foi um exercício puramente abstrato em teoria da probabilidade. Haveria aplicações? "Estou preocupado apenas com questões de análise pura", Markov escreveu numa carta. "Refiro-me à questão da aplicabilidade da teoria da probabilidade com indiferença". Segundo Markov, Karl Pearson, o eminente estatístico e biometrista, "não fez nada digno de nota". Informado alguns anos depois a respeito do trabalho anterior de Bachelier sobre passeios aleatórios e o mercado de ações, respondeu: "Eu, é claro, vi o artigo de Bachelier, mas decididamente não gostei dele. Não tento julgar sua significância para a estatística, mas para a matemática ele não tem importância, na minha opinião".[32]

Porém, finalmente Markov se rendeu e aplicou sua teoria, movido pela única paixão que unia ateístas e ortodoxos russos: a poesia de Alexander Púchkin. A arte e o significado da poesia de Púchkin com certeza não podiam ser captados pela mecânica da probabilidade. Então Markov se contentou em pensar nas primeiras 20 mil letras de *Eugene Onegin*, romance em verso de Púchkin, como uma sequência de consoantes e vogais: 43,2% de vogais, 56,8% de consoantes, para ser preciso. Poderíamos esperar ingenuamente que as letras fossem independentes umas das outras, o que significaria que a letra que se seguisse a uma consoante tinha a mesma probabilidade de ser uma consoante do que qualquer outra letra do texto — isto é, 56,8% de chance.

Não é bem assim, Markov descobriu. Com grande esforço, ele classificou todo par de letras consecutivas como consoante-consoante, consoante-vogal, vogal-consoante ou vogal-vogal, e acabou com o seguinte diagrama:

33,7% 66,3%
consoante vogal
87,2% 12,8%

Essa é uma cadeia de Markov exatamente igual àquela que governava o mosquito e seus dois charcos; só que as probabilidades se modificaram. Se a letra em questão é uma consoante, mudar é mais provável que permanecer: a letra seguinte tem 66,3% de chance de ser uma vogal e apenas 33,7% de chance de ser uma consoante. Vogais duplas são ainda mais raras: há uma chance de somente 12,8% de que uma vogal seja seguida por outra. Esses números são estatisticamente estáveis ao longo do texto. Poderíamos pensar neles como uma assinatura estatística da escrita de Púchkin, e de fato Markov mais tarde retornou ao problema, analisando 100 mil letras do romance de Serguei Aksakov, *The Childhood Years of Bagrov, Grandson* [Os anos de infância de Bagrov Neto]. A porcentagem de vogais de Aksakov não era muito diferente da de Púchkin, 44,9% de vogais. Mas a cadeia de Markov tem um aspecto totalmente diferente:

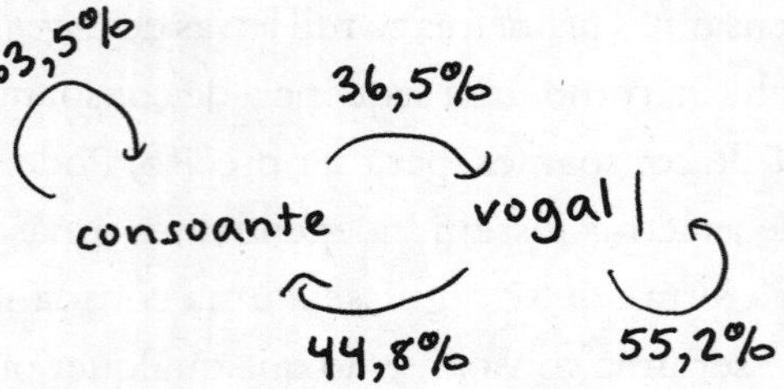

63,5%
36,5%
consoante vogal
44,8%
55,2%

Se por alguma razão você precisar determinar se algum texto russo desconhecido foi escrito por Aksakov ou Púchkin, uma boa maneira — especialmente se não souber ler russo — seria contar os pares de vogais consecutivas, que Aksakov parecia saborear mas que Púchkin evitava.

Não se pode culpar Markov por reduzir textos literários a uma sequência binária de consoantes e vogais; ele precisava fazer tudo no papel. Uma vez inventados os computadores eletrônicos, muito mais coisas passaram a ser possíveis. Em vez de ter apenas dois charcos, podiam-se ter 26, um para cada letra do alfabeto inglês. E dado um corpo convenientemente grande de texto para se trabalhar, podem-se estimar todas as probabilidades necessárias para definir a cadeia de Markov das letras. Peter Norvig, diretor de pesquisa no Google,[33] usou um corpo de texto de cerca de 3,5 trilhões de letras para calcular essas probabilidades na língua inglesa. Cerca de 445 bilhões de letras, 12,5% do total, eram E, a letra mais comum na língua inglesa. Mas a letra seguinte a esses 445 bilhões de Es era outro E em apenas cerca de 10,6 bilhões de casos, uma chance de pouco mais de 2%. Muito mais comum era um E seguido de um R, o que acontecia 57,8 bilhões de vezes; assim, a proporção de Rs seguindo um E era de quase 13%, mais que o dobro da frequência de Rs entre todas as letras. Na verdade a sequência de duas letras (ou "bigrama") ER é a quarta mais comum entre *todos* os bigramas em inglês. (Os três primeiros bigramas aparecem nesta nota de rodapé, se você quiser adivinhar antes de olhar.)*

* A sequência número 1 é TH, seguida de HE e IN. Mas note que essas não são leis da natureza; num corpo de texto diferente, reunido por Norvig em 2008, IN fica no lugar de TH como primeiro colocado, com ER, RE e HE completando os cinco primeiros bigramas. Cada corpo de texto tem, portanto, uma frequência de bigramas ligeiramente diferente.

Gosto de pensar nas letras como lugares no mapa, e nas probabilidades como caminhos a pé mais ou menos convidativos e fáceis de percorrer. Do E para o R há uma estrada larga e bem pavimentada. Do E para o B o caminho é muito mais estreito e mais espinhoso. Ah, e os caminhos são de mão única: é mais de vinte vezes mais fácil ir do T para o H do que voltar. (Pessoas falando inglês dizem muito "*the*" e "*there*" e "*this*" e "*that*", e nem tanto "*light*" e "*ashtray*".) As cadeias de Markov nos dizem que tipo de trajetória sinuosa no mapa um texto em inglês tem probabilidade de descrever.

Já que você está aqui, por que não se aprofundar? Em vez de uma sequência de letras, poderíamos pensar num texto como uma sequência de bigramas; por exemplo, a primeira sentença deste parágrafo em inglês é "*Once you're here, why not go deeper?*",* então, os primeiros bigramas são:

ON, NC, CE, EY, YO, OU...

Agora, existem algumas restrições para os trajetos. ON não pode ir para *qualquer* bigrama; o seguinte precisa ser um bigrama que comece com N. (O bigrama seguinte mais comum, a tabela de Norvig nos mostra, é NS, que ocorre 14,7% das vezes, seguido de NT com 11,3%.) Isso fornece um quadro ainda mais refinado da estrutura do texto em inglês.

Foi o engenheiro e matemático Claude Shannon[34] quem primeiro percebeu que as cadeias de Markov podiam ser usadas não só para analisar textos, mas para *gerá-los*. Suponha que você queira produzir um trecho de texto com as mesmas propriedades estatísticas que o inglês escrito, e ele começa com ON. Então você pode usar um gerador de números aleatórios para selecionar a próxima letra; deve haver 14,7% de chance que seja um S, 11,3% de chance que seja um T e assim por diante. Tendo escolhido sua letra seguinte (digamos, T) você tem seu próximo bigrama (NT), e você pode proceder como antes, durante o tempo que quiser. O artigo de Shannon "A Mathematical Theory of Communication" [Uma teoria matemática da

---

* Foram mantidos os exemplos originais em inglês, dado que as porcentagens de participação de letras e grupos de letras referem-se a estudos para a língua inglesa. (N. T.)

comunicação] (o artigo que deflagrou todo o campo da teoria da informação) foi escrito em 1948 e portanto não tinha acesso a 3,5 trilhões de letras de texto em inglês num sistema magnético moderno de armazenagem. Então ele estimou as cadeias de Markov de maneira diferente. Se o bigrama à sua frente fosse ON, ele tirava um livro da estante e o consultava até encontrar as letras O e N em sucessão. Se a letra seguinte fosse um D, o bigrama seguinte seria ND; aí você abre outro livro, procura um N seguido de um D, e assim por diante. (Se o que vier depois do ON for um espaço em branco, você também pode contar isso, o que lhe dá os intervalos entre palavras.) Você escreve a sequência de letras assim produzida e obtém a famosa frase de Shannon:

> IN NO IST LAT WHEY CRATICT FROURE BIRS GROCID PONDENOME OF DEMONSTURES OF THE REPTAGIN IS REGOACTIONA OF CRE.

Esse simples processo de Markov produz algo que não é inglês, mas dá para reconhecer que meio que *parece* inglês. Esse é o poder mágico das cadeias.

É claro que as cadeias de Markov dependem do corpo de texto que você usa para descobrir as probabilidades: os "dados de treinamento", como dizemos no negócio de aprendizagem de máquina. Norvig usou o corpo de texto gigante que o Google colheu de sites da web e e-mails; Shannon usou os livros na sua prateleira; Markov usou Púchkin. Eis um texto que gerei usando a cadeia de Markov treinada numa lista de nomes dados a bebês nascidos nos Estados Unidos em 1971:[35]

> Teandola, Amberylon, Madrihadria, Kaseniane, Quille, Abenellett…

Isso é usar o processo de Markov em bigramas. Poderíamos ir além e perguntar, para uma sequência de *três* letras (um trigrama), com que frequência cada letra aparece imediatamente após o trigrama? Isso requer que você rastreie mais dados, porque há muito mais trigramas do que bigramas, mas os resultados semelhantes a nomes são bem mais reconhecíveis:

Kendi, Jeane, Abby, Fleureemaira, Jean, Starlo, Caming, Bettilia…

Se subirmos para correntes de cinco letras, a fidelidade se torna tão boa que muitas vezes reproduzimos nomes inteiros a partir da base dados, mas mesmo assim sempre aparece alguma novidade:

Adam, Dalila, Melicia, Kelsey, Bevan, Chrisann, Contrina, Susan…

Se usarmos a cadeia de trigramas em bebês nascidos em 2017, obtemos

Anaki, Emalee, Chan, Jalee, Elif, Branshi, Naaviel, Corby, Luxton, Naftalene, Rayerson, Alahna…,

o que, decididamente, nos dá uma sensação mais moderna. (Na verdade, cerca da metade deles são nomes reais com os quais as crianças estão andando por aí neste momento.) Para bebês nascidos em 1917:

Vensie, Adelle, Allwood, Walter, Wandeliottlie, Kathryn, Fran, Earnet, Carlus, Hazellia, Oberta…

As cadeias de Markov, simples como são, de algum modo capturam algo do *estilo* das práticas de dar nomes em diferentes épocas. E existe um jeito no qual elas são quase experimentadas como criativas. Alguns desses nomes não são ruins! Você pode muito bem imaginar um garoto no ensino fundamental chamado Jalee ou, para ter uma sensação retrô, Vensie. Naftalene talvez não.

A capacidade de uma cadeia de Markov de produzir algo parecido com linguagem nos leva a fazer uma pausa. *Será* a linguagem só uma cadeia de Markov? Quando falamos, estamos simplesmente produzindo novas palavras baseados nas últimas palavras que dissemos, baseados em alguma distribuição de probabilidade que viemos a aprender com base em todas as outras coisas que já ouvimos serem proferidas?

Não é *só* isso. Afinal, escolhemos, sim, as nossas palavras para dar alguma referência ao mundo que nos cerca. Não estamos apenas repetindo frases prontas que já foram ditas.

E ainda assim as cadeias de Markov modernas podem produzir algo extraordinariamente parecido com linguagem humana. Um algoritmo como GPT-3 da Open AI é o descendente espiritual da máquina de texto de Shannon, só que muito maior. O input, em vez de serem grupos de três letras, é um colosso de texto com centenas de palavras, mas o princípio é o mesmo: dado o trecho mais recentemente produzido, qual é a probabilidade de que a próxima palavra seja "the", ou "geometry" ou "graupel"?

Você pode pensar que isso é fácil. Poderia pegar as primeiras cinco sentenças do seu livro e rodá-las no GPT-3, e obteria uma lista de probabilidades para cada combinação possível de palavras nessas sentenças.

Espere aí, por que você haveria de pensar que é fácil? Na verdade, você não pensaria isso. O parágrafo acima é uma tentativa de GPT-3 de seguir adiante a partir dos três parágrafos anteriores. Eu peguei o output mais sensato entre mais ou menos dez tentativas. Mas todos os outputs de algum modo *soam* como se tivessem vindo do livro que você está lendo — o que, preciso confessar, é meio inquietante para o ser humano que está escrevendo o livro, mesmo que as sentenças não façam nenhum sentido literal, como ocorre nesse output do GPT-3:

> Se você tem familiaridade com o conceito do teorema de Bayes, então isto deve ser fácil para você. Se há uma chance de 50% de que a próxima palavra seja "*the*" e uma chance de 50% de que seja "*geometry*", então a probabilidade de que a próxima palavra seja ou "*the geometry*" ou "*graupel*" é de $(50/50)^2 = 0$.

Existe uma diferença realmente grande entre esse problema e a máquina de texto de Shannon. Imagine um Claude Shannon com uma biblioteca muito maior, tentando produzir sentenças em inglês usando este método, começando com quinhentas palavras daquilo que você acabou de ler. Ele consulta seus livros até encontrar um onde essas exatas palavras aparecem nessa exata ordem, de modo que possa registrar qual é a palavra que vem a seguir. Mas é claro que ele *não* encontra isso! Ninguém (espero!) jamais escreveu as quinhentas palavras que acabei de escrever. Então o método de Shannon fracassa já no primeiro passo. É como se estivéssemos tentando adivinhar a próxima letra quando as duas letras à sua frente são xz. Realmente, pode *não haver* um livro na prateleira onde essas duas letras apareçam em sucessão. Então ele simplesmente dá de ombros e desiste? Vamos atribuir ao Claude imaginário um pouco mais de obstinação! Em vez disso, poderíamos dizer: dado que nunca encontramos xz antes, quais bigramas de certa forma *parecidos* com xz nós já vimos, e quais letras vêm depois desses bigramas? Uma vez que começamos a pensar desse jeito, estamos fazendo julgamentos sobre quais correntes de letras são "próximas" a outras correntes de letras, o que significa que estamos pensando numa geometria de correntes de letras. Não é óbvio qual noção de "proximidade" deveríamos ter em mente, e o problema fica ainda mais difícil se estivermos falando de textos com quinhentas palavras. O que significa que um texto seja próximo de outro? Existe uma geometria da linguagem? Do estilo? E como se espera que um computador descubra? Voltaremos a isso. Mas, primeiro, o maior jogador de damas do mundo.

5. "Seu estilo era a invencibilidade"

O MAIOR CAMPEÃO DE QUALQUER empreendimento competitivo na história da espécie humana — melhor no seu jogo do que Serena Williams no tênis, melhor que Babe Ruth em rebater *home runs* no beisebol, melhor que Agatha Christie em vender best-sellers, melhor que Beyoncé em dar shows espetaculares — foi um professor de matemática e pregador ocasional de índole pacífica que vivia com sua mãe idosa em Tallahassee, Flórida. Seu nome era Marion Franklin Tinsley, e ele jogava damas. Jogava damas como ninguém tinha jogado antes dele e ninguém jamais jogará.

Tinsley cresceu em Columbus, Ohio, onde aprendeu damas de competição com uma pensionista na casa de sua família, uma certa sra. Kershaw, que se deliciava com seu domínio sobre o garoto. "Ah, como ela ria quando comia minhas peças",[1] lembrava-se Tinsley. E foi sorte dele que o campeão mundial na época, Asa Long, morasse nas proximidades, em Toledo. A partir de 1944,[2] o adolescente passou a estudar damas com Long nos fins de semana, e dois anos depois, aos dezenove, já era bom o bastante para terminar em segundo lugar no campeonato dos Estados Unidos, embora nunca tivesse vencido a sra. Kershaw, que se mudara de sua casa alguns anos antes. Ele ganhou o título americano em 1954, época em que era um estudante de pós-graduação em matemática na Universidade Estadual de Ohio. No ano seguinte conquistou o campeonato mundial, que manteria com pequenos intervalos pelos próximos quarenta anos. Nos anos em que não foi campeão foi porque estava tirando uma folga do jogo. Tinsley defendeu seu título em 1958 contra Derek Oldbury, do Reino Unido, vencendo nove jogos, empatando 24 e perdendo apenas um. E ganhou outra disputa pelo título mundial contra seu velho mentor Asa Long, em 1985, vencendo seis, perdendo um e empatando 28 jogos. Em 1975, perdeu um jogo para Everett Fuller a caminho de vencer o Florida Open.[3]

Em mais de mil jogos de torneios que Tinsley disputou de 1951 a 1990, contra os maiores jogadores de damas do mundo, essas foram as três partidas que ele perdeu.

Ele não assumia ares de superioridade; não se gabava de ser melhor, nem menosprezava ou insultava seus oponentes. Simplesmente ganhava, e ganhava, e ganhava. Burke Grandjean, o secretário da Federação Americana de Damas, dizia: "Seu estilo era a invencibilidade".[4] Entrevistado antes de uma partida de campeonato em Londres, em 1992, Tinsley disse: "Simplesmente estou livre de toda a tensão e aflição porque *sinto* que não tenho como perder".[5]

Mas ele perdeu, sim. Você já adivinhou para onde esta história estava indo, não? Tinsley venceu aquele campeonato em 1992, mas acabou sendo destronado por seu adversário londrino, o único jogador maior que o maior dos jogadores de damas que já viveram. Era um programa de computador chamado Chinook, desenvolvido na Universidade de Alberta pelo cientista da computação Jonathan Schaeffer, e que é, quando você estiver lendo isto, o campeão mundial de damas. É claro que não sei quando você vai ler este livro. Mas posso dizer com segurança, pois Chinook vai ser campeão mundial de damas daqui por diante, pelo resto dos tempos. Marion Tinsley sentia que não tinha como perder. Para Chinook não se trata apenas de uma sensação. Ele não tem como perder. Há uma prova matemática. *Game over* — fim de jogo.

Tinsley e Chinook já haviam se enfrentado antes. Em 1990, ele fez uma apresentação de catorze partidas contra o Chinook em Edmonton. O jogo terminou empatado catorze vezes — mas uma vez, na décima jogada, Chinook cometeu um erro crucial. "Você vai se arrepender disto", disse Tinsley, ao ver o que Chinook tinha feito. Porém foram necessárias mais 23 jogadas para Chinook entender que havia perdido o jogo.[6]

Em 1992, a balança começara a pender para o outro lado. Foi quando Tinsley perdeu sua primeira partida para Chinook no primeiro Campeonato Mundial de Damas Homem versus Máquina, em Londres. "Ninguém ficou contente", recorda-se Schaeffer.[7] "Eu esperava sair correndo para comemorar." Em vez disso, o clima foi de melancolia. Se Tinsley podia perder, isso significava que a era da supremacia humana no jogo de damas em breve estaria acabada para sempre.

Mas não ainda. Chinook arrancou mais uma vitória sobre Tinsley. Quando Tinsley se levantou para apertar a mão de Schaeffer ao desistir, os espectadores acharam que ambos tinham concordado com um empate. Ninguém na sala, exceto Tinsley e Chinook, foi capaz de ver que Chinook vencera o jogo. Então Tinsley foi ao ataque, ganhando mais três jogos e o torneio. Tinsley continuou sendo campeão mundial, mas Chinook tornou-se o primeiro adversário a vencer Tinsley em dois jogos desde o governo Truman.

Se isso faz você se sentir melhor, insignificante humano, saiba que Tinsley nunca perdeu para Chinook, não exatamente. Em agosto de 1994 Tinsley, então com 67 anos, concordou em enfrentar Chinook mais uma vez. Àquela altura, Chinook perfilara 94 partidas sem derrota contra o resto dos principais jogadores no campo do jogo de damas. Ele funcionava com um hardware aperfeiçoado de um gigabyte de memória RAM: um armamento impressionante na época, agora cerca da quarta parte do que tem um celular Android barato. Tinsley e Chinook se enfrentaram no Museu da Computação em Boston, num cais com vista para todo o porto. Tinsley vestia um terno verde e um alfinete de gravata onde estava escrito JESUS. Eles jogaram perante um grupo agitado de espectadores, em sua maioria outros mestres em damas. A disputa começou com seis empates seguidos ao longo de três dias, a maioria das partidas envolvendo um pouco de tensão ou perigo para ambos os jogadores. No quarto dia, Tinsley pediu um adiamento: tivera um mal-estar estomacal na noite anterior que o impedira de dormir. Schaeffer o levou para o hospital para um check-up. Tinsley, com claros problemas, informou a Schaeffer o contato da irmã, no caso de ser necessário algum parente. Ele falou do seu tempo na terra e o que viria depois. Disse a Schaeffer: "Estou pronto para ir embora". Tinsley teve uma consulta médica, tirou radiografias e passou aquela tarde relaxando, mas na manhã seguinte informou que mais uma vez não tinha conseguido dormir. "Renuncio ao jogo e ao título, e o passo para Chinook", ele disse aos árbitros reunidos. Foi assim que terminou o domínio humano no jogo de damas. E naquela tarde, chegaram os resultados das radiografias. Havia um caroço no pâncreas de Tinsley. Oito meses depois, ele estava morto.

Akbar, Jeff e a árvore de Nim

Como você pode provar, de forma absoluta, que não há como perder um jogo? Não importa o quanto você seja bom, seguramente poderia haver algum minúsculo canal de estratégia que você não tenha considerado, algum modo de, como num filme dos anos 1980, o azarão superar os presunçosos integrantes da elite de campeões.

Mas não. Podemos provar coisas sobre jogos, assim como podemos provar coisas sobre geometria, porque jogos são geometria. Eu poderia desenhar a geometria do jogo de damas para você, exceto que na verdade não conseguiria, porque cobriria milhões de páginas e o nosso fraco aparelho sensor humano não seria capaz de dar sentido ao desenho. Então vamos começar com um jogo mais simples: o jogo de Nim.

Ele se dá da seguinte maneira. Dois jogadores sentam-se diante de pilhas de pedras. (O número de pilhas e o número de pedras em cada pilha podem variar, mas qualquer que seja sua escolha, continua sendo Nim.) Os jogadores se revezam tirando as pedras. Você pode pegar quantas pedras quiser, mas — e aí está a primeira e única regra do Nim — só pode tirar pedras de uma mesma pilha de cada vez. Também não é permitido passar a sua vez de jogar; você tem de tirar pelo menos uma pedra. Quem tirar a última pedra ganha o jogo.

Então digamos que Akbar e Jeff joguem Nim.[8] E, para simplificar as coisas, comecemos com duas pilhas apenas, cada uma com duas pedras. Akbar joga primeiro. O que ele deve fazer?

Akbar poderia pegar duas pedras, esvaziando totalmente uma das pilhas. Mas não é uma boa ideia, porque então Jeff limpa a outra pilha e vence. Então Akbar deve pegar apenas uma pedra de uma pilha. Essa ideia não é melhor, porque Jeff tem uma jogada mortal — ele pega uma pedra da outra pilha, deixando cada pilha com uma pedra. Akbar, vendo o inevitável se aproximando, de mau humor pega uma pedra. De que pilha? Não faz diferença, e Akbar sabe disso. Jeff pega a última pedra restante e vence.

Não importa como Akbar resolva fazer a primeira jogada, ele não tem como escapar. Jeff, a menos que faça uma tremenda besteira, ganha o jogo.

Agora, e se houver três pilhas com duas pedras em cada? Ou com dez pedras em cada, ou uma centena de pedras? De repente, fica muito mais difícil imaginar o jogo na nossa cabeça.

Então vamos pegar lápis e papel e diagramar o curso do jogo que começa com duas pilhas de duas pedras. No começo, Akbar tem duas escolhas: pode tirar uma pedra ou pode tirar duas. Aí vai o pequeno esquema das suas opções, mostrando o desenlace de cada uma. A parte de baixo da figura é o aspecto do jogo no começo, e quando se está jogando vamos subindo pelo diagrama, escolhendo um dos dois ramos que ascendem da posição atual.

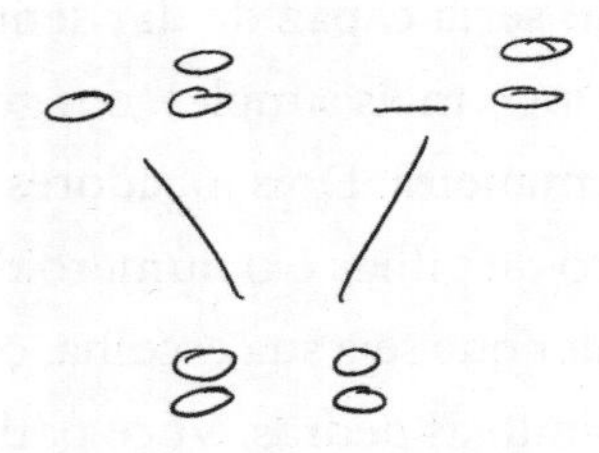

Tudo bem, posso ouvir você dizer — tecnicamente Akbar tem *quatro* opções, já que pode tirar uma pedra da primeira pilha, uma pedra da segunda pilha, ambas as pedras da primeira pilha, ou ambas as pedras da segunda pilha. Aqui estamos agindo mais ou menos no estilo de Poincaré, "chamando coisas diferentes pelo mesmo nome". O Nim tem uma simetria perfeita, pelo menos no começo do jogo; qualquer que seja a pilha que Akbar escolha antes, *chamamos* essa pilha de pilha da esquerda. Todo o argumento que se segue seria exatamente igual se a chamássemos de pilha da direita, só trocando as palavras "esquerda" e "direita" toda vez que aparecem. Esse é o ponto da matemática em que gostamos de dizer "sem perda de generalidade", o que é apenas um jeito rebuscado de dizer "Vou apresentar uma premissa, mas se você não gostar dela, faça a premissa oposta, e tudo será exatamente igual, exceto com as palavras 'esquerda' e 'direita' trocadas". E se você ficar realmente incomodado, vire o livro de cabeça para baixo.

Agora é a vez de Jeff. E as escolhas que ele tem dependem do que Akbar fez. Se Akbar pegou uma pedra, então restam uma pedra na pilha da esquerda e duas na pilha da direita. Então há três coisas que Jeff pode fazer: acabar com a pilha da esquerda, acabar com a pilha da direita, ou pegar uma pedra da pilha da direita. Mas se Akbar pegou duas pedras, então só resta uma pilha, e Jeff tem só duas escolhas: pode pegar uma pedra só, ou pegar as duas.

Você achou este último parágrafo meio difícil de ler? Eu achei meio chato de escrever. Uma figura é melhor!

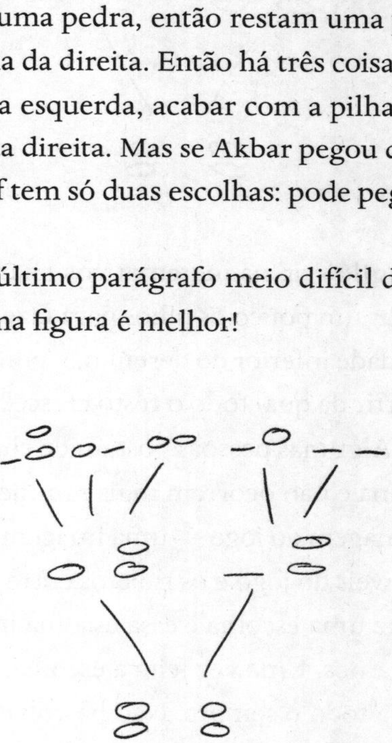

E podemos simplesmente continuar expandindo a nossa figura até termos explorado cada curso possível que esse jogo pode tomar. Não leva muito tempo. Afinal, cada jogador precisa pegar pelo menos uma pedra de cada vez, e há somente quatro pedras para começar, de modo que o jogo precisa acabar em quatro lances ou menos. Aqui está ela, a *meguilá* inteira, o jogo Nim de duas pilhas com duas pedras em forma geométrica.

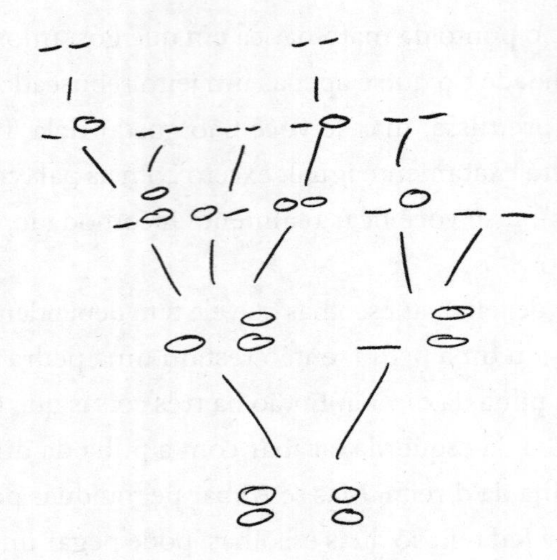

O diagrama é aquilo que os matemáticos chamam de *árvore*. Você talvez tenha que forçar um pouco os olhos para fazer a metáfora botânica funcionar. A extremidade inferior do desenho, o ponto de partida do jogo, é a *raiz* — a base a partir da qual todo o resto cresce. Os trajetos para cima são chamados *ramos*. Algumas pessoas gostam de chamar de *folha* o ponto onde um ramo termina e não ocorrem mais ramificações.*

A árvore é uma imagem do jogo — uma imagem completa, que retrata todos os estados possíveis do jogo e os trajetos entre eles. A imagem conta uma história. Você faz uma escolha e essa escolha manda você para cima ao longo de um dos ramos. Uma vez feita a escolha, você está nesse ramo e nos seus brotos para todo o sempre. Não há volta. Tudo que você pode fazer são escolhas adicionais, atravessando ramos mais finos, chegando cada vez mais perto do inevitável desfecho, quando suas escolhas finalmente se esgotam.

A sua *vida* é uma árvore, basicamente é isso que estou dizendo.

* Os matemáticos são exatamente assim; uma vez que temos uma metáfora entre os dentes, arrancamos até a última gota de sangue dela. Mas esse é o máximo até onde a mentalidade florestal vai: uma árvore matemática não tem casca nem nós nem xilema nem floema. Mesmo assim, um grupo delas é chamado de floresta.

O ardor da arborealidade

Objetos geométricos são interessantes para boa parte da humanidade apenas na medida em que ressoam com coisas reais que encontramos nas nossas vidas com alguma frequência. Não daríamos tanta importância aos triângulos como damos se as únicas coisas triangulares no universo fossem os pequenos instrumentos metálicos de percussão.

Uma árvore é uma imagem de um jogo, mas não *somente* isso. A mesma geometria aparece em toda parte. Em árvores literais com casca no tronco e que absorvem carbono, é claro. Mas também em árvores genealógicas, nas quais em lugar da ramificação de escolhas num jogo temos a ramificação de filhos. A raiz da árvore genealógica é o casal fundador. As folhas são os membros da família que não produziram filhos, ou não produziram até agora. Árvores genealógicas geralmente são desenhadas com a raiz no alto — nós nos denominamos "descendentes" dos nossos ancestrais, não galhos que brotam deles.

As artérias no nosso corpo também formam uma árvore. A raiz é sempre a aorta, o grande tubo que transporta o sangue oxigenado para fora do coração; dela o sangue flui se ramificando para a direita e para a esquerda em artérias coronárias, tronco braquiocefálico, artéria carótida esquerda, artéria subclávia, artérias bronquiais, artérias esofágicas... e cada uma delas por sua vez se ramifica em artérias menores; o tronco braquiocefálico se divide na carótida direita e nas artérias subclávias direitas, a carótida direita se ramifica em carótidas externa e in-

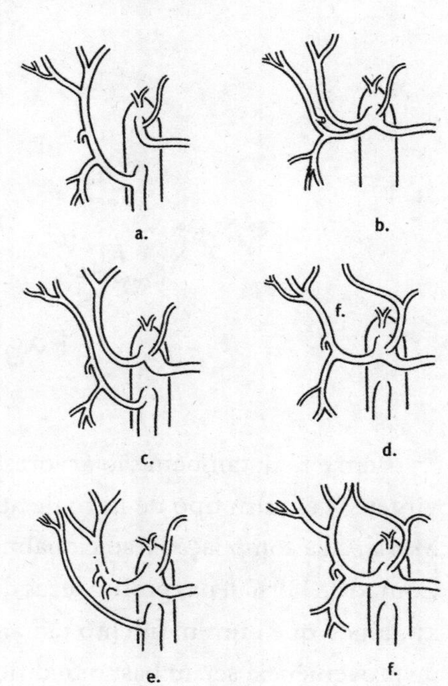

terna bem onde o queixo encosta o pescoço, e assim por diante, descendo até a fina rede de arteríolas, com diâmetro de um ou dois fios de cabelo, a última escala do sangue antes de abandonar seu oxigênio e começar sua viagem de volta para os pulmões em busca de mais.

Nós todos não temos a mesma árvore sanguínea dentro de nós! Isso parece um teste de múltipla escolha para alienígenas, mas na realidade é uma figura do possível aspecto dos diferentes modos de ramificação das artérias que alimentam o nosso fígado.[9]

Um rio é uma árvore. Contanto que você se lembre de ir *contra* o fluxo. A raiz é qualquer golfo ou mar no qual o rio deságua, e dali você avança rio acima, ramificando-se em afluentes e então em subafluentes até chegar à nascente, o início da corrente.

O mesmo vale para qualquer tipo de classificação hierárquica, como a classificação lineana dos seres vivos. Reinos se dividem em filos, filos em classes, classes em ordens, ordens em famílias, famílias em gêneros, gêneros em espécies. Então é uma árvore de árvores.

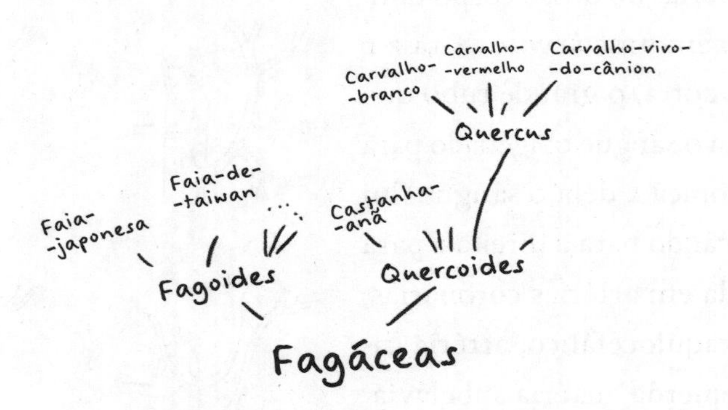

Bem e mal: também são árvores! O *Speculum virginum* ("Espelho para virgens") era um tipo de livro de autoajuda moral para freiras na Idade Média, cuja compilação tradicionalmente é atribuída ao monge beneditino Conrad de Hirsau, nas profundezas da Floresta Negra no começo do século XII, ainda que num momento tão antigo da história literária as questões de proveniência sejam bastante difíceis de resolver. No entanto, temos o livro, e nele a Árvore da Virtude e a Árvore dos Vícios. O Mal é mais interessante, portanto aí vão os vícios.[10]

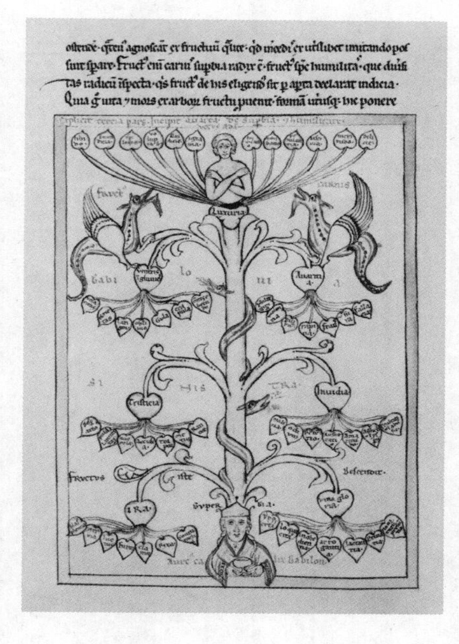

A raiz da árvore, fonte de todos os pecados, é a *superbia*, soberba, orgulho, brotando da cabeça de um cavalheiro ricamente trajado. Os descendentes do orgulho, incluem *ira* e *avartia* (avareza), e, no topo da página, *luxuria,* a palavra convenientemente inscrita na pélvis de um sujeito com sorriso malicioso. E cada um desses pecados tem seus próprios filhos: os sete rebentos da *ira* incluem blasfêmia e injúria, enquanto a *luxuria* gera *libido, fornicario* e *turpitudo.* (Não sou capaz de dizer que capto as distinções finas aqui, e esta é uma das razões pelas quais eu daria uma péssima freira medieval.)

Movendo-se adiante no tempo, com as preocupações das pessoas se tornando menos moralistas e mais corporativas, a árvore volta na forma do organograma, um diagrama mostrando as cadeias de comando num negócio. A árvore diz quem se reporta a quem e quem atende aos pedidos de quem. Na próxima página se encontra aquilo que pode ter sido o primeiro diagrama desse tipo, criado por Daniel McCollum, um engenheiro escocês-americano que o concebeu para a New York and Elie Railroad em 1855, e que posteriormente atuaria como superintendente de ferrovias militares para as forças da União na Guerra de Secessão.*

A informação flui de volta das folhas para a raiz, o presidente da ferrovia, enquanto a autoridade flui no outro sentido, do presidente através das cadeias de subordinados até as minúsculas folhas e brotos, com rótulos pequenos demais para serem lidos nestas páginas, como "TRABALHADOR", "MAQUINISTA",

* Quando você ouve "escocês do século XIX" e "oficial na Guerra Civil", provavelmente pensa: "Aposto que esse cara tinha uma barba realmente magnífica", e você não está enganado.

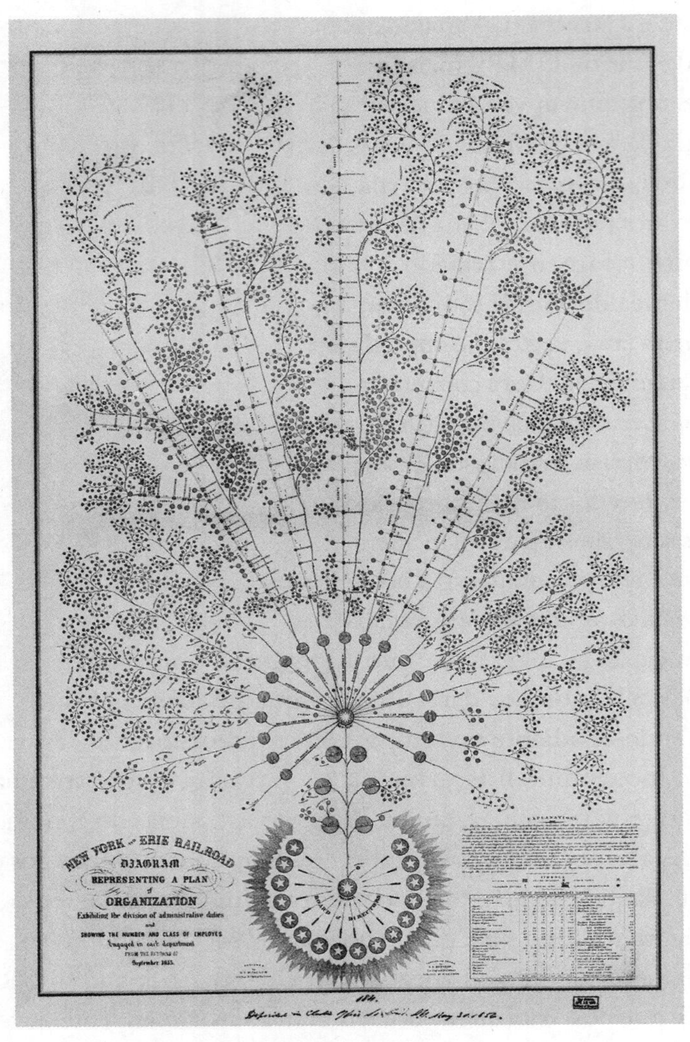

O primeiro gráfico organizacional já criado.

"CARPINTEIRO" e "LIMPADOR".* Este diagrama não é exatamente uma árvore pura; ele combina a estrutura organizacional com descrições visuais das linhas ferroviárias que a organização supervisiona. No centro se parece muito

* Este último tive que procurar: são trabalhadores da estação ferroviária que limpam e lubrificam partes da locomotiva.

com a Árvore dos Vícios, enquanto na periferia se assemelha a um confuso subúrbio americano do século XX visto de cima. A árvore representa a geometria da hierarquia pela mesma razão que representa a geometria do Nim, ou a geometria do jardim de bifurcações que constituem a nossa vida; não há ciclos, não há regresso infinito. Se eu sou encarregado de você, você não pode ser encarregado de mim; esse é o princípio de comando e controle nos negócios. Se uma posição de Nim é consequência de outra anterior, nenhum movimento futuro pode levar você de volta para o estado anterior; é isso que impede que o jogo continue para sempre.*

Mas as árvores de que mais gosto, mais do que artérias, rios e pecados, são árvores de números. Eis aqui como construí-las. Você começa com um número, digamos 1001. E então começa a cortá-lo com um machado. Com isso estou querendo dizer: você acha dois números menores cujo produto seja 1001. Digamos $1001 = 13 \times 77$. E agora aplicamos o machado em cada um dos fatores separadamente. Podemos rachar 77 em 7×11. E o 13? Bem, com o 13 estamos encalhados. Não existe jeito de exprimir esse número como produto de dois números menores. Pode descer o machado com a força que quiser: o número não se quebra. O mesmo vale para 7 e 11. E podemos registrar o que acabamos de fazer numa árvore,

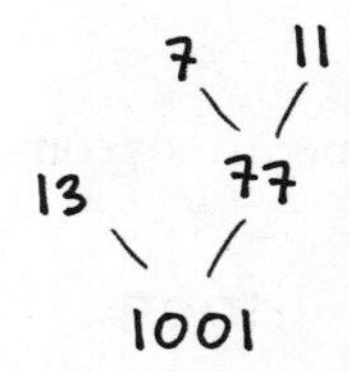

na qual cada ramo representa um golpe do machado. As folhas da árvore, os números inquebráveis, são o que chamamos *números primos*, os blocos

* Na verdade, existe uma noção mais geral do que uma árvore, chamada gráfico acíclico dirigido, que captura essa noção de forma um pouco mais precisa: um GAD é como uma árvore na qual alguns ramos podem se fundir entre si, mas ainda assim não há ciclos, porque os ramos podem ser percorridos em apenas uma direção. Pense numa árvore genealógica de uma família aristocrática particular em que os pais podem ter um bisavô ou dois em comum. A análise de GADs pode ser um pouco mais chata que a de árvores, mas a maior parte do que dizemos neste capítulo continua valendo.

construtivos básicos a partir dos quais todos os números são feitos. *Todos* os números? Como é que eu sei? Sei por causa da árvore. Em cada estágio do nosso processo de usar o machado, o número que atacamos ou se ramifica em dois fatores menores ou não se ramifica — e se não se ramifica é primo. Continuamos baixando o machado até não conseguirmos cortar mais. E, nesse ponto, *todos* os números restantes são primos. Isso pode levar um tempo longo se começarmos com, digamos, 1024:

2 2
2 4
2 8
2 16
2 32
2 64
2 128
2 256
2 512
1024

Ou pode ser imediato, se começarmos com um número primo como 1009:

1009

Mas, cedo ou tarde, acaba acontecendo.

O processo não pode continuar para sempre, porque com cada machadada os números da árvore ficam menores, e uma sequência de números inteiros positivos que decrescem a cada passo por fim deverá chegar a um mínimo e parar.*

* Esta última afirmação soa óbvia, e mais ou menos é mesmo, mas vale a pena dedicar um segundo para refletir que não seria verdade se eu não tivesse dito "positivos" — que tal 2; 1; 0; −1; −2; −3...? Ou se eu não tivesse dito "inteiros" — que tal 1; 0,1; 0,01; 0,001...?

No fim das machadadas resta-nos uma árvore na qual cada uma de suas folhas é um número que não pode ser fatorado — isto é, primo; e esses números primos, multiplicados entre si, dão o número com o qual começamos.

Este fato, de todo número inteiro, por maior e mais complicado que seja, poder ser expresso como um produto de primos, foi provavelmente provado pela primeira vez por volta do século XIII pelo matemático persa (e pioneiro em óptica — as coisas eram menos especializadas naquela época) Kamāl al-Din al-Fārisī,[11] em seu tratado *Tadhkirat al-Ahbab fi bayan al-Tahabb*, "Memorando para amigos explicando a prova da amigabilidade".*

O que poderia parecer esquisito, dado que acabamos de provar isso em um único parágrafo. Por que foram necessários quase 2 mil anos desde a primeira definição registrada de número primo pelos pitagóricos até o teorema de al-Fārisī? Isso tem a ver de novo com geometria. Euclides com certeza compreendia fatos que, para um teórico dos números moderno, imediatamente implicariam que qualquer número pode ser fatorado em primos: um monte de primos, como 1024, ou apenas um, como 1009, e algo intermediário, como 1001. Mas Euclides não falou sobre produtos de longas listas e primos, e o nosso melhor palpite é que ele *não podia falar*. Para Euclides, tudo é geometria, e um número é um meio de se referir ao comprimento de um segmento de reta. Dizer que um número é divisível por 5 é dizer que o segmento é "medido por cinco" — isto é, podemos dispor algum número de segmentos de comprimento 5 de modo a cobrir exatamente o segmento em questão. Quando Euclides multiplica dois números, ele está pensando no resultado como a área de um retângulo cujo comprimento e cuja largura são os dois números que multiplicamos entre si (os "multiplicandos", para usar uma das minhas palavras matemáticas prediletas). Quando Euclides multiplica *três* números inteiros, ele chama o resultado um "sólido" porque pensa nele como

* "Amigabilidade" aqui não significa "amizade", mas a propriedade desfrutada por um par de números em que os divisores de cada um somados resultam no outro. Aqui há uma história interessante, mas não vejo nenhuma geometria nela, então vou esperar uma próxima vez.

o volume de um tijolo retilíneo cujo comprimento, largura e altura são dados pelos multiplicandos.

A matemática é fundamentalmente um empreendimento imaginativo, que recorre a toda habilidade cognitiva e criativa que temos. Quando fazemos geometria usamos o que nossas mentes e corpos sabem sobre tamanho e forma das coisas no espaço. Euclides deu grandes passos em teoria dos números não como uma pausa para descansar do seu trabalho em geometria, mas *por causa* do seu trabalho em geometria. Ele foi capaz de compreender os números melhor do que seus antecessores, ao pensar neles como comprimentos de segmentos de reta. Mas amarrar sua teoria dos números à sua intuição geométrica também o limitava. Um produto de dois números era um retângulo e um produto de três números era um tijolo. O que era o produto de quatro números? Essa não é uma grandeza que possa ser apreendida no espaço tridimensional no qual as pessoas vivem. Então era uma grandeza por cima da qual Euclides precisou passar em silêncio. A abordagem mais algébrica favorecida pelos matemáticos da Pérsia medieval era menos vinculada à nossa experiência física, e portanto mais capaz de dar um salto para o reino abstrato puramente mental. Mas isso não quer dizer que não seja mais geometria. A geometria, como já vimos, não é limitada a apenas três dimensões. Pode haver tantas dimensões quantas você queira. Basta que imaginemos com um pouco mais de afinco. Vamos chegar lá.

A árvore do Nim

Vimos que o jogo de Nim, assim como a organização de uma ferrovia ou a nossa inevitável descida humana para um abandono pecaminoso, é descrito como uma árvore de extensão finita. Não importa que trajeto os jogadores percorram através dos galhos, eles acabam num ponto final, uma folha; alguém venceu e alguém foi derrotado.

Mas *quem*?

Isso, conforme se descobre, é uma coisa que a árvore também pode nos dizer.

O truque está em começar pelo fim do jogo. É o momento mais fácil de dizer quem está ganhando! Se não restam pedras, quem acabou de jogar venceu o jogo. Então, se é minha vez de jogar e não há pedras, eu perdi. Para manter essa pista, vou decorar a árvore de Nim que desenhei antes, escrevendo um D acima de todas as posições na árvore que não tenham pedras, para nos lembrar de que terminarei em derrota se encontrar uma dessas posições quando for minha vez de jogar.

E se houver apenas uma pedra? Então tenho apenas uma escolha. Pego a pedra, e venço. Então escrevo um V, de vitória, acima dessa posição.

E se houver duas pedras em uma pilha? Agora as coisas ficam mais complicadas, porque tenho opções. Posso pegar duas pedras; se fizer isso, eu venço. Mas se eu for tolo ou desatento ou perverso ou generoso o suficiente para pegar só uma, coloco meu oponente na posição vencedora que acabamos de marcar com um V, e eu perco. Como rotular uma posição como essa, onde quem vence depende do que faço? Seguimos o princípio de que jogadores de jogos competitivos *não* são tolos nem generosos nem desatentos nem perversos; eles querem vencer, e fazem qualquer escolha que os leve até lá, se puderem. Então essa posição é marcada com um V. Para ser claro, isso não significa que eu vá vencer *qualquer* que seja a coisa que faça a seguir. Para a maioria dos jogos, nunca é isso que vai ocorrer; não importa quão boa seja sua posição, você sempre pode encontrar uma porcaria de jogada que acabe entregando o jogo. A marca V simplesmente significa que uma das jogadas disponíveis para mim neste momento coloca meu adversário em posição de derrota. Você pode ler a marca como "caminho para vitória".

Duas pedras, uma em cada pilha, já são uma história diferente. O que quer que eu faça, ponho meu oponente em posição V, uma posição da qual ele pode vencer. Então a posição recebe o desenho de um D.

Eis o aspecto da nossa árvore até aqui:

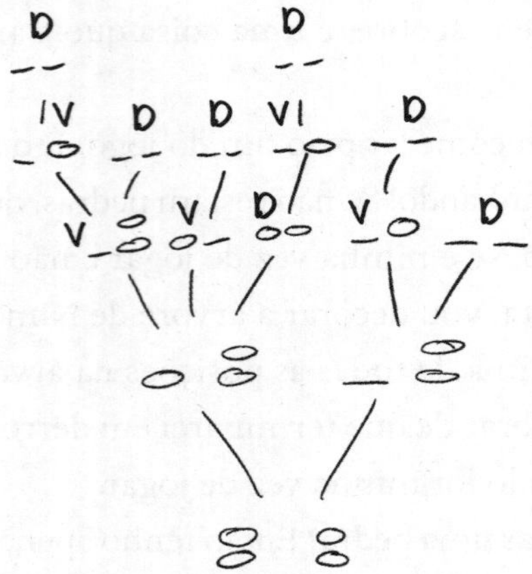

E agora prosseguimos, recuando no tempo, passo a passo. Duas pilhas, uma com duas pedras, a outra com apenas uma? Temos três escolhas de jogada: pegar a pilha pequena, pegar a pilha grande ou pegar uma pedra da pilha grande. As posições resultantes já estão rotuladas V, V, D. Mas como *uma* das opções leva a uma posição de derrota para o meu adversário, essa é a jogada que devo escolher, e a posição atual leva um V. O jogador diante de uma pilha de 2 e uma pilha de 1 vai vencer, contanto que faça a jogada certa. *Você vence quando seu oponente não tem escolha a não ser a derrota*. Isso soa como um cartaz motivacional numa academia de crossfit, mas na verdade é matemática. Na linguagem da árvore, é dito: "Marque uma posição com um V se houver um ramo começando nessa posição e terminando com um D". E, pelo mesmo critério, marque a posição com um D, se *não puder* fazer isso. Pois significa que, qualquer que seja sua escolha, você estará presenteando o seu oponente com um V. *Você é derrotado quando seu oponente puder vencer, não importa o que você fizer.*

Em resumo, chegamos a isto:

AS DUAS REGRAS

Primeira Regra: Se toda jogada que eu fizer levar a um V, minha posição atual é um D.

Segunda Regra: Se alguma jogada que eu possa fazer levar a um D, minha posição atual é um V.

As Duas Regras nos permitem marcar cada posição na árvore ou com um V ou com um D, sistematicamente, recuando até a raiz, onde começamos. Você nunca fica preso num ciclo, porque árvores não têm ciclos.

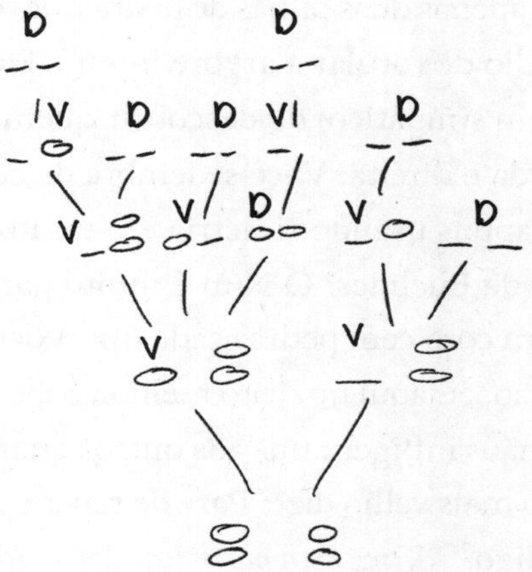

E a raiz é um D. Razão pela qual Akbar, que joga primeiro, perde, a menos que Jeff faça uma jogada que não deveria fazer.

Posso descrever esse processo em palavras nesta página. Mas, sinceramente? O único jeito de entender isso lá dentro de você é fazer você mesmo, por si só. Essa é uma atividade de parceria, então pegue um amigo e convide-o para um jogo de Nim com duas pilhas de duas pedras. Deixe o seu amigo jogar primeiro, talvez porque ele não seja tão bom amigo assim. Agora use a árvore acima para saber como deve jogar. Vença, vença e vença de novo. Agora você pode *sentir* como a coisa funciona.

O método da árvore funciona para Nim com mais pedras, funciona para Nim com mais pilhas, funciona para todos os tipos de Nim. Você quer saber quem vence o Nim com duas pilhas de vinte pedras cada? Você pode desenhar uma árvore enorme e ir desenhando seu trajeto descendente e acabar descobrindo (Jeff vence). Duas pilhas de cem pedras cada? Jeff continua ganhando. Uma pilha de cem pedras e uma de mil? Essa é uma vitória de Akbar.* E mais,

* Exercício para o leitor: consegue ver por que esta alegação é consequência da anterior?

a árvore rotulada não lhe diz somente quem vence — ela diz *como* vencer. Se você está numa posição V, sabe que há pelo menos uma jogada que leva a D — pegue esse ramo. Se estiver num D, encolha os ombros filosoficamente, faça a jogada que quiser e torça para que o seu oponente pise na bola.

Para o Nim com apenas duas pilhas de pedras, devo dizer, você pode se poupar de todo o tédio de rotular a árvore inteira. Há um jeito mais fácil (e, sinceramente, bem simpático) de descobrir quem ganha, que explora a simetria de esquerda e direita. Você se lembra de como a prova da *pons asinorum* feita por Pappus usando simetria era muito mais fácil do que o argumento original de Euclides? O Nim é muito parecido. Suponha que Akbar e Jeff comecem com cem pedras cada um. Você quer desenhar essa árvore? Nem eu. Então, eis aqui um jeito melhor. Sabe aquela coisa terrivelmente chata que irmãos infligem uns aos outros quando o mais novo fica repetindo tudo que o mais velho diz? "Pare de repetir o que eu digo." "Pare de repetir o que eu digo." "Você *está me irritando*." "Você *está me irritando*." E assim por diante. Bem, imagine que Jeff jogue o jogo dessa maneira. A tudo que Akbar faz, Jeff responde fazendo exatamente a mesma coisa na outra pilha. Akbar tira quinze pedras da pilha da esquerda, deixando 85? Jeff tira quinze da pilha da direita e agora ambas as pilhas têm 85. Akbar muda para a pilha da direita e tira dezessete, deixando 68? Jeff faz a mesma coisa na pilha da esquerda. Jeff sempre espelha Akbar, sempre deixando as duas pilhas do mesmo tamanho. E, particularmente, Jeff nunca pode ser o primeiro a esvaziar uma pilha, porque nunca faz nada que não seja reflexo de algo que Akbar tenha acabado de fazer. Akbar será o primeiro a esvaziar uma pilha de pedras, e quando fizer isso, Jeff irá espelhá-lo, esvaziando a outra pilha e ganhando o jogo. Então o Nim com duas pilhas iguais é vitória de Jeff. Sua estratégia é imbatível e exasperadora.

E se as pilhas não tiverem o mesmo tamanho? Akbar, jogando antes, vai tirar da pilha grande a quantidade suficiente de pedras para deixar as duas pilhas iguais. Agora é *Jeff* que assume o papel do irmão mais velho irritado, porque daí por diante Akbar irá espelhar toda jogada que ele fizer e inevitavelmente ganhará o jogo. Na linguagem das Duas Regras, Akbar está usando sua jogada para ficar numa posição de duas pilhas iguais, que o parágrafo anterior mostra que é um D; e se você conseguir obter um D, a sua posição atual é um V pela Segunda Regra.

Quando você tem mais de duas pilhas, um argumento de simetria simples como este não funciona. Mas na verdade ainda existe um jeito de descobrir quem ganha sem ter que desenhar a árvore toda. É um pouquinho mais complexo para descrever, envolvendo as expansões de base 2 dos tamanhos de todas as pilhas, mas você pode aprender no livro colorido, profundo e rico em ideias *Winning Ways for Your Mathematical Plays* [Jeitos de vencer para seus jogos matemáticos], de Elwyn Berlekamp, John Conway e Richard Guy, junto com outros jogos como Hackenbush, Snorts e Sprouts, e por que todo jogo é, no final, um tipo de número.

Numa variante do Nim chamada "jogo da subtração", você começa com apenas uma pilha de pedras, mas a cada jogada só tem permissão de tirar uma, duas ou três. O jogador que tirar a última vence. Esse jogo também é uma árvore, e você pode analisá-lo da mesma maneira, começando pelo fim. Essa versão do Nim teve grande publicidade quando apareceu como desafio para competidores na quinta temporada do reality show *Survivor.** (O jogo não foi chamado nem de Nim nem de jogo da subtração, mas de Thai 21, embora não tenha raízes tailandesas; esse uso supostamente tem como alvo um público americano preparado para encarar atividades de origem asiática como intrincadas e inescrutáveis. É a mesma razão pela qual há uma tradição aparentemente impossível de erradicar que descreve o Nim como um "antigo jogo chinês", embora essa alegação pareça ser totalmente inventada e o Nim tenha sido encontrado pela primeira vez[12] num livro de quebra-cabeças matemáticos e truques de mágica do século XVI da autoria de Fra Luca Bartolomeo, um amigo de Leonardo da Vinci, frade franciscano e geralmente reconhecido como "pai da contabilidade de partidas dobradas". Isso não é no mínimo tão interessante como ser antigo e proveniente da China?)

Curiosamente, esse reality show é tido pela sabedoria convencional como um dos programas mais idiotas da televisão, quando na verdade é um dos

* *No limite*, na versão brasileira. (N. T.)

mais inteligentes. Quantos programas existem em que você pode ver pessoas pensando, pensando de fato, em tempo real? E *fazendo matemática* em tempo real? É isso que o episódio 6 da quinta temporada de *Survivor* oferece. Ted Rogers Jr., um sujeito grande e forte que jogou, por pouco tempo, pelo Dallas Cowboys, assume o comando, dizendo aos seus colegas de equipe: "No final, queremos ter certeza de que haverá quatro bandeiras". (A versão do *Survivor* usa bandeiras em vez de pedras.) "Cinco ou quatro?", pergunta Jan Gentry, a senhora texana no grupo de Rogers. "Quatro", insiste o grandão.

Rogers está fazendo, na sua cabeça, o mesmo cálculo que fizemos para a árvore de Nim. Está abordando o problema exatamente da maneira que um matemático abordaria — começando pelo fim do jogo. Isso não é surpresa; nós somos todos matemáticos nas áreas estratégicas profundas do nosso cérebro, quer isso conste no nosso cartão de visitas ou não.

Se restar uma bandeira, é um V; você pega essa bandeira e vence. Duas ou três bandeiras, a mesma coisa, uma vez que tem a possibilidade de pegar todas de uma vez. E quatro?

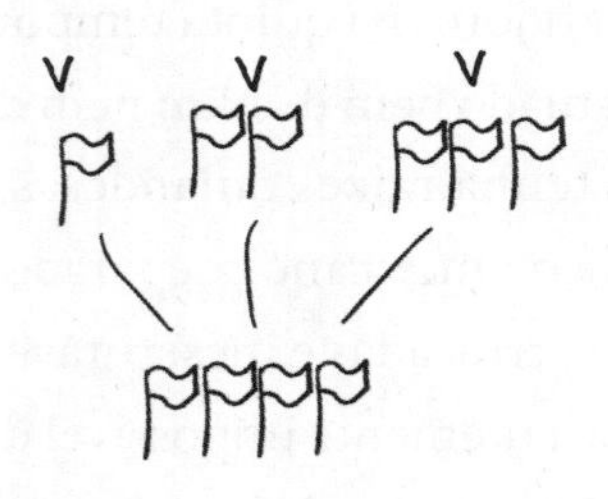

Não importa que jogada os sobreviventes façam, deixam para o outro time um V. Então, pela Segunda Regra, quatro bandeiras é um D. O Grande Ted estava certo; deixe quatro bandeiras para o outro time e você garante a sua vitória. O time adversário percebe a mesma coisa, só que tarde demais; depois de tirarem três bandeiras das nove que têm pela frente, deixando seis, olham-se mutuamente, contritos, e um diz: "Se eles tirarem duas, nós perdemos". Vocês tiram duas, e eles perdem.*

* Exercício 2: Quantas das nove bandeiras eles deveriam ter tirado? Responderemos em um segundo.

O insight chegou tarde demais para salvá-los, mesmo assim serve para nós. Por que é tão ruim ser confrontado com quatro bandeiras? Porque toda jogada possível tem um contraponto natural do seu oponente. Você pega três. Ele pega uma. Você pega duas, ele pega duas. Você pega uma, ele pega três. Em qualquer situação, todas as quatro bandeiras se vão, *game over*, fim de jogo, e o vencedor não é você.

Então é bom deixar quatro bandeiras para o seu adversário. E se lhe são apresentadas cinco, seis ou sete, é exatamente isso que você faz: tira o número de bandeiras que deixa o quatro fatal. Porém, se houver oito, é uma mosca na sua sopa. Você tira três, eles tiram uma. Você tira duas, eles tiram duas. Você tira uma, eles tiram três. E é *você* que vai ter que enfrentar as quatro bandeiras.

Parece familiar, certo? É porque, no que diz respeito à estratégia, começar com oito bandeiras é *a mesma coisa* que começar com quatro. O que quer que você faça, o seu oponente contra-ataca de forma a reduzir o número total para quatro, o que significa que você perde. E começar com doze é a mesma coisa que começar com oito, e começar com dezesseis é a mesma coisa que começar com doze, e assim por diante.

Se você começa com um número de bandeiras múltiplo de quatro, você perde, senão, você ganha — contanto que tire o número certo de bandeiras para deixar para o seu oponente um dos números fatais.

Acabamos de provar um teorema!

O raciocínio que estamos seguindo aqui é exatamente o tipo que se espera que estejamos ensinando numa aula de matemática, e em especial numa aula de geometria — o raciocínio da prova. Observamos (talvez por pura dedução, talvez por repetição do jogo) que quatro e oito bandeiras são posições de derrota. Analisamos a nossa compreensão dos motivos que fazem com que essas posições levem a perder. Começamos a compreender por que não apenas quatro, não apenas oito, mas *qualquer* múltiplo de quatro significa derrota. Fazer isso nos leva a uma posição mental em que podemos, se quisermos, construir uma cadeia de raciocínio mais formal, demonstrando que você perde sempre que o número de bandeiras for quatro vezes qualquer número.

Uma prova é pensamento cristalizado. Ela exige aquele momento brilhante dinâmico de "captar a coisa" e a fixa na página de modo que possamos contemplá-la ao nosso bel-prazer. Mais importante, podemos compartilhá-la com outras pessoas, em cujas mentes ela volta a ganhar vida. Uma prova é como um desses resistentes esporos microbianos[13] tão robustos que são capazes de sobreviver a uma viagem através do espaço exterior num meteorito e colonizar um planeta após o impacto. A prova torna o insight transmissível. Nós, matemáticos, temos sido conhecidos por nos sustentarmos sobre os ombros de gigantes, mas prefiro dizer que subimos uma escada feita de pensamentos congelados de pessoas de estatura normal. Chegamos lá em cima, espalhamos nossos próprios pensamentos no gelo, eles congelam juntando-se à massa e tornam a escada mais alta. Não tão concisa, porém mais verdadeira.

E assim por diante...

Eu disse que provamos um teorema. Será que devemos anotá-lo? Vamos fazer isso.

> **Teorema do *Survivor*:** Se o número de bandeiras é quatro, ou oito, ou doze, ou qualquer múltiplo de quatro, o primeiro jogador perde; senão, o primeiro jogador pode vencer escolhendo qualquer número de bandeiras que deixe o segundo jogador com um múltiplo de quatro.

E agora, a prova. Talvez você já tenha achado o meu raciocínio convincente. Espero que sim! Mas há um ponto delicado, e são estas quatro palavras: "E assim por diante...". As reticências indicam uma elipse (palavra grega que significa "deixar de fora"), indicam que há algo que decidimos não dizer. Numa prova, isso parece ser uma má ideia.

O que acontece quando tentamos dizer o que não foi dito? Mencionamos quatro bandeiras, oito bandeiras e dezesseis bandeiras, mas não vinte. Então poderíamos acrescentar uma discussão de por que seria possível perder se você começar com vinte bandeiras. Mas ainda assim teríamos que analisar 24. E feito isso, teríamos 28. E assim por diante... É um problema real! Uma prova infinitamente longa não tem utilidade nenhuma. Quem a leria? No entanto, de algum modo parece um descuido, um abandono do dever, simplesmente lavar as mãos e dizer "Eu poderia continuar fazendo isso para sempre, mas não vou fazer".

Vamos tentar de outra maneira. Podemos dividir o Teorema do *Survivor* em duas partes:

> TS1: Se o número de bandeiras for quatro, ou oito, ou doze, ou qualquer múltiplo de quatro, o primeiro jogador perde.
> TS2: Se o número de bandeiras não for um múltiplo de quatro, o primeiro jogador ganha.

Por que achamos que TS1 é verdade? Porque qualquer que seja a quantidade de bandeiras que tiremos, uma, duas ou três, deixamos para o nosso oponente um número de bandeiras que não é múltiplo de quatro. E, segundo TS2, essa situação deve ser marcada com um V. A Segunda Regra agora me diz que a minha posição atual é um D. Então, TS1 é verdade porque TS2 é verdade. Em jargão de lógica, dizemos que TS2 *implica* TS1.

Isso parece um progresso! Tínhamos que provar duas coisas e agora precisamos provar apenas uma. Então, por que TS2 é verdade? Suponha que o número de bandeiras não seja múltiplo de quatro. Então você pode reduzir o número de bandeiras para um múltiplo de quatro removendo uma, duas ou três bandeiras na próxima jogada.* Agora, por TS1 você colocou seu oponente numa posição D, e, sendo possível encaminhar para D, a Primeira Regra diz que a sua posição atual é um V.

Resumindo: TS1 é verdade porque TS2 é verdade, e TS2 é verdade porque TS1 é verdade.

Epa!

* Uma bela maneira de apresentar isso pela teoria dos números é dizer que o número de bandeiras que você deve tirar é o *resto* da divisão do número atual de bandeiras por quatro.

Isso soa como um raciocínio circular, aquela trágica jogada argumentativa em que uma suposição é a sua própria justificativa. A maioria de nós é suficientemente esperta para não fazer isso diretamente, então construímos um pequeno ciclo de afirmações, cada um deles implicando o seguinte:

> Não acredito em nada que leio na *Revista dos Peritos Enfurecidos*,* eles não são confiáveis. Como sei que não devo confiar neles? Porque publicam histórias falsas o tempo todo. Como sei que essas histórias são falsas? Porque as leio na não confiável *Revista dos Peritos Enfurecidos*.

Esse é o tipo de armadilha que supostamente a matemática deve ajudar você a evitar. No entanto, aí está ela, prestes a morder nossos calcanhares.

Felizmente, existe uma saída. Pense de novo no nosso argumento original, que, com exceção da irritante elipse, era bastante convincente, e merecidamente convincente. Havia uma espécie de *descida* ali — provamos um fato relativo a dezesseis usando um fato relativo a doze, que por sua vez foi provado a partir de um fato relativo a oito, que por sua vez provamos a partir de um fato relativo a quatro. Esse processo não pode continuar para sempre; ele precisa parar em algum momento, porque números inteiros positivos não podem ir ficando cada vez menores infinitamente. Isso também é geometria! Num trajeto contínuo, podemos simplesmente ir chegando cada vez mais perto do ponto final do trajeto, dando um número ilimitado de passos cada vez menores e mais refinados. Mas os números inteiros têm uma geometria que é *discreta*, não contínua; são como uma sequência de pedras individuais que você põe no meio do trajeto. O seu caminho tem só um número limitado de pedras, e elas acabam se esgotando. Se esse ponto soa familiar, é porque o mencionamos algumas páginas atrás, explicando por que a fatoração de números precisa acabar numa pilha de primos indivisíveis. E o método que estamos usando aqui, que é chamado *indução matemática*, remonta em certo sentido a esse fato acerca da fatoração em primos, que al-Fārisî registrou sete séculos atrás.

---

* Nome fictício.

O argumento é uma prova por contradição, que agora é quase um hábito reflexivo para a maioria dos matemáticos. O que quer que você queira provar, supõe o oposto. Isso soa perverso e errado, mas é imensamente útil. Você assume como premissa que está errado em relação ao estado do mundo, e mantém essa ideia na cabeça, revirando-a seguidamente e acompanhando sua cadeia de implicações, até que (espera-se!) você chegue à conclusão de que a sua inapelável premissa não podia estar correta. É como manter na boca uma bala dura e deixar que ela se dissolva até você chegar à azeda contradição no seu centro.

Então vamos supor que estejamos errados acerca do Teorema do *Survivor*. Então existe um *contraexemplo*, algum número ruim de bandeiras em que o teorema nos diz que vamos perder mas na realidade nós ganhamos, ou em que ele nos diz que vamos ganhar mas na realidade perdemos. Talvez exista *uma porção* de números ruins como esse. Mas, haja apenas um número ruim ou muitos, tem sempre um que é o menor.

Nesse momento entra a álgebra. As pessoas se intimidam, às vezes, quando um "x" ou um "y" entra em cena. Vale a pena pensar num símbolo desses como um pronome. Às vezes você quer se referir a uma pessoa, mas não sabe o nome dela. Talvez não saiba nem quem é exatamente a pessoa. Digamos que você esteja falando do próximo presidente dos Estados Unidos. Você se refere a ele com um pronome, dizendo "ele" ou "ela", não porque a pessoa não tenha nome, mas porque você não sabe qual é o nome. Então, usemos o pronome N para o menor número ruim. Lembre-se: aqui "ruim" significa que ou N não é múltiplo de quatro e é uma posição vencedora, ou *é* múltiplo de quatro e é uma posição de derrota. E se for múltiplo de quatro? Então o que quer que eu faça a seguir, quer tire uma bandeira, duas, ou três, o resultado não é múltiplo de quatro. E mais, o número de bandeiras agora é menor que N, então não pode ser um número ruim — pausa: este é o grande momento da prova, então pare para admirá-lo. N não é só um número ruim, é *o menor número ruim de todos*. Então, qualquer número menor que N deve ser bem-comportado e fazer o que o Teorema do *Survivor* manda. Tudo bem, agora, voltando para a nossa sentença — o que significa que obedece ao Teorema do *Survivor* e é um V.

Sente o sabor da contradição? N está supostamente numa posição de vitória, mas qualquer jogada que você faça a partir de N deixa o seu oponente com um V. Isso não pode estar certo.

Isso deixa a possibilidade de que N não seja múltiplo de quatro, e seja um D. Mas não importa o que N seja, posso tirar uma, duas ou três bandeiras dele e deixar para o outro jogador um múltiplo de quatro; e isso, uma vez que o novo número de bandeiras, menor, não pode ser ruim, tem que ser um D. Se eu posso deixar o outro jogador num ponto de derrota, minha posição tem que ter sido um V. Isso também é uma contradição. Não há saída; nenhuma saída, exceto reconhecer que devemos ter estado errados no começo, ao imaginar que existissem números ruins. Os números são bons — todos eles. E o Teorema do *Survivor* está provado.

Agora há duas maneiras pelas quais podemos reagir a essa prova. Uma é admirar o desfile sistemático de pensamentos que cuidadosamente nos guiam ao longo de um caminho tortuoso até uma conclusão inescapável. E a outra, que sinceramente é igualmente válida, é dizer "Por que acabamos de gastar duas páginas fazendo isso? Eu já estava completamente convencido! Sabia o que você queria dizer com 'E assim por diante...' e não via necessidade de mais explicações. Vocês matemáticos *realmente* passam o dia todo juntando argumentos elaborados para provar o que uma pessoa normal já consideraria estabelecido sem sombra de dúvida?".

Bem... *alguns* dias, sim. Não a maioria deles. Uma vez que você já tenha visto provas como essa, você não precisa mais vê-las no papel. Você vê o "E assim por diante..." e considera isso uma prova, não porque *seja* exatamente uma prova, mas porque já tem experiência suficiente para saber que uma prova cuidadosa poderia ser construída para substituir a elipse.

O jogo de Nim é um tipo de matemática — ou, se preferir, esse tipo de matemática é um tipo de jogo. É um jogo que pessoas no mundo todo apreciam e estão dispostas a jogar. Então, eis uma pergunta: por que não ensinamos isso na escola? Habilidade no Nim pode não ser diretamente relevante para a sua profissão, presumindo que você não seja um competidor num reality show, mas, se reconhecermos que aprender a pensar matematicamente nos ajuda a entender tudo melhor,* fazer essa análise deve ser considerado algo educativo. Somos sempre criticados porque o sistema escolar esmaga o senso natural de diversão dos alunos. Se praticássemos mais jogos na aula de matemática, será que os alunos aprenderiam mais matemática?

Sim. E também não. Ensino matemática há mais de vinte anos. Quando comecei, era conduzido por perguntas como: Qual é o *jeito certo* de ensinar um conceito matemático? Primeiro, exemplos, depois explicação? Explicação seguida de exemplos? Deixar que os alunos descubram princípios examinando os exemplos que apresento, ou enunciar princípios no quadro-negro e deixar que eles descubram exemplos? Será que o quadro-negro serve para alguma coisa?

Acabei descobrindo que não existe só um jeito certo (embora certamente haja alguns jeitos errados). Alunos são diferentes, e não existe Um Único Método Verdadeiro de Ensino que desperte o apetite de todos. Eu mesmo, devo admitir, não gosto de jogos. Detesto perder e eles me deixam estressado. Certa vez saí aos berros com a mãe de um amigo quando ela ganhou de mim numa partida de copas fora. Um plano de aula centrado no Nim provavelmente me deixaria completamente perdido. Mas poderia deixar fascinado o garoto sentado ao meu lado! Professores de matemática, penso eu, deveriam adotar toda estratégia de ensino que puderem e alterná-las em rápida sucessão. Esse é o meio de maximizar a chance de cada aluno sentir, pelo menos às vezes, que depois de tanta baboseira chata seu professor está finalmente falando de coisas que de certo modo fazem sentido.

O mundo do sr. Nimatron

Você seguiu meu conselho e realmente jogou um pouco de Nim 2 × 2? Não deu muito uma sensação de jogo, não é? Uma vez que você sabe a estratégia, fica meio chato, como realizar um processo automático e puramente mecânico? Você está certo. É tão mecânico que se pode torná-lo *literalmente* mecânico. Eis aqui a patente norte-americana de nº 2 215 544, de 1940.

---

* Você está aqui, comigo, já tendo lido um bom pedaço do livro, então presumo que você reconhece isso, não é?

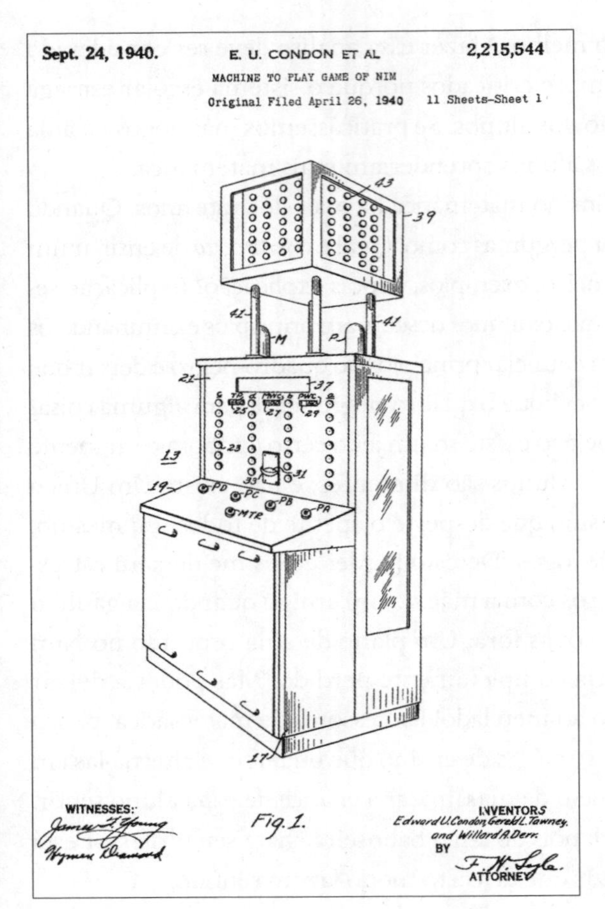

A patente do Nimatron.

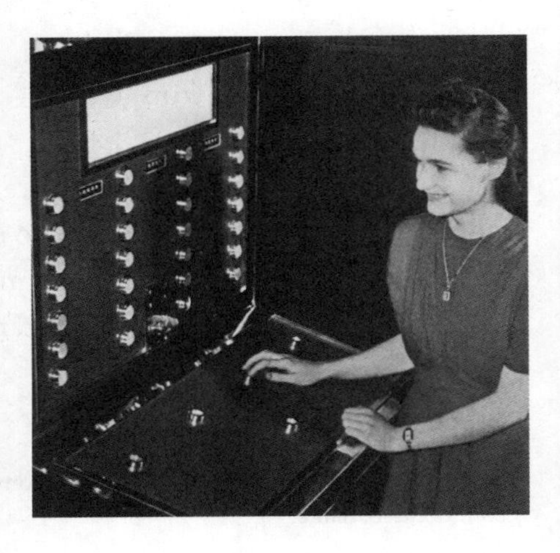

O Nimatron em toda sua glória.

Essa máquina joga Nim, e joga perfeitamente. No espírito elétrico da época, usava lâmpadas em vez de pedras. Alguns anos depois, seu coinventor, o físico Edward Condon, da Westinghouse Corporation, se tornaria diretor-assistente do Projeto Manhattan (sairia seis semanas mais tarde, reclamando que o sigilo absoluto do trabalho era "morbidamente deprimente").[14] Mas em 1940, com os Estados Unidos em paz, ele exibia o Nimatron na Feira Mundial em Flushing Meadows, Nova York (tema: "O Mundo de Amanhã"). O Nimatron jogou 100 mil partidas de Nim naquele verão no Queens. O *New York Times* escreveu:

> Dentre as novidades, a Westinghouse Company anunciou que apresentaria na exposição um certo Sr. Nimatron — um novo robô elétrico com quase três metros de altura, um metro de largura e uma tonelada de peso. O Sr. Nimatron, opondo seu cérebro elétrico ao equipamento de pensar humano, jogará com todos os presentes uma variante de um antigo jogo chinês* chamado Nim. O jogo consistirá em desligar lâmpadas em quatro filas de luzes até que a última lâmpada se apague. O Nimatron geralmente ganha, mas se perder presenteará seu oponente com um distintivo onde se lê "Campeão de Nim", prometeu o pessoal da Westinghouse.[15]

Como os humanos poderiam vencer, se o Sr. Nimatron é perfeito? Porque o Sr. Nimatron oferecia uma escolha de novas configurações iniciais, algumas das quais eram V para o jogador humano, então os humanos podiam vencer, contanto que também fossem perfeitos. Geralmente não eram. Segundo Condon, "a maioria das suas derrotas ocorriam pelas mãos dos atendentes da exposição para indivíduos que, após numerosas tentativas, ficavam convencidos de que a máquina não podia ser vencida".[16]

Em 1951, a companhia eletrônica britânica Ferranti construiu seu próprio robô jogador de Nim, o Nimrod, que atraiu enormes multidões numa turnê mundial. Em Londres, um grupo de adeptos de poderes psíquicos tentou superar o jogo perfeito do Nimrod por meio de vibrações telepáticas

---

* Não era chinês de verdade, ver nota acima!

concentradas, sem sucesso. Em Berlim a máquina enfrentou o futuro chanceler da Alemanha Ocidental Ludwig Erhard e o derrotou três vezes seguidas. Alan Turing, que trabalhava no computador Mark One da Ferranti,[17] relatou que o Nimrod cativou a tal ponto o público alemão que um bar no mesmo salão oferecendo bebidas grátis permaneceu totalmente vazio.

Que um computador pudesse jogar Nim tão bem quanto um ser humano era visto como surpreendente, a ponto de alemães deixarem de tomar cerveja grátis — mas será que é mesmo? O próprio Turing manifestou algum ceticismo, escrevendo: "O leitor pode muito bem perguntar por que nos damos ao trabalho de usar essas máquinas caras e complicadas para um objetivo tão trivial quanto jogos".[18] Sabendo o que agora sabemos sobre o Nim, podemos ver que ele não requer nenhum tipo de percepção em nível humano para ser um jogador perfeito, apenas a paciência de rotular a árvore, das folhas à raiz. Se você já experimentou o jogo da velha, provavelmente observou a mesma coisa. Pois o jogo da velha também tem a geometria de uma árvore. Os primeiros estágios têm o seguinte aspecto:*

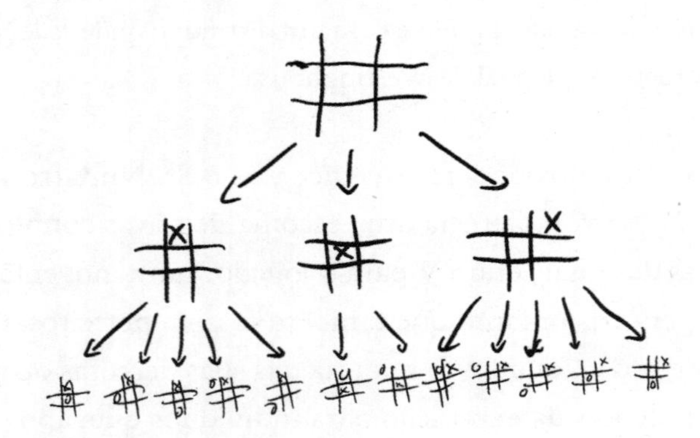

Há, porém, uma diferença; um jogo da velha, diferentemente de um jogo de Nim, pode terminar empatado, quando então, por razões obscuras,

* Nessa figura também ocorre um pouco o fato de chamar coisas diferentes pelo mesmo nome; as simetrias do jogo significam que podemos tratar da mesma maneira todas as jogadas iniciais nos cantos e todas as jogadas "de meio", o que nos permite desenhar apenas três ramos de abertura em vez de nove.

é dito que "deu velha". Na verdade, quando ambos os jogadores têm mais de sete anos de idade *a maioria* dos jogos termina empatada.

Não há problema: isso significa apenas que precisamos de uma letra nova, E de "empate", e de Três Regras em vez de Duas.

AS TRÊS REGRAS

Primeira Regra: Se toda jogada que eu fizer levar a um V, minha posição atual é um D.

Segunda Regra: Se alguma jogada que eu possa fazer levar a um D, minha posição atual é um V.

Terceira Regra: Se nenhuma jogada que eu possa fazer levar a um D, mas nem toda jogada que eu fizer levar a um V, minha posição atual é um E.

A Terceira Regra é mais longa, mas capta o que significa estar na posição de empate. A primeira parte da regra diz que não ganhei. A segunda parte diz que não perdi, porque há alguma jogada que posso fazer que não apresenta ao meu adversário o caminho da vitória. Se não posso vencer, mas meu adversário não pode me derrotar, é um empate.

O que quero que você note é que, não importa quais são as opções que temos pela frente ao disputarmos o jogo da velha, estamos sempre numa situação em que uma das Três Regras se aplica. Dessa forma, assim como no Nim, podemos traçar nosso caminho até a raiz da árvore, o tabuleiro vazio, o qual marcaremos com um E. Não surpreende que não exista nenhuma estratégia não descoberta para ganhar no jogo da velha. Se as duas pessoas jogam perfeitamente, toda vez o jogo "dá velha".

Eis aqui algo que acontece muito em matemática. Você se senta para resolver um problema e quando termina, no dia, mês ou ano seguinte, percebe que resolveu um monte de outros problemas ao mesmo tempo. Quando um prego requer que você invente um tipo realmente novo de martelo, tudo parece um prego a ser martelado com o martelo novo, e muita coisa realmente é assim.

O jogo da velha tem a geometria de uma árvore, então as Três Regras garantem que o jogo seja ou vitória para o primeiro jogador, ou vitória para o segundo jogador, ou empate. E mais: uma computação puramente mecânica pode nos dizer qual das três opções ocorre, e como é uma estratégia perfeita.

Pelo mesmo raciocínio, isso é verdade para *qualquer* jogo cuja geometria seja uma árvore. O que quer dizer qualquer jogo no qual dois participantes se revezam para jogar, no qual o resultado de uma jogada é determinista (nada de lançar moedas, peões, baralhos ou outros instrumentos de sorte) e no qual cada partida termina após um número finito de jogadas. Para um jogo desses:

O primeiro jogador tem uma estratégia que assegura ganhar sempre;

ou

O segundo jogador tem uma estratégia que assegura ganhar sempre;

ou

Toda partida perfeitamente jogada termina em empate.

E podemos descobrir essas estratégias rotulando uma árvore, das folhas à raiz, com V, D ou E de acordo com as Três Regras. Pode levar um tempo longo, mas sempre funciona.

Muitos jogos são árvores. Damas é uma árvore. Conecte Quatro também é. E também o xadrez. Sim, até mesmo o xadrez! Nós pensamos nele como uma espécie de arte romântica, um meio de destilar a essência do combate num pequeno tabuleiro de madeira. Ele *significa* algo. Há filmes e romances e musicais de integrantes do ABBA sobre ele. Mas é uma árvore. Os jogadores se revezam para jogar, não há sorte envolvida, e um jogo não pode durar mais do que 5898 jogadas. Esse é o máximo teórico para um jogo correto, pelo menos, o que nunca ocorreria num jogo em que os oponentes estão realmente tentando vencer. O jogo de torneio mais longo já disputado durou apenas 269 jogadas e levou pouco mais de vinte horas para ser completado.[19]

Se você não sabe xadrez, poderia estranhar que o jogo tenha um limite. Não é como o Nim; você não perde peças a cada jogada. Por que o cavalo e a torre não podem ficar se perseguindo mutuamente pelo tabuleiro para sempre? É porque os mestres do xadrez criaram regras que proíbem exatamente isso. Se houver cinquenta movimentos sem ninguém capturar ninguém nem mover um peão, por exemplo, o jogo acaba e é declarado empate. Essas regras de "impasse" provêm do mesmo impulso que nos leva a excluir 1 da lista de números primos. Se declarássemos 1 como primo, o processo de fatoração em primos poderia continuar infinitamente: $15 = 3 \times 5 \times 1 \times 1 \times 1\ldots$ Isso não está exatamente *errado*, mas não tem sentido. As regras de impasse impedem que o xadrez percorra o mesmo trajeto eterno sem sentido.*

Então o xadrez, com toda sua aura e mística, é o mesmo tipo de coisa que o Nim e o jogo da velha. Se dois jogadores absolutamente perfeitos se enfrentassem, então ou as brancas venceriam sempre, ou as brancas seriam sempre derrotadas, ou o jogo sempre terminaria em empate. E em princípio calcular qual seria o caso é meramente uma questão de trabalhar passo a passo descendo na árvore até a raiz. O xadrez é um problema difícil, sim, mas não é difícil como escrever um poema que capte a intersecção da política da Era do Átomo na metade do século com renovação urbana, nostalgia da infância, intermináveis reverberações da Guerra Civil e a substituição do espírito humano por um artifício mecanizado.[20] É um problema difícil como multiplicar entre si dois números realmente grandes. Pode levar um tempo longo para fazer, mas em princípio você sabe como terminar a tarefa, passo a passo.

"Em princípio". Essas duas palavras, um pequeno colchão de palha posto fragilmente sobre um abismo sem fundo de dificuldade!

Nim com duas pilhas de duas pedras é derrota. Conecte Quatro é vitória (bem frustrante, maninha!).[21] Mas não sabemos se xadrez é vitória, derrota ou empate. Talvez nunca venhamos a saber. A árvore do xadrez tem muitas, muitas folhas. Não sabemos exatamente quantas, porém é mais que um robô de três metros de altura consegue contemplar, isso é certo.

---

* Se você quiser ser pedante, estritamente falando damas não é uma árvore finita, porque não tem regras de impasse estritas. Se os jogadores quiserem ficar dançando com suas damas para sempre, tecnicamente estão livres para fazê-lo. Na prática, os jogadores de damas concordam com um empate quando veem que nenhum dos dois pode forçar uma vitória.

Claude Shannon, que vimos pela última vez gerando um texto em inglês falso com uma cadeia de Markov, também escreveu um dos primeiros artigos para levar a máquina de xadrez a sério;[22] ele pensava que o número de folhas era da ordem de 1 com 120 zeros depois, 100 milhões de trilhões de googols (1 googol = 1,0 × 10^{100}). Isso é mais que o número de... tudo bem, na verdade mais que o número de *qualquer coisa* no universo, e com certeza não um número de coisas que você irá contar uma a uma e marcar com pequenos Vs, Ds e Es acima. Em princípio, sim; na realidade, não.

Nesse fenômeno de cálculo sabemos exatamente como proceder, mas não temos tempo para isso, é um tema sóbrio em tom menor que ressoa através de toda a história da matemática da computação. Vamos voltar um segundo para a fatoração em primos. Já vimos que podemos executá-la sem realmente ter que pensar muito. Se você começa com um número, digamos 1001, basta encontrar um número que o divida exatamente, e se não puder encontrar, 1001 é primo. Será que 2 funciona? Não, 1001 não pode ser dividido ao meio. Três? Não. Quatro? Não. Cinco? Não. Seis? Não. Sete? Sim — 1001 é 7 × 143. ("As mil e uma noites" foram "As cento e quarenta e três semanas".) Tendo baixado o machado uma vez, podemos dar outro golpe no 143, testando divisão após divisão, até descobrirmos que 143 = 11 × 13.

Mas e se o número que estamos tentando fatorar tiver duzentos dígitos? Agora o problema está mais no nível do xadrez. O tempo de vida do universo não é suficiente para checar cada divisor possível. É só uma questão de aritmética, é claro. Mas também é, até onde sabemos, completamente inviável.

O que é bom, porque sem dúvida existe alguma coisa que você valorize no mundo real cuja segurança depende da dificuldade desse problema. O que a fatoração de números tem a ver com segurança? Para isso, precisamos voltar à criptografia dos Confederados e ao livro de prosa poética experimental *Tender Buttons*, de Gertrude Stein, 1914.

Eliminando a necessidade de *Tender Buttons*, de Gertrude Stein

Suponha que Akbar e Jeff, cansados do seu jogo, queiram se comunicar em sigilo. Eles podem fazê-lo se tiverem um esquema de código secreto em comum. Aqui a expressão crucial é "em comum"; eles precisam usar o mesmo código, e isso requer compartilhar alguma informação, geralmente chamada *chave*. Talvez a chave seja o texto de *Tender Buttons*, de Gertrude Stein. Se Akbar quiser transmitir privadamente a Jeff a mensagem "*Nim has grown dreary*" [Nim ficou monótono], eis como ele pode fazê-lo. Ele deve escrever sua mensagem acima do primeiro poema de *Tender Buttons*, de Gertrude Stein ("*A CARAFE, THAT IS A BLIND GLASS. A kind of glass and a cousin, a spectacle and nothing strange a single hurt color and an arrangement in a system to pointing*"), combinando letra a letra.*

NIM HAS GROWN DREARY
ACA RAF ETHAT ISABLI

Agora somamos cada par de letras. Letras não são números, mas ocupam uma posição no alfabeto, e é isso que somamos. Costuma-se começar por 0, de modo que a letra A é a letra número 0, B é a letra número 1, e assim por diante. N é a décima terceira letra do alfabeto e A é zero; some as duas e você obtém 13, e a décima terceira é N. Seguindo, I + C é 8 + 2 = 10, que corresponde a K. continue fazendo isso letra por letra: você obtém um texto codificado que começa com NKM YAX K...

Depois disso, deparamos com um probleminha: R (17) + T(19) é 36, que não é uma letra. Mas o problema é resolvido facilmente: basta você recomeçar depois do Z, de modo que a vigésima sexta letra seja novamente A, a vigésima sétima seja B, e assim por diante, até descobrir que a letra 36 é a mesma que 10, ou seja, K. A sua mensagem acabará tendo o seguinte aspecto:

* Mantivemos em inglês tanto a mensagem quanto as palavras de Stein, pois todo o raciocínio do capítulo acerca da chave do código se baseia na correspondência entre ambos os textos. (N. T.)

NIM HAS GROWN DREARY

+ACA RAF ETHAT ISABLI

NKM YAX KKVWG LJEBCQ

Agora Jeff, que tem a mensagem criptografada e também, é claro, um exemplar do livro de Gertrude Stein, pode ir de trás para frente, subtraindo as letras do poema em vez de somar. N menos A é 13 menos 0, e 13 é N. E assim por diante. Quando chegarmos ao segundo K, nos vemos solicitados a subtrair T (19) de K (10). Isso dá −9, mas tudo bem! A letra −9 é aquela que fica nove letras antes do A (0), e, lembrando que a letra antes do A é agora entendida como Z, temos então a letra oito posições antes do Z, que é R.

Se você não gosta de todas essas somas e subtrações, basta manter à mão esta útil tabela:[23]

	A	B	C	D	E	F	G	H	I	J	K	L	M	N	O	P	Q	R	S	T	U	V	W	X	Y	Z
A	a	b	c	d	e	f	g	h	i	j	k	l	m	n	o	p	q	r	s	t	u	v	w	x	y	z
B	b	c	d	e	f	g	h	i	j	k	l	m	n	o	p	q	r	s	t	u	v	w	x	y	z	a
C	c	d	e	f	g	h	i	j	k	l	m	n	o	p	q	r	s	t	u	v	w	x	y	z	a	b
D	d	e	f	g	h	i	j	k	l	m	n	o	p	q	r	s	t	u	v	w	x	y	z	a	b	c
E	e	f	g	h	i	j	k	l	m	n	o	p	q	r	s	t	u	v	w	x	y	z	a	b	c	d
F	f	g	h	i	j	k	l	m	n	o	p	q	r	s	t	u	v	w	x	y	z	a	b	c	d	e
G	g	h	i	j	k	l	m	n	o	p	q	r	s	t	u	v	w	x	y	z	a	b	c	d	e	f
H	h	i	j	k	l	m	n	o	p	q	r	s	t	u	v	w	x	y	z	a	b	c	d	e	f	g
I	i	j	k	l	m	n	o	p	q	r	s	t	u	v	w	x	y	z	a	b	c	d	e	f	g	h
J	j	k	l	m	n	o	p	q	r	s	t	u	v	w	x	y	z	a	b	c	d	e	f	g	h	i
K	k	l	m	n	o	p	q	r	s	t	u	v	w	x	y	z	a	b	c	d	e	f	g	h	i	j
L	l	m	n	o	p	q	r	s	t	u	v	w	x	y	z	a	b	c	d	e	f	g	h	i	j	k
M	m	n	o	p	q	r	s	t	u	v	w	x	y	z	a	b	c	d	e	f	g	h	i	j	k	l
N	n	o	p	q	r	s	t	u	v	w	x	y	z	a	b	c	d	e	f	g	h	i	j	k	l	m
O	o	p	q	r	s	t	u	v	w	x	y	z	a	b	c	d	e	f	g	h	i	j	k	l	m	n
P	p	q	r	s	t	u	v	w	x	y	z	a	b	c	d	e	f	g	h	i	j	k	l	m	n	o
Q	q	r	s	t	u	v	w	x	y	z	a	b	c	d	e	f	g	h	i	j	k	l	m	n	o	p
R	r	s	t	u	v	w	x	y	z	a	b	c	d	e	f	g	h	i	j	k	l	m	n	o	p	q
S	s	t	u	v	w	x	y	z	a	b	c	d	e	f	g	h	i	j	k	l	m	n	o	p	q	r
T	t	u	v	w	x	y	z	a	b	c	d	e	f	g	h	i	j	k	l	m	n	o	p	q	r	s
U	u	v	w	x	y	z	a	b	c	d	e	f	g	h	i	j	k	l	m	n	o	p	q	r	s	t
V	v	w	x	y	z	a	b	c	d	e	f	g	h	i	j	k	l	m	n	o	p	q	r	s	t	u
W	w	x	y	z	a	b	c	d	e	f	g	h	i	j	k	l	m	n	o	p	q	r	s	t	u	v
X	x	y	z	a	b	c	d	e	f	g	h	i	j	k	l	m	n	o	p	q	r	s	t	u	v	w
Y	y	z	a	b	c	d	e	f	g	h	i	j	k	l	m	n	o	p	q	r	s	t	u	v	w	x
Z	z	a	b	c	d	e	f	g	h	i	j	k	l	m	n	o	p	q	r	s	t	u	v	w	x	y

É exatamente igual à tabela de adição que você aprendeu no ensino básico, mas para letras! Para calcular R + T basta olhar na linha do R e na coluna do T (ou ao contrário) e achar K.

Ou, melhor ainda, você pode tirar proveito da geometria que esse código impõe ao alfabeto. Adotamos a regra de que, ao ultrapassarmos o *Z*, não caímos da borda do alfabeto: voltamos para o A. E isso significa que estamos pensando no alfabeto não como uma linha,

ABCDEFGHIJKLMNOPQRSTUVWXYZ

mas como um círculo,

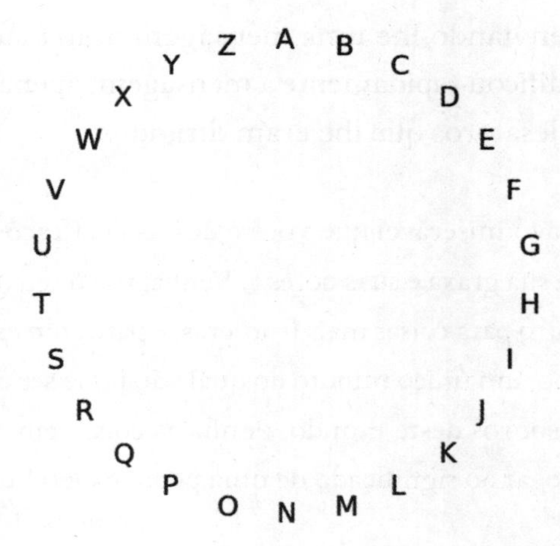

Todo A em *Tender Buttons* de Gertrude Stein é um 0, o que significa que, quando a letra na nossa chave é um A, deixamos a letra correspondente da mensagem como está. Todo C é um 2, o que significa girar o círculo no sentido anti-horário duas posições. A partir dessa posição geométrica é óbvio o motivo pelo qual esse código é fácil de decifrar, contanto que se tenha a chave; tudo o que se precisa fazer é girar o círculo o mesmo número de posições, mas no sentido horário.

Esse tipo de código é chamado *cifra de Vigenère*, em homenagem a Blaise de Vigenère, um culto francês do século XVI que não foi quem o inventou. Atribuições erradas como essa são comuns em matemática e ciência, tão comuns que o estatístico e historiador Stephen Stigler formalizou uma lei: "Nenhuma descoberta científica é batizada com o nome do seu descobridor original". (A Lei de Stigler, observou Stigler,[24] na realidade foi formalizada pela primeira vez pelo sociólogo Robert Merton.)

Vigenère era um homem bem relacionado, de berço nobre, autor de muitos livros, secretário de embaixadores e reis.[25] Como tal, e especialmente durante seus anos em Roma, foi exposto ao que havia de mais avançado e intrincado em matéria de mensagens codificadas. O mundo da criptografia romana do século XVI foi um mundo de rivalidades e segredos ciumentamente guardados. É famosa a história da peça que Vigenère pregou em um desses rivais, Paulo Pancatuccio, decifrador de códigos pessoal do papa, enviando-lhe uma mensagem numa fácil cifra infantil. Pancatuccio decodificou rapidamente a mensagem, apenas para encontrar uma corrente de desaforos que lhe eram dirigidos:

> Oh, pobre escravo miserável que você é dessas decifrações, nas quais você desperdiça toda sua graxa e suas dores... Venha, use o seu tempo livre e o seu trabalho no futuro para coisas mais frutíferas, e pare com esse inútil desperdício do seu tempo, um único minuto do qual não pode ser comprado de volta por todos os tesouros deste mundo. Ponha as coisas em teste agora, e veja se consegue chegar ao significado de uma pequena letra do que segue aqui.

A essa altura, a cifra mudava para uma das complicadas criações caseiras do próprio Vigenère, a qual, como este sabia muito bem, estava além da capacidade de Pancatuccio de decifrar. Sabemos tudo isso pelo livro de Vigenère *Traicté des chiffres ou Secrètes manières d'escrire* [Tratado das cifras ou Formas secretas de escrita], que se tornou uma referência sobre criptografia enquanto o resto do trabalho beletrístico de Vigenère foi esquecido. O livro contém muitos dos códigos complexos do próprio Vigenère e também as ideias essenciais da sua cifra mais simples aqui descrita, que na verdade foram apresentadas em 1553 por Giovan Battista Bellaso,[26] que concebera a cifra enquanto trabalhava como secretário e criptógrafo do cardeal Durante Duranti em Camerino. (Quanto era preciso descer na escada eclesiástica nessa época para não se ter direito a um criptógrafo próprio?)

Bellaso tinha uma opinião elevada sobre seu código, anunciando-o como sendo "de tal maravilhosa excelência que todos podem usá-lo, e a despeito disso ninguém será capaz de entender o que o outro escreve, salvo aqueles que possuem uma chave muito breve, como é ensinado neste livreto, junto com sua explicação e método de uso".[27] O mundo concordou largamente com sua avaliação; a chamada cifra de Vigenère tornou-se amplamente conhecida como *le chiffre indechiffrable*, a cifra indecifrável. Nenhum meio confiável de desvendar a cifra de Vigenère existia até o desenvolvimento do "exame de Kasiski",[28] que, como Stigler poderia ter predito, foi na verdade inventado por Charles Babbage duas décadas antes de Frederick Kasiski. Contudo mesmo esse método não funciona bem se a chave for algo tão longo quanto *Tender Buttons*, de Gertrude Stein.

Vitória completa

Um código, obviamente, só é tão bom quanto a ética de trabalho das pessoas que o utilizam. Por exemplo: você provavelmente sabe que os Confederados foram um grupo de estados rebeldes separatistas que declarou guerra contra os Estados Unidos da América (a União), num esforço desesperado para preservar um sistema monstruoso de escravização em massa, mas você sabe que eles também eram realmente terríveis em criptografia? Os confederados usavam um Vigenère com chave curta repetida ao longo da mensagem e só se davam ao trabalho de codificar as palavras que consideravam estrategicamente importantes. Então, num despacho enviado por Jefferson Davis para o general Edmund Kirby Smith em 30 de setembro de 1864, lê-se, em parte:

> Pela qual você poderá efetuar O—TPQGEXYK—acima daquela parte HJ—OPG—KWMCT—patrulhada pelo ZMGRIK—GGIUL—CW—EWBNDLXL.[29]

Não só os criptógrafos confederados deixavam grande parte da mensagem em texto corrido, como deixavam intactos os espaços entre as palavras em código, tornando natural que os soldados da União que interceptavam a mensagem adivinhassem que o que vinha após "acima daquela parte", "*above that part*", deveria ser "*OF THE RIVER*", "do rio". E, uma vez que você tem uma passagem de texto decodificada para trabalhar, você trabalha de trás para frente e descobre a chave. Volte e dê outra olhada no quadrado alfabético mostrado anteriormente. Para mandar O para H é preciso que a letra correspondente na chave seja T. Para mandar F para J é preciso um E na chave. Na linguagem aritmética que usamos antes, estamos subtraindo H – O = T e J – F = E. Continue avançando e você obterá:

OF THE RIV ER
–HJ OPG KWMCT

TE VICTORYC

A partir dessa pequena frase o decodificador da União já leu mais da metade da chave que os confederados estavam usando, "Complete Victory" [vitória completa] — um tanto irônico, considerando o que estava prestes a acontecer com a Confederação. E, uma vez conhecida a chave, decodificar o restante da mensagem só requer uns poucos minutos de trabalho.

O código Vigenère com chave longa retém seu status como código mais ou menos inquebrável. Mas há um problema, um grande problema. Alguém além de Akbar e Jeff poderia ter um exemplar de *Tender Buttons*, de Gertrude Stein. E qualquer um que o tenha pode decodificar suas mensagens com facilidade. Se Akbar e Jeff quiserem incluir Sheba como outra participante de confiança, eles precisam dar para Sheba um exemplar do *Tender Buttons*, de Gertrude Stein. Se você quer mandar para alguém a sua chave, não pode criptografá-la, porque essa pessoa ainda não tem a chave exigida para decodificar a mensagem; mas, se você mandar sem criptografar e a mensagem for interceptada, então o bisbilhoteiro passa a ter sua chave, e não adianta nada criptografar o resto.

Isso costumava ser considerado como um problema estrutural básico da criptografia, um problema impossível de ser resolvido, com o qual simplesmente tínhamos de conviver. Sheba e o bisbilhoteiro inimigo, afinal, estão na mesma situação. Você não pode mandar a chave para Sheba sem mandar a ela uma mensagem, mas sem a chave você não pode proteger a mensagem dos olhos inimigos. Como mandar uma mensagem que Sheba possa ler mas o enxerido não? É aí que — de forma inesperada e maravilhosa, como flores enviadas por um recém-conhecido — a decomposição em fatores primos está batendo à porta.

A multiplicação de números grandes, acaba-se descobrindo, é aquilo que os matemáticos chamam de *função alçapão* (ou *função arapuca*, ou *função armadilha*). O alçapão é uma porta pela qual é fácil passar numa direção e muito difícil passar na direção oposta. Multiplicar dois números de mil dígitos é uma coisa que o seu celular pode fazer antes de você conseguir piscar os olhos. Separar esse produto nos dois multiplicandos originais é um problema que nenhum algoritmo conhecido pode resolver em um milhão de milhões de vidas. E é possível usar essa assimetria para fazer sua chave chegar a Sheba sem seu adversário descobrir. Há um algoritmo maravilhoso para fazer isso chamado RSA, em homenagem a Ron Rivest, Adi Shamir e Leonard Adleman, as pessoas que o inventaram, em 1977. Ou pelo menos eles foram as pessoas que inventaram e *contaram a todo mundo* a respeito da invenção. A história real é um pouco mais interessante. Como exige a Lei de Stigler, as pessoas que dão seus nomes ao RSA não são aquelas que realmente o criaram de início. O sistema foi de fato inventado no começo dos anos 1970, por Clifford Cocks e James Ellis. Pelo menos dessa vez há uma razão muito boa para a atribuição errada: Cocks e Ellis estavam trabalhando na GCHQ, a seção de inteligência ultrassecreta britânica. Até os anos 1990,[30] ninguém fora do círculo confidencial tinha permissão de saber que o RSA era anterior a R, S e A.

Os detalhes do algoritmo RSA envolvem um pouco mais de teoria dos números do que eu gostaria de enfiar neste espaço, mas eis aqui a característica principal: Sheba tem em mente dois números primos muito grandes, p e q. Ninguém exceto ela sabe quais são: nem Akbar, nem Jeff, nem ninguém. Esses números são as chaves. O algoritmo RSA pode ser usado para decodificar mensagens por qualquer um que conheça esses dois primos grandes.

Mas para cifrar a mensagem inicialmente você não precisa conhecer *p* e *q*, apenas seu produto, um número ainda maior, que chamaremos de *N*.* Então, não é a mesma coisa que a cifra de Vigenère, em que decodificar é simplesmente codificar indo de trás para frente, usando a mesma chave. No RSA, codificar e decodificar são processos inteiramente diferentes, e graças ao alçapão o primeiro é muito mais fácil que o segundo.

O número grande *N* é chamado *chave pública*, porque Sheba pode contá-lo a todo mundo. Se quiser, pode colá-lo na porta de entrada da sua casa. Quando Akbar manda uma mensagem a Sheba, ele só precisa saber o produto *N*; usando esse número, pode codificar a mensagem que Sheba, em casa com seus *p* e *q* secretos, pode transformar de volta em um texto legível. *Qualquer pessoa* pode mandar uma mensagem a Sheba usando *N*; podem até postar essas mensagens publicamente. Todo mundo pode ver essas mensagens, mas ninguém exceto Sheba, detentora das chaves privadas, é capaz de lê-las.

O advento da criptografia com chave pública tornou tudo mais fácil e mais simples. Você (ou seu computador, ou seu celular, ou sua geladeira) pode mandar mensagens com muita segurança para milhares de pessoas de uma só vez sem ter que achar um modo de compartilhar informação privilegiada. Mas tudo depende de o alçapão *ser realmente* um alçapão. Se alguém puser uma escada sob ele, facilitando a passagem nos dois sentidos, tudo desmorona. Isto é: se alguém descobrisse um modo de separar o número grande *N* em seus fatores primos componentes *p* e *q*, essa pessoa teria acesso instantâneo a toda mensagem anteriormente privada codificada com esse *N*.

---

* Meu incansável editor de texto me pergunta: Por que *p* e *q* são minúsculos, mas *N* é maiúsculo? Isso reflete um hábito matemático de usar letras minúsculas para números que consideramos pequenos e letras maiúsculas para aqueles que consideramos grandes. Neste caso, *p* e *q* poderiam ter trezentos dígitos, o que pode não parecer pequeno, mas em comparação com seu produto *N* eles são realmente pequeninos.

Se o problema de fatoração em primos se revelar mais fácil para um programa de computador do que pensávamos, como o problema de vencer no jogo de xadrez, a transferência de informação subitamente se torna um empreendimento muito mais perigoso. É por isso que existem romances de suspense — eu vi isso no aeroporto, é real — com textos de quarta capa de tirar o fôlego, como:

> O adolescente Bernie Weber é um gênio em matemática. Washington, a CIA e Yale invadem Milwaukee para sequestrá-lo. Eles precisam saber seu segredo para fatorar números primos.[31]

(Se você não deu risada nesta última sentença, pare um segundo e pense cuidadosamente na tarefa matemática que se diz que Bernie dominou.)

O meu foi o senhor

O Chinook jogava damas melhor que qualquer pessoa viva, morta ou nenhuma das duas coisas. Mas isso não significava que *em princípio* ele não pudesse ser vencido. Talvez nas profundezas da árvore de damas houvesse alguma estratégia maior escondida, ainda não sonhada por humanos ou máquina, capaz de derrubar o campeão. A única maneira de descartar isso inteiramente era analisar o jogo de damas até a última folha, para então rotular corretamente a raiz. Qual dos três tipos é o jogo de damas? Um primeiro jogador vitorioso, um segundo jogador vitorioso ou empate?

Não vou manter você num suspense artificial. É um empate. Matematicamente, damas é mais ou menos uma grande versão bicolor do jogo da velha. Dois jogadores que nunca cometem um erro jamais vencerão nem serão derrotados; vão empatar toda vez. Isso talvez não seja uma grande surpresa para os seguidores de Marion Tinsley, que, como você há de se lembrar, cometia bem poucos erros. Seus concorrentes não escorregavam muito mais. E, quando dois desses jogadores quase perfeitos se enfrentavam, a maior parte das vezes o jogo terminava empatado. Em 1863, James

Wyllie, o campeão escocês conhecido como "Herd Laddie", Garoto do Rebanho,* enfrentou em Glasgow Robert Martins, um nativo da Cornualha, num torneio valendo o campeonato mundial. Eles jogaram cinquenta jogos, todos terminando em empate. E 28 desses jogos foram exatamente iguais, jogada a jogada.[32] A coisa mais chata do mundo! O vexame de Glasgow levou os jogadores de damas a adotar um sistema de "restrição", com as duas primeiras jogadas tiradas ao acaso de um "baralho" de aberturas permitidas; a ideia era impedir os jogadores de trilhar os mesmos desgastados caminhos da árvore e acabar, vezes e mais vezes, na mesma velha folha. Mas, depois que Samuel Gonotsky e Mike Lieber** jogaram quarenta empates seguidos num torneio em 1928 por um prêmio de mil dólares no Garden City Hotel em Long Island, Nova York, o sistema passou para a atual "restrição de três jogadas", no qual as primeiras três jogadas vêm de 156 opções de abertura. Mesmo com a restrição de três jogadas, o campeonato de damas moderno tem mais empates que vitórias ou derrotas.

Mas isso constitui apenas o grosso da evidência; uma *prova* real de que não existe estratégia vencedora para nenhum dos jogadores que gerações de mestres de damas de algum modo não conseguiram apreender seria uma questão totalmente diferente.

O Chinook tinha apenas cinco anos de idade quando tirou a coroa de Marion Tinsley, em 1994. Seriam necessários mais treze anos antes que Jonathan Schaeffer e o resto da equipe do Chinook pudessem provar que Tinsley não *tinha possibilidade* de vencê-lo. E nenhuma outra pessoa tem. Com toda certeza, não você.

Apesar de tudo, você pode tentar! O Chinook funciona dia e noite num servidor em sua terra natal em Edmonton, Alberta, aceitando todos os que chegam. Enquanto você joga, ele avalia calmamente sua posição. "Chinook tem uma pequena vantagem", ele avisa no começo. E então,

---

* Isso porque era um rapaz do campo que conduzia rebanhos de gado até Edimburgo e provocava os espertinhos da cidade quando lá chegava, apostando contra os oponentes que era capaz de vencê-los dez vezes para cada jogo que eles ganhassem.

** Lieber foi colega de escola de Asa Long em Toledo, que aparentemente era a capital das competições de damas.

"Chinook tem uma grande vantagem". E então — depois de sete jogadas na partida que estou disputando enquanto escrevo — "Você perde". Isso significa que você chegou a uma posição que o Chinook conhece, do seu ponto de vista panóptico, como sendo um V para ele. Não significa que você tenha que parar de jogar! O Chinook é paciente. Não tem nenhum outro compromisso. Você pode fazer outra jogada. O Chinook move sua peça e volta a comentar: "Você perde". Vá jogando enquanto você aguenta.

Jogar contra o Chinook é inquietante, mas de certa forma também é tranquilizador. É muito diferente da experiência de jogar contra um ser humano muito, muito habilidoso que tenta derrotar você, o que é inquietante e nem um pouco tranquilizador. Certa vez joguei uma partida de Go contra o meu primo Zachary, que na época tinha quinze anos, era baterista de uma banda de trash metal chamada Sinister Mustard e um dos principais jogadores de xadrez juvenis no Arizona. Zachary nunca tinha jogado Go antes, e no começo consegui obter uma boa vantagem. Porém, mais ou menos na altura de um quarto do jogo, ele teve algum estalo — captou a lógica do jogo, da mesma forma que tinha captado o xadrez antes, e com real vigor me varreu do tabuleiro. Dizia-se que jogar contra Tinsley era mais ou menos a mesma coisa: "O Terrível Tinsley", assim invariavelmente chamavam o cortês e gentil professor de matemática, simplesmente porque a experiência de estar sentado à sua frente do outro lado do tabuleiro de damas era uma quase garantia de ser triturado. Tinsley, como a iteração do Chinook em 1994, era essencialmente perfeito em damas. Mas, ao contrário do Chinook, ele *dava importância* ao ato de ganhar. "Sou basicamente um indivíduo inseguro",[33] declarou ele numa entrevista. "Odeio perder." Para o modo de pensar de Tinsley, ainda que ele e Chinook estivessem realizando a mesma tarefa, eram tipos de seres fundamentalmente diferentes. "Eu tenho um programador melhor que o Chinook",[34] disse ele a um jornal antes de os dois se encontrarem no torneio de 1992. "O dele foi Jonathan, o meu foi o Senhor."

A Glasgow africana

Damas, de acordo com Schaeffer, tem 500 995 484 682 338 672 639 posições possíveis, embora muitas delas nunca possam ser alcançadas num jogo segundo as regras. Como damas é uma árvore,* podemos traçar nosso caminho de volta a partir do fim do jogo, atribuindo a cada uma dessas posições um V, D ou E.

Mas até mesmo esse conjunto de posições, pequeno se comparado ao que o xadrez ou o Go têm a oferecer, está além da nossa capacidade de elaborar até a exaustão. Felizmente, é possível se arranjar com bem menos, graças ao poder das Três Regras.

A mais popular das sete aberturas possíveis em damas é aquela denominada "11-15", mas que é tão ardorosamente amada pelos jogadores especialistas que geralmente é chamada "Old Faithful" [Velha Fiel]. Suponha que as Pretas estejam começando com essa abertura e as Brancas respondam com o movimento chamado "22-18", o começo de uma abertura chamada "26-17 Double Corner". Agora é a vez de as Pretas jogarem de novo. A essa altura, Schaeffer prova que as Brancas podem ter um D ou um E, mas decididamente não podem forçar a vitória. Então marcamos essa posição com DE, para mostrar que não terminamos de calculá-la.

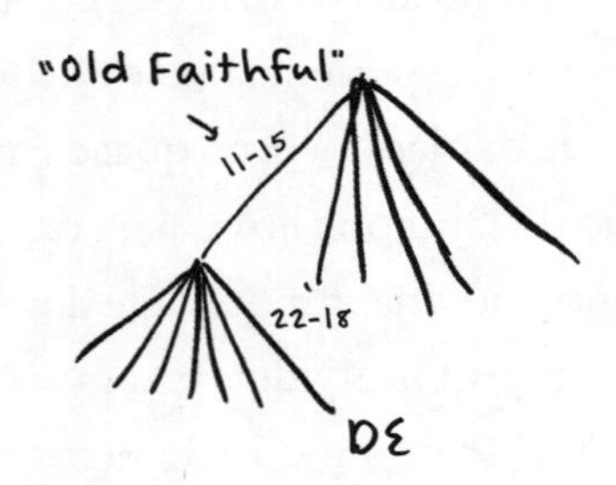

Mas isso já nos diz alguma coisa sobre a Old Faithful! Pelas Três Regras, uma posição é um D *somente* se toda posição a partir dela na árvore

* Retorno da nota de rodapé pedante: é uma árvore finita na condição de você impor a regra semelhante ao xadrez de que uma posição repetida três vezes encerra o jogo, que é o que Schaeffer faz.

é um V. Isso não vale para a Old Faithful, porque as Brancas têm uma escolha, 22-18, que leva ou para D ou para E. Então sabemos que a Old Faithful é ou E ou V. E sabemos disso sem nos darmos ao trabalho de estudar qualquer uma das muitas outras respostas possíveis à Old Faithful que pudessem ter sido dadas pelas Brancas, nem determinando o rótulo exato que devemos atribuir a 22-18. Em ciência da computação, e também em jargão de jardinagem, nós "podamos" os ramos que podemos deixar de lado sem considerar. Essa é uma técnica tremendamente importante. Muitas vezes as pessoas pensam que as evoluções da computação aparecem quando tornamos os nossos computadores extremamente rápidos, de modo que eles possam computar *mais coisas, mais dados*. Na verdade, é igualmente importante podar grandes partes de dados que não sejam relevantes para o problema que está sendo considerado! A computação mais rápida é aquela que você não precisa fazer.

Na verdade, pode-se mostrar que todos os sete movimentos de abertura podem levar ou a um E ou a um V da mesma maneira eficiente. Só um deles, 9-13, obrigou Schaeffer a mergulhar mais fundo, e mostrar que é um E.

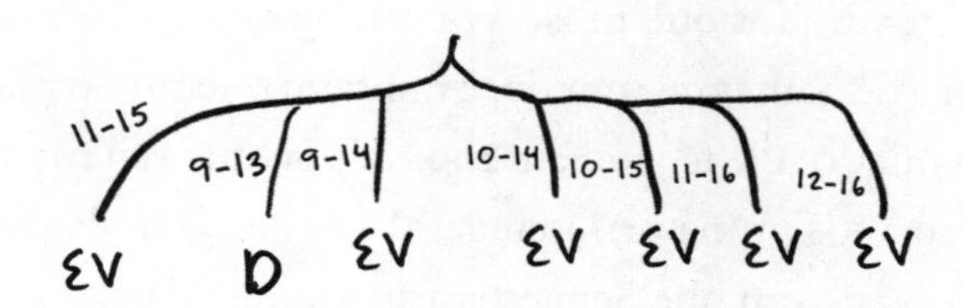

E isso é suficiente para resolver o jogo de damas! Sabemos que as Pretas, começando o jogo, têm uma opção que não dá às Brancas uma posição vencedora — ou seja, 9-13 —, então a posição inicial não pode ser um D. Mas também sabemos que nenhuma das posições das Pretas dá um D às Brancas, então a posição inicial também é um V. Isso deixa apenas o E; damas é um empate.

Não temos uma análise como essa para o xadrez, ainda não, e talvez nunca venhamos a ter. A árvore do xadrez é uma sequoia, em comparação com os arbustos das damas, e não sabemos se a raiz deve ser marcada com V, D ou E.

Mas e se conseguíssemos? Será que as pessoas ainda dedicariam sua vida ao xadrez se soubessem que um jogo perfeito sempre termina em empate, que não haveria vitória por excelência, apenas derrota por alguma besteira feita no jogo? Ou haveria uma sensação de vazio? Lee Se-dol, um dos melhores jogadores vivos de Go, abandonou o jogo depois de perder um torneio para AlphaGo, uma máquina jogadora desenvolvida pela empresa de inteligência artificial DeepMind. "Mesmo se eu me tornar número um", disse ele, "há uma entidade que não pode ser derrotada."[35] E o Go nem sequer está resolvido! Comparado com a sequoia que é o xadrez, o Go é — bem, se existisse uma árvore um pouco maior que um googol de sequoias, essa árvore seria o Go. Vá aos fóruns de xadrez e Go e você verá muita gente se debatendo com as mesmas ansiedades manifestadas por Lee. Se um jogo é somente uma árvore com letras escritas, será que realmente é um jogo? Deveríamos simplesmente ir embora quando o Chinook nos diz, com infinita calma e paciência, que nós perdemos?

O Hall da Fama Internacional de Damas costumava ser a maior atração em Petal, Mississippi, uma cidade de cerca de 10 mil pessoas nos arredores da cidade universitária de Hattiesburg. O Hall era uma mansão de quase 3 mil metros quadrados que mostrava um busto de Marion Tinsley, e o maior tabuleiro de damas do mundo, e também o segundo maior tabuleiro de damas do mundo. Ele fechou em 2006 depois que seu fundador foi condenado a cinco anos numa prisão federal por lavagem de dinheiro.[36] Em 2007 — mesmo ano em que Schaeffer provou que damas era empate —, sofreu um incêndio e dele não restou nada.

E mesmo assim as pessoas ainda estão jogando damas, ao redor do mundo todo, ainda visando a ser o campeão entre os humanos. (Enquanto escrevo, esse título é detido pelo grande mestre italiano Sergio Scarpetta.) Não é tão popular quanto um dia já foi, é claro, mas o declínio começou bem antes da prova de Schaeffer, e novos jogadores continuam entrando no grupo. Amangul Berdieva, do Turcomenistão, uma das melhores jogadoras do mundo, era uma menina de sete anos quando o Chinook tirou a coroa de Tinsley. O atual campeão mundial de damas tipo "jogue como quiser" (quando você escolhe a sua própria abertura) é Lubabalo Kondlo, da África do Sul, que tem 49 anos. Kondlo foi pioneiro numa variante da mesma abertura com a qual Wyllie e Martins jogaram quarenta empates na Escócia em 1863; a versão de Kondlo, em homenagem a essa partida, agora é conhecida como Glasgow Africana.

Se o sentido de jogar damas é ser o melhor em vitórias, atualmente não há mais sentido em jogar damas. Mas o sentido de jogar damas não é ser o melhor em vitórias. Nenhum ser humano foi melhor em vitórias do que Marion Tinsley, e Tinsley sabia que não era isso que importava. "Seguramente me dá um desgosto intenso perder",[37] ele disse a um entrevistador em 1985, "mas se jogarmos uma porção de partidas bonitas, esta será a minha recompensa. Damas é um jogo tão bonito que não me importa perder." Xadrez é diferente. O atual campeão do mundo, Magnus Carlsen, disse a um entrevistador: "Não encaro os computadores como oponentes. Para mim, é muito mais interessante derrotar seres humanos".[38] Garry Kasparov, campeão durante muitos anos, desconsidera a ideia de que humanos jogando xadrez seja algo obsoleto, porque para ele a computação realizada pela máquina e o jogo executado por um humano são coisas fundamentalmente distintas.[39] "O xadrez humano", diz ele, "é uma forma de guerra psicológica." Não é uma árvore; é uma batalha que se passa numa árvore. Refletindo sobre uma partida que jogou contra Veselin Topalov vinte anos antes, Kasparov diz: "Eu fiquei maravilhado com a beleza dessa geometria".[40] A geometria da árvore nos diz como vencer; não diz o que torna um jogo bonito. Essa é uma geometria mais sutil, e por enquanto não é algo que a máquina possa computar passo a passo com uma breve lista de regras.

Perfeição não é beleza. Temos prova absoluta de que jogadores perfeitos jamais vencerão e jamais perderão. Qualquer que seja o interesse que tenhamos no jogo, ele está aí somente porque os seres humanos são imperfeitos. E talvez isso não seja ruim. O jogo perfeito não é jogo, não no sentido de ser uma brincadeira. Na medida em que estejamos pessoalmente envolvidos em jogar, isso ocorre por causa das nossas imperfeições. Nós *sentimos* algo quando as nossas imperfeições arranham as imperfeições de outra pessoa.

6. O misterioso poder de tentativa e erro

Não sabemos como preencher totalmente a árvore do xadrez com os rótulos de Vs, Ds e Es, e quando digo que talvez nunca venhamos a saber, não estou dizendo isso porque não sejamos inteligentes, mas porque o número de posições da árvore a serem rotuladas é grande demais, maior do que qualquer processo físico poderia rotular antes de o universo se apagar. Estritamente falando, é possível que haja algum jeito de contornar o transtorno recorrente de começar a rotular pelas folhas (*tantas folhas!*) e fazer o caminho para trás até chegar na raiz. Era isso que acontecia com o "jogo da subtração" disputado pelos participantes de *Survivor*. Quando o jogo começa com 100 milhões de bandeiras, você *poderia* trabalhar laboriosamente de trás para frente a partir do fim e preencher todas as situações com Vs e Ds, ou poderia usar o Teorema do *Survivor* que comprovamos algumas páginas atrás. Como 100 milhões é exatamente divisível por quatro, o teorema nos diz que o segundo jogador sempre pode vencer. E sabemos como: se o primeiro jogador tira uma bandeira, você tira três. Se o primeiro tira duas, você tira duas. E se o primeiro tira três, você tira uma. Repita isso 24 999 999 vezes e desfrute a sua vitória.

Não posso provar que não exista uma estratégia tão simples como esta para ganhar no xadrez. Mas não parece provável.

E mesmo assim, os computadores *jogam* xadrez. E jogam xadrez bastante bem. Melhor que eu, melhor que você, melhor que Garry Kasparov, melhor que o meu primo Zachary, melhor que qualquer um. Como podem fazer isso se não conseguem computar todos os rótulos de todas as situações do jogo?

Eles jogam porque as máquinas da nova onda de inteligência artificial nem tentam ser perfeitas. Elas vão atrás de algo totalmente diferente. Para explicar o que é, precisamos voltar para os números primos.

Lembre-se: o aparato da criptografia de chave pública no qual tanta coisa se baseia depende de ser possível aparecer com dois números primos grandes para usar como chave privada, "grandes" significando trezentos dígitos ou algo assim. Onde arranjamos tais números? Não existe uma loja de números primos no shopping center. Mesmo se existisse, você não iria gostar de usar primos comprados na loja, porque, a menos que você esteja reencenando a criptografia dos Confederados, todo o ponto da sua chave secreta é que ela não seja de acesso público.

Então você precisa criar seus próprios números. O que no início parece difícil. Se eu quiser um número de trezentos dígitos que *não* seja primo, sei o que fazer: basta multiplicar um punhado de números menores até chegar a trezentos dígitos. Mas os números primos são precisamente aqueles que não são compostos de blocos de construção menores; por onde é que eu começo?

Esta é uma das perguntas que eu mais ouço como professor de matemática: "Por onde é que eu começo?". Sempre fico contente quando a ouço, não importa quão aflito o aluno esteja ao perguntar, porque a pergunta é uma oportunidade de ensinar uma lição. A lição é que importa muito menos *por onde* você começa do que o *fato de você começar.* Tente alguma coisa. Talvez não dê certo. Se não der, tente algo diferente. Frequentemente os alunos crescem num mundo em que você resolve um problema de matemática executando algum algoritmo fixo. Pedem a você que multiplique dois números de três dígitos e a primeira coisa que você faz é multiplicar o primeiro número pelo último dígito do segundo e você escreve o resultado e pronto.

A matemática real (assim como a vida real) não é nada disso. Há muita tentativa e erro. Esse método é muitas vezes visto com certo menosprezo, provavelmente porque contém a palavra "erro" no nome. Em matemática não temos medo de erros. Erros são ótimos! Um erro é simplesmente uma oportunidade de fazer outra tentativa.

Então você precisa de um primo de trezentos dígitos. "Por onde é que eu posso começar a fazer isso?" Você começa pegando um número de trezentos dígitos ao acaso. "Como saber qual número pegar?" Isso não importa. "Tudo bem, que tal 1 com 299 zeros atrás?" Tudo bem, esse talvez não, porque obviamente ele é par, e um número par diferente de 2 não pode ser primo porque é 2 × alguma outra coisa. Isso é um erro, vamos para a próxima tentativa. Pegue outro número de trezentos dígitos, dessa vez um que seja ímpar.

Então neste ponto você aparece com um número que, até onde você pode dizer, é primo. Pelo menos você não consegue ver nenhuma razão óbvia para que ele *não seja* primo. Mas como pode ter certeza? Você poderia tentar usar o machado da fatoração no seu número e ver o que acontece. Ele é divisível por 2? Não. É divisível por 3? Não. É divisível por 5? Não. É um progresso, porém, mais uma vez, você tem pela frente um tempo de trabalho muito maior do que a idade do universo. Na prática, não dá para checar se um número é primo dessa maneira, do mesmo jeito que não dá para resolver o xadrez rotulando os galhos de uma árvore um por um.

Há um jeito melhor, mas precisamos convocar uma geometria diferente: a geometria do círculo.

Opalas e pérolas

Isto é uma *pulseira*: sete pedras dispostas num círculo, algumas opalas, algumas pérolas.

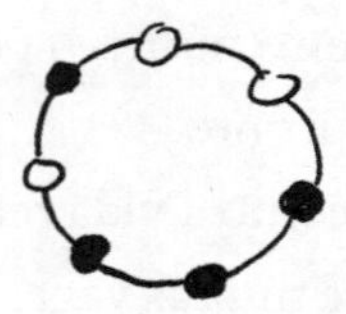

Aqui mais algumas pulseiras:

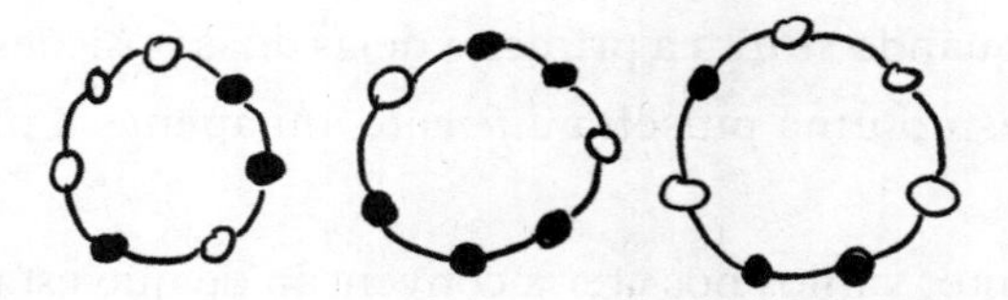

E aqui estão todas as pulseiras com quatro pedras:

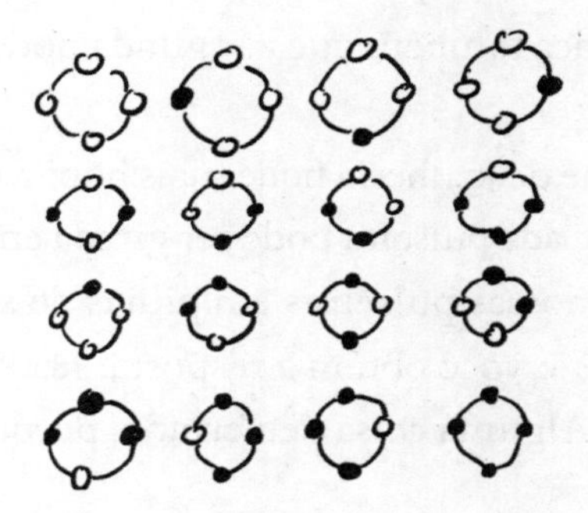

Há dezesseis dessas pulseiras. Você pode simplesmente contá-las na figura e se certificar de que eu não esqueci nenhuma, mas há também um jeito mais requintado. Começando pelo topo e indo no sentido horário, a primeira pedra pode ser uma opala ou uma pérola: duas opções. Para *cada uma* dessas duas opções, há duas opções para a próxima pedra; são quatro opções ao todo para a disposição das duas primeiras pedras. E para cada uma dessas quatro opções, duas opções para a terceira, e já chegamos a oito ao todo. Para cada uma *dessas oito*, você tem uma pulseira na qual a última pedra é uma opala ou uma pérola; então você acaba com duas vezes oito, ou 2 × 2 × 2 × 2, ou 16.

Ou você poderia simplesmente ter contado! Mas a vantagem de usar o método mais requintado é que podemos exportar esse raciocínio para pulseiras maiores, como a pulseira de sete pedras da página anterior. A quantidade de maneiras de montar uma pulseira de sete pedras é 2 × 2 ×2 × 2 × 2 × 2 × 2, ou 128.

Mas talvez, ouço você sugerir, eu esteja desenhando mais pulseiras do que preciso. Olhe as três pulseiras de sete pedras acima — a terceira é o que se obtém quando se gira a primeira delas duas posições para a direita. Será que é mesmo uma pulseira *diferente*, ou apenas a mesma vista de outro ângulo?

Por enquanto, vamos nos ater à convenção de que estamos contando pulseiras como diferentes se elas tiverem uma aparência diferente na página. Mas não esqueçamos a ideia da rotação. Poderíamos chamar as duas pulseiras de *congruentes* se a primeira puder ser girada para produzir a segunda (o que significa também que a segunda pode ser girada para produzir a primeira).*

Talvez uma vitrine de joalheria fique mais bonita arrumando as pulseiras por congruência. Cada pulseira pode ser girada em sete posições, então estamos agrupando nossas pulseiras em pilhas de sete. Quantas pilhas? Basta dividir 128 por 7 e você obtém a resposta: 18,2857152...

Oba, outro erro! Alguma coisa deu errado, porque 128 não é múltiplo de sete.

O problema está em algumas das pulseiras que não desenhei. Como a versão só com opalas:

As sete rotações dessa pulseira são todas a mesma pulseira! Então não é um grupo de sete; é um grupo de uma. A pulseira com todas as pedras sendo pérolas também é o seu próprio grupo.

Devemos nos preocupar com outros grupos menores? Decididamente sim. Estas pulseiras de quatro pedras

* O que combina perfeitamente com a noção de congruência que encontramos no capítulo 1, em que duas figuras no plano são chamadas congruentes quando podemos transformar uma na outra por rotação ou algum outro movimento rígido.

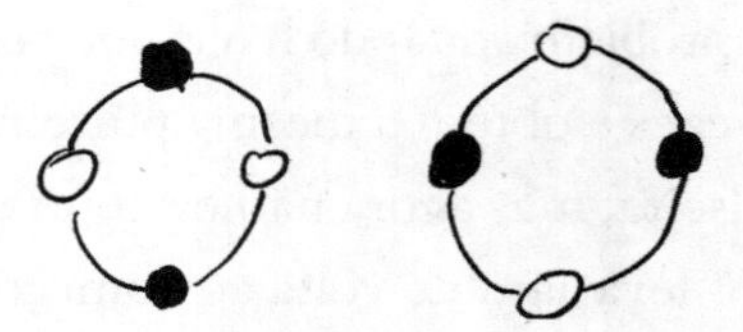

também são um grupo em si. Porque a alternância do padrão opala-pérola se repete a cada duas posições. Então não é preciso fazer quatro rotações inteiras para voltar à pulseira original: bastam duas.

Mas, com sete pedras na pulseira, esse tipo de coisa não acontece. Desperte sua imaginação e suponha que você tivesse uma pulseira que pudesse girar, digamos, três posições e voltar à mesma pulseira do começo. Então teria um grupo de três: a pulseira original, a pulseira girada uma vez, e a pulseira girada duas vezes. Espere aí, e se algumas delas fossem a mesma? Para descartar essa possibilidade desagradável, digamos que três é o *menor* número de giros* que faz a pulseira voltar à sua forma inicial.

Se um triplo giro nos traz de volta à mesma pulseira, então a mesma coisa acontece se girarmos seis vezes, e a mesma coisa girando nove vezes; mas agora temos um problema, porque sete giros da pulseira *decididamente* a levam de volta à posição inicial, então nove giros é o mesmo que dois giros, mas dois giros não podem trazer a pulseira de volta ao ponto de início, porque *acabamos de decidir* que menos de três giros não podem fazer isso.

E o cheiro da contradição volta a tomar conta das nossas narinas.

Talvez começar com três tenha sido má ideia. E se tivermos um grupo de cinco, de modo que cinco seja o menor número de giros que restaure a pulseira inicial? Então dez giros também fazem isso, e dez é o mesmo que três, de modo que caímos novamente em contradição. Que tal dois giros? Isso deu certo para a pulseira de quatro pedras. Se dois giros mantêm a pulseira igual, o mesmo se aplica a quatro, e seis, e oito e — epa! Oito giros é o mesmo que um.

* Menor número maior que zero, *seu* pedante.

Não tivemos esse problema quando havia apenas quatro pedras. Você gira a pulseira duas vezes e obtém a mesma pulseira. Gira quatro vezes, e obtém a mesma pulseira; mas agora não há contradição porque você já sabia que quatro giros levariam de volta ao começo. O que faz com que dê certo é o fato de quatro ser múltiplo de dois. E o que causou todos os nossos problemas com sete pedras é que sete *não é* múltiplo de três, nem de cinco, nem de dois. Sete não é múltiplo de *nada*, porque sete é primo.

Você se lembra de que originalmente estávamos falando de primos?

Esse mesmo princípio, aliás, tem muito a nos dizer sobre cigarras. A cada dezessete anos, meu estado natal, Maryland, é visitado pela Grande Ninhada do Leste, uma população de centenas de bilhões de insetos que emergem da terra e cobrem a paisagem de todos os estados que compõem o chamado Médio Atlântico como um tapete chilreante. Por algum tempo você tenta evitar esmagá-los sob seus pés ao caminhar, e depois simplesmente desiste, são insetos demais.

Mas por que dezessete anos? Muitos especialistas em cigarras acreditam — mas vou ser sincero com vocês, há uma discussão séria sobre esse ponto entre os especialistas em cigarras, que existem em número muito maior do que você provavelmente pensaria, e que são surpreendentemente interessantes em suas ácidas críticas mútuas acerca das hipóteses da periodicidade das cigarras — que as cigarras contam até dezessete no subsolo porque dezessete é um número primo. Se em vez disso fossem dezesseis, poderíamos imaginar um predador igualmente periódico evoluindo para emergir a cada oito anos, ou quatro, ou dois; e toda vez que eles saíssem haveria pilhas de cigarras para consumir. Mas nenhum lagarto ou pássaro faminto é capaz de sincronizar com a Grande Ninhada do Leste a menos que também evolua num período de dezessete anos.

Quando digo que 7 (e 5, e 17, e 2) não é múltiplo de nada, estou exagerando a situação; é múltiplo de 1, é claro, e é múltiplo de 7. Então há dois grupos de pulseiras: grupos de um e grupos de sete. E um grupo de um precisa que todas as suas posições sejam ocupadas pelo mesmo tipo de pedra, porque *qualquer* rotação a deixa igual.

Então pulseiras feitas só de opalas ou só de pérolas são os solitários grupos de um; e as outras 126 pulseiras são consideradas grupos de sete. *Agora* a divisão dá certo; há $126/7 = 18$ desses grupos.

E se passássemos para onze pedras? O número total de pulseiras é dois multiplicado por si mesmo onze vezes, que nós indicamos por 2^{11}, ou 2048. Mais uma vez, há duas pulseiras monocromáticas, e as outras 2046 precisam cair em grupos de onze; 186 desses grupos, para ser exato. Você pode ir mais longe:

$$2^{13} = 8192 = 2 + 630 \times 13$$
$$2^{17} = 131\,072 = 2 + 7710 \times 17$$
$$2^{19} = 524\,288 = 2 + 27\,594 \times 19$$

Você notou que eu pulei o 15? Pulei porque não é primo, sendo 3 vezes 5, mas também pulei porque não dá certo! $2^{15} - 2$ é 32 766, que não é divisível por 15. (Aqueles entre vocês que são entusiastas de rotações da pulseira ficam incentivados a verificar por si mesmos, no tempo que tiverem, que 32 768 pulseiras podem ser divididas em dois grupos de um, dois grupos de três, seis grupos de cinco e 2182 grupos de quinze.)

Pensávamos que estávamos desperdiçando nosso tempo com giros de pulseiras, mas na verdade estávamos usando a geometria do círculo e suas rotações para provar um fato sobre os números primos, que à primeira vista você jamais imaginaria que fosse geométrico. A geometria se esconde em toda parte, bem no fundo das engrenagens das coisas.

Nossa observação sobre primos não é apenas um fato, é um fato que tem nome: chama-se Pequeno Teorema de Fermat, em homenagem a Pierre de Fermat, a primeira pessoa que o anotou.* Não importa qual número primo n você pegue, por maior que seja, 2 elevado à potência n é 2 mais um múltiplo de n.

Fermat não era matemático profissional (na França do século XVII dificilmente havia esse tipo de pessoa), mas um advogado provinciano,

* Este é apenas um caso do teorema de Fermat; na verdade, para qualquer número m, não só 2, mn é m mais um múltiplo de n.

próspero membro da burguesia de Toulouse. Longe do centro das coisas que era Paris, Fermat participava da vida científica de sua época em grande parte por meio de correspondência com matemáticos seus contemporâneos. Ele enunciou pela primeira vez o Pequeno Teorema numa carta de 1640 para Bernard Frénicle de Bessy,[1] com quem estava envolvido numa vigorosa troca de ideias sobre o tema dos números perfeitos.* Fermat enunciou o teorema, mas não apresentou nenhuma prova; ele *tinha* uma prova, escreveu a Frénicle, que decididamente teria incluído na carta "se não tivesse receio de que ela fosse longa demais".[2] Essa é uma jogada *clássica* de Pierre de Fermat. Se você já ouviu antes o nome dele, não é por causa do Pequeno Teorema de Fermat, mas por causa do outro, o *Último* Teorema de Fermat, que não era nem um teorema seu nem a última coisa que ele fez; era uma conjetura sobre números que Fermat rabiscou na margem do seu exemplar da *Aritmética* de Diofanto,[3] em algum momento na década de 1630. Fermat comenta que havia descoberto uma prova realmente elegante que a margem do livro era pequena demais para conter. O Último Teorema de Fermat acabou se revelando um teorema, sim, mas só séculos depois, nos anos 1990, quando Andrew Wiles e Richard Taylor finalmente concluíram a prova.

Um modo de ler isso é que Fermat era uma espécie de visionário, capaz de realmente inferir a correção de enunciados matemáticos sem os provar, do mesmo jeito que um jogador mestre de damas pode sentir a solidez de uma jogada sem cravar a sequência vencedora passo a passo até o final. Um palpite melhor é que Fermat era uma pessoa comum que nem sempre se mostrava cuidadosa! Fermat certamente logo percebeu que não tinha uma prova para o chamado Último Teorema, já que mais tarde escreveu sobre casos especiais do teorema sem jamais alegar novamente que conhecia uma prova da coisa toda. O teórico dos números francês André Weil** es-

* Números perfeitos são aqueles iguais à soma de todos seus fatores menores, como $28 = 1 + 2 + 4 + 7 + 14$. Para um matemático moderno, o charme dos números perfeitos é um tanto obscuro, mas Euclides os adorava, e isso lhes deu certo encanto para os primeiros teóricos dos números. E é uma sensação boa superar Euclides.

** Irmão de Simone, embora em círculos matemáticos ela que seja a irmã de André.

creveu sobre a afirmativa prematura de Fermat, dizendo que "dificilmente resta alguma dúvida de que isso se deveu a alguma interpretação errada da parte dele, ainda que, por um curioso gesto do destino, sua reputação aos olhos dos ignorantes tenha passado a se basear principalmente nisso".[4]

No fim da carta a Frénicle, Fermat diz crer que todos os números da forma $2^{2^n} + 1$ são primos. Como era típico, não ofereceu nenhuma prova, mas disse: "Estou quase persuadido", tendo verificado que sua conjectura valia quando *n* era 0, 1, 2, 3, 4 e 5. Mas Fermat estava errado. Sua afirmação não era verdadeira para todos os números. Não era verdadeira sequer para 5! Ele negligenciara notar que 4 294 967 297, que ele julgara ser primo, na realidade é 641 × 6 700 417. Frénicle não percebeu o erro de Fermat (para seu azar, já que o tom das cartas sugere que ele estava realmente ansioso para ganhar uma de seu correspondente famoso),[5] e nem o próprio Fermat, que fez pé firme nessa conjectura pelo resto da vida, aparentemente nunca se dando ao trabalho de checar a aritmética que fizera na sua exploração inicial. Às vezes as coisas somente *dão a sensação* de estarem certas; mas, mesmo quando você é um matemático da estatura de Fermat, nem tudo que dá a sensação de estar certo está certo.

A hipótese chinesa

O teorema das pulseiras nos permite checar as credenciais de um suposto primo, como o segurança parrudo na entrada de uma boate. Se o número 1 020 304 050 607, parado na porta da boate com sua roupa mais glamorosa, tenta passar pela corda, posso levar algum tempo para testar números, um por um, para ver se algum deles é divisor exato de 1 020 304 050 607. É bem fácil multiplicar 2 por si mesmo 1 020 304 050 607 vezes e ver se o resultado é 2 mais um múltiplo de 1 020 304 050 607.* Não é — o que significa

* Por que isso é mais fácil? A impressão é que temos que multiplicar por 2 mais ou menos um trilhão de vezes, o que parece consumir muito tempo. Há uma técnica esperta chamada exponenciação binária, que nos permite fazer isso realmente depressa, mas as margens desta página são pequenas demais para explicá-la.

que 1 020 304 050 607 com toda certeza não é primo, e eu posso mandá-lo embora com um empurrão.

Eis o que é estranho: nós provamos, sem sombra de dúvida, que 1 020 304 050 607 é fatorável em números menores, mas essa prova não nos dá nenhuma pista de quais são esses números menores! (O que é bom; lembre-se de que todo o aparato da criptografia de chave pública depende da dificuldade em achar os fatores...) Esse tipo de "prova não construtiva" requer um pouco que você se acostume a ela, mas é onipresente na matemática. Pode pensar nesse tipo de prova como algo parecido com um carro que fica molhado por dentro toda vez que chove.* Você sabe pela água e pelo cheiro que há uma entrada de água em algum lugar. Mas a prova, irritantemente, não lhe diz por onde a água entra, só que existe um vazamento.

Há outra característica importante dessa prova na qual precisamos nos aprofundar. Se os tapetinhos do chão do carro ficam molhados quando chove, há um vazamento por onde a água entra; mas isso não significa que não há vazamento se os tapetinhos estiverem secos! O furo pode estar em algum outro lugar, ou talvez seus tapetinhos sequem depressa. Há duas afirmações diferentes que podem ser feitas:

> Se os tapetinhos do chão estiverem molhados, há um vazamento.
> Se os tapetinhos do chão estiverem secos, não há vazamento.

A segunda, em termos lógicos, é chamada *inverso* da primeira. Há também outras variantes:

> *Recíproca:* Se há um vazamento no carro, os tapetinhos do chão ficam molhados.
> *Contrapositivo:* Se não há vazamento no carro, os tapetinhos do chão vão permanecer secos.

---

* Por exemplo, o Chevy Cavalier que guiei de 1998 a 2002 até que ele quebrou sem chance de conserto. Ainda consigo sentir o cheiro dos tapetinhos de chão. Nunca achei o vazamento.

A afirmação original é equivalente ao seu contrapositivo; são apenas dois conjuntos diferentes de palavras para expressar a mesma ideia, como "1/2" e "3/6", ou "o maior *shortstop* que vi jogar na minha vida" e "Cal Ripken Jr.". Você não precisa concordar com nenhuma delas, mas se concordar com uma tem que concordar com a outra. Mas uma afirmação e sua recíproca são duas coisas diferentes: ambas podem ser verdadeiras, ou apenas uma das duas, ou nenhuma delas.

Fermat mostrou que, se n é primo, $2n$ é 2 mais um múltiplo de n. A recíproca diria que se $2n$ é 2 mais um múltiplo de n, então n é primo. Essa recíproca, que tornaria o teste de Fermat perfeitamente confiável, às vezes é chamada "A Hipótese Chinesa". Ela é verdadeira? Não. Ela é chinesa? Também não. O nome vem de uma crença errada e persistente[6] de que o Pequeno Teorema de Fermat seria conhecido por matemáticos na China por volta do tempo de Confúcio. Como acontece com o Nim, os matemáticos ocidentais se sentiam estranhamente atraídos pela ideia de que um conceito matemático sem origem clara devia supostamente ser antigo e chinês. A alegação de que os antigos matemáticos chineses enunciavam a falsa recíproca do Pequeno Teorema de Fermat, que parece ter se originado numa breve nota escrita em 1898 pelo astrofísico James Jeans* quando era estudante de graduação,[7] só piora o que já era uma atribuição errada.

A recíproca do Pequeno Teorema de Fermat não é verdadeira, porque, assim como um jovem com carteira de identidade falsificada pode enganar o segurança mais sisudo, alguns não primos passam pelo teste dos primos de Fermat. O menor deles é 341 (embora esse exemplo não pareça ter sido descoberto até 1819!). O traiçoeiro 4294967297, aquele que enganou Fermat, é outro. E há infinitos outros.

Mas isso não torna o teste inútil; ele só é imperfeito. O mundo mais amplo muitas vezes pensa na matemática como a ciência do certo e do infalível, mas nós gostamos de coisas imperfeitas, também, especialmente quando temos noções dos limites da sua imperfeição. Eis como gerar nú-

---

* A mesma pessoa que sete anos depois estava brigando a respeito de física quântica nas páginas da *Nature*, ao lado da pergunta de Karl Pearson sobre o passeio aleatório.

meros muito-provavelmente-primos grandes por tentativa e erro. Escreva um número de trezentos dígitos. Aplique o teste de Fermat (ou, melhor, seu aperfeiçoamento moderno, o teste de Miller-Rabin). Se ele falhar, pegue outro número e tente outra vez. Vá em frente até chegar a um número que passe pelo teste.

Go bêbado

O que nos traz de volta para o computador do Go. O jogo de Go é muito mais velho que damas ou xadrez — na verdade, só para variar um pouquinho, ele *realmente é* antigo e chinês. Máquinas que jogam Go, por outro lado, apareceram depois das máquinas para outros jogos. Em 1912, o matemático espanhol Leonardo Torres y Quevedo construiu uma máquina, El Ajedrecista, para jogar certas finalizações de xadrez, e Alan Turing apresentou o plano para um computador de xadrez funcional na década de 1950. A *ideia* de um robô jogador de xadrez é até mais velha, remontando ao "Turco do Xadrez" de Wolfgang von Kempelen, um autômato jogador de xadrez imensamente popular nos séculos XVII e XIX, que inspirou Charles Babbage, maravilhou Edgar Allan Poe e deu xeque-mate em Napoleão, mas que na verdade era controlado por um diminuto operador humano escondido dentro da estrutura do mecanismo.[8]

O primeiro programa de computador para jogar Go não apareceu antes do fim dos anos 1960, quando Albert Zobrist escreveu um programa como parte de sua tese de doutorado em ciência da computação na Universidade do Wisconsin. Em 1994, enquanto o Chinook enfrentava Marion Tinsley golpe a golpe, as máquinas de Go eram impotentes contra jogadores humanos profissionais. As coisas mudaram rapidamente, como Lee Se-dol descobriu.

O que realmente faz uma máquina de Go de alto nível como AlphaGo, sem nenhum ser humano encolhido dentro dela para mover as peças? Ela não rotula cada nó da árvore de Go com um V ou um D (não precisamos de E porque no Go padrão não existe empate). A árvore de Go é intricada e cheia de galhos; *ninguém* pode resolver aquela coisa infernal. Mas, como no teste de Fermat, podemos nos contentar com uma aproximação, uma função que atribui a cada posição no tabuleiro um escore que seja prontamente computável de alguma maneira. O escore tem pontuação alta se a posição é boa para a pessoa prestes a fazer a jogada, baixa se o tabuleiro estiver favorecendo o adversário. Um escore sugere uma estratégia; entre todas as jogadas disponíveis, escolha aquela que deixe o tabuleiro com a pontuação *mais baixa*, já que você quer o outro jogador na posição mais desvantajosa possível. É proveitoso imaginar-se no íntimo de um algoritmo como esse. Você vai levando os afazeres do seu dia a dia, e toda vez que você enfrenta uma decisão — Croissant de chocolate ou croissant de amêndoas? Ou será que quero um bagel? — você percorre rapidamente todas as opções disponíveis, cada uma piscando quase instantaneamente um escore numérico que registre a sua melhor estimativa do benefício líquido de cada tipo de pãozinho, sabor + saciedade menos custo menos ingestão de carboidratos processados etc. Soa meio estarrecedor e ao mesmo tempo como uma sinistra ficção científica.

Existe aqui uma espécie de compensação que é fundamental para tudo o que fazemos em inteligência artificial. Quanto mais acurada a função de atribuir um escore, tipicamente mais tempo leva para computar; quanto mais simples, com menor precisão ela captura a coisa que supostamente está mensurando. O mais acurado de tudo seria atribuir a cada posição vitoriosa um 1 e a cada posição de derrota um 0; isso produziria um jogo absolutamente perfeito, mas não temos nenhum modo de efetivamente computar essa função. No outro extremo, poderíamos simplesmente atribuir a cada posição o mesmo valor. Isso seria muito simples de computar e não forneceria absolutamente nenhum conselho útil sobre como disputar o jogo.

O lugar certo é algum ponto intermediário. Você quer um jeito de julgar de maneira aproximada uma determinada atitude que vai tomar sem ter o trabalho de avaliar todas as etapas de suas consequências. Poderia ser "Faça o que parece bom no momento, você só vive uma vez" ou "Doe aquele livro que você guarda desde a faculdade, a não ser que transmita alegria" ou "Obedeça às instruções do seu líder religioso local". Nenhuma dessas estratégias é perfeita, mas todas elas são provavelmente melhores para você do que uma ação totalmente impensada (salvo certos casos excepcionais referentes ao líder religioso local).

É difícil ver de que modo isso se aplica a um jogo como Go. Se você não for bom no jogo, ou se você for um computador, nenhuma posição das pedras no tabuleiro desperta alegria ou infelicidade. Em contraste com damas ou xadrez, nos quais o jogador com mais peças em geral está "na frente" em algum sentido, o Go não oferece uma noção óbvia de vantagem material. Uma posição ser vencedora ou derrotada é uma questão sutil de posicionamento.

Importante tática matemática: quando você não tem ideia do que tentar, tente algo que pareça muito bobo. Eis o que você faz. A partir de uma certa posição, você imagina que Akbar e Jeff começam a beber loucamente, tão loucamente que perdem qualquer senso de estratégia e desejo de vencer, todavia lembrando em algum tênue recanto da sua consciência as regras do jogo. Eles estão, em outras palavras, como o andarilho embriagado num campo aberto imaginado por Karl Pearson. Cada jogador na sua vez escolhe ao acaso um movimento permitido, e eles jogam, até o jogo terminar e eles desabarem sob a mesa, exaustos. Os jogadores estão realizando um passeio aleatório na árvore de Go.

O Go bêbado é fácil de simular em computadores, porque não requer julgamento cuidadoso, apenas conhecimento das regras e um giro descuidado da roda para escolher uma das jogadas disponíveis a cada vez. Você pode simular o jogo, e então, quando tiver acabado, simulá-lo novamente: uma, duas, um milhão de vezes, sempre começando da mesma posição. Algumas vezes Akbar vence, outras vezes Jeff vence. E a contagem de pontos que você atribui ao jogo, medindo quanto você acha que ela favorece Akbar, é a proporção das simulações em que Akbar acaba vencendo.

Por mais rudimentar que seja essa medição, ela não é totalmente inútil. Considere a seguinte metáfora. Akbar está sozinho num longo corredor, com uma saída na frente e outra atrás. Ele ainda está bêbado de cair. Akbar perambula para frente e para trás sem objetivo até que encontra uma das portas. Parece razoável adivinhar que, quanto mais perto Akbar estiver da porta da frente, mais provável é que ele saia por essa porta, embora não esteja *tentando* chegar à porta da frente, ou a nenhum lugar específico. E podemos usar esse raciocínio ao contrário; se Akbar sai pela porta da frente, isso é evidência (embora não seja, obviamente, uma *prova*) de que sua posição inicial era mais perto da porta da frente.

Esse tipo de avaliação fazia parte da teoria de passeios aleatórios séculos antes de Pearson dar ao passeio aleatório esse nome. Remonta indiscutivelmente ao livro de Gênesis, no qual Noé, enjoado de estar preso na arca com algumas centenas de casais de animais, manda um corvo voar "indo e voltando" à procura de terra exposta pelas águas que recuavam. O corvo não achou nada. Em seguida Noé enviou uma pomba, que também regressou do seu voo sem encontrar sinal de terra. Mas, na vez *seguinte* que a pomba saiu para um voo aleatório, retornou com um ramo de oliveira no bico, e por meio disso Noé foi capaz de inferir que a arca estava perto da costa de alguma terra firme.*

E passeios aleatórios têm aparecido no estudo dos jogos por séculos, especialmente em jogos de azar, nos quais o passeio pela árvore é *sempre* aleatório, pelo menos em parte. Pierre de Fermat, quando não estava escrevendo cartas sobre números primos, correspondia-se com o matemático e místico Blaise Pascal sobre o problema da ruína do jogador. Nesse jogo, Akbar e Jeff se enfrentam nos dados, cada um começando com um monte de doze moedas e rolando três dados a cada vez. Toda vez que Akbar tira um 11, ele pega uma das moedas de Jeff; toda vez que Jeff tira 14, ele pega uma de Akbar. O jogo termina quando um dos dois perde todas as moedas e está "arruinado". Qual é a chance de Akbar ganhar?

Essa é apenas uma pergunta sobre um passeio aleatório, que começa com os jogadores na mesma situação financeira e acaba quando um dos jogadores tirou seu número doze vezes a mais que o outro. Lançando três

---

* Em nome da completude, devo admitir que o texto é um tanto obscuro acerca do corvo, e intérpretes foram obrigados a encorpar a história. Segundo Reish Lakish, sábio-que-virou-rabino do século III (Talmude Sanhedrin 108b), o corvo não saiu em busca de terra seca. Em vez disso, seu movimento "indo e voltando" limitou-se a um estreito círculo ao redor da arca para poder ficar de olho em Noé, cujo objetivo, segundo o desconfiado pássaro, tinha sido afastá-lo do barco para poder fazer sexo com a sra. Corvo. Leia sempre os comentários, há coisas muito loucas neles.

dados, um 11 tem o dobro da probabilidade de sair que um 14, simplesmente porque há apenas quinze formas diferentes de três dados somarem 14 e 27 formas diferentes de três dados somarem 11. Então parece razoável supor que Jeff está em desvantagem nesse jogo. Mas *quanta* desvantagem? Essa foi a pergunta que Pascal fez para Fermat. Acontece que (como Fermat imediatamente escreveu de volta a Pascal, e este azedamente deixou claro que já tinha solucionado),[9] Jeff tem uma probabilidade mais de mil vezes maior que Akbar de terminar arruinado! Um modesto viés no passeio aleatório é ampliado até se tornar enorme no jogo da ruína do jogador. Jeff poderia ter sorte e tirar 14 uma ou duas vezes antes de Akbar tirar 11, mas é improvável que sua liderança dure, e muito menos que chegue a doze.

O jeito mais fácil de ver como isso funciona é substituir o problema por outro muito mais simples, o que os matemáticos gostam de chamar "exemplo-bebê". Suponha que Akbar e Jeff joguem um jogo no qual Akbar tem 60% de chance de ganhar cada ponto e em que o primeiro que chegar a dois pontos vence. A chance de Akbar ganhar primeiro dois pontos, vencendo assim o jogo, é $0,6 \times 0,6 = 0,36$. E a chance de Jeff ganhar dois pontos seguidos e portanto arruinar Akbar é de meros 0,16. Deixando essas duas opções de lado, o que resta é uma chance de 0,48 de que os dois primeiros pontos se dividam 1-1, e o jogo prossegue. Em 60% desses casos, ou 28,8% de todos os jogos, Akbar ganha o ponto seguinte e o jogo; nos outros 40% do cenário 1-1, ou 19,2% do total de jogos, Jeff ganha e acaba com uma vitória de 2-1. Então Akbar tem uma chance de vencer de $36\% + 28,8\% = 64,8\%$, um pouco maior que a chance que ele tem de vencer cada ponto individual. Se a partida é jogada até três pontos em vez de dois, você pode conferir de maneira similar que a chance de Akbar de vencer sobe para 68,3%. Quanto mais longo o jogo, maiores são as possibilidades de que o jogador ligeiramente melhor vença.*

* Você pode perceber que esse jogo é um pouco diferente do jogo da ruína do jogador original; no problema estudado por Pascal e Fermat, é preciso estar doze pontos na frente para vencer, não só ser o primeiro a chegar a doze pontos. O exemplo-bebê é mais fácil de analisar no papel.

O princípio da ruína do jogador é subjacente ao desenho de torneios esportivos. Por que não determinamos o campeão mundial de beisebol ou o vencedor de um torneio de tênis pelo resultado de um único jogo? Porque isso seria incerto demais; em qualquer jogo de tênis o jogador melhor pode muito bem perder, e o sentido de um campeonato é identificar quem é realmente o melhor.

Em vez disso, um set de tênis continua até que um dos jogadores tenha vencido seis games *e* esteja com uma vantagem de dois games. É difícil analisar isso em palavras, então eis uma figura:

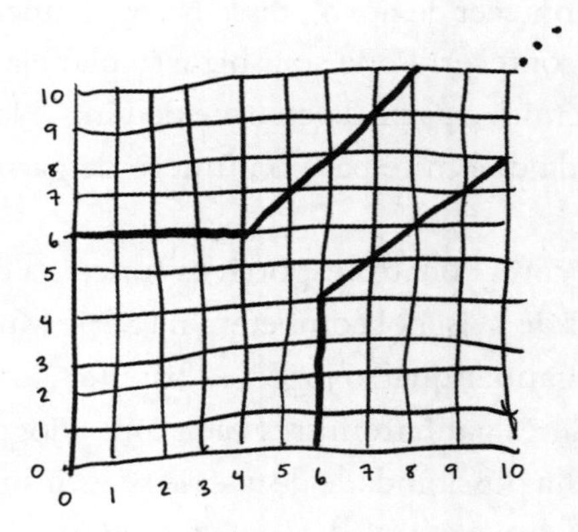

Você pode pensar num set de tênis como um passeio aleatório na seguinte figura: toda vez que um game é jogado, você anda ou para cima ou para a direita, e para de andar quando chega a um dos limites, "arruinando" um dos jogadores. Se o jogador A for mesmo um pouco melhor que o jogador B — isto é, se é mais provável dar um passo para cima do que para a direita —, terminar na fronteira superior é muito mais provável do que chegar à fronteira inferior.* Como o longo corredor diagonal no diagrama é infinito, não existe uma fronteira definida até onde o set de tênis pode chegar. A menos que o jogo seja realmente muito equilibrado, é extremamente

* Os fãs de tênis vão observar que a alternância do saque torna o passeio aleatório um pouco mais complicado; é verdade, mas não afeta substancialmente a natureza da matemática envolvida.

improvável que o passeio termine muito distante ao longo do corredor sem chegar a uma parede. Mas pode acontecer. Aconteceu com John Isner e Nicolas Mahut, que se enfrentaram em Wimbledon em 23 de junho de 2010. Os dois jogadores se igualaram game após game. As horas foram passando. O sol começou a se pôr. O placar da quadra atingiu seu número máximo pré-programado e se desligou. Mais ou menos às nove da noite, com o set empatado em 59-59, ficou escuro demais. Isner e Mahut retomaram o jogo na tarde seguinte, e continuaram alternando vitórias nos games. No fim da tarde de 24 de junho,[10] finalmente Isner bateu um revés, dando uma passada em Mahut para ganhar o 138º game do set e reivindicar vitória por 70-68. "Nada assim vai acontecer de novo", disse Isner. "Nunca mais."[11]

Mas poderia acontecer! Pode soar bizarro planejar um esporte dessa maneira, mas para mim é parte do charme do tênis. Nada de relógio, nada de campainha, nada de limite para o número de games. A única saída é alguém vencer.

A maioria dos campeonatos esportivos funciona de outra maneira.[12] Quando dois times de beisebol competem na Série Mundial, o campeão é o primeiro time a ganhar quatro jogos. A disputa não pode passar de sete jogos. Se os dois times ganharem três cada um, o jogo seguinte decide o campeonato. Não há possibilidade de a série se esticar para uma ultramaratona de 138 jogos como o set de Isner e Mahut.* A geometria da fronteira da Série Mundial é diferente.

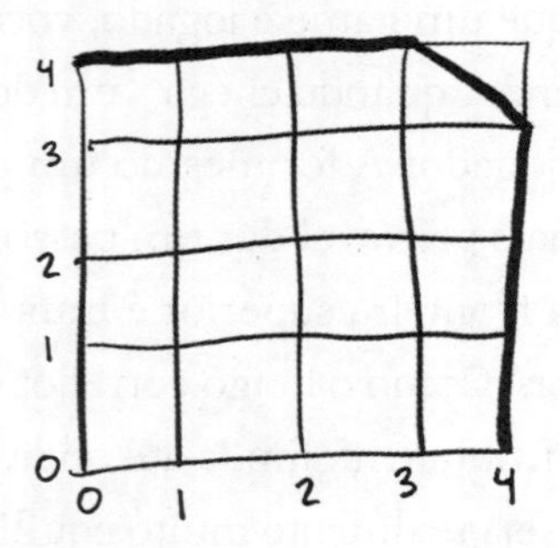

* Embora um *jogo* individual de beisebol possa se estender indefinidamente, enquanto a contagem estiver empatada no final de cada *inning*; se essa possibilidade deixa você intrigado, recomendo intensamente o romance de W. P. Kinsella *The Iowa Baseball Confederacy* [A Confederação de Beisebol de Iowa].

Chegamos novamente à compensação entre acurácia e rapidez. Você pode pensar num set de tênis como um algoritmo, cujo propósito é descobrir qual jogador é melhor nesse esporte, assim como a Série Mundial é um algoritmo para saber qual time é melhor em beisebol. (Um evento esportivo não é *só* um algoritmo; pode ter também a intenção de prover entretenimento, gerar renda em impostos, anestesiar uma população irrequieta etc. — mas um algoritmo é uma das coisas que o evento é.) Um set de tênis gasta mais tempo computando seu output, e é mais acurado em extrair as distinções finas entre os jogadores; a computação da Série Mundial é mais grosseira e faz o serviço mais depressa. A diferença provém da geometria da fronteira; ela é quadrada e brusca, como a Série Mundial, ou longa e pontuada, como um set de tênis? E essas não são as duas únicas opções. Você pode se posicionar em qualquer ponto que quiser ao longo da compensação acurácia-rapidez, na forma de sua preferência. Eu sempre gostei desta:

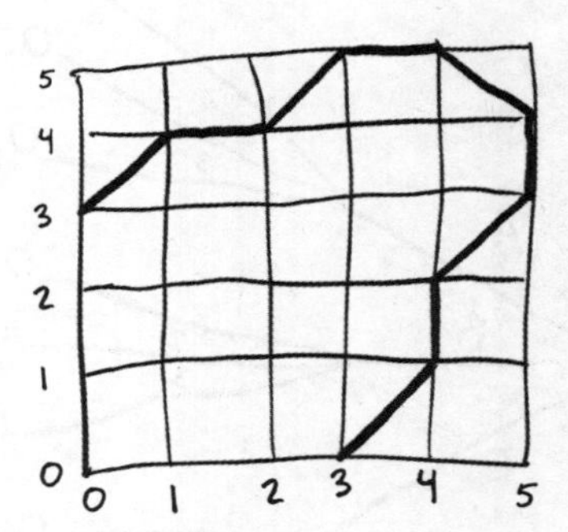

Esse sistema tem uma "regra de misericórdia": você perde se ficar 3 abaixo, 3-0. Por outro lado, se ambos os times vencem três jogos, sugerindo que são equilibrados, você precisa de uma *quinta* vitória para ser coroado campeão. Sim, você perderia aqueles raros mas emocionantes momentos em que um time como o Red Sox de 2004 se recupera de uma desvantagem de 3-0 e vira a Série do Campeonato da Liga Americana; mas isso dificilmente acontece. E seria um preço muito alto a pagar por todos os Jogos 8 e Jogos 9 que teríamos entre dois times muito equilibrados?

O espaço das estratégias

Voltemos ao Go. Vimos que o resultado de um passeio aleatório pode dar pistas sobre onde foi a sua posição inicial; é razoável pensar que uma posição a partir da qual Akbar tem probabilidade de acidentalmente vencer também é uma posição que ele estará bem determinado a buscar se realmente tentar. Pode-se testar jogando Go e usando isso como estratégia; em cada estágio, jogue buscando a posição com o melhor escore do Go Bêbado. Se você adotar essa estratégia, acabamos descobrindo que você não vai ser capaz de derrotar um jogador com alguma qualificação, mas jogará melhor que qualquer novato.

Melhor ainda é misturar os tropeços de bêbado com o tipo de análise de árvore que usamos para o Nim. É algo mais ou menos parecido com isto:

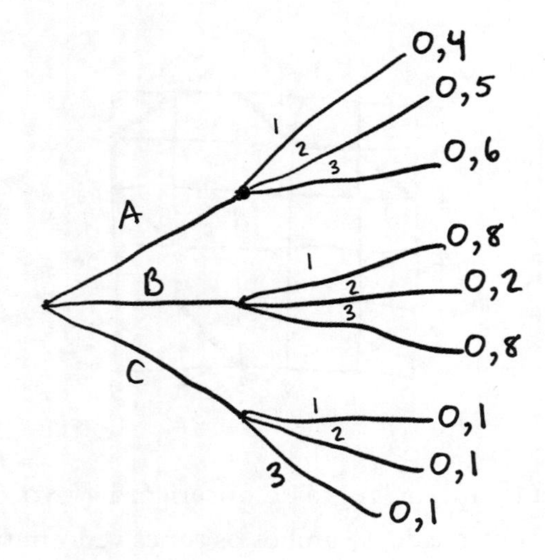

É hora de uma revelação sobre mim mesmo: eu não sei jogar Go. O jogo em que meu primo Zachary me deu uma lavada foi o último que joguei na vida. Nem sequer lembro as regras. Mas isso não importa; posso escrever esta seção sobre Go de qualquer maneira, pois a árvore nos diz o que fazer, independentemente de conhecermos ou não as regras. A árvore poderia ser uma árvore de Go ou uma árvore de damas ou uma árvore de Nim; você a analisa exatamente do mesmo modo. Tudo o que é relevante para escolher a estratégia está contido nos padrões de seus ramos e nos números de folhas. A geometria da árvore é tudo o que importa.

Os números sobre as folhas indicam o escore do Go Bêbado para a sequência correspondente de movimentos; se Akbar joga o movimento A e Jeff segue com o movimento 1 e os jogadores se mexem aleatoriamente daí por diante, Akbar acaba ganhando 60% dos jogos. Então A1 tem escore de Go Bêbado de 0,6.

Mas o escore de Go Bêbado do movimento A em si na verdade não é tão bom; supondo que Jeff fique bêbado e jogue aleatoriamente a partir daí, há 1/3 de chance de o jogo ir para A1, 1/3 de chance de ir para A2 e 1/3 de chance de ir para A3. Se estivermos jogando trezentas tentativas bêbadas, cem* acabarão em A1, das quais Akbar ganhará sessenta. E Akbar vence cinquenta dos jogos A2 e quarenta dos jogos A3, para um total de 150 em trezentos, exatamente a metade. Então A tem escore de Go Bêbado de 0,5. De maneira semelhante, podemos descobrir que o escore da posição B vale 0,4 e o da posição C, 0,9. (Lembre-se, o escore do Go Bêbado de uma posição na qual é a vez de Jeff jogar é a chance de o Jeff bêbado vencer o Akbar bêbado, não o contrário.)

O modo como Akbar vai jogar esse jogo depende de quando começa a bebedeira. Se ele olhar só um galho da árvore, imaginando que vai jogar ao acaso daí por diante, escolherá a jogada B, aquela com menor escore de Go Bêbado. Mas se ele elaborar seu roteiro até um ponto mais adiante na árvore, pode raciocinar da seguinte maneira: o que realmente é provável que aconteça se ele escolher o movimento B? Jeff, sóbrio como um gambá, escolherá B2, dando a Akbar 20% de chance de vencer. Isso elimina a droga da jogada C, em que as chances de Akbar vencer são de apenas 10% qualquer que seja a jogada que Jeff fizer em seguida. Porém o movimento A na

* Ou melhor, "é muito provável que, se realizarmos este experimento muitas vezes, o número médio de vezes nas quais o jogo vai para A1 se aproximará de 100", mas não vou digitar esta frase antes de todo número. Pode agradecer.

realidade dá a Jeff menos trabalho; sua melhor escolha é mover para A1, o que dá a Akbar 60% de chance. Então Akbar, contemplando dois passos além na árvore, em vez de um, para dar lugar à análise bêbada, pode ver que A, e não B, é uma jogada melhor.

E, é claro, uma análise mais profunda seria ainda melhor. B2 é uma posição que acaba muito fraca para Akbar se jogada aleatoriamente. Isso poderia ser porque é apenas um cenário objetivamente desfavorável para Akbar. Ou poderia ser que a partir dessa posição Akbar faça uma jogada arrasadoramente boa e um monte de jogadas péssimas. Para um Akbar aleatório, essa é uma posição ruim, uma vez que a possibilidade de escolher a jogada boa é muito baixa. Para um Akbar capaz de espiar uma jogada a mais, ela é ótima.

Uma estratégia mista como essa ainda depende fortemente do método semirridículo de Go Bêbado. Então, pode ser surpreendente que programas de computador que jogam Go com métodos como esse no seu cerne estivessem no auge apenas alguns anos atrás, jogando competitivamente num nível amador avançado.[13]

Mas não é essa estratégia que alimenta a nova geração de máquinas, aquelas que levaram Lee Se-dol a uma aposentadoria precoce. Elas ainda usam uma função de estabelecer um escore que avalie uma posição como "boa para Akbar" ou "ruim para Akbar" em escala numérica, e usam esse escore para decidir um movimento. Mas o mecanismo de pontuação que um programa como o AlphaGo usa é muito, muito melhor que qualquer um que se possa obter a partir de um passeio aleatório. Como se constrói um mecanismo desses? A resposta, como você seguramente sabia que eu diria, é geometria. Mas é uma geometria de ordem mais elevada.

Quer estejamos nos atracando com o jogo da velha, damas, xadrez ou Go, começamos com a geometria do tabuleiro. A partir daí, e a partir das regras do jogo, você sobe um nível e desenvolve a geometria da árvore, que em princípio contém tudo acerca da estratégia perfeita para jogar o jogo. Mas, quando a estratégia perfeita é computacionalmente muito difícil de encontrar, você se contenta em achar uma estratégia *suficientemente próxima* da perfeita para prover um jogo de alta qualidade.

Para localizar uma estratégia que seja próxima da desconhecida e praticamente incognoscível estratégia perfeita, você precisa navegar por uma nova geometria: a geometria do espaço de estratégias, um terreno muito mais difícil de desenhar do que uma árvore. E estamos tentando localizar nesse palheiro abstrato de infinitas dimensões um protocolo de tomada de decisões melhor que qualquer coisa que a intuição afiada pela experiência de Marion Tinsley ou Lee Se-dol poderia conceber.

Isso parece difícil. Como procedemos? Tudo se reduz àquele método mais grosseiro e mais poderoso — tentativa e erro. Vejamos como ele funciona.

7. Inteligência artificial como montanhismo

MINHA AMIGA MEREDITH BROUSSARD, professora da Universidade de Nova York com especialização em aprendizagem de máquina e seu impacto social, esteve na televisão há não muito tempo, convocada para explicar a uma audiência nacional, em mais ou menos dois minutos, o que é inteligência artificial e como ela funciona.[1]

Não são robôs assassinos, explicou ela para os âncoras, nem androides insensíveis cujos poderes mentais fazem com que os nossos pareçam minúsculos. "A coisa realmente importante a se lembrar", ela disse aos jornalistas que a estavam entrevistando, "é que isso é só matemática — não tem nada de assustador!"

A expressão de surpresa dos entrevistadores sugeria que eles teriam preferido robôs assassinos.

Mas a resposta de Meredith foi muito boa. E eu tenho mais de dois minutos para falar sobre isso. Então, vou pegar da mão dela o bastão e explicar o tipo de matemática que é a aprendizagem de máquina, porque a ideia geral é mais fácil do que você pensa.

Suponha, para começar, que em vez de uma máquina você seja um montanhista. Como tal, está tentando chegar ao cume. Mas é um montanhista sem mapa. Está cercado de árvores e arbustos e não há um ponto de observação privilegiado do qual seja possível ter uma visão mais ampla da paisagem. Como você chega ao cume?

Eis uma estratégia. Avalie a inclinação em torno dos seus pés. Talvez o chão se incline suavemente para cima quando você se dirige para o norte e levemente para baixo para o sul. Vire os pés para nordeste e você nota uma inclinação ainda mais íngreme para cima. Virando os pés num pequeno círculo, você examina todas as direções para onde pode ir; entre elas, há uma que lhe oferece a maior inclinação para cima.* Dê alguns passos nessa direção. Então faça um novo círculo, pegue a subida mais íngreme entre todas as direções disponíveis e continue.

Agora você sabe como funciona a aprendizagem de máquina!

Tudo bem, talvez haja algo mais do que isso. Mas essa ideia, chamada *método do gradiente descendente*, está na essência de tudo. É realmente uma forma de tentativa e erro; você tenta um punhado de movimentos possíveis e escolhe aquele que lhe é mais útil. O "gradiente" associado a certa direção é a matemática necessária para saber "em quanto a altura muda quando você dá um pequeno passo nessa direção" — em outras palavras, é a inclinação do solo quando você anda nessa direção. Se você sabe cálculo, é a mesma coisa que "derivada", mas nada do que dissermos aqui vai exigir que você saiba cálculo. O método do gradiente descendente é um algoritmo, que é a matemática para "uma regra explícita que lhe diz o que fazer em qualquer situação que possa encontrar". E a regra é simplesmente a que vem agora.

Considere todos os pequenos movimentos que você pode fazer, descubra qual lhe oferece o maior gradiente, e o execute. Repita.

Seu caminho até o cume, registrado num mapa topográfico, se pareceria com algo assim:

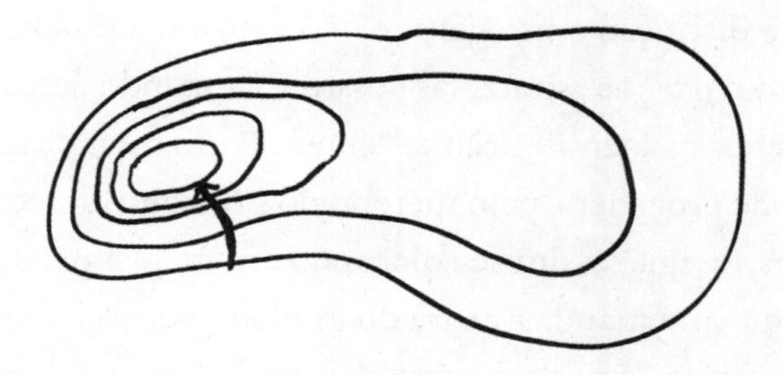

* E se houver um empate? Então você pega as opções mais íngremes que quiser.

(Outra bela peça de geometria: quando você navega segundo o gradiente descendente, o seu trajeto num mapa topográfico sempre cruzará as linhas de mesma elevação *num ângulo reto*. Explicação nas notas de fim.)[2]

Você pode ver que essa pode ser uma boa ideia para subir montanhas (embora nem sempre — voltaremos a isso mais tarde), mas o que tem a ver com aprendizagem de máquina?

Digamos que afinal de contas eu não seja montanhista, mas um computador tentando aprender alguma coisa. Poderia ser uma das máquinas com as quais já nos deparamos, como a AlphaGo, a máquina que aprende a jogar Go melhor do que um mestre, ou a GPT-3, a máquina que produz longas sequências de texto em um inglês desconcertantemente plausível. Mas, para começar, vamos nos ater aos clássicos, e suponhamos que eu seja um computador tentando aprender o que é um gato.

Como é que se espera que eu faça isso? Do mesmo jeito que um bebê, mais ou menos. O bebê vive num mundo onde frequentemente alguma pessoa grande aponta para alguma coisa no seu campo visual e diz: "Gato!". Você pode oferecer também ao computador esse tipo de treinamento: forneça a ele mil imagens de gatos, em várias posições, tipos de iluminação e humores: "Todos esses são gatos", você diz ao computador. Na verdade, se você realmente quiser ajudar, inclua um número igual de imagens que *não são* gatos e diga ao computador o que cada uma é.

A tarefa da máquina é desenvolver uma estratégia de modo que possa fazer sozinha a distinção entre gatos e não gatos. Ela está perambulando pela paisagem de todas as estratégias possíveis, tentando descobrir a *melhor*, o ápice de acurácia na identificação de felinos. É um montanhista fictício. E assim a forma de proceder é pelo método do gradiente descendente! Você escolhe uma estratégia, assim se colocando em meio à paisagem, e então prossegue, conforme manda a regra do gradiente descendente.

Considere todas as pequenas modificações que você pode fazer na sua estratégia atual, descubra qual delas lhe oferece o maior gradiente e a aplique. Repita.

Ambição é algo muito bom

A orientação soa bem, até você perceber que não tem ideia do que significa. O que, por exemplo, é uma estratégia? Deve ser algo que um computador possa executar, o que significa que precisa ser expresso em termos matemáticos. Uma imagem, para um computador, é uma longa lista de números. (*Tudo* para um computador é uma longa lista de números, exceto coisas que são uma curta lista de números.) Se a imagem é uma grade de 600 × 600 pixels, então cada pixel tem um tom de cor, dado por um número entre 0 (preto puro) e 1 (branco puro), e conhecer esses 600 × 600 = 360 000 números é conhecer a imagem. (Ou pelo menos o que é preto e o que é branco.)

Uma estratégia é simplesmente uma maneira de absorver uma lista de 360 mil números e transformá-los em "gato" ou "não gato", o que, na linguagem dos computadores, é "1" ou "0". É, em termos matemáticos, uma *função*. Na verdade, para tornar isso mais realista psicologicamente, o output da estratégia poderia ser um número *entre* 0 e 1; isso representa a incerteza que a máquina poderia razoavelmente exprimir quando lhe fosse apresentada uma imagem ambígua, como um lince ou uma almofada com a figura do Garfield. Um output de 0,8 deve ser interpretado como "Estou bastante seguro de que é um gato, mas ainda resta um pouquinho de dúvida".

A sua estratégia poderia ser, por exemplo, a função "forneça como output a média de todos os 360 mil números do seu input". Isso daria 1 se a imagem fosse toda branca e 0 se fosse toda preta, e em geral mede a luminosidade média da imagem na tela como um todo. O que isso tem a ver com o fato de ser ou não um gato? Nada. Eu não disse que era uma *boa* estratégia.

Como mensuramos o sucesso de uma estratégia? O modo mais simples é ver como ela se sai com as 2 mil imagens que o Gatotron já viu. Para cada uma dessa imagens, podemos atribuir à nossa estratégia um "escore de erro".* Se a imagem é um gato e a estratégia diz 1, isso é erro zero;

* Entre os cientistas da computação, geralmente chamado *erro* ou *perda*.

o computador acertou a resposta. Se a imagem é de um gato e ele diz 0, isso é erro 1, o pior possível. Se a imagem é um gato e a estratégia diz 0,8, isso é acertar a resposta, mas como tentativa; ainda há um erro de 0,2.*

Você soma esses escores para 2 mil imagens na sua situação de treinamento e obtém um escore de erro total geral, que é a medida da sua estratégia. Sua meta é encontrar uma estratégia com o menor escore de erro total possível. Como fazemos com que nossa estratégia não saia errada? É aí que entra o gradiente descendente. Porque você agora sabe o que quer dizer melhorar ou piorar uma estratégia quando a modifica. O gradiente mede quanto o erro muda quando você modifica um pouco a sua estratégia. E, entre todas as diferentes pequenas maneiras que você poderia modificar, escolhe aquela que faz decrescer ao máximo o escore de erro. (Aliás, é por isso que o método é chamado gradiente descendente, não ascendente! Com frequência nossa meta em aprendizagem de máquina é minimizar algo ruim como o escore de erro, e não maximizar algo impressionante como altura acima do plano.)

Esse método do gradiente descendente não se aplica somente a gatos; você pode aplicá-lo sempre que quiser que uma máquina aprenda uma estratégia a partir da experiência. Talvez você queira uma estratégia que envolva as avaliações de uma pessoa para uma centena de filmes e prediga a avaliação para um filme ao qual você não assistiu. Talvez queira uma estratégia que pegue uma posição de damas ou de Go e prediga um movimento que coloque seu oponente em situação de derrota. Talvez queira uma estratégia que pegue o input de vídeo de câmeras montadas num carro e responda com um movimento do volante que não leve o carro a se chocar contra uma lixeira. Seja o que for! Em qualquer desses casos você pode começar com uma estratégia proposta, avaliar qual das pequenas mudanças pode diminuir ao máximo o erro nos exemplos que já observou, fazer essas modificações e repetir.

* Há montes de maneiras diferentes de mensurar o erro; este não é o mais popular na prática, mas é simples de descrever. Não vamos quebrar a cabeça com detalhes nesse nível de especificidade.

Não quero aqui subestimar os desafios computacionais. O Gatotron provavelmente precisa ser treinado com milhões de imagens, e não só com milhares. Portanto computar o erro total pode envolver a soma de milhões de escores de erros individuais. Mesmo se você tiver um processador ideal, isso leva tempo! Então, na prática, frequentemente usamos uma variação, chamada método do *gradiente descendente estocástico*. Há diferenças incontáveis de sabores, detalhes e complicações do método, mas há uma ideia básica: em vez de somar todos os erros, você escolhe ao acaso *uma* imagem do seu conjunto de treino, apenas um gatinho angorá ou um tanque de peixes, e então dá o passo que faça decrescer ao máximo o erro em relação à imagem. E no passo seguinte você pega uma nova imagem ao acaso e continua. Com o tempo — pois esse processo vai precisar de muitos passos — você provavelmente conseguirá levar em conta todas as imagens.

O que gosto no gradiente descendente estocástico é como parece maluco. Imagine, por exemplo, que o presidente dos Estados Unidos tomasse decisões sem qualquer tipo de estratégia global; em vez disso, o chefe do Executivo está cercado por uma multidão de subordinados berrando, cada um clamando por uma política a ser modificada de maneira que atenda a seu próprio interesse particular. E o presidente, a cada dia, escolhe ao acaso uma dessas pessoas para dar ouvidos, e muda o curso de acordo com essa pessoa.* Seria uma maneira ridícula de conduzir um dos mais importantes governos do mundo, mas funciona bastante bem em aprendizagem de máquina!

A nossa descrição até aqui está deixando de lado algo importante: como saber quando parar? Bem, isso é fácil; você para quando nenhuma pequena modificação fornece alguma melhora. Mas há um grande problema: pode ser que na verdade você não esteja no pico!

---

* Uma analogia ligeiramente mais precisa com o gradiente descendente estocástico seria colocar os assessores em ordem aleatória e fazer o presidente passar por cada um deles, um assessor por dia; isso pelo menos garantiria que todo mundo fosse ouvido durante o tempo que lhe é atribuído.

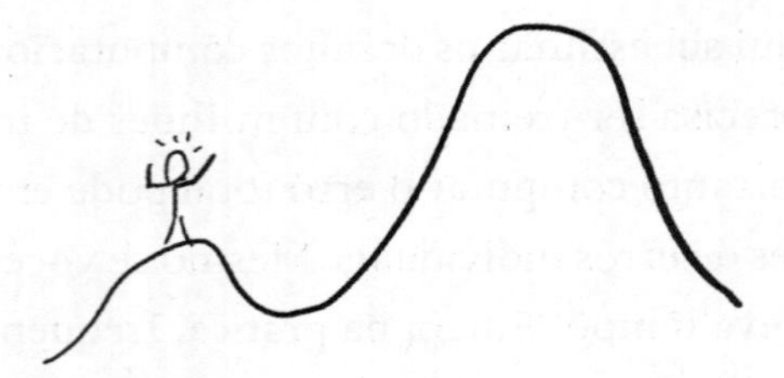

Se você for o feliz montanhista nesta figura, pode dar um passo para a esquerda, um passo para a direita, e ver que nenhuma das direções lhe oferece uma inclinação para cima. É por isso que você está feliz! Você está no pico!

Mas não. O verdadeiro pico está longe, e o gradiente descendente não pode levar você até lá. Você está parado num lugar que os matemáticos chamam de *local optimum*,* um ponto a partir do qual nenhuma pequena mudança pode gerar melhora, mas que está longe de ser o melhor lugar possível real para se estar. Gosto de pensar no *local optimum* como um modelo matemático de procrastinação. Suponha que você se defronte com uma tarefa à qual tem aversão, por exemplo organizar enormes pilhas de pastas, a maioria das quais relacionadas com objetivos que você tinha intenção de realizar durante anos, arrumação que representaria um reconhecimento definitivo de que você jamais irá trilhar esses caminhos. Num determinado dia, o gradiente descendente aconselharia você a dar um passo, ainda que pequeno, para aumentar sua felicidade nesse dia. Será que começar a cuidar da pilha pode levar a isso? Não, na verdade muito pelo contrário. Atacar a pilha vai gerar uma sensação *terrível*. Deixar para outro dia é o que o gradiente descendente exige de você. E o algoritmo lhe diz a mesma coisa no dia seguinte, e no outro, e no outro. Você está preso num *local optimum*, o pico mais baixo. Para chegar ao pico mais alto você precisa enfrentar uma caminhada através do vale, talvez uma caminhada bastante longa — precisa descer para depois subir o caminho todo até o alto. O gradiente descendente é um "algoritmo guloso" (ou "ambicioso",

* Também conhecido frequentemente como *máximo local* ou *mínimo local*, conforme você esteja pensando na sua meta como chegar ao pico ou bater no fundo.

ou "míope"), assim chamado porque em cada momento ele dá o passo para maximizar a vantagem de curto prazo. A gula é um dos principais frutos da árvore dos pecados capitais, porém mais uma vez, segundo um popular dito capitalista, a gula no sentido figurado de ambição é algo bom. Em aprendizagem de máquina seria mais acurado dizer "gula como ambição é *muito* bom". O gradiente descendente *pode* ficar preso num *local optimum*, mas na prática isso parece não acontecer tanto quanto seria teoricamente possível.

E existem meios de contornar um *local optimum:* você só precisa suspender temporariamente sua gula. Toda boa regra tem algumas exceções! Você poderia, por exemplo, em vez de parar quando chega a um pico, escolher ao acaso alguma outra localização e recomeçar outra vez o gradiente descendente. Se você seguir parado no mesmo lugar, começa a ganhar confiança de que é realmente o lugar melhor para estar. Mas na figura anterior o gradiente descendente a partir de um ponto de partida aleatório terá maior probabilidade de terminar no pico grande do que ficar encalhado no alto do pico menor.

Na vida real, é bastante difícil se redirecionar num local completamente aleatório! É mais realista dar um passo grande aleatório a partir da sua posição corrente em vez de escolher gulosamente um pequeno; com frequência isso é suficiente para levar você a um novo lugar do qual o melhor pico é alcançável. É isso que fazemos quando pedimos conselho sobre nossa vida a um estranho que esteja fora do nosso círculo habitual, ou quando tiramos cartas de um baralho como Estratégias Oblíquas,* cujos ditos ("Use uma cor inaceitável", "A coisa mais importante é aquela que se esquece mais facilmente", "Gradações infinitesimais",** "Descarte um axioma"***) têm intenção de nos arrancar do *local optimum* em que estamos encalhados, permitindo-nos fazer movimentos que não "funcio-

* Estratégias Oblíquas pode ser considerado uma espécie de tarô moderno. É um baralho criado por Brian Eno, que traz frases enigmáticas que são pretensamente utilizadas para se sair de dilemas ou situações difíceis. (N. T.)

** Isso poderia quase ser uma descrição do gradiente descendente!

*** E isso poderia quase ser uma descrição da geometria não euclidiana!

nem" imediatamente. O próprio nome sugere uma trajetória tortuosa em relação ao que se costuma geralmente fazer.

Será que estou certo? Será que estou errado?

Há mais uma encrenca — e das grandes. Resolvemos alegremente considerar todas as pequenas modificações que pudéssemos fazer e descobrir qual delas fornece o melhor gradiente. Quando se é um montanhista numa paisagem, o problema é definido com clareza; você está num espaço bidimensional, escolher um passo a ser dado é simplesmente escolher um ponto do círculo nas direções da bússola; a sua meta é encontrar o ponto no círculo com o melhor gradiente.

Mas e o espaço de todas as estratégias possíveis para atribuir escores a imagens de gato? Esse é um espaço muito maior, na verdade um espaço de *infinitas* dimensões. Não existe maneira significativa de considerar todas as opções. Isso é óbvio se você pensar em termos humanos em vez de em termos de máquina. Suponha que eu estivesse escrevendo um livro de autoajuda sobre gradiente descendente e dissesse: "O jeito de melhorar suas escolhas de vida é na realidade simples; basta pensar em toda maneira possível de mudar sua vida, então escolha uma que melhore ao máximo as suas escolhas anteriores". Você ficaria paralisado! O espaço de todas as possíveis modificações de comportamento é simplesmente grande demais para se investigar.

E se, por meio de algum tipo de façanha sobre-humana de introspecção, você *conseguisse* fazer essa busca? Aí você iria se deparar com outro problema. Pois aqui está uma estratégia para a sua vida que minimiza absolutamente o erro em todas as suas experiências passadas:

> *Estratégia*: Se uma decisão que você tiver que tomar é exatamente idêntica a uma que você tomou antes, tome a decisão que agora, em retrospecto, você considera a decisão certa. Caso contrário, jogue cara ou coroa.

No cenário do Gatotron, a estratégia análoga a essa seria:

Estratégia: Para qualquer imagem identificada para você como gato no treinamento, diga "gato". Para qualquer imagem identificada para você como não gato, diga "não gato". Para todas as outras imagens, jogue cara ou coroa.

Essa estratégia tem erro zero! Ela obtém a resposta certa para cada imagem no grupo que você usou no treinamento. Mas é péssima. Se eu apresento ao Gatotron uma figura de gato que ele não viu antes, ele joga cara ou coroa. Se apresento uma figura que eu já disse que é um gato mas a giro 180 graus, ela joga cara ou coroa. Se apresento a figura de uma geladeira, ele joga cara ou coroa. Tudo que ele consegue é reproduzir a lista finita exata de gatos e não gatos que eu mostrei antes. Isso não é aprendizagem; é só memória.

Vimos duas estratégias que podem ser ineficazes e que são, em certo sentido, opostas.

- A estratégia erra muito em situações que você já encontrou.
- A estratégia é concebida de forma tão precisa para situações que você já encontrou que é inútil para situações novas.

A primeira é chamada *subajustada* (usa-se também o termo em inglês *underfitting*) — você não usou a sua experiência o suficiente ao formar sua estratégia. A segunda é chamada *superajustada* (*overfitting*) — você se baseou *demais* na sua experiência. Como podemos achar um meio-termo feliz entre esses dois extremos de inutilidade? Podemos fazer isso tornando o problema mais parecido com a subida de uma montanha. O montanhista está buscando um espaço de opções muito limitado, então podemos fazer o mesmo, se resolvermos restringir nossas opções de antemão. Vamos voltar para o meu livro de autoajuda sobre gradiente descendente. E se, em vez de instruir meus leitores a considerarem *toda* intervenção possível da qual sejam capazes, eu lhes dissesse para pensar em apenas uma dimensão; digamos, para pais que trabalham, qual prioridade atribuem às necessidades do seu emprego em relação à prioridade concedida às necessidades de seus filhos. Essa é uma dimensão de escolha, um sintonizador no seu equipamento de vida que você pode girar. E você pode se perguntar — olhando para trás para ver como as coisas chegaram até determinado ponto: será que preferiria ter virado o sintonizador mais para o meu emprego, ou mais para os meus filhos?

Instintivamente, sabemos isso. Quando pensamos em avaliar as nossas próprias estratégias de vida, a metáfora que usamos é tipicamente uma escolha de direção sobre a superfície da Terra, não um perambular através de um espaço de infinitas dimensões. Robert Frost a enquadra como "dois caminhos divergentes". "Once in a Lifetime",* do Talking Heads, uma espécie de sequência de "The Road Not Taken", é quase uma descrição do gradiente descendente, se você cerrar um pouco os olhos:

Você pode perguntar a si mesmo
Para onde vai esta estrada?
E pode perguntar a si mesmo
Será que estou certo? Será que estou errado?
E você pode dizer a si mesmo
*"Meu Deus! O que foi que eu fiz?"***

Você não precisa restringir seus controles a um único botão sintonizador. Um livro típico de autoajuda poderia prover questionários múltiplos avaliando: você quer girar o botão em direção aos seus filhos e se afastando do emprego, ou o contrário? Na direção dos seus filhos ou na direção do seu cônjuge? Na direção da ambição ou na direção de uma vida mais fácil? Mas

* Coautoria e produção de Brian Eno, que também cocriou as cartas de Estratégias Oblíquas!
** Tradução livre dos versos "*You may ask yourself/ Where does that highway go to?/ And you may ask yourself/ Am I right? Am I wrong?/ And you may say to yourself/ 'My God! What have I done?*". (N. T.)

nenhum livro de autoajuda, não importa com quanta autoridade seja escrito, tem uma quantidade *infinita* de questionários. De algum modo, a partir da lista infinita de botões possíveis que você poderia girar na vida, o livro escolhe um conjunto finito de direções que você poderia considerar tomar.

Se é ou não um bom livro de autoajuda depende de que ele escolha bons botões giratórios. Se os questionários fossem sobre se você deveria ler mais Jane Austen e menos Anthony Trollope, ou se deveria assistir a mais hóquei e menos vôlei, provavelmente não ajudariam a maioria das pessoas com seus problemas de mais alta prioridade.

Uma das maneiras mais comuns de escolher os botões sintonizadores é chamada *regressão linear*. Ela é o burro de carga entre os instrumentos aos quais os estatísticos recorrem como primeiro recurso sempre que estão procurando uma estratégia para predizer uma variável dado o valor de outra. Um dono de time de beisebol avarento, por exemplo, poderia querer saber em que medida a porcentagem de vitórias do time afeta o número de ingressos vendidos. Ele não quer colocar talento demais em campo a não ser que isso se traduza em lugares ocupados! Ele faria um gráfico como este:

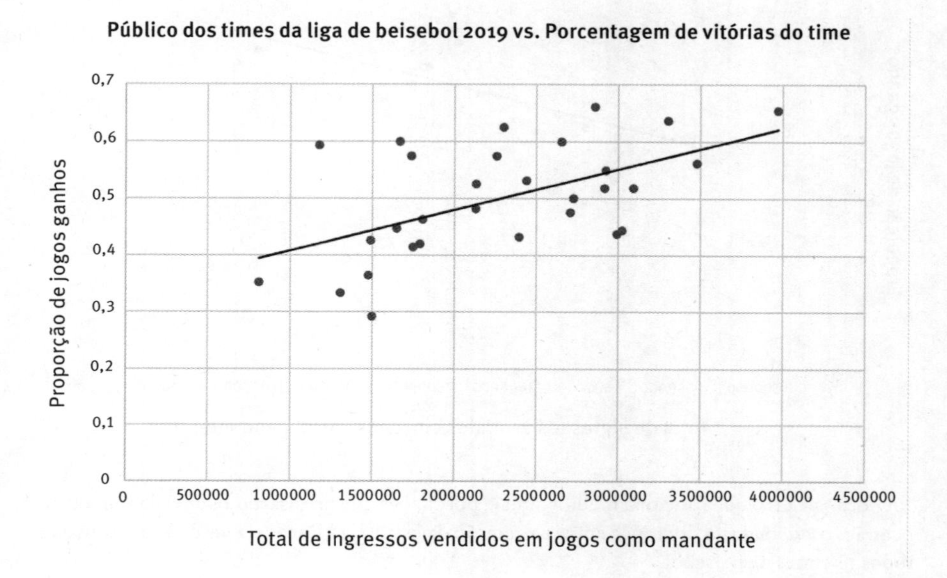

Cada ponto no gráfico é um time de beisebol, sua posição vertical determinada pela proporção de jogos que o time ganhou em 2019, sua posição horizontal pelo público total para o ano. O objetivo é ter uma estratégia para predizer o público em termos da porcentagem de vitórias, e o pequeno espaço de estratégias de predição que você se permite considerar consiste naquelas que são *lineares*:

público = número misterioso 1 × porcentagem de vitórias + número misterioso 2

Qualquer estratégia como essa corresponde a uma reta traçada sobre o gráfico, e você quer que a reta se encaixe nos seus pontos de dados da melhor maneira possível. Os dois números misteriosos são os dois botões sintonizadores; e você pode usar gradiente descendente virando-os para cima e para baixo, empurrando os números até que o erro total da sua estratégia não possa ser melhorado nem por um giro minúsculo.*

A reta que você acabaria traçando tem o seguinte aspecto:

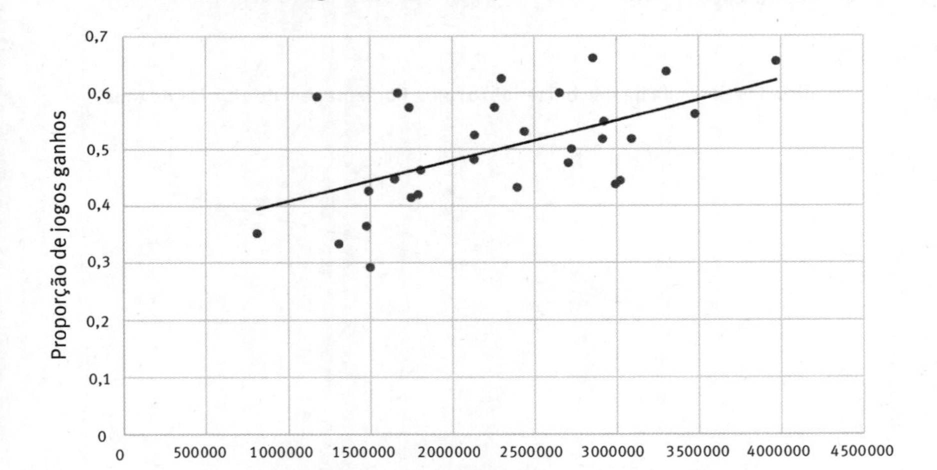

* A noção de erro que funciona melhor aqui é, por razões que precisaremos abordar em outra ocasião, o *quadrado* da diferença entre a predição da estratégia linear e a verdade, na soma de todos os times de beisebol.

Você pode notar que a linha menos errada ainda é bastante errada! As relações no mundo real, em sua maioria, *não são* estritamente lineares. Poderíamos tentar resolver o problema incluindo mais variáveis como input (seria de se esperar, por exemplo, que o tamanho do estádio fosse relevante), mas no final as estratégias lineares só nos trazem até aqui. Esse tipo de estratégia simplesmente não é grande o suficiente para, por exemplo, dizer quais imagens são gatos. Por isso, você precisa se aventurar no mundo selvagem do não linear.

DX21

A coisa mais importante acontecendo atualmente em aprendizagem de máquina é a técnica chamada *aprendizagem profunda*. É ela que alimenta o AlphaGo, o computador que venceu Lee Se-dol, é ela que alimenta os carros autônomos da Tesla e é ela que alimenta o tradutor do Google. Às vezes é apresentada como uma espécie de oráculo, oferecendo percepção sobre-humana automaticamente e em escala. Outro nome da técnica, *redes neurais*, faz parecer que o método está de alguma forma captando o funcionamento do próprio cérebro humano.

Mas não. Como disse Broussard, é apenas matemática. Não é sequer matemática nova; a ideia básica já anda por aí desde o fim da década de 1950. Já se podia ver algo da arquitetura tipo rede neural no meu presente de bar mitzvah em 1985. Junto com cheques e diversas taças para o *kidush* e mais de duas dúzias de canetas Cross, ganhei dos meus pais o presente que eu mais ardentemente desejava: um sintetizador Yamaha DX21. Ele está neste momento no meu escritório em casa. Fiquei extremamente orgulhoso, em 1985, de ter um *sintetizador*, e não um *teclado*. O que isso significava é que o DX21 não tocava sons de piano falso, trompete falso, violino falso pré-programados e instalados na fábrica: a gente podia programar os nossos próprios sons, bastando para isso dominar o manual de setenta páginas um tanto impenetrável, no qual havia uma porção de figuras como esta:

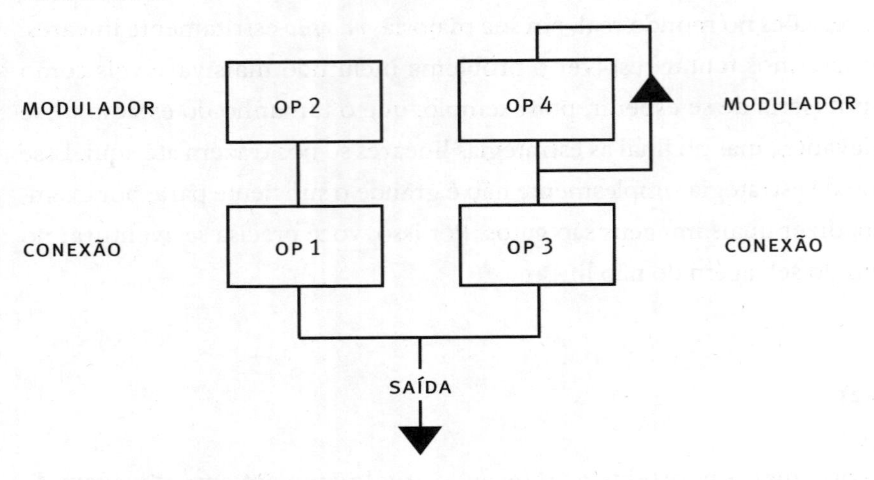

Cada uma das caixinhas contendo "OP" representa uma onda, que tem um punhado de botões que você pode girar conforme queira fazer o som ser mais alto, mais suave, ir sumindo (*fade-out*) ou aparecendo lentamente (*fade-in*), no tempo que você desejar, seja lá o que for. Tudo isso é padronizado. A verdadeira genialidade do DX21 é a *conexão* entre os operadores, expressa no diagrama acima. Há uma espécie de processo mirabolante em que a onda que sai de OP1 não depende apenas dos botões que você gira naquela caixa, mas também do output de OP2, que o alimenta. As ondas podem até mesmo modificar a si mesmas; esse é o significado da seta de "retroalimentação" ("*feedback*") anexa a OP4.

Dessa maneira, girando alguns botões em cada caixa, pode-se obter uma impressionante gama de outputs, que me proporcionavam intermináveis oportunidades de criar sons em casa, como o "morte elétrica" e o "peido espacial".

Uma rede neural é muito parecida com o meu sintetizador. É uma rede de pequenas caixas, como esta:

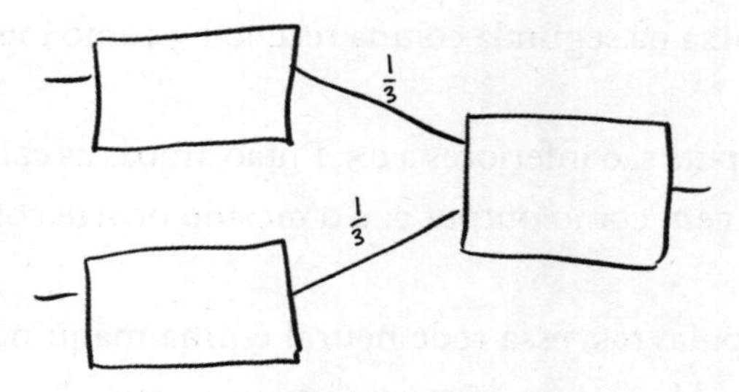

Cada uma dessas caixas faz a mesma coisa: pega como input um único número e manda como output ou 1, se o input for maior ou igual a 0,5, ou 0, se for menor. A ideia de usar esse tipo de caixinha como elemento básico de uma máquina que aprende foi concebida em 1957 ou 1958 por Frank Rosenblatt, um psicólogo, como um modelo simples da maneira como um neurônio funciona; ela está quieta, em repouso, até que o estímulo recebido por ela exceda um certo limiar, e nesse momento dispara um sinal.[3] Ele chamou suas máquinas de perceptrons. Em homenagem à história, ainda podemos chamar essas redes de falsos neurônios de "redes neurais", embora a maioria das pessoas já não pense mais nelas como imitações do nosso hardware cerebral.

Uma vez que a caixa emite seu output, esse número percorre qualquer seta que saia diretamente da caixa. Cada uma dessas setas tem um número escrito nela, chamado *peso*, e o output fica multiplicado pelo peso enquanto passa zunindo por essa seta. Cada caixinha toma como input a soma de todos os números que entram nela pela esquerda.

Cada coluna é chamada de *camada*; assim, a rede acima tem duas camadas, com duas caixas na primeira camada e uma na segunda. Começamos com dois inputs, um para cada uma das caixas. Eis o que acontece:

- Ambos os inputs são de pelo menos 0,5. Então ambas as caixas na primeira coluna emitem um sinal de saída de 1, sendo que cada um deles se transforma em 1/3 ao se mover ao longo da seta, de modo que a caixa na segunda coluna recebe 2/3 e devolve 1.
- Um input é de pelo menos 0,5 e o outro, menor. Então os dois outputs

são 1 e 0, a caixa na segunda coluna recebe 1/3 como input, e tem como output 0.

- Ambos os inputs são inferiores a 0,5. Então ambas as caixas na primeira coluna fornecem como output 0, e o mesmo ocorre com a caixa final.

Em outras palavras, essa rede neural é uma máquina que pega dois números e diz se eles são ou não *ambos* maiores que 0,5.

Eis outra rede neural, um pouco mais complicada.

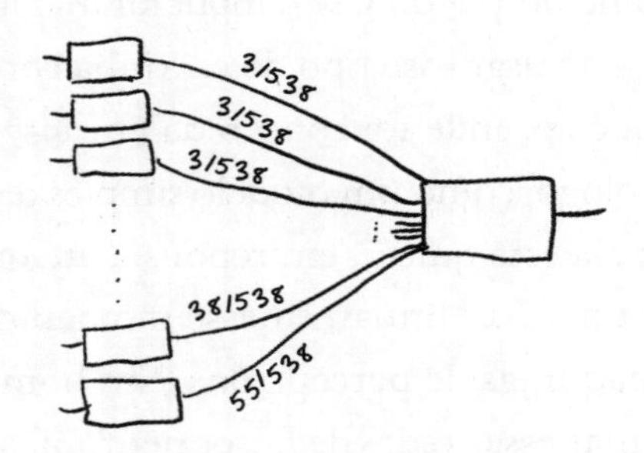

Agora há 51 caixas na primeira coluna, todas alimentando uma única caixa na segunda coluna, com diferentes pesos nas setas. Alguns são bem pequenos, como 3/538; o maior é 55/538. O que a máquina faz? Ela pega como input 51 números diferentes e ativa cada caixa cujo input seja maior que 50%. Então soma os pesos relativos a cada uma dessas caixas e verifica se a soma é maior que 1/2. Se for, ela emite 1; senão, emite 0.

Poderíamos chamar isso de perceptron de Rosenblatt de duas camadas. Porém é mais comumente chamado de Colégio Eleitoral norte-americano. As 51 caixas representam os cinquenta estados americanos mais Washington, D.C., o distrito federal. A caixa de um estado é ativada se o candidato republicano vence ali. Então somam-se os votos eleitorais para todos os estados, divide-se a soma por 538 e, se o resultado for maior que 1/2 , o candidato republicano é o vencedor.*

* O Colégio Eleitoral se afasta da definição de Rosenblatt em um detalhe: a caixa final emite como output 1, se o input for maior que 0,5, e 0, se o input for menor que 0,5, mas se o input

Eis a seguir um exemplo mais contemporâneo. Não é tão fácil de descrever em palavras como no caso do Colégio Eleitoral, mas está um pouco mais perto das redes neurais que estão conduzindo o progresso moderno em aprendizagem de máquina.

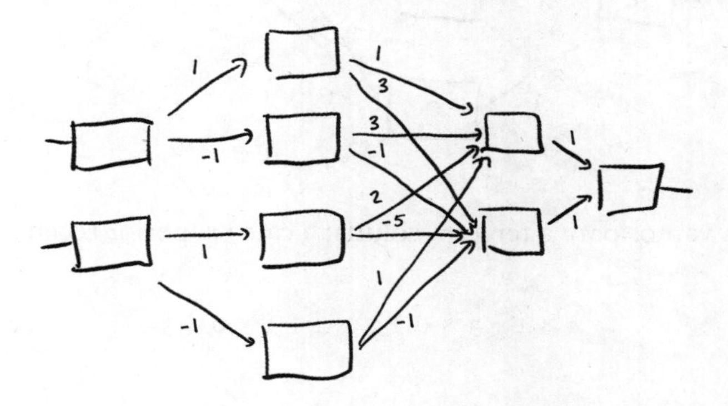

As caixas aqui são um pouco mais refinadas que as de Rosenblatt; uma caixa pega um número como input e gera como output esse número ou zero, o que for maior. Em outras palavras, se a caixa recebe um input positivo, ela simplesmente passa adiante o que recebeu; mas se recebe um input negativo, gera output zero.

Vamos ver como o dispositivo funciona. Suponhamos que eu comece com inputs 1 e 1 na extremidade da esquerda. Ambos os números são positivos, então ambas as caixas na primeira coluna vão gerar output 1 na saída. Agora a caixa de cima na segunda coluna recebe $1 \times 1 = 1$, e a segunda caixa recebe $-1 \times 1 = -1$. As outras duas caixas da segunda coluna obtêm 1 e -1 de maneira similar. Como 1 é positivo, a caixa superior gera output 1. Mas a caixa logo abaixo dela, que recebe um input negativo, não dispara nenhuma resposta e gera output 0. De forma semelhante, a terceira caixa sai com 1 e a quarta, com 0.

for *exatamente* 0,5 a caixa passa a responsabilidade da decisão da eleição para a Câmara dos Representantes.

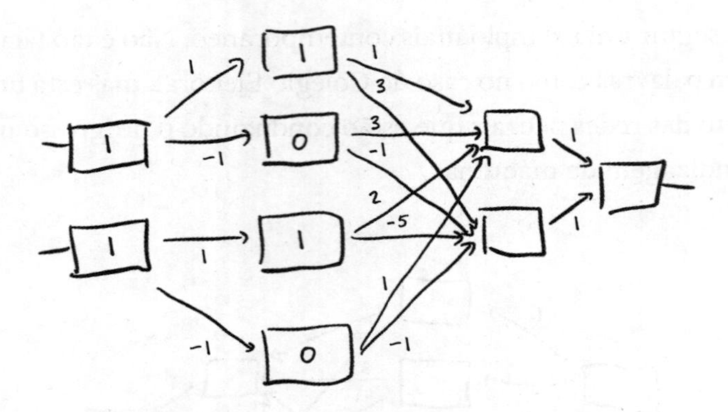

Agora vamos para a terceira coluna; a caixa superior recebe

$$1 \times 1 + 3 \times 0 + 2 \times 1 + 1 \times 0 = 3$$

e a caixa inferior:

$$3 \times 1 - 1 \times 0 - 5 \times 1 - 1 \times 0 = -2$$

Então a caixa de cima gera output 3 na saída, e a de baixo não dispara resposta e gera output 0. Finalmente, a caixa solitária na quarta coluna recebe a soma de seus dois inputs, que é 3.

Tudo bem se você não conseguiu seguir isso em cada detalhe. O importante é que a rede neural é uma *estratégia*; ela pega dois números como input e devolve um como output. E se você mudar os pesos nas linhas — isto é, se você girar os catorze botões — modificará a estratégia. A figura fornece um cenário de catorze dimensões que você pode explorar, em busca de uma estratégia que se adapte melhor aos dados que você já tem, quaisquer que sejam eles. Se você acha difícil imaginar o aspecto de um cenário de catorze dimensões, recomendo seguir o conselho de Geoffrey Hinton, um dos fundadores da moderna teoria de redes neurais: "Visualize um 3-espaço — um espaço de três dimensões — e diga 'catorze' bem alto a si mesmo. Todo mundo faz isso".[4] Hinton vem de uma linhagem de entusiastas das dimensões superiores: seu bisavô Charles[5] escreveu um livro inteiro sobre como visualizar cubos quadridimensionais, em 1904, e inventou a palavra "tesserato" para descrevê-los.* Se você já viu o quadro *Crucificação* (*Corpus Hipercubus*), de Dalí, essa é uma das visualizações de Hinton.

Essa rede, com os pesos dados, atribui a um ponto (x, y) no plano um valor de 3 ou menos sempre que o ponto cair dentro da seguinte forma:

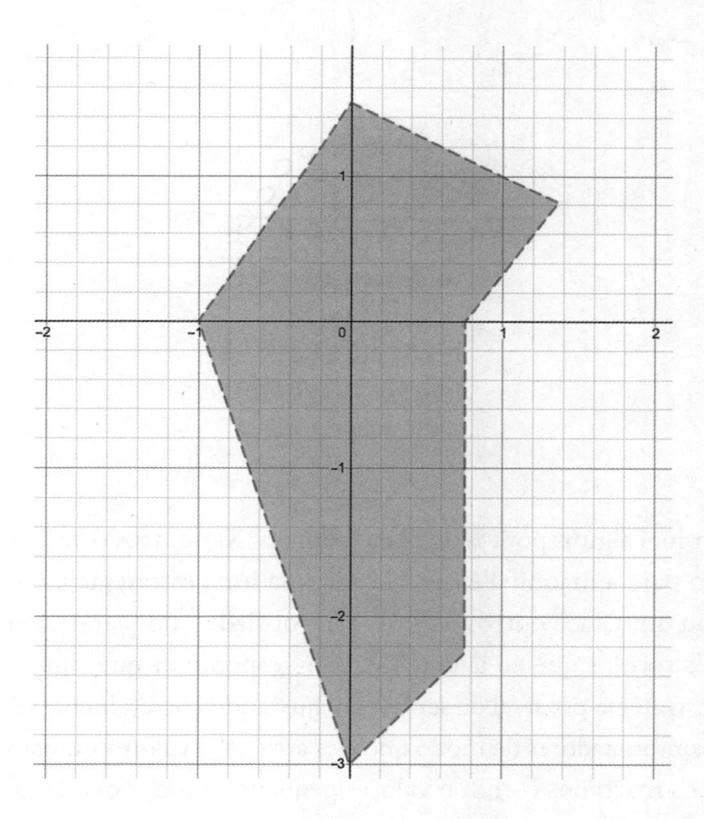

Note como o ponto (1, 1), onde a nossa estratégia devolve exatamente 3, está na fronteira da forma. Diferentes valores dos pesos geram formas

* O Hinton avô também escreveu numerosos romances de ficção, na época chamados "romances científicos", foi condenado por bigamia e precisou deixar a Inglaterra, indo para o Japão, e acabou ensinando matemática em Princeton, onde desenvolveu uma máquina arremessadora movida a pólvora para o time de beisebol da universidade, que lhe rendeu grande publicidade mas foi aposentada depois que machucou vários jogadores.

diferentes; porém não *qualquer* forma. A natureza do perceptron significa que a forma será sempre um polígono, cuja fronteira é composta por segmentos de reta.*

Suponha que eu tenha uma figura como esta:

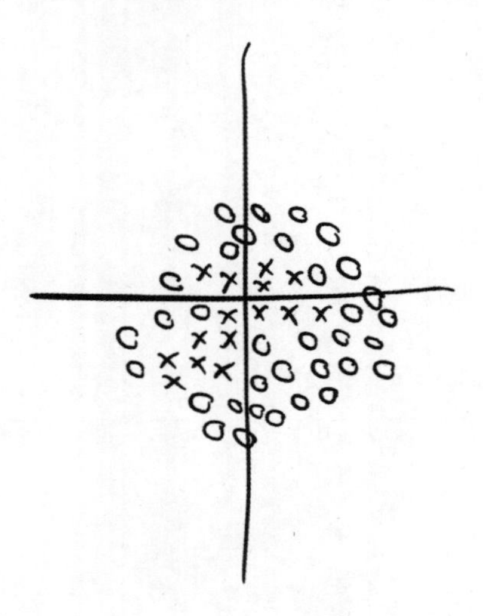

Marquei alguns pontos do plano com um X, e outros com um O. Meu objetivo para a máquina é que ela aprenda uma estratégia para atribuir um X ou um O aos outros pontos, não rotulados, do plano, apenas com base nos rótulos que eu já dei. Talvez — esperamos que sim — haja alguma estratégia possível de ser obtida ajustando corretamente os catorze botões sintonizadores de modo que eles atribuam valores grandes a todos os pontos marcados com X e valores pequenos a todos os pontos marcados com O, assim me permitindo dar palpites bem informados sobre os outros pontos do plano que ainda não rotulei. E, se *houver* tal estratégia, espero poder aprendê-la por meio do gradiente descendente, deslocando cada botão sintonizador um pouquinho e vendo em quanto isso diminui

* Eu não disse que isso era para ser não linear? Sim, mas o perceptron é *linear por partes*, o que significa que é linear de diferentes maneiras em diferentes regiões do espaço. Redes neurais mais gerais podem produzir resultados curvos.

o erro da minha estratégia em relação aos exemplos que já foram dados. Encontre o melhor deslocamento mínimo de que você é capaz, faça-o, e repita o processo.

O adjetivo "profunda" em aprendizagem profunda significa apenas que a rede tem uma porção de colunas. A quantidade de caixinhas em cada coluna é chamada *largura*, e esse número também pode ficar bastante grande, na prática, porém "aprendizagem larga" simplesmente não tem o mesmo impacto terminológico.

As redes profundas de verdade são mais complicadas que as redes que aparecem nessas figuras, pode ter certeza. O que ocorre dentro das caixas pode ser mais complicado que as funções simples das quais falamos. Na chamada rede neural recorrente pode haver caixas de retroalimentação que pegam seu próprio output como input, como a "OP4" no meu DX21. E elas são simplesmente mais rápidas. A ideia de redes neurais, como vimos, está por aí há bastante tempo, já; lembro-me de uma ocasião, não muito tempo atrás, quando a ideia era vista como um beco sem saída. Mas acabou se revelando uma ideia boa que só precisava do hardware para apreender o conceito. Chips chamados GPUS, (Graphic Processing Units, Unidades de Processamento Gráfico), projetados para deixar informação gráfica realmente rápida para jogos, acabaram se revelando a ferramenta ideal para treinar com rapidez redes neurais realmente grandes. Isso permitiu aos experimentadores aumentar extraordinariamente a profundidade e a largura de suas redes. Com processadores modernos, não é preciso se contentar com catorze botões; você pode ter milhares, ou milhões, ou mais. A rede neural GPT-3 usada para gerar um texto plausível em inglês tem 175 bilhões de botões.

Um espaço com 175 bilhões de dimensões soa grande, é claro; mas 175 bilhões é realmente insignificante em comparação com o infinito. Ainda estamos explorando apenas um subespaço minúsculo de espaço de todas as estratégias possíveis. E ainda assim isso parece o suficiente, na prática, para se obter um texto que dá a impressão de ter sido escrito por um ser humano, da mesma maneira que a pequenina rede disponível no DX21 é suficiente para possibilitar a imitação de um trompete, de um violoncelo e de um peido espacial.

Isso já é bastante surpreendente, mas há um mistério adicional. A ideia do gradiente descendente, lembre-se, é virar os botões sintonizadores até você se sair da melhor maneira possível com os pontos de dados com os quais treinou. As redes de hoje têm tantos botões que muitas vezes conseguem obter um desempenho *perfeito* em situação de treino, chamando cada um dos mil gatos de gato, e cada uma das outras mil imagens de não gato. Na verdade, com tantos botões para girar, há um espaço colossal de estratégias possíveis onde *todos* recebem dados de treinamento para estarem 100% corretos. A maioria dessas estratégias, acabamos por descobrir, tem um desempenho terrível quando lhes são apresentadas imagens que a rede não viu. Mas o processo cego, guloso, do gradiente descendente se detém em algumas estratégias com muito mais frequência que em outras, e as estratégias que o gradiente descendente prefere parecem ser na prática muito mais fáceis de serem generalizadas para exemplos novos.

Por quê? O que há nessa forma particular de rede que a torna tão boa em relação a uma variedade tão ampla de problemas de aprendizagem? Por que justamente *essa* minúscula região do espaço de estratégias que estamos examinando abriga uma estratégia boa?

Até onde sei, é um mistério. Mas, para ser honesto, há muita controvérsia sobre se é ou não um mistério! Tenho perguntado a um monte de pesquisadores em IA a esse respeito, gente famosa, importante, e cada um deles se dispôs alegremente a encher meus ouvidos sobre o assunto. Alguns tinham relatos muito confiantes a oferecer acerca dos motivos de tudo isso funcionar. Entre todos os relatos que ouvi, não houve dois iguais.

Mas posso lhe dizer, pelo menos, *por que* o cenário de redes neurais é aquele que optamos por explorar.

Chaves de carro em todo lugar

Uma história velha e famosa: um homem caminhando tarde da noite para casa vê um amigo, desesperado, de quatro sob um poste de luz. "O que aconteceu?", pergunta o homem. "Perdi as chaves do carro", responde o amigo. "Muito chato", diz o homem, "deixa eu te ajudar." E também fica de joelhos, e ambos ficam passando as mãos pela grama durante algum tempo. Após alguns minutos, o homem diz ao amigo: "Não sei, você tem certeza de que estão aqui? Já faz um tempinho que estamos procurando". E o amigo responde: "Ah, não, não tenho ideia, já andei pela cidade toda desde a última vez que tenho certeza de ter estado com elas". E o homem diz: "Então por que você está há vinte minutos procurando debaixo desse poste?". E o amigo: "Porque em todos os outros lugares está escuro demais para procurar!".

O amigo é muito parecido com o profissional contemporâneo de aprendizagem de máquina. Por que olhamos para redes neurais entre o vasto mar de estratégias que poderíamos estar buscando? É porque as redes neurais são primorosamente bem-adaptadas ao gradiente descendente, o único meio de busca que realmente conhecemos. O efeito de girar um dial é facilmente isolável; afeta o output da caixa de uma maneira compreensível, e dali podemos seguir as linhas e ver como a mudança nesse output afeta as caixas que usam esse output como input, e como cada uma *destas* caixas afeta as caixas na sequência do fluxo, e assim por diante.* A razão que nos leva a escolher essa parte específica do espaço para buscar boas estratégias é que se trata da parte em que é mais fácil ver para onde estamos indo. Todo o resto é muito escuro!

A história das chaves do carro deveria servir para considerar o amigo um tolo. Mas, num universo levemente alternativo, o amigo não é tão tolo assim. Suponha que as chaves do carro realmente estejam espalhadas pelo lugar todo — na rua, no bosque e, muito provavelmente, em algum ponto no círculo de luz sob a lâmpada do poste. Na verdade, provavelmente há múltiplas chaves de carros espalhadas naquela grama. Talvez o amigo tenha achado, na prática, que buscas anteriores naquela área revela-

* Para os fãs do cálculo: a verdadeira razão que faz com que seja fácil é que a função que a rede neural computa é construída pela soma e composição de funções, e essas duas operações se saem muito bem com cálculo de derivadas, graças à regra da cadeia.

ram chaves de modo muito melhor que o esperado! As chaves para o carro mais bonito de toda a cidade talvez estejam em outro lugar, é verdade. Mas, com tempo suficiente para procurar sob o poste, abandonando o conjunto de chaves toda vez que você vê as chaves de um carro mais luxuoso nas proximidades, você pode se sair muito bem.

8. Você é seu próprio primo-irmão negativo, e outros mapas

O QUE É UM CÍRCULO? Eis a definição oficial:

Um círculo é o conjunto de pontos no plano a uma dada distância de um ponto fixo, que é chamado centro.

Ok, o que é distância?

Já estamos nos defrontando com um problema sutil. A distância entre dois pontos pode ser a distância que um pássaro voa entre ambos. Mas se,

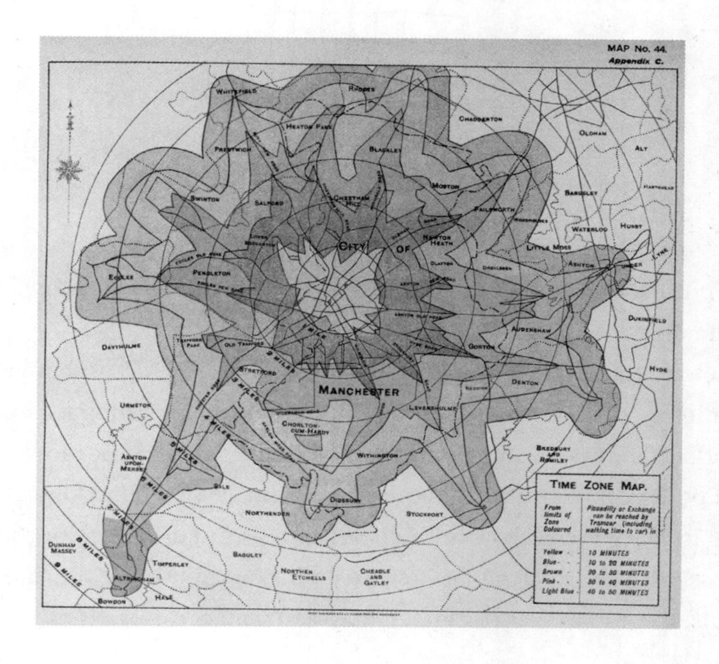

na realidade, alguém lhe pergunta a que distância você está de casa, você poderia dizer: "Ah, são só uns quinze minutos!". Essa também é uma noção de distância! E, se uma distância é entendida dessa maneira, "o tempo que leva para percorrer", os círculos poderiam ter a aparência do mapa anterior.

Essas figuras pontudas de aspecto parecido com o de estrelas-do-mar são círculos concêntricos, representando pontos a exatamente dez, vinte, trinta, quarenta e cinquenta minutos de distância em relação ao centro comum dos círculos, Piccadilly Gardens, no centro de Manchester, Inglaterra. Esse tipo de mapa é chamado *isócrono*.

Diferentes geometrias urbanas geram diferentes tipos de círculos. Em Manhattan (*"I'm walking here!"*) as pessoas andam a pé, e se alguém pergunta a que distância você está de casa, você responde em quarteirões. O círculo de pontos a quatro quarteirões de distância de um dado centro teria o aspecto de um quadrado em pé num de seus vértices:

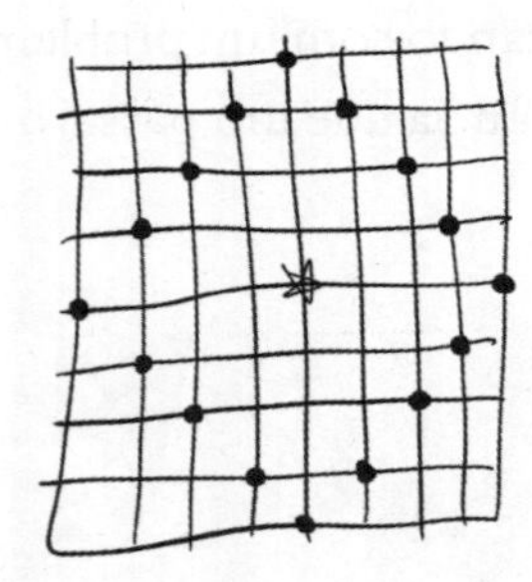

(Veja, afinal conseguimos quadrar o círculo!) E um mapa isócrono mostraria um punhado de quadrados que neste contexto são círculos concêntricos em volta do ponto central.

Em todo lugar que existe a noção de distância, existe também a noção de geometria, e uma ideia concomitante de círculo. Estamos acostumados com a ideia de uma "distância relativa", e essa é a própria noção de distância que poderíamos tirar da geometria de uma árvore genealógica. Você e seu irmão/sua irmã estão a uma distância dois um do outro, porque para passar de você ao seu irmão na árvore é preciso subir um galho até um de seus pais, e então descer para chegar ao seu irmão.

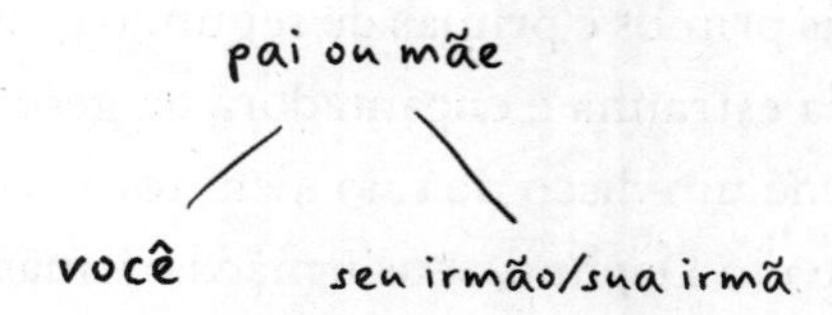

A sua distância na árvore em relação ao seu tio é três (subir um degrau para o pai ou a mãe, que está a uma distância dois do próprio irmão). A sua distância em relação a um primo de primeiro grau é quatro: dois para cima até a vovó, e de volta dois para baixo até seu primo. Você pode fazer isso para qualquer nível de parentesco, e ter uma bela fórmula algébrica,

Distância do seu primo de grau $n = (n + 1) \times 2$

uma vez que seu primo de grau *n* é uma pessoa com quem você compartilha um ancestral $n + 1$ níveis acima de você.

Você, sim, você mesmo, é o seu próprio primo-irmão negativo, porque o parente que você e você mesmo compartilham é você, zero passos acima! (E a fórmula ainda funciona: sua distância em relação a si mesmo é o dobro de $(-1 + 1)$, ou zero.) Quanto aos seus pais, eles não compartilham um ancestral conhecido (a não ser que você seja de um clã verdadeiramente aristocrático), mas eles têm *sim* um parente em comum — isto é, você — um nível *abaixo* na árvore, o que equivale a dizer, -1 níveis acima; então seus pais são entre si primos de segundo grau negativos. O seu primo de terceiro grau negativo é alguém com quem você compartilha um neto, digamos a mãe do seu genro. Essa relação às vezes tensa — chamada *samdhi* em hindi, *consuegros* em espanhol, *athoni* em kibamba e *machetunim* em ídiche (ou *machtanim* em hebraico) — não tem nome em inglês, que tende a ser um pouco empobrecido no departamento de nomes de parentesco.

Se você pensar nas pessoas da sua geração na sua família como um "plano", um disco de raio 2 em torno de mim nesse plano é formado por mim e meus irmãos e irmãs; um disco de raio 4 sou eu, meus irmãos e irmãs e meus primos e primas de primeiro grau; um disco de raio 6 inclui também meus primos e primas de segundo grau. Aqui podemos ver uma característica estranha e encantadora da geometria de parentesco. Qual é o aspecto de um disco de raio 4 em torno da minha prima-irmã Daphne? Consiste em Daphne, seus irmãos e irmãs e seus primos e primas em primeiro grau, ou, em outras palavras, todos os netos e as netas dos avós que Daphne e eu temos em comum. Mas esse é o mesmo disco de raio 4 em volta de mim! Então quem é o centro, eu ou Daphne? Não tem escapatória: nós dois somos. Nessa geometria, *todo* ponto num disco é o seu centro.

Triângulos no plano dos primos e primas também são um pouco diferentes daqueles com os quais estamos acostumados. Minha irmã e eu estamos a uma distância 2 entre nós, e cada um de nós está a 4 de Daphne, então o triângulo que formamos é isósceles. E, adivinhe só?, *todo* triângulo nesse plano de primos e primas é isósceles. Deixo para você a satisfação de descobrir sozinho que isso é verdade. Geometrias esquisitas como essa, que são chamadas de *não arquimedianas*, podem parecer curiosidades científicas malformadas, mas não: geometrias assim aparecem por toda a matemática. Por exemplo, há uma geometria "2-ádica" de números inteiros na qual a distância entre dois números é o inverso da maior potência de 2 que divide sua diferença. Sério, isso acaba se revelando uma boa ideia.

Quase não existe contexto tão abstrato que não possamos inventar uma noção de distância, e com ela uma noção de geometria. Dmitri Tymoczko, um teórico de música em Princeton, escreve livros inteiros sobre geometria de acordes e a forma como os compositores instintivamente tentam encontrar caminhos curtos de um local musical a outro. Até mesmo a linguagem que falamos pode ser dita como tendo uma geometria.[1] Mapear essa geometria nos leva ao mapa de todas as palavras.

O mapa de todas as palavras

Imagine que alguém tentasse descrever qual é o aspecto do estado do Wisconsin dando a você uma lista de cidades e lhe dizendo a distância entre duas delas quaisquer. Sim, isso em princípio lhe diria qual é a forma do Wisconsin e onde estariam todas as cidades dentro dessa forma. Mas na prática um ser humano, até um ser humano que ama números como eu, não pode fazer nada com essa longa lista de nomes e números. Nossos olhos e cérebros absorvem geometria na forma de mapas.

Aliás, não é completamente óbvio que as distâncias nos digam a forma de um mapa! Se houvesse apenas três cidades no Wisconsin, saber a distância entre cada par seria saber as distâncias de todos os três lados do triângulo que elas formam, e é uma proposição de Euclides, citada no capítulo 1, que, se você sabe os comprimentos de todos os três lados, você conhece a forma do triângulo. Dá um pouco mais de trabalho provar o fato de que se pode reconstruir a forma de *qualquer* conjunto de pontos se você conhecer a distância entre cada par; você e eu, recebendo os dados, poderíamos fazer mapas diferentes, mas o meu estaria relacionado com o seu por um movimento rígido, deslocando e girando o mapa sem mudar sua forma.*

Por que você haveria de apresentar a forma do Wisconsin desse modo tabular difícil de captar se já existem mapas do Wisconsin? Você não faria isso. Mas para outras espécies de entidades, não geográficas, podemos definir uma noção de distância e usá-la para criar novos tipos de mapas. Você poderia, por exemplo, fazer um mapa de traços de personalidade. A que poderíamos estar nos referindo por distância entre dois traços? Um modo simples é perguntar às pessoas. Em 1968, os psicólogos Seymour Rosenberg, Carnot Nelson e P. S. Vivekananthan distribuíram pacotes de 64 cartas para alunos de faculdades, cada carta rotulada com um traço de personalidade, e pediram aos estudantes que agrupassem as cartas em núcleos de traços que eles julgassem ser comuns a uma só pessoa.[2] A distância entre dois traços é então determinada pela frequência com

* Para quatro pontos isso equivale a dizer que a forma de um quadrilátero é determinada se você souber os comprimentos de todos os quatro lados e os comprimentos de ambas as diagonais. É divertido tentar se convencer desse fato por contemplação. Será que o comprimento de uma diagonal apenas seria suficiente?

que os estudantes agruparam essas cartas. "Confiável" e "honesto" foram encontradas juntas muitas vezes, então esses traços deveriam estar próximos; "bem-humorado" e "irritadiço" não muito, então deveriam estar mais distanciados.*

De posse desses números, você pode tentar colocar os traços de personalidade num mapa de modo que as distâncias entre traços na página se ajustem às distâncias encontradas no seu experimento.

Pode ser que você não seja capaz! E se, por exemplo, você descobrir que cada par de traços entre "confiável", "detalhista", "sentimental" e "irritadiço" está à mesma distância uns dos outros? Você pode tentar quantas vezes quiser desenhar quatro pontos na página de tal modo que cada par de pontos delineie a mesma distância: vai fracassar. (Recomendo intensamente que você *de fato tente* isso, para deixar sua intuição geométrica firme quanto aos motivos dessa impossibilidade.) Alguns conjuntos de distâncias são passíveis de serem conseguidos no plano; outros não são. Todavia, um método chamado *escalonamento multidimensional* ainda nos permite fazer o mapa, contanto que você esteja disposto a permitir que as distâncias no seu mapa se ajustem *aproximadamente* às distâncias que você está procurando. (E você deve estar; estudantes universitários fazendo experimentos de psicologia em troca de dinheiro para a cerveja não estão exatamente fornecendo uma precisão no nível de um microscópio eletrônico.) Você obtém a figura a seguir, que você há de concordar que captura algo da geometria da personalidade. (Os "eixos" na figura foram desenhados pelos pesquisadores e são sua interpretação do que realmente significam as direções neste mapa.)

---

* Na verdade, isso acabou se revelando não suficientemente bom, uma vez que muitos pares de traços essencialmente nunca foram agrupados juntos; para obter uma imagem mais refinada, avaliam-se "confiável" e "honesto" como próximos não só porque estão agrupados juntos com frequência, mas porque terceiras palavras como "detalhista" tendem a ser agrupadas com igual frequência com "confiável" e "honesto".

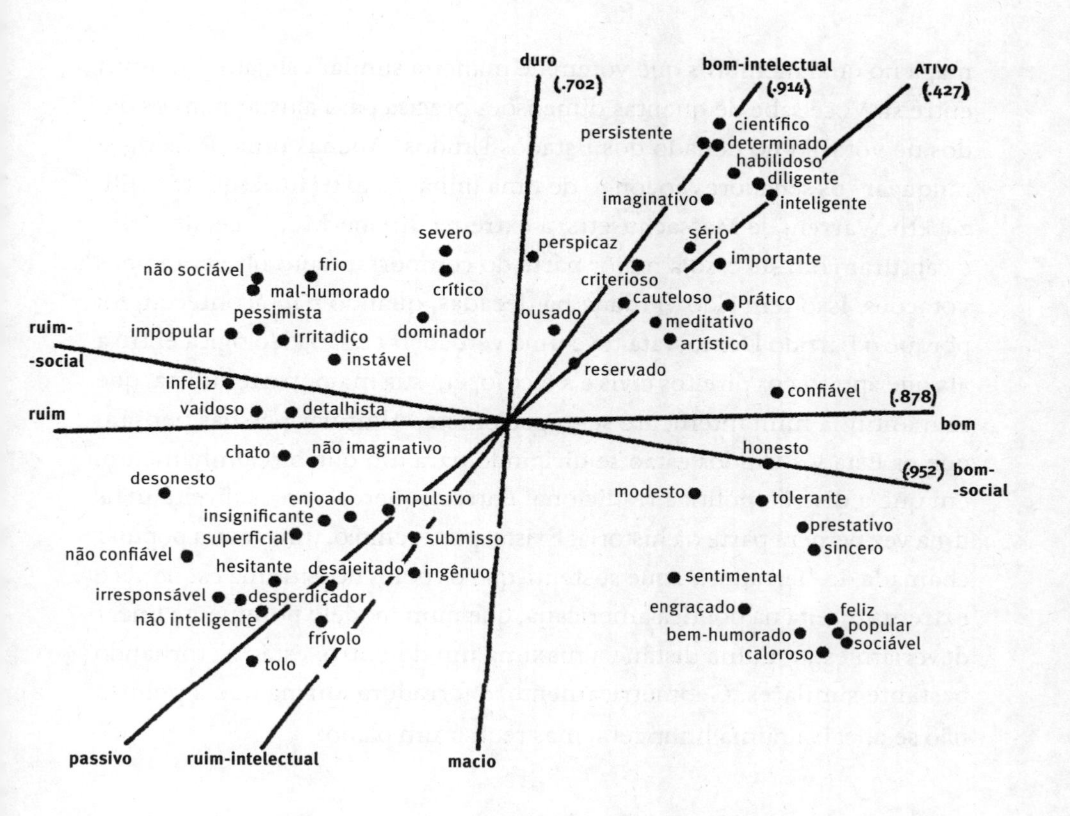

Em três dimensões, aliás, é fácil fazer com que as distâncias entre quatro pontos sejam todas iguais; colocam-se os quatro pontos nos vértices de uma forma chamada tetraedro regular:

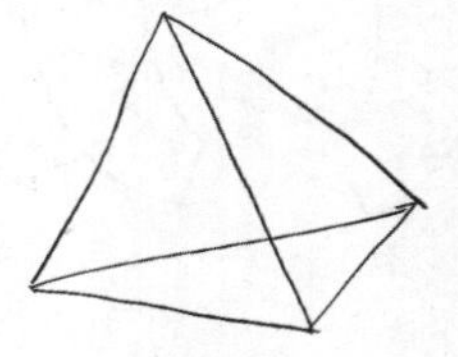

Quanto mais dimensões você se permite, melhor consegue obter as distâncias entre pontos no seu mapa para se ajustar àqueles que foram medidos. E isso significa que os dados podem *dizer* em que dimensão "querem" estar. Cientistas políticos medem a semelhança entre membros do Congresso por meio de seus votos; você pode colocar os congressistas num mapa no qual membros que votem de maneira similar estejam próximos entre si. Você sabe de quantas dimensões precisa para ajustar bem os dados de votação no Senado dos Estados Unidos? Apenas uma. Podem-se ranquear[3] os senadores ao longo de uma linha, da extrema esquerda (Elizabeth Warren, de Massachusetts) à extrema direita (Mike Lee, de Utah) e capturar com sucesso a maior parte do comportamento observado nas votações. Isso tem sido verdade há décadas; quando não aconteceu, foi porque o Partido Democrata teve uma verdadeira cisão ideológica entre a ala que apoiava os direitos civis e a facção, em sua maior parte sulista, que se mantinha militantemente segregacionista. Algumas pessoas pensam que os Estados Unidos estão se dirigindo para um outro realinhamento, em que a divisão política tradicional entre esquerda versus direita mais uma vez perderá parte da história. Existe, por exemplo, uma teoria popular chamada de "ferradura", que sustenta que os polos de extrema esquerda e extrema direita na política americana, que num modelo puramente linear deveriam estar a uma distância máxima um do outro, estão se tornando bastante similares. Geometricamente, a ferradura afirma que a política não se encaixa numa linha reta, mas requer um plano:

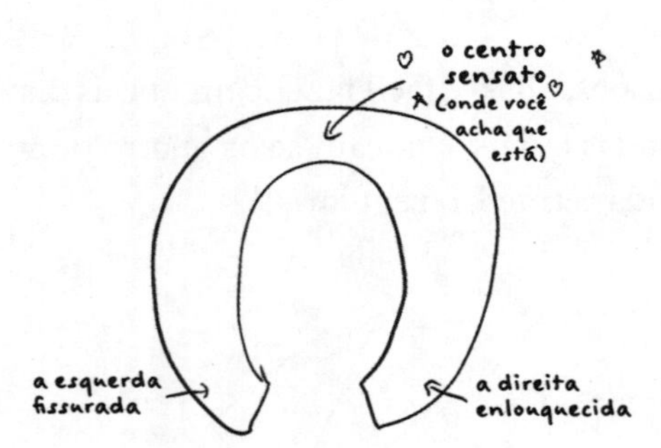

Se for verdade, e se os extremos opostos da ferradura tiverem um eleitorado suficiente para se elegerem para o Congresso, veremos isso nos dados das votações; o modelo unidimensional do Congresso vai começar a ficar cada vez menos acurado. Isso ainda não aconteceu.

Para conjuntos maiores de dados, duas dimensões raramente serão suficientes. Uma equipe de pesquisadores do Google chefiada por Tomas

Mikolov desenvolveu um engenhoso dispositivo matemático chamado Word2vec, que poderíamos chamar de *mapa de todas as palavras*. Não precisamos mais nos basear em estudantes universitários e cartões indexados para reunir informação numérica sobre que palavras costumam vir juntas. O Word2vec, treinado num corpo de texto do Google News com 6 bilhões de palavras, atribui a cada palavra em inglês um ponto num espaço de trezentas dimensões. Isso é difícil de visualizar, mas lembre-se: assim como um ponto num espaço bidimensional pode ser representado por um par de números, uma longitude e uma latitude, um ponto num espaço dimensional de trezentas dimensões nada mais é que uma lista de trezentos números: longitude, latitude, platitude, amplitude, atitude, turpitude etc., até onde o seu dicionário de rimas levar você. Há uma noção de distância no espaço de trezentas dimensões que não é diferente do espaço bidimensional que você conhece.* E o objetivo do Word2vec é colocar palavras similares em pontos que não estejam muito distantes entre si.

O que torna duas palavras "similares"? Pode-se pensar em cada palavra como tendo uma "nuvem vizinha" de palavras que frequentemente aparecem próximas no corpo do texto do Google News. Para uma primeira aproximação, o Word2vec classifica duas palavras como similares quando suas nuvens vizinhas possuem uma grande área de superposição. Num pedaço de texto que contenha as palavras "*glamour*" ou "*runway*" [passarela] ou "*jewel*" [joia], poderíamos esperar encontrar palavras como "*stunning*" [esplendoroso/a] ou "*breathtaking*" [encantador/a], mas não "*trigonometry*" [trigonometria]. Então "*stunning*" e "*breathtaking*", que compartilham "*glamour*", "*runway*" e "*jewel*" em suas nuvens, seriam classificadas como similares, refletindo o fato de que essas duas palavras quase sinônimas muitas vezes aparecem nos mesmos contextos. O Word2vec as coloca a uma distância de 0,675 uma da outra. Na verdade, "*breathtaking*" é a *palavra mais próxima* de

* A distância entre dois pontos é calculada da seguinte maneira: calcule a diferença entre as duas longitudes, as duas latitudes, as duas platitudes e assim por diante. Agora você tem trezentos números. Eleve-os ao quadrado, some esses quadrados e tire a raiz quadrada dessa soma, e você terá a distância. Essa é a versão em trezentas dimensões do Teorema de Pitágoras, embora o próprio Pitágoras poderia muito bem ter rejeitado essa caracterização de algo tão distante da geometria física.

"stunning" em 1 milhão de palavras que o Word2vec sabe como codificar. A distância de *"stunning"* para *"trigonometry"*, por outro lado, é de 1,403.

Uma vez que tenhamos a ideia de distância, podemos começar a falar de círculos e discos. (Embora, estando em trezentas dimensões em vez de duas, talvez fosse melhor falar de esferas e bolas, seus análogos em dimensões superiores.) Um disco de raio 1 em volta de *"stunning"* tem 43 palavras, incluindo *"spectacular"*, *"astonishing"* [espantoso/a], *"jaw--dropping"* [assombroso/a] e *"exquisite"* [primoroso/a]. A máquina claramente está captando algo sobre a palavra, inclusive que ela pode ser usada para indicar grande beleza ou surpresa. O que a máquina não está fazendo, devo chamar a atenção, é *destilar* numericamente o *sentido* da palavra. Seria um feito impressionante. Mas não é isso que a estratégia é construída para fazer. *"Hideous"* [hediondo/a] está a apenas 1,12 de distância de *"stunning"* — mesmo que tenham sentidos praticamente opostos, você pode imaginar essas duas palavras aparecendo com frequência com as mesmas vizinhas, como em "Esse casaco é realmente ________". O disco de palavras à distância de no máximo 0,9 de "teh" consiste em "ther", "hte", "fo", "tha", "te", "ot" e "thats" — que não são sequer palavras, muito menos sinônimos. Mas o Word2vec reconhece corretamente que todas essas palavras têm probabilidade de aparecer em contextos com muitos tipos de impressão.

Precisamos falar sobre vetores. Esse é um termo técnico cuja definição formal parece proibitiva, mas seu significado em termos gerais se reduz ao seguinte. Um ponto é um substantivo. Representa alguma coisa: um local, um nome, uma palavra. Um vetor é um *verbo*. Ele diz o que se faz com o ponto. Milwaukee, no estado do Wisconsin, é um ponto. "Percorra trinta milhas para oeste e duas milhas para norte" é um vetor. Se você aplicar esse vetor a Milwaukee, obterá a cidade de Oconomowoc.

Como você descreveria esse vetor, que leva você de Milwaukee para Oconomowoc? Você poderia chamá-lo de "vetor suburbano do anel externo na direção oeste". Aplique-o à cidade de Nova York* e você obterá Morristown, Nova Jersey, ou, mais precisamente, o Dismal Harmony Natural Area, um parque estadual a oeste da cidade.

---

* Os limites municipais oficiais de Nova York são bastante amplos, então vamos estipular que a localização precisa de "Nova York" aqui é a Strand Book Store, no East Village.

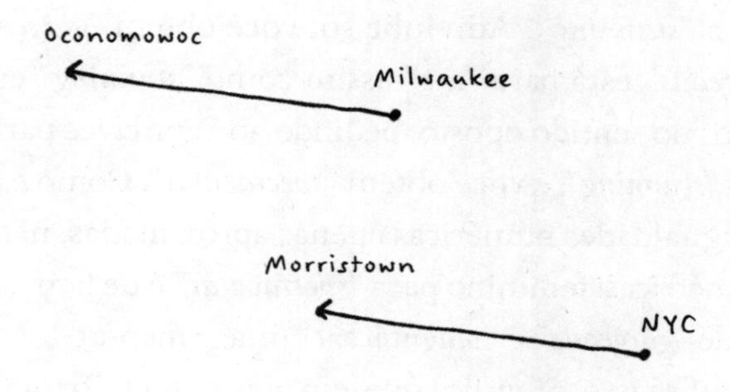

Você poderia formular esse fato como uma analogia: Morristown está para Nova York assim como Oconomowoc está para Milwaukee. E assim como Boinville-en-Mantois está para Paris, e assim como San Jerónimo Ixtapantongo está para a Cidade do México, e assim como o arquipélago Farallon (um antigo depósito de lixo nuclear não habitado e hoje considerado o arquipélago mais densamente infestado de roedores da Terra) está para San Francisco.

O que nos traz de volta a *"stunning"*. Os responsáveis pelo desenvolvimento do Word2vec notaram um vetor interessante: aquele que diz como passar da palavra *"he"* [ele] para a palavra *"she"* [ela]. Poderíamos pensar num vetor de "feminização". Se você o aplicar a *"he"* obterá *"she"*. E se o aplicar a *"king"* [rei]? Estamos numa situação em que não pousamos exatamente num lugar de uma única palavra. Mas a palavra *mais próxima* — a Morristown neste cenário — é *"queen"* [rainha]. *"Queen"* está para *"king"* assim como *"she"* está para *"he"*. E isso também funciona bem em outras palavras: a versão feminizada de *"actor"* [ator] é *"actress"* [atriz], de *"waiter"* [garçom] é *"waitress"* [garçonete].

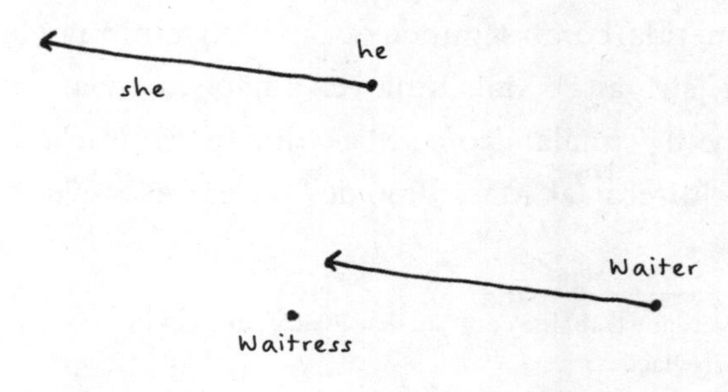

E quanto a "*stunning*"? Adivinhe só, você obtém "*gorgeous*" [deslumbrante]. "*Gorgeous*" está para "*she*" assim como "*stunning*" está para "*he*". Aplique o vetor no sentido oposto, pedindo ao Word2vec para "masculinizar" a palavra "*stunning*", e você obtém "*spectacular*". Como essas analogias representam igualdades numéricas apenas aproximadas, não exatas, nem sempre são simétricas: feminino para "*spectacular*" é de fato "*stunning*", mas o masculino de "*gorgeous*" é "*magnificent*" [magnífico/a].

O que significa isso? Significa que, em algum sentido totalmente matemático, universal e objetivo, deslumbre é a versão feminina de esplendor? Certamente não. O Word2vec não sabe o que as palavras significam, e não tem como saber. Tudo que Word2vec sabe é a gigantesca quantidade de textos em inglês no qual foi treinado, mastigando-os e transformando-os em polpa numérica a partir de décadas de jornais e revistas transcritos. Quando falantes do inglês querem mencionar algo esplendoroso e estamos nos referindo a uma mulher, temos um hábito estatisticamente detectável de dizer "*gorgeous*". E quando estamos falando de um homem, raramente usamos essa palavra. A geometria gerada pelo Word2vec pode parecer de início uma geometria de significado, mas na realidade é uma geometria do nosso modo de falar, do qual podemos aprender tanto sobre nós mesmos e os nossos vieses de gênero quanto sobre a linguagem.

Ficar brincando com o Word2vec é como colocar os escritos coletados do mundo anglófono no divã do psicanalista e espiar o seu tortuoso inconsciente. A versão "feminizada" de "*swagger*" [arrogância] é "*sassiness*" [atrevimento]. A versão feminizada de "*obnoxious*" [detestável] é "*bitchy*" [sacana]. A versão feminizada de "*brilliant*" [brilhante] é"*fabulous*" [fabuloso/a] . A versão feminizada de "*wise*" [sábio/a] é "*motherly*" [maternal]. A versão feminina de "*goofball*" [boboca] é "*ditzy*" [avoado/a], e, sem mentira, "*perky blonde*" [loira metida] como segunda opção.* E o feminino de "*genius*" [gênio/a] é "*minx*"[sirigaita]. Mais uma vez a não simetria: o masculino de "*minx*" é "*scallywag*" [malandro/a]. Masculino para "*teacher*" [professor/a] é "*headmaster*" [diretor/a]. Masculino de "Karen" é "Steve".[4]

---

* O Word2vec na verdade trabalha com "análise léxica", que geralmente são palavras, mas às vezes nomes ou abreviações.

A mulher do *bagel* é o *muffin*. E um bagel hindu — isto é, aquilo que se obtém ao aplicar o vetor que pega "judaico" e leva para "hindu" ao ponto que representa "bagel" — é um "*vada pav*", um petisco de rua popular em Mumbai. Um bagel católico é um "*sandwich*" [sanduíche]; e a segunda opção é "*meatball sub*" [sanduíche de almôndega].

O Word2vec também sabe o nome de cidades. Se você usar sua análise vetorial conceitual em lugar de simplesmente longitude e latitude, a Oconomowoc de Nova York não é Morristown, mas Saratoga Springs. Não tenho ideia do porquê.

Brincar com isso é profundamente divertido e, sob alguns aspectos, esclarecedor. Mas eu incorri num mau comportamento que é endêmico quando se escreve sobre aprendizagem de máquina, e é melhor eu confessar logo: eu andei selecionando os exemplos a dedo! É divertido compartilhar os exemplos mais engraçados e impressionantes! E isso pode ser enganoso; o Word2vec não é uma máquina mágica de significado. Com muita frequência a sua "analogia" proposta nada mais é que um sinônimo (o feminino de "*boring*" [chato/a] é "*uninteresting*" [desinteressante], o feminino de "*amazing*" [impressionante] é "*incredible*" [incrível]); ou então algum erro de ortografia (o feminino de "*vicious*" [vicioso/a] é "*viscious*"); ou, ainda, algo simplesmente errado: masculino de "*duchess*" [duquesa] é "*prince*" [príncipe], feminino de "*pig*" [porco] é "*piglet*" [leitão], feminino de "*cow*" [vaca] é "*cows*" [vacas], feminino de "earl" [conde] é "*Georgiana Spencer*" (a resposta certa é "*countess*" [condessa], o que, para ser justo, Spencer era). Quando você ler sobre o mais recente avanço em IA, não desdenhe; o progresso realmente tem sido rápido e empolgante. Mas existe a chance de que aquilo que você está vendo na divulgação sejam os resultados mais reluzentes de muitas, muitas tentativas. Então, seja cético também.

9. Três anos de domingos

Um fato realmente importante e de certa maneira pouco divulgado sobre a matemática é que ela é muito difícil. Às vezes ocultamos isso dos nossos alunos, com a ideia de que estamos lhes prestando um favor. É exatamente o contrário. Eis aqui um fato simples que descobri na formação com o professor Robin Gottlieb. Quando dizemos que a lição que está sendo dada é "fácil" ou "simples", e manifestamente ela não é, estamos dizendo ao aluno que a dificuldade não está na matemática, está nele. E ele acaba acreditando. Os estudantes, bem ou mal, acreditam nos seus professores. "Se nem isso eu consegui entender, e era fácil", dirão eles, "por que me dar ao trabalho de tentar entender algo difícil?"

Nossos alunos têm medo de fazer perguntas em classe porque receiam "parecer burros". Se fôssemos honestos quanto à dificuldade e à profundidade da matemática, até mesmo da matemática que aparece em aulas de geometria do ensino médio, o problema com toda certeza seria menor;[1] poderíamos entrar numa sala de aula onde fazer uma pergunta não significaria "parecer burro", mas "parecer alguém que veio aqui para aprender alguma coisa". E isso não se aplica apenas a estudantes que descobrem que estão em apuros. Sim, alguns não têm dificuldade em absorver as regras básicas da manipulação algébrica ou de construções geométricas. Esses estudantes ainda deveriam estar fazendo perguntas, aos seus professores e a si mesmos. Por exemplo: eu fiz o que o professor mandou, mas e se eu tivesse tentado fazer essa outra coisa que ele não me pediu, e, já que é assim, por que ele mandou fazer uma coisa e não a outra? Não há situação intelectual privilegiada a partir da qual não se possa ver facilmente uma zona de ignorância, e é para lá que os olhos devem estar dirigidos, se você quiser aprender. Se a aula de matemática estiver fácil, você está fazendo algo errado.

Aliás, falando nisso, o que é dificuldade? É uma daquelas palavras que conhecemos bem, mas que se desmancha em conceitos relacionados porém distintos quando se tenta circunscrevê-la. Gosto desta história que o teórico dos números Andrew Granville conta sobre o algebrista Frank Nelson Cole:

> No encontro da Sociedade Matemática Americana em 1903, F. N. Cole foi ao quadro de giz e, sem dizer uma palavra, escreveu: $2^{67} - 1 = 147\,573\,952\,589\,676\,412\,927 = 193\,707\,721 \times 761\,838\,257\,287$, fazendo a multiplicação dos dois números da direita da equação para provar que ele estava de fato certo. Depois disse que essa descoberta lhe tinha tomado "três anos de domingos". A moral desta história é que, embora Cole tenha precisado de um bocado de trabalho e perseverança para achar esses fatores, não levou muito tempo para justificar o resultado para uma sala cheia de matemáticos (e, de fato, dar uma prova de que estava correto). Assim vemos que se pode fornecer uma prova curta, mesmo que descobri-la leve muito tempo.[2]

Existe a dificuldade de reconhecer uma afirmação como verdadeira, e a dificuldade, que não é a mesma, de *descobrir* as afirmações cuja verdade deve ser reconhecida. É essa façanha que a plateia de Cole aplaudiu. Já vimos que encontrar os fatores primos de um número grande é um problema reconhecido como difícil; mas 147 573 952 589 676 412 927, pelos padrões das modernas máquinas de computação, não é um número grande. Acabei de fatorá-lo no meu laptop[3] e não levou sequer um único domingo, mas uma quantidade de tempo tão pequena que chega a ser imperceptível. E então, esse é um problema difícil ou não?

Ou considere o problema de calcular centenas de dígitos de π, uma prática que antigamente seria considerada pesquisa matemática, mas agora é mera computação. Isso apresenta ainda outra dificuldade, a dificuldade da motivação. Não duvido que minha capacidade técnica de cálculo seja suficiente para me permitir calcular sete ou oito dígitos de π

à mão. Mas seria difícil para mim *me obrigar* a fazer isso — porque seria chato, porque meu computador pode fazer isso para mim, e, talvez mais que tudo, porque não há razão para saber muitos dígitos de π. Existem contextos no mundo real em que precisaríamos saber sete ou oito dígitos, é claro. Mas o centésimo dígito? É difícil imaginar para que ele serviria. Quarenta dígitos já são suficientes para calcular a circunferência de um círculo do tamanho da Via Láctea com a precisão do tamanho de um próton.

Saber uma centena de dígitos de π não é saber mais sobre círculos do que as outras pessoas. O que é importante em relação a π não é tanto o seu valor, e sim que ele *tem* um valor. O fato significativo é que a razão entre a circunferência de um círculo e seu diâmetro não depende de que círculo é. Esse é um fato a respeito das simetrias do plano. Qualquer círculo pode ser transformado em outro por meio das chamadas *semelhanças*, compostas de translações, rotações e mudanças de escala. Uma semelhança pode modificar distâncias, mas por meio da multiplicação por uma constante fixa; talvez dobre cada distância, talvez encolha cada distância por um fator de dez, mas em qualquer um dos casos a *razão* entre duas distâncias — digamos, a distância em torno da circunferência de um círculo e a distância em linha reta percorrendo o diâmetro — fica a mesma. Se você considera as figuras como sendo a mesma quando uma pode ser transformada na outra mediante essas simetrias, chamando coisas diferentes pelo mesmo nome, à la Poincaré, então existe realmente *um único* círculo, e é por isso que só existe um π. Da mesma forma, existe só um quadrado, e só existe uma resposta para a questão: "Qual é a razão entre o perímetro de um quadrado e sua diagonal?"*, e a resposta é o dobro da raiz quadrada de 2, mais ou menos 2,828..., que você poderia dizer que é o π do quadrado. Existe só um hexágono regular, e seu π é 3.

* Por que a diagonal? Assumo que é uma boa analogia do "diâmetro", já que é a maior distância entre dois pontos quaisquer da figura.

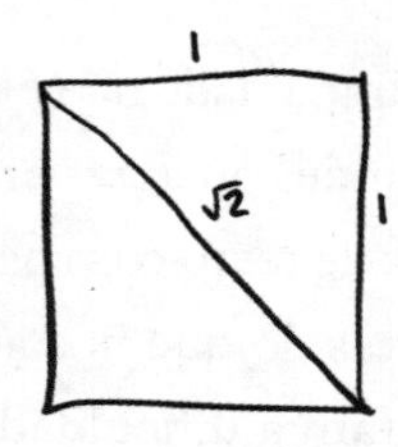

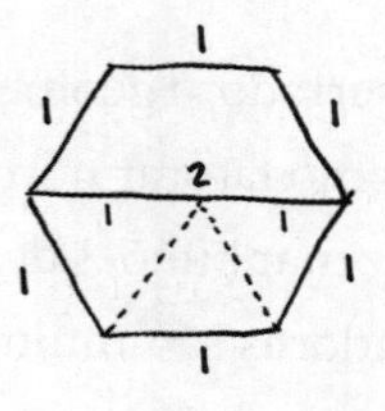

Mas não há π do retângulo, porque não existe só um retângulo, mas muitos retângulos diferentes, distinguidos pela razão entre seu lado maior e seu lado menor.

É difícil jogar um jogo de damas perfeito? Para uma pessoa, sim — mas o programa de computador Chinook é capaz de fazê-lo. (A pergunta certa aqui é sobre a dificuldade que o Chinook enfrenta ao jogar damas? Ou sobre a dificuldade que os cientistas enfrentaram para construir o Chinook?) Como vimos, o problema de um jogo de damas perfeito, ou xadrez perfeito, ou Go perfeito, em princípio não é diferente de multiplicar dois números muito grandes — não dá uma sensação de que isso é, portanto, conceitualmente fácil? Sabemos exatamente quais passos dar para analisar a árvore do jogo, mesmo que não haja tempo suficiente no universo para realmente fazê-lo.

Uma resposta fácil seria dizer que alguns problemas, como fatorar números e jogar Go, são fáceis para computadores e difíceis para nós, porque os computadores são melhores e mais inteligentes que nós. Essa resposta modela implicitamente a dificuldade como um ponto na linha, uma linha na qual humanos e computadores estão situados, também, capazes de lidar com qualquer problema maior ou igual a:

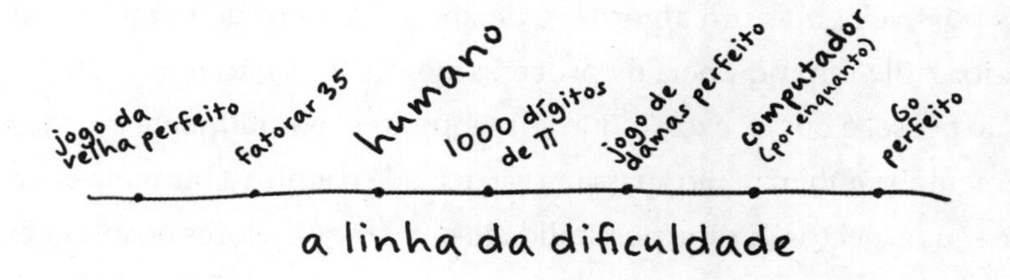

Mas isso está errado; a geometria da dificuldade não é unidimensional. Há problemas, como fatorar números grandes ou jogar um jogo de damas perfeito ou armazenar bilhões de palavras de texto com perfeita fidelidade, em que computadores são muito melhores do que nós. (Pelo menos por uma coisa: os computadores não enfrentam a dificuldade da motivação; eles fazem — ao menos por enquanto — aquilo que nós os mandamos fazer.) Mas há problemas que são difíceis para computadores e fáceis para nós. O *problema da paridade* é famoso; arquiteturas de redes neurais padrão fazem um péssimo serviço para aprender se uma sequência de X's e O's tem um número par ou ímpar de X's. A extrapolação também é difícil. Se você der a uma pessoa um punhado de exemplos como

input: 2,2	output: 2,2
input: 3,4	output: 3,4
input: 1,0	output: 1,0
input: 4,1	output: 4,1
input: 5,0	output: 5,0

e então perguntar qual é o output quando o input é 3,2, um ser humano diria 3,2, e o mesmo diria uma rede neural treinada nesses dados. E se o input for 10,0? O ser humano diria 10,0. Mas a rede neural poderia dizer qualquer coisa. Há todo tipo de regras malucas que concordam com "output = input" entre 1 e 5, mas que têm um aspecto totalmente diferente fora desse intervalo. Um humano sabe que "output = input" é o modo mais simples, mais natural de estender essa regra para uma classe maior de inputs possíveis, mas um algoritmo de aprendizagem de máquina talvez não saiba.[4] Ele tem potência de processamento, mas não tem gosto.

Não posso, é óbvio, excluir que as máquinas eventualmente (ou até iminentemente!) venham a ultrapassar a capacidade cognitiva humana em cada um de seus aspectos. É uma possibilidade que pesquisadores de inteligência artificial, e seus promotores, sempre reconheceram. O pioneiro de IA Oliver Selfridge, numa entrevista na televisão do começo dos anos 1960, disse:

"Estou convencido de que em nosso tempo de vida máquinas podem e vão pensar"; porém com um senão: "Não creio que minha filha vá algum dia se casar com um computador".[5] (Não há avanço técnico tão abstrato que as pessoas não possam sentir ansiedade sexual em relação a ele.) A geometria multidimensional da dificuldade deveria nos lembrar que é muito difícil saber que competências as máquinas estão em vias de adquirir. Um veículo autônomo pode ser capaz de fazer a escolha certa 95% das vezes, mas isso não significa que está 95% no caminho de fazer a escolha certa *o tempo todo*; os últimos 5%, aqueles casos fora da curva, podem muito bem ser um problema que os nossos cérebros desleixados estão mais bem equipados para resolver do que qualquer máquina atual ou de um futuro próximo.

E, é claro, existe a questão, que naturalmente é do meu interesse, de saber se a aprendizagem de máquina pode substituir os matemáticos. Não vou me atrever a prever. Mas a minha esperança é que os matemáticos e as máquinas continuem a ser parceiros, exatamente como somos agora. Muitos cálculos que teriam levado anos de domingos para serem feitos por matemáticos podem agora ser delegados às nossas colegas mecânicas, deixando para nós a possibilidade de nos especializarmos naquilo em que *nós somos* realmente bons.

Alguns anos atrás, Lisa Piccirillo, então estudante de ph.D. na Universidade do Texas, solucionou um antigo problema de geometria sobre uma forma chamada nó de Conway.[6] Ela provou que o nó era "não fatia" — esse é um fato acerca do aspecto do nó a partir da perspectiva de seres quadridimensionais, mas para esta nossa história não importa muito o que isso significa. Era um problema famosamente difícil. No entanto, até mesmo aqui o significado da palavra fica complicado; o problema é difícil porque muitos matemáticos trabalharam nele e fracassaram, ou é fácil porque Piccirillo achou uma solução límpida que ocupou apenas nove páginas, das quais duas são de figuras? Um dos meus próprios teoremas mais citados[7] é da mesma natureza, resolvendo num artigo de seis páginas um problema que eu e muitas outras pessoas vínhamos enfrentando por vinte anos. Talvez precisemos de uma palavra nova que transmita não "é fácil" ou "é difícil", mas "é difícil perceber que é fácil".

Alguns anos antes da surpreendente solução de Piccirillo, um topólogo chamado Mark Hughes, em Brigham Young, tentara obter uma rede neural para dar bons palpites sobre quais nós eram tipo fatia.[8] Ele forneceu uma longa lista de nós em que a resposta era conhecida, exatamente como uma rede neural processadora de imagens receberia uma lista de figuras de gatos e de não gatos. A rede neural de Hughes aprendeu a atribuir um número a cada nó; se o nó, na realidade, fosse fatia, o número deveria ser 0, enquanto se o nó fosse não fatia, esperava-se que a rede desse como resposta um número inteiro maior que 0. Na verdade, a rede neural predisse um valor muito próximo de 1 — isto é, predisse que o nó era não fatia — para cada um dos nós testados por Hughes, exceto um. Este era o nó de Conway. A rede neural deu como resposta um número muito próximo de 1/2: foi o seu jeito de dizer que estava profundamente insegura se devia responder 0 ou 1. Isso é fascinante! A rede neural identificou corretamente o nó que apresentava um problema difícil e matematicamente rico (nesse caso, reproduzindo uma percepção à qual os topólogos já tinham chegado). Algumas pessoas imaginam um mundo onde os computadores nos deem todas as respostas. Meu sonho é maior. Eu quero que eles façam boas perguntas.

10. O que aconteceu hoje acontecerá amanhã

ESTOU ESCREVENDO ESTE CAPÍTULO no meio de uma pandemia. A covid-19 vem assolando o mundo há meses, e ninguém sabe ao certo qual será o curso que o contágio da doença vai tomar. Essa não é uma questão matemática, mas uma questão que tem matemática envolvida — quantas pessoas vão adoecer, e onde, e quando? O mundo inteiro se viu obrigado a fazer às pressas um curso sobre a matemática da doença. E o tema, na sua forma moderna, nos leva de volta ao homem dos mosquitos, Ronald Ross. Sua palestra sobre o passeio aleatório do mosquito na exposição de 1904 em St. Louis era parte de um projeto maior: trazer a doença para o reino do quantificável. Historicamente, pestes eram como cometas, aparecendo de forma inesperada e aterrorizante, depois voltando a desaparecer, sem cronograma fixo. Newton e Halley domaram a teoria dos cometas, prendendo-os a órbitas elípticas fixas por meio das leis do movimento. Por que as epidemias não poderiam também estar sujeitas a leis universais?

A conferência de Ross não foi um sucesso. "Eu deveria realmente ter aberto toda a discussão sobre patologia", escreveu ele mais tarde, "mas fui levado a acreditar que poderia escolher meu próprio tema, e então li o artigo matemático... para centenas de médicos decepcionados que não entenderam uma palavra do que eu disse!"[1]

A citação é reveladora a seu respeito. Ross estava realmente dedicado a trazer um olhar matemático para a medicina, nem sempre para a aclamação de seus colegas médicos. "Alguns membros dessa profissão", escreveu o editor do *British Medical Journal*, "descobrirão com surpresa, possivelmente misturada com decepção, que este distinto expoente do método experimental é um entusiasta da aplicação de processos quantitativos aos problemas da epidemiologia e da patologia."[2]

E era também um pouco cheio de si. Uma apreciação no *Journal of the Royal Society of Medicine* reconhece: "Sir Ronald Ross deixou atrás de si a reputação de ser presunçoso, de se ofender com facilidade e de ser ávido por fama e dinheiro. Ele foi, em certo grau, todas essas coisas, mas elas não foram sua única característica nem seus traços mais dominantes".[3]

Ele era conhecido, por exemplo, por apoiar cientistas mais jovens e ser generoso com eles. Em qualquer organização hierárquica, podem-se encontrar pessoas que procuram agradar as pessoas no seu nível ou acima, e que tratam as pessoas abaixo delas como lixo; e é possível encontrar pessoas que veem figurões estabelecidos como rivais e inimigos, ao mesmo tempo que só demonstram gentileza com as pessoas novas que estão chegando. Ross era deste último tipo, que é, de modo geral, preferível.

Nos anos próximos a 1900 ele travou uma furiosa batalha acadêmica com o parasitologista italiano Giovanni Grassi acerca do crédito pela descoberta da malária, e mesmo após ter recebido o prêmio Nobel e Grassi ter sido calado, Ross seguia sentindo que o reconhecimento obtido estava aquém do que merecia. A disputa evoluiu para um sentimento generalizado de ter sido vítima de uma injustiça por parte dos italianos que tinham ficado ao lado de Grassi. Sua palestra em St. Louis quase não chegou a acontecer, porque, quando Ross ficou sabendo que seu painel de debatedores incluiria o médico romano Angelo Celli, imediatamente cancelou a viagem, e só foi convencido a retomá-la depois que lhe garantiram por telegrama que Celli fora persuadido a se retirar do painel.[4]

Ross foi sagrado cavaleiro, obteve a direção de um instituto científico batizado com seu nome, colecionou honrarias científicas como se fossem brindes, mas o vazio nunca foi preenchido. Passou anos, embora sem qualquer preocupação financeira, fazendo campanha pública para que o Parlamento lhe concedesse um prêmio em dinheiro por suas contribuições para a saúde pública. Edward Jenner recebera um prêmio assim em 1807 por desenvolver a vacina contra a varíola, e Ross sentia que não merecia menos que isso.

Talvez a rabugice que o acompanhou por toda a vida fosse proveniente de uma sensação que o assombrava de não estar seguindo sua verdadeira vocação na vida. De modo surpreendente para um médico tão destacado, Ross dizia que entrara na profissão médica "mera e puramente como dever", deixando de lado dois caminhos que realmente lhe falavam ao coração. Um era a poesia, que escreveu ao longo de toda sua carreira. O poema que ele compôs espontaneamente ao obter prova experimental da sua teoria da malária ("Em lágrimas e com a respiração ofegante/ Encontro tuas ardilosas sementes/ Ó, Morte assassina de milhões"*) foi, na época, uma bem conhecida parte da sua lenda. Vinte anos depois, bem ao seu estilo, escreveu uma continuação do poema, "O aniversário", para se queixar de não ser suficientemente valorizado ("O que nós com infindável prodígio obtivemos/ o grosseiro mundo escarneceu..."**). A certa altura ele adota um alfabeto fonético que julgava mais apropriado para reproduzir as virtudes latinas do verso inglês:

Aa hwydhr dúst dhou flot swit sælent star
Yn yóndr flúdz ov ivenyngz dæyng læt ?

(*"Ah, whither dost thou float, sweet silence star/ In yonder floods of evening's dying light?"*)***

A outra coisa à qual ele dava atenção era a matemática. Ele recorda a sua educação geométrica inicial:

> Com relação à matemática, Euclides era impressionantemente incompreensível para mim até eu chegar ao Livro I, Proposição 36, quando seu significado de repente se iluminou como um raio, com o resultado de que ele não apresentava mais dificuldade alguma. Passei a ser muito bom em geometria

---

* Tradução livre de: "*With tears and toiling breath/ I find thy cunning seeds/ O million-murdering Death*". (N. T.)

** Tradução livre de: "*What we with endless wonder won/ the thick world scorned...*". (N. T.)

*** Em tradução livre: "Ah, para onde flutuas tu, doce e silente estrela/ Em longínquas enchentes da moribunda luz da tarde?". (N. T.)

> e gostava de solucionar problemas por conta própria, e me lembro de que resolvi um no meu sono durante a madrugada.[5]

Como jovem médico em Madras, pegou na prateleira um livro sobre mecânica celeste, que nunca abrira desde os tempos de estudante, e vivenciou aquilo a que ele se refere como "a grande calamidade" — um mergulho súbito na obsessão matemática. Comprou todos os livros de matemática que a livraria local tinha disponíveis e os leu todos em um mês — "até o fim do Cálculo das Variações [cálculo variacional], embora não tivesse ido além de equações quadráticas na escola".[6] Ficou fascinado pela facilidade que encontrava agora, e atribuiu isso ao fato de que ninguém o estava *obrigando* a fazer aquilo: "A educação deve ser principalmente autoeducação, durante ou depois da escola, ou jamais chegará a ser completada".[7]

Ninguém que ensina matemática pode realmente discordar desse ponto. Eu *gostaria* que as minhas explicações no quadro de giz fossem tão magistralmente claras e minha forma de percorrer o material tão eficiente e direta que os alunos pudessem sair dos cinquenta minutos de aula numa condição de completo domínio da matéria. Mas não é assim. A educação, como Ross a entendia, é autoeducação. Nosso trabalho como professores é, sim, explicar — mas ele é apenas uma espécie de marketing. Temos que vender aos alunos a ideia de que *vale a pena* gastar o tempo necessário fora da sala de aula para verdadeiramente aprender essa matéria. E o melhor jeito de fazer isso é deixar que o nosso entusiasmo em relação à matemática flua para nossa maneira de falar e nos comportar.

Ross, olhando para trás na sua meia-idade, evoca esse entusiasmo de maneira tipicamente poética:

> Era um entusiasmo estético bem como intelectual. Uma proposição provada era como uma figura perfeitamente equilibrada. Uma série infinita morria no futuro como as recorrentes variações de uma sonata... O senso estético é de fato em grande parte satisfação intelectual pela perfeição conseguida; mas eu via também a perfeição futura a ser conseguida pela potente arma da razão

> pura. As estrelas do anoitecer e da aurora [...] eram agora duplamente belas, uma vez que haviam sido capturadas pela rede da análise. Logo comecei a ler as aplicações da matemática para o movimento, o calor, a eletricidade e a teoria atômica dos gases; e lembro-me de ter pensado pela primeira vez na sua possível aplicação para explicar por que existe a doença epidêmica... Mas sempre fui impaciente ao ler matemática, e sentia como se eu devesse ter criado as proposições eu mesmo; e de fato novas proposições iam se insinuando enquanto eu lia as velhas.[8]

Essa resistência a aprender de seus antecessores era profundamente arraigada em seu caráter. Escrevendo sobre um tio a quem admirava e que tinha química como passatempo (mas é claro que na realidade escrevendo sobre si mesmo), ele diz: "Quase todas as ideias em ciência são providas por amadores, como o meu tio Ross; os outros cavalheiros escrevem manuais e obtêm cátedras".[9] E, como matemático, ele nunca foi mais que um amador, embora isso não o impedisse de publicar artigos sobre matemática pura com títulos bastante grandiosos ("A álgebra do espaço") que mais ou menos recapitulavam ideias já existentes na literatura e de alimentar a frustração de que matemáticos em período integral não se envolvessem mais com seu trabalho.

Não o mais importante dos pensamentos de Deus

Em meados da década de 1910, Ross estava pronto para atacar a sério o problema que explodira em sua mente nos tempos de Madras: a criação de uma teoria matemática que faria pelas epidemias o que Newton fizera pelos corpos celestes. Na verdade, isso não era ambicioso o bastante para Ross; ele queria desenvolver uma teoria que governasse a disseminação quantitativa de *qualquer* mudança de condição através de uma população — conversão entre religiões, eleições para associações profissionais, alistamento militar e, é claro, infecções por enfermidade epidêmica. Ele a chamou de "a teoria dos acontecimentos". Em 1911, Ross escreveu para um protegido seu, Anderson McKendrick: "Acabaremos por estabelecer uma nova ciência. Mas primeiro você e eu vamos destravar a porta e aí quem quiser vai poder entrar".[10]

E, apesar da alta conta em que tinha sua própria capacidade e do seu amor pelo amadorismo, ele fez o que tinha de fazer para destravar a porta; contratou uma matemática de verdade para ajudá-lo, Hilda Hudson. Matematicamente falando, Hudson era de longe a mais profunda dos dois. Sua primeira publicação foi uma curta prova nova de uma das proposições de Euclides,[11] obtida por meio de uma perspicaz dissecção de quadrados em figuras geométricas menores. Aos dez anos. (O fato de seus pais também serem matemáticos ajudou.)

Hudson era especialista num campo que interligava geometria e álgebra, chamado geometria algébrica (nem sempre conseguimos nomes criativos). René Descartes foi o primeiro a fazer realmente uso sistemático da ideia de que pontos no plano podem ser pensados como pares de números, uma coordenada x e uma coordenada y, permitindo-nos transformar um objeto geométrico como um círculo (o conjunto de pontos a uma distância fixa de um centro dado) num objeto algébrico (digamos, o conjunto de pares (x, y) tais que $x^2 + (y - 5)^2 = 25$). Na época de Hudson, a fusão de álgebra e geometria tornara-se uma disciplina em si, sendo aplicada não só a curvas no plano, mas a figuras em qualquer dimensão. Hudson era uma figura proeminente na área das chamadas transformações de Cremona de corpos bi e tridimensionais, e em 1912 foi a primeira mulher a dar uma palestra no Congresso Internacional de Matemáticos.

Se eu fosse lhe dizer que a transformação de Cremona é "um automorfismo birracional do espaço projetivo", eu estaria simplesmente jogando alguns fonemas para você, então vou colocar de maneira diferente. O que é %? Em algum ponto dos seus estudos você provavelmente aprendeu que espera-se que você responda "indefinido" e isso, de certa forma, está correto, mas também é a saída mais covarde. A resposta realmente depende de quais zeros você está dividindo! Qual é a razão entre a área de um quadrado de tamanho zero e o seu perímetro? Claro, você pode dizer que é indefinida, mas por que não ser ousado e defini-la? Se o quadrado tiver lado de comprimento 1, essa razão é 1/4 ou 0,25. Quando o lado do quadrado encolhe para 1/2, a área é 1/4 e o perímetro 2, de modo que a razão diminuiu para 1/8 ou 0,125. Se o lado do quadrado vale 0,1, a razão é 0,01/0,4, ou 0,025. A razão fica cada vez menor à medida que o quadrado diminui, o que significa que existe apenas uma resposta boa para o que acontece quando o quadrado encolhe até se tornar um ponto: *neste caso* % = 0. De outro lado, e se perguntarmos a respeito da razão entre o comprimento de um segmento de reta medido em centímetros para seu comprimento medido em polegadas? Essa razão é 2,54 para um segmento longo e é 2,54 para um segmento curto, e, se o segmento encolher até virar um ponto, *esse* % deve ser 2,54.

Geometricamente, você pode seguir o exemplo de Descartes e pensar num par de números como um ponto no plano. O ponto (1, 2) é o ponto que está uma unidade à direita e duas unidades acima do centro. E a razão 2/1 é a inclinação da reta que une o centro a (1, 2). Quando o ponto é (0, 0), o centro em si, *não há* segmento de reta, então não há inclinação. O tipo mais simples de transformação de Cremona troca o plano por uma geometria muito similar, na qual (0, 0) é substituído por múltiplos pontos — na verdade, infinitos pontos! Cada um se lembra não só da sua localização em (0, 0), mas também de uma inclinação, como se você estivesse mantendo registro não só de onde está, mas da direção do caminho que pegou para chegar lá.* Esse tipo de transformação, em que um ponto explode em infinitos pontos, é chamada *blow-up* [explosão]. As transformações de Cremona de dimensão superior estudadas por Hudson são decididamente mais envolvidas; poderiam ser chamadas de teoria geométrica geral para atribuir valores a razões "indefinidas" das quais um calculador mais tímido fugiria.

Em 1916, justo quando ela estava começando seu trabalho com Ross, Hudson publicou um livro inteiro sobre construções de régua e compasso no estilo de Euclides,[12] o tipo de coisa com que Abraham Lincoln tinha se debatido em vão nas suas tentativas de quadrar o círculo. Sua intuição geo-

* Isso pode soar um pouco como as coordenadas que Poincaré usou para o problema dos três corpos, onde ele necessitava rastrear não somente a posição de cada planeta, mas a direção do seu movimento; é isso aí, a mesma coisa.

métrica era tão forte que seus escritos às vezes eram criticados por serem levianos em termos de provas; havia coisas óbvias para ela que precisavam ser justificadas nos escritos para aqueles entre nós menos capazes de traçar uma superfície geométrica diante do nosso olho mental. Não há evidência de que Ross, apesar do seu afeto pela geometria, tivesse tido qualquer interação com ou interesse pelo trabalho de Hudson em matemática pura. Talvez tenha sido melhor, uma vez que a geometria algébrica estava coalhada de italianos.

O primeiro artigo de Ross com Hudson inicia com uma lista substancial de correções no texto anterior de Ross. Ele joga a culpa pelos erros no fato de que estava além-mar quando as provas de texto do artigo chegaram para ser conferidas; gosto de imaginar que Hudson, imediatamente após o início da colaboração, começou por informar gentilmente a Ross sobre os erros no trabalho realizado antes da chegada dela. Pouca coisa está registrada acerca da interação entre os dois — Ross menciona Hudson exatamente uma vez em suas memórias —, mas é fascinante imaginar a relação entre esses dois cientistas tão diferentes. Ross tinha ambição ilimitada; Hudson, a profundidade e o conhecimento matemáticos. Ross tinha os títulos e os prêmios, enquanto Hudson, numa era de departamentos acadêmicos exclusivamente masculinos, era uma mera palestrante. Se Ross tinha algum sentimento religioso, não lhe dava muita importância; o devoto cristianismo de Hudson era um fato central em sua vida. Depois de publicar um tratado sobre as transformações de Cremona, em 1927, ela parece ter deixado a matemática para trás, trabalhando durante anos como funcionária do Movimento Cristão Estudantil. Seu ensaio de 1925 "Matemática e eternidade", é um notável documento de um mundo intelectual no qual fé e ciência sentiam, cada uma, a necessidade de se justificar para a outra. "Podemos praticar a presença de Deus numa aula de álgebra", escreve ela, "melhor do que na cozinha do Irmão Lourenço;* e na completa solidão de um deselegante

* Irmão Lourenço da Ressurreição, monge carmelita do século XVII cujas cartas e escritos foram reunidos em *A prática da presença de Deus*, defendia que pelo exercício da vontade podemos tornar Deus presente em tudo — por exemplo cozinhar, uma das atribuições que teve no mosteiro. (N. T.)

canto do trabalho de pesquisa, melhor do que no topo de uma montanha."[13] Todo matemático, religioso ou não, compreenderá o que ela quer dizer neste epigrama, que merecia ser famoso: "Os pensamentos da matemática pura são verdadeiros, não aproximados nem duvidosos; podem não ser os mais interessantes ou importantes dos pensamentos de Deus, mas são os únicos que sabemos com exatidão".[14]

Não muito tranquilizador

As ideias de Ross sobre crescimento epidêmico eram governadas por um princípio subjacente, que é na verdade o único princípio subjacente a todas as predições matemáticas: *o que aconteceu ontem acontecerá amanhã*. Os detalhes complicados estão em descobrir o que isso significa na prática.

Aqui está a coisa mais simples que a frase poderia significar. Suponha que pessoas portadoras de um vírus contagioso infectem em média duas outras pessoas durante o seu período de contágio, que dura, digamos, dez dias. Se começarmos com mil pessoas infectadas, então dez dias depois aproximadamente 2 mil novas pessoas estarão infectadas. As mil pessoas originais estão agora recuperadas e não infectam mais, mas as 2 mil novas vão infectar outras 4 mil ao longo dos próximos dez dias, e dez dias depois cerca de outras 8 mil vão pegar o vírus. Assim, ao longo dos primeiros quarenta dias o número de infecções é:

Dia 0: 1000
Dia 10: 2000
Dia 20: 4000
Dia 30: 8000

Esse tipo de sequência é chamada *progressão geométrica*, embora a ligação com a geometria seja um pouco obscura. Eis de onde o nome vem: cada termo é a *média geométrica* do seu anterior e do seu sucessor. Mas o que significa "média" — e o que significa que uma média é geométrica?

Existem vários tipos de média. A média à qual você provavelmente está acostumado é aquela em que você desenha um ponto no meio de dois números na reta numérica. A média entre 1 e 9 é 5, porque 5 está a quatro unidades de 1 e a quatro unidades de 9. É a chamada *média aritmética* — suponho que porque surge das operações aritméticas de adição e subtração —, uma sequência em que cada termo é a média aritmética de seu predecessor e seu sucessor é uma progressão aritmética.

A média geométrica é um tipo diferente de média. Para tirar a média geométrica entre 1 e 9, você constrói um retângulo cujos lados tenham comprimentos 1 e 9.

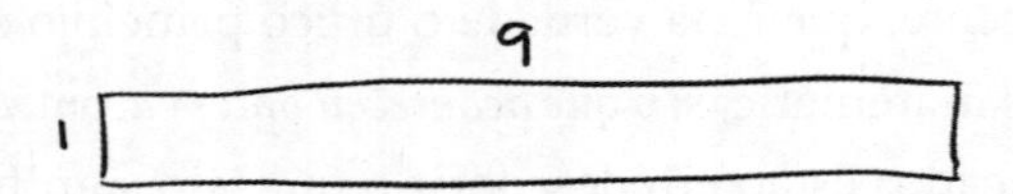

A média geométrica é o comprimento do lado de um quadrado cuja área seja a mesma que a do retângulo. (Os gregos eram ótimos em pensar em áreas em termos de quadrados; essa é uma razão pela qual ficaram tentando, e fracassando, em quadrar o círculo.) A média geométrica era a favorita de Platão, que, segundo alguns relatos,[15] a considerava a *média mais verdadeira*. O retângulo tem área $1 \times 9 = 9$; para um quadrado que tenha a mesma área, o valor do seu lado é um número que resulte em 9 ao ser multiplicado por si mesmo. O que é um jeito tortuosamente longo de dizer "3". Então 3 é a média geométrica de 1 e 9, e

1, 3, 9

é uma progressão geométrica. Nos dias de hoje estamos mais aptos a definir a média geométrica de maneira diferente, mas equivalente; a média geométrica dos números x e z é o número y tal que

$$y/x = z/y.^{*}$$

Compare esta fórmula cristalina com os nós verbais nos quais Platão precisou se contorcer para tentar explicar média geométrica e você realmente começa a apreciar as virtudes da notação algébrica:

> Agora o melhor vínculo é aquele que real e verdadeiramente forma uma unidade de si mesmo com as coisas por ele ligadas, e a melhor forma de obter isso na natureza das coisas é pela proporção. Pois sempre que, de três números que são ou sólidos ou quadrados, o termo do meio entre quaisquer dois deles é tal que aquilo que o primeiro termo é para ele, ele é para o último, e, inversamente, o que o último termo é para o do meio, este é para o primeiro, uma vez que o termo do meio acaba se revelando ao mesmo tempo primeiro e último, e da mesma maneira o último e o primeiro ambos acabam se revelando termos do meio, eles por necessidade acabarão revelando ter a mesma relação entre si, e, dado isto, estarão todos unificados.[16]

Os vírus não se espalham por progressão geométrica porque gostam de calcular áreas de retângulos, ou porque leram Platão; eles o fazem porque a mecânica da transmissão viral exige que a razão entre as infecções da semana passada e as desta semana seja a mesma que as infecções desta semana e as infecções da semana que vem. O que acontece hoje acontecerá amanhã, e o que acontece no nosso exemplo corrente é que a cada dez dias o número de novos casos fica multiplicado por 2. Quando uma sequência de números aumenta em progressão geométrica, dizemos que está crescendo exponencialmente. As pessoas geralmente usam "crescer exponencialmente" como sinônimo para "crescer realmente depressa", mas o primeiro termo é bem mais específico. Todo professor de matemática já ansiou por um exemplo que realmente faça com que seus alunos enten-

---

* Se você gosta de álgebra, multiplique ambos os lados da equação por xy, obtendo $y^2 = xz$; x e z são os lados do retângulo, e no meio deles está y, elevado ao quadrado, exatamente como a geometria nos pede.

dam como um crescimento exponencial se comporta. Neste momento, infelizmente, temos um diante dos nossos olhos.

Nossa intuição padronizada está mal adaptada para apreender o crescimento exponencial. Estamos acostumados com objetos físicos se movendo com velocidade aproximadamente constante. Dirija a sessenta quilômetros por hora e a sua distância total percorrida progredirá da seguinte forma:

60 quilômetros, 120 quilômetros, 180 quilômetros, 240 quilômetros...

Essa é uma progressão aritmética — a diferença entre cada termo e o seguinte nunca muda, e os números crescem a uma taxa constante.

Progressões geométricas são outra história; nossas mentes interpretam como um crescimento lento, constante, manipulável, seguido de uma inclinação abrupta e aterradora. No sentido geométrico, porém, a velocidade de aumento nunca muda. Esta semana é como a semana passada, mas duas vezes pior. O desastre é inteiramente previsível, mas de algum modo somos incapazes de esperar por ele plenamente. Atente para as palavras de John Ashbery, talvez o único poeta americano importante a ter abordado o assunto, no seu poema "Soonest Mended", de 1966:

como o amigável início de uma progressão geométrica
*Não muito tranquilizador...**

Na Itália, um dos países mais duramente atingidos nos primeiros dias do surto de covid-19, quase um mês se passou até que a doença matasse mil pessoas. As mil mortes seguintes ocorreram em quatro dias. Em 9 de março de 2020, depois que o vírus já tinha começado a se espalhar pelo mundo, um funcionário do governo dos Estados Unidos** menosprezou agressivamente a ameaça, comparando-a com os milhares de americanos

* Tradução livre para "*like the friendly beginning of a geometrical progression / Not too reassuring...*". (N. T.)

** Ok, foi o presidente dos Estados Unidos, mas neste momento isso não é importante.

que sucumbem à gripe comum a cada ano: "Neste momento há 546 casos confirmados de coronavírus, com 22 mortes. Pensem nisso!". Uma semana depois, 22 americanos estavam morrendo de covid-19 a cada dia. Uma semana depois disso, eram quase dez vezes mais.

O que acontece com progressões geométricas é que existem progressões boas e progressões ruins. Suponhamos que os portadores de uma doença passem essa amiguinha para 0,8 pessoas em média, em vez de 2 pessoas. Então a progressão geométrica de infecções terá o seguinte aspecto:

Dia 0: 1000
Dia 10: 800
Dia 20: 640
Dia 30: 512

e os quatro números seguintes são ainda melhores:

Dia 40: 410
Dia 50: 328
Dia 60: 262
Dia 70: 210

Essa é uma *queda* exponencial, a assinatura matemática de uma epidemia que foi controlada.

Esse número — a razão entre cada termo da progressão geométrica com o anterior — significa muita coisa. Quando ele é maior que 1, o vírus se espalha rapidamente para uma proporção considerável da população. Se é menor que 1, a epidemia vai diminuindo e morre. Em círculos de epidemiologia é chamado R_0 (R-zero). Na onda da gripe espanhola na primavera de 1918, estima-se que R_0 tenha sido 1,5. Para o vírus zika, transmitido por mosquito em 2015-6, era em torno de 2. Para o sarampo, medido em Gana na década de 1960, era de 14,5![17]

Uma epidemia com R_0 tem a seguinte aparência:

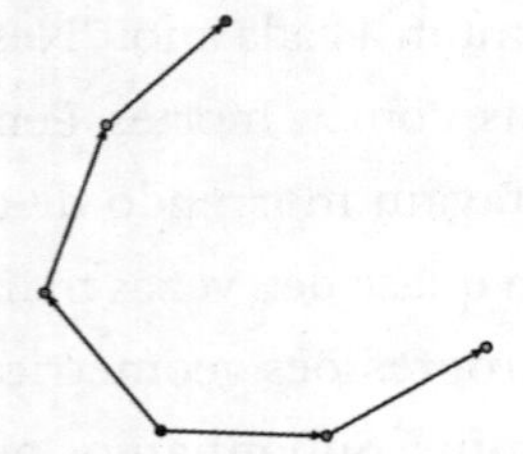

A maioria das pessoas, se chegar a infectar alguém, infecta apenas uma outra pessoa, e a cadeia de infecção caracteristicamente morre antes de se espalhar demais. Quando R_0 é um pouco maior que 1, começamos a ver algumas ramificações:

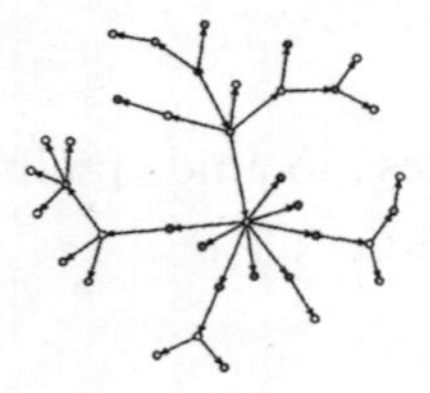

E quando R_0 é substancialmente maior que 1, vê-se rápido crescimento exponencial, um surto que vai se dividindo constantemente em novas ramificações e se alastrando ainda mais entre a população.[18]

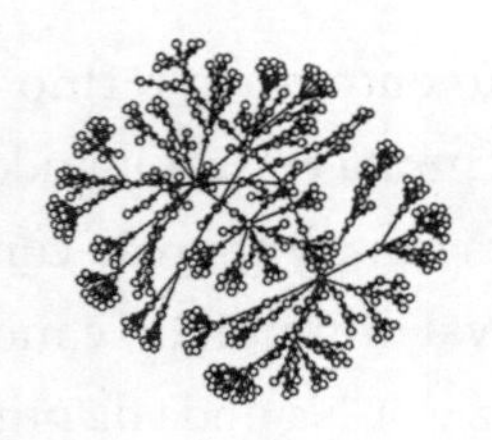

Se a doença conferir imunidade uma vez que você a tenha tido, esses ramos nunca fecham ciclos de volta para se ligar a uma pessoa que já tenha estado doente, o que torna a rede epidêmica um tipo de geometria que já vimos: uma árvore.

A existência desse limiar fundamental em $R_0 = 1$ foi central para as ideias de Ross sobre epidemias. A descoberta de Ross de que os mosquitos transmitiam malária foi um tremendo avanço, mas também criou certo pessimismo. É fácil matar mosquitos, mas é difícil matar *todos* os mosquitos. Então, seria de se pensar que a transmissão da malária é irremediável. Não é assim, insistiu Ross. Enquanto houver por aí mosquitos anófeles, alguns beberão de humanos infectados de malária, e então, tendo filtrado um pouco, picam alguém que ainda não tenha malária. Então a doença continua sendo transmitida. Mas se a densidade dos mosquitos for suficientemente baixa, esse número mágico R_0 cai abaixo de 1, o que significa que há menos casos a cada semana, e a epidemia decai e morre exponencialmente. Não é preciso impedir toda a transmissão; basta impedir o *suficiente*.

Essa era a ideia que Ross estava promovendo na exposição de St. Louis em 1904. Seu argumento sobre o passeio aleatório pretendia mostrar que, depois que o número de mosquitos numa região foi reduzido, levaria algum tempo para que mosquitos suficientes vagassem para dentro da área para forçar a epidemia acima do seu limiar.

Essa também é uma ideia-chave para a batalha contra a covid-19. Não precisamos eliminar toda a transmissão da doença, o que é algo bom, uma vez que é impossível. O controle epidêmico não passa por perfeccionismo.

77 trilhões de pessoas vão pegar varíola no ano que vem

Na primavera de 2020, no início da pandemia de covid-19 nos Estados Unidos, a doença estava claramente traçando o tipo de progressão geométrica que ninguém quer ver. Casos de covid-19 estavam aumentando 7% diariamente. Isso significava que toda semana os casos estavam sendo multiplicados por 1,07 sete vezes, o que perfaz um aumento de 60%. Se era assim que as coisas iam caminhando, 20 mil casos confirmados por dia no fim de março se transformariam em 32 mil na primeira semana de abril, 420 mil em meados de maio. Cem dias depois, no começo de julho, haveria 17 milhões de novos casos num único dia.

Você vê o problema aqui. Não se pode manter um ritmo de 17 milhões de novas infecções por dia, porque em menos de três semanas isso soma mais americanos infectados do que americanos existentes. Foi um raciocínio desse tipo displicente demais que levou um intrépido grupo de modeladores pós-Onze de Setembro chefiados por Martin Meltzer, do Centro de Controle e Prevenção de Doenças (CDC), a projetar em 2001 que uma liberação intencional de varíola nos Estados Unidos poderia levar, em apenas um ano, a 77 trilhões de infecções.[19] ("De tempos em tempos o dr. Meltzer perde o controle do seu computador", comentou um colega.)[20]

Alguma coisa na história da nossa progressão geométrica está errada.

Voltemos ao número mágico R_0, que mede quantas novas infecções cada pessoa infectada gera. R_0 não é uma constante da natureza. Depende de características biológicas daquela infecção específica (que pode ela mesma variar entre diferentes cepas), e depende de quantas pessoas cada pessoa infectada encontra durante seu período de contágio, o que depende da duração desse período de contágio (podemos reduzi-lo com tratamento apropriado?), e depende do que acontece durante esses encontros. As pessoas estavam perto umas das outras ou a uma distância de dois metros, como recomendam as diretrizes atuais? Usando máscara ou não? Em área externa ou num recinto mal ventilado?

Mas mesmo que *nada* mude em relação à doença ou ao nosso comportamento, R_0 varia com o tempo.* O vírus simplesmente começa a não ter gente nova para infectar. Digamos que chegamos a um ponto em que 10% da população já foi infectada. O infectado, executando de forma casual e assintomática sua rotina diária habitual, pode ainda tossir em cima do mesmo número de pessoas que antes, mas agora uma em cada dez dessas pessoas

---

* A rigor, o nome "R_0" refere-se ao número médio de casos novos por caso numa população em que ninguém ainda tinha o vírus, e chamamos de "R", ou às vezes "R_t", esse número que varia com o tempo, mas muitos falam sobre R_0 variando à medida que a epidemia evolui, e a menos que você vá começar a escrever artigos de epidemiologia matemática baseado apenas no que está aprendendo com este livro, provavelmente está tudo bem se não fizer essa distinção. Mais uma coisa: não escreva artigos de epidemiologia matemática com base apenas no que está aprendendo neste livro.

ou já está doente, ou já se recuperou, e portanto está imune à reinfecção.*
Assim, em média, em vez de infectar duas pessoas no curso de seu período de contágio, infecta apenas 90% desse número, ou seja, 1,8. Quando 30% da população for intectada, R_0 cai para (0,7) × 2 = 1,4. E quando são 60%, R_0 se torna (0,4) × 2 = 0,8, e atravessamos a linha crítica. Em vez de R_0 ser um pouco maior que 1, é um pouco menor, e de repente estamos surfando o bom tipo de progressão geométrica em vez do tipo ruim.

Na verdade, a proporção de pessoas infectadas pode nem chegar a 60%. Porque qualquer que seja essa proporção — vamos chamá-la de P — o nosso novo R_0 é

$$(1 - P) \times 2$$

e quando esse número atinge 1, a epidemia muda para decréscimo exponencial. Isso ocorre quando 1 – P é 1/2, o que significa que P também é 1/2; então uma epidemia com um "R_0 natural" de 2 começará a diminuir uma vez infectada metade da população. Isso é chamado "imunidade de rebanho". Uma vez que tenhamos um número suficiente de pessoas impenetráveis à doença, uma epidemia não consegue se sustentar. Mas quanto significa "suficiente" depende do R_0 original. Se for 14, como o sarampo, vamos precisar de (1 – P) = 1/14, o que significa que 93% da população precisa estar imune. É por isso que mesmo uma quantidade pequena de crianças escapando do seu surto de sarampo deixa a população geral vulnerável a outros surtos. Para uma doença com um R_0 mais modesto de 1,5, a virada começa com 33% de infecção. E se estivermos certos de que a covid-19 tem um R_0 entre 2 e 3, então a atual pandemia vai começar a se apagar sozinha quando dois terços do mundo tiverem sofrido a doença.**

---

* Assim esperamos. Realmente ainda não sabemos se pegar covid-19 e se recuperar confere imunidade no longo prazo; sem essa premissa, obtém-se um cenário de longo prazo diferente, que é, como você bem pode imaginar, não tão bom.

** Esse limiar pode ser mais baixo, embora provavelmente não *radicalmente* mais baixo, por razões que têm a ver com "heterogeneidade", nem todo mundo infecta o mesmo número de pessoas. Mais sobre isso no capítulo 12.

Mas isso é um bocado de gente, um bocado de doença, um bocado de mortes. Então os epidemiologistas do mundo, ainda que tenham diferenças em muitos particulares, são basicamente unânimes em dizer que não, não podemos simplesmente deixar essa coisa seguir seu curso natural — não, não, *não*.

O jogo de Conway

É fácil, especialmente se lidamos com matemática, pensar numa pandemia como *realmente sendo* uma curva desenhada num gráfico em papel ou numa tela, os números apenas quantidades abstratas variando com o tempo. Mas eles representam indivíduos, pessoas que adoeceram dessa enfermidade, morreram dela. De tempos em tempos é preciso parar e pensar nessas pessoas. Uma delas foi John Horton Conway, que morreu de covid-19 em 11 de abril de 2020. Ele era geômetra — bem, era um monte de coisas, mas quase toda matemática feita por ele envolvia desenhar figuras.[21]

Conheci Conway quando eu cursava pós-doutorado em Princeton. Eu lhe fazia perguntas sobre matemática o tempo todo. Ele sempre tinha uma resposta longa, informativa e esclarecedora. Nunca era a resposta para a pergunta que eu tinha feito. Mesmo assim aprendi muito! Ele não estava sendo difícil de propósito; era simplesmente como a cabeça dele trabalhava, mais associativa do que dedutiva. A gente lhe perguntava algo e ele dizia o que a sua pergunta o fazia lembrar. Se houvesse uma informação específica de que você estivesse precisando, uma referência ou enunciado de algum teorema, você entrava numa longa viagem circular, destino desconhecido. A sala dele era repleta de quebra-cabeças engraçados, jogos e brinquedos, que eram recreativos, mas também parte da sua matemática. Ele dava a impressão de nunca estar pensando em matemática. Certa vez quase morreu quando se distraiu no meio da rua com a ideia para um teorema em teoria de grupos e foi atropelado por um caminhão. Desde então chamou o teorema de "a arma do assassinato".[22]

Todos os matemáticos em atividade vivenciam a matemática como um tipo de jogo, mas Conway era singular em sua insistência de que jogos podiam ser um tipo de matemática. Ele era um inventor de jogos compulsivo,[23] e gostava de dar a eles nomes engraçados. Mas a diversão nunca era só diversão. Nós já travamos contato com seus jogos matemáticos neste livro: foi Conway que desenvolveu a noção de que um jogo como o Nim é um tipo de número, uma ideia sobre a qual seu colega Donald Knuth escreveu num livro de 1974 com um título típico de 1974: *Surreal Numbers: How Two Ex-Students Turned On to Pure Mathematics and Found Total Happiness* [Números surreais: Como dois ex-estudantes se voltaram para a matemática pura e encontraram felicidade total]. O livro tem o estilo de um diálogo entre dois estudantes que encontram um texto sagrado delineando a teoria de Conway: "No começo, tudo era o vazio, e J. H. W. H. Conway começou a criar números...".[24]

E Conway, no fim dos anos 1960, também foi o primeiro a tomar nota de uma lista de todos os nós que podem ser desenhados numa folha de papel com onze ou menos cadarços que se cruzam; ele fez isso inventando sua própria notação (ele inventava um bocado sua própria notação) para pequenas partes do nó onde dois cadarços se emaranhavam, o que ele chamou de *"tangles"** — eis alguns deles:[25]

Figura 1

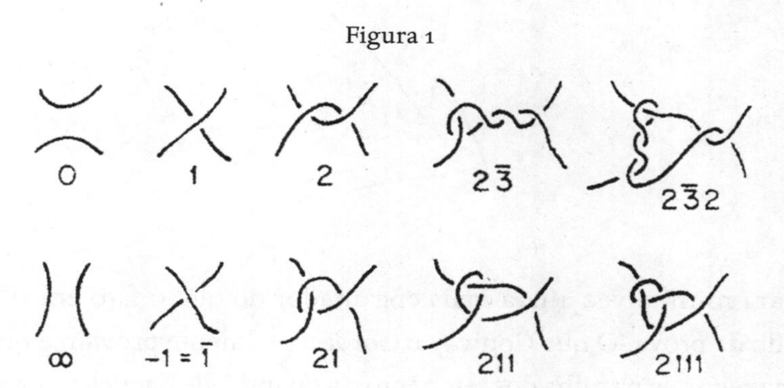

Um dos nós no seu levantamento é o nó que mais tarde recebeu seu nome, aquele que a rede neural advertiu que era difícil de entender, e apesar disso Lisa Piccirillo provou um teorema sobre ele.

* Em matemática, na teoria de nós, é comum usar o termo em inglês. (N. T.)

Conway provavelmente é mais famoso no mundo fora da matemática teórica pelo Jogo da Vida, um algoritmo simples que produz padrões fabulosamente complexos em constante mutação, que quase parecem estar se desenvolvendo organicamente — daí o nome.* Mas detestava ser conhecido pelo jogo, que ele via (corretamente) como muito menos profundo que grande parte da sua outra matemática. Então, em vez de terminar aí, vou lhes contar um dos teoremas dele de que mais gosto, um teorema realmente geométrico que ele provou com Cameron Gordon em 1983.[26] Pegue seis pontos quaisquer no espaço. Existem dez maneiras diferentes de dividir os pontos em dois grupos de três. (Confira!) Para cada uma dessas partilhas, você pode juntar cada uma das trincas de pontos de modo a formar dois triângulos. O que Conway e Gordon provaram é que existe pelo menos uma maneira de fazer isso de modo que os triângulos estejam interligados, como elos de uma corrente.

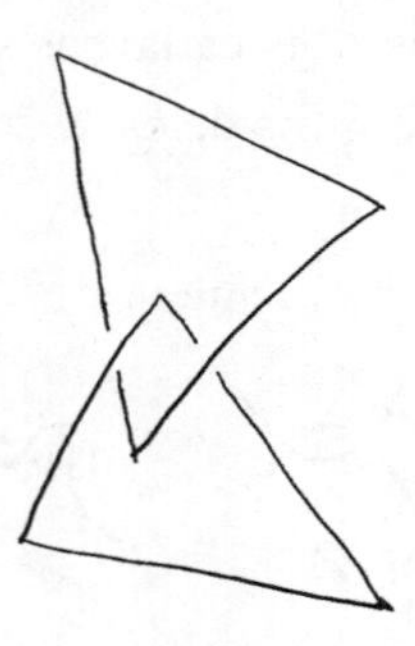

Para mim talvez ainda mais encantador do que o fato em si seja o método da prova. O que Conway e Gordon realmente provam é que, das dez maneiras de partilha dos seis pontos, a quantidade daquelas que geram triângulos interligados é ímpar. Mas zero é par! Então deve haver pelo menos uma partilha em que os triângulos estejam interligados. Parece

* Um fã do jogo era Brian Eno, que viu uma demonstração num museu de ciências em San Francisco em 1978 e se tornou "completamente viciado" no jogo, observando os padrões fluindo e se movendo durante horas a cada vez. Dois anos depois ele seria coautor de "Once in a Lifetime". É de se pensar…

muito esquisito provar que uma coisa existe provando que a quantidade que existe é ímpar, mas na verdade acaba sendo bastante comum. Se você entrar numa sala com um interruptor de luz com duas posições e a luz não estiver como você deixou, você sabe que alguém mexeu no interruptor; mas a *razão* de você saber isso é que o estado da luz lhe diz que o interruptor foi acionado um número ímpar de vezes.

Pessoas brancas são velhas

Nem todo mundo enfrenta riscos idênticos da covid-19. No momento em que escrevo, o risco de sintomas sérios, hospitalização e morte é muito mais elevado em pessoas mais velhas, muito mais baixo entre pessoas jovens e de meia-idade. Nos Estados Unidos, também há diferenças conforme a ascendência. Em julho de 2020,[27] os casos confirmados de covid-19 nos Estados Unidos se dividiam nesse quesito da seguinte maneira:

34,6% hispânicos
35,3% brancos não hispânicos
20,8% negros

A distribuição das *mortes* por covid-19 tinha outra divisão:

17,7% hispânicos
49,5% brancos não hispânicos
22,9% negros

Esses números são à primeira vista surpreendentes se você sabe alguma coisa sobre as disparidades nos serviços de saúde nos Estados Unidos, que em quase todos os casos envolvem situações desvantajosas para pessoas não brancas. Mas os brancos, que compunham apenas 35% de todos os casos confirmados de covid-19, formavam 49,5% de todas as mortes por covid-19. Então, entre a subpopulação branca, um caso de covid-19 tinha uma probabilidade substancialmente *maior* de ser fatal do que um caso de covid-19 na população geral. Por quê?

A resposta, como aprendi com o matemático e escritor Dana Mackenzie, é a idade. Pessoas brancas com covid-19 têm maior probabilidade de morrer da doença porque pessoas velhas com covid-19 têm maior probabilidade de morrer da doença, e pessoas brancas, no contexto geral, são velhas. Se dividirmos os casos por grupos etários, as coisas têm um aspecto realmente diferente. Entre americanos de dezoito a 29 anos, o conjunto participante das "Festas Covid da Primavera", as pessoas brancas formam 30% dos casos de covid-19, mas apenas 19% das mortes. Entre pessoas com 85 anos ou mais, 30% dos casos de covid-19 e 68% das mortes eram de pessoas brancas. Na verdade, dentro de *qualquer faixa etária* de adultos registrada pelo CDC, um caso de covid-19 numa pessoa branca tinha uma probabilidade menor de ser fatal do que seria para um americano típico dessa idade. Ainda assim, quando se combinam os grupos, a doença parece estar incidindo com mais força sobre pessoas brancas. Esse fenômeno é chamado *Paradoxo de Simpson*, e é preciso identificá-lo com rigor sempre que o fenômeno que se está estudando afeta uma população heterogênea. "Paradoxo" não é o nome certo para o fenômeno, realmente, porque não há contradição envolvida, apenas duas maneiras diferentes de pensar sobre os mesmos dados, sendo que nenhuma das duas está errada. É incorreto, por exemplo, dizer que a covid-19 atingiu o Paquistão com menos força que os Estados Unidos, porque o Paquistão tem uma população mais jovem e, portanto, menos vulnerável? Ou a comparação certa é a probabilidade de que um idoso paquistanês caia vítima da covid-19 em relação ao correspondente americano dessa pessoa? A lição do paradoxo de Simpson na realidade não consiste em nos dizer que ponto de vista adotar, mas em insistir que tenhamos em mente ambas as partes e o todo ao mesmo tempo.

Que moeda tem sífilis?[28]

Sobre uma coisa as pessoas concordaram desde o começo: não há meio de evitar os mais terríveis futuros pandêmicos possíveis sem testes, muitos e muitos testes, muito mais testes do que por muito tempo fomos capazes de realizar. Quanto mais testes tivermos, melhor saberemos que tipo de progressão a covid-19 está seguindo e em que pé nós estamos.

Eis outro clássico matemático: você tem dezesseis moedas de ouro. Quinze delas são moedas honestas com uma onça de ouro cada, mas uma é falsificada e pesa apenas 0,99 de onça. Você tem uma balança muito acurada, mas custa um dólar cada vez que você a usa. Qual é o jeito mais barato de você achar a moeda impostora?

Gastar dezesseis dólares para pesar cada moeda com toda certeza resolveria a questão, mas acaba saindo caro. Na verdade, é *desnecessariamente* caro; se você tivesse o azar de pesar quinze moedas e descobrir que todas são legítimas, saberia, sem ter que gastar mais um dólar, que a décima sexta moeda é a falsa. Então não é preciso gastar mais de quinze dólares.

No entanto, você pode fazer ainda melhor. Divida as moedas em dois grupos de oito e pese apenas o primeiro grupo. O peso total é ou 7,99 onças, ou 8 onças completas; e, em qualquer das duas situações, você sabe qual é o grupo que contém a moeda falsificada. Assim, a busca caiu para oito moedas. Divida as moedas desse grupo em outros dois de quatro, pese um deles e você reduziu sua busca para quatro com uma despesa de apenas dois dólares. E com mais duas divisões, elevando o dispêndio total para quatro dólares, você consegue identificar com certeza a moeda falsa.

Como muitos dos problemas de palavras, esse depende de algum artifício para fazer a coisa funcionar; na vida real, pesar as coisas numa balança não é caro!

Mas testes biológicos são, o que nos traz de volta à doença infecciosa. Suponha que em vez de dezesseis moedas tivéssemos dezesseis recrutas do Exército. E suponha que, em vez de um deles ser ligeiramente mais leve que o resto, ele tenha tido sífilis. Na época da Segunda Guerra Mundial, esse era um problema sério: um artigo do *New York Times* em 1941 culpava "um grande bando de prostitutas operando em unidades mecanizadas entre estalagens e cruzamentos de Chicago até os montes Dakota" pelos milhares de soldados infectados com sífilis ou gonorreia: "à vontade, não tratadas, infecciosas e uma ameaça para seus concidadãos".[29]

Podem-se encontrar as ameaças testando o sangue dos homens, um a um, com o teste de Wasserman. Isso é ótimo para dezesseis recrutas, mas não tão bom para 16 mil. "O exame dos membros individuais de uma população grande é um processo caro e tedioso", nas palavras de Robert Dorfman, um conhecido professor de economia de Harvard que, nos anos 1950 e 1960, foi pioneiro na aplicação de modelos matemáticos para problemas de comércio. Mas lá em 1942,[30] era estatístico do governo dos Estados Unidos, seis anos depois da faculdade, onde decidiu focar na matemática depois de concluir que não tinha futuro na sua primeira vocação, poesia.

Citada acima está a primeira sentença do seu clássico artigo "The Detection of Defective Members of Large Populations"[31] [A detecção de membros defeituosos em grandes populações], que introduzia a ideia do quebra-cabeça das moedas para a epidemiologia. Não se pode usar *exatamente* a mesma estratégia que deu certo para as moedas; metade de 16 mil soldados ainda é um monte de soldados! Mas suponha, sugere Dorfman, que você divida os recrutas em grupos de cinco. Então você mistura sangue de cada grupo com um pouco de soro e faz o teste para antígeno da sífilis. Ausência de antígeno significa que você pode dizer a todos os cinco integrantes do grupo que estão saudáveis; mas se o teste der positivo, precisa chamar esses cinco recrutas e testá-los um por um.

Se essa é uma ideia boa ou não depende de quão comum é a sífilis na população. Se metade das tropas estiver infectada, quase todos esses grupos de amostra darão positivo, e vamos ter que testar todo mundo duas vezes; detectar os membros doentes fica ainda mais caro e tedioso que antes. Mas e se apenas 2% dos recrutas tiverem sífilis? A chance de que qualquer amostra dê negativa é a chance de que todas as cinco pessoas testadas não estejam infectadas, que é

$$98\% \times 98\% \times 98\% \times 98\% \times 98\% = 0{,}90$$

Se houver 16 mil soldados, temos 3200 grupos; destes, 2880 resultam saudáveis, deixando 320 grupos perfazendo 1600 soldados aos quais precisamos voltar e testar um por um. De modo que ao todo você aplicou o teste 3200 + 1600 = 4800 vezes, o que representa uma grande economia em relação aos 16 mil soldados um por um! E dá para melhorar ainda mais; Dorfman calcula que, com a taxa de incidência de 2%, o tamanho de grupo ideal é de oito, o que acarreta uma redução para cerca de 4400 testes.

A relevância para o coronavírus é clara: se não tivermos testes suficientes para testar todo mundo um por um, talvez possamos raspar material das narinas de sete ou oito pessoas, colocar os espécimes obtidos num único recipiente e testar todos de uma vez.

Empecilho: o protocolo de Dorfman para detectar sífilis nunca foi realmente utilizado. Dorfman nem estava trabalhando para o Exército; estava no Escritório de Controle de Preços quando ele e seu colega David Rosenblatt tiveram a ideia do teste grupal para a sífilis, um dia depois de Rosenblatt se apresentar para seu alistamento e fazer seu teste de Wasserman. Mas acontece que a ideia não deu certo na prática; a diluição da amostra tornou difícil demais detectar traços do antídoto que restava.[32]

O coronavírus é outra história. O teste da reação em cadeia da polimerase que o detecta multiplica até mesmo um vestígio mínimo de RNA viral por um fator enorme. Isso torna a testagem em grupos viável — e, em situações em que a prevalência da doença é baixa e o abastecimento de testadores e equipamento é pequeno, essa testagem é muito atraente. Houve um teste em grupo em Haifa e em hospitais alemães,[33] e um laboratório estadual em Nebraska[34] testou 1300 numa semana em grupos de cinco, cortando o número de testes necessários pela metade. Wuhan, a cidade na China onde a pandemia começou,[35] usou amostras agrupadas para testar quase 10 milhões de pessoas em questão de dias.

As pessoas que realmente conhecem testes grupais são os veterinários, que precisam identificar pequenos surtos em grupos grandes e densamente compactados de gado e rebanhos com agilidade e acurácia. Eles às vezes avaliam centenas de amostras com um único teste. Um microbiólogo veterinário que conheço me disse que não há motivo para que seus protocolos não possam ser usados para testar coronavírus rapidamente em pessoas, embora parte da implantação precisasse ser modificada. "Não se pode colocar mil pessoas numa esteira rolante e tirar amostra retal de cada uma à medida que vão passando", ele me disse — com um pouco de pesar, me pareceu.

Blip-blip

Agora estamos prontos para realmente meter a mão na massa da teoria dos acontecimentos de Ross e Hudson, aplicada à disseminação de uma pandemia. Temos de começar inventando alguns números. (Um verdadeiro epidemiologista estimaria esses números da melhor maneira possível, processo que vai ficando cada vez menos similar a "inventar alguns números" à medida que a pandemia progride e aprendemos mais sobre a dinâmica da doença.) No dia 1 da nossa tentativa de mapear o curso do vírus, digamos que 10 mil pessoas da nossa população de 1 milhão estejam infectadas, enquanto o restante, 99% da população, se mostra suscetível à infecção.

suscetíveis (dia 1) = 990 000
infectadas (dia 1) = 10 000

Se eu continuar digitando "suscetíveis" e "infectadas" todas as vezes, as palavras vão ficar soltas e perder o significado. Então vou trocar para S e I, para abreviar: S(dia 1) = 990 000 e I(dia 1) = 10 000.

A cada dia algumas pessoas novas ficam infectadas. Digamos que cada pessoa infectada, em média, tosse em cima de alguém uma vez a cada cinco dias, ou 0,2 pessoas por dia. E a chance de que a pessoa que recebeu a tossida seja suscetível à infecção é a fração da população que é suscetível, que é S/1 000 000. Então o número de novas infecções que são esperadas é (0,2) vezes I vezes S/1 000 000.

Toda infecção reduz o número de pessoas suscetíveis

$$S(\text{amanhã}) = S(\text{hoje}) - 0{,}2 \times I(\text{hoje}) \times S(\text{hoje})/1\,000\,000$$

e aumenta o número de pessoas infectadas,

$$I(\text{amanhã}) = I(\text{hoje}) + 0{,}2 \times I(\text{hoje}) \times S(\text{hoje})/1\,000\,000$$

exceto que ainda não acabamos, porque — felizmente! — pessoas que adoecem melhoram. Hora de criar mais um número. Digamos que o período de infecciosidade dure dez dias, de modo que em qualquer dia, uma pessoa em dez das atualmente infectadas se recupere. (Isso significa que cada pessoa infectada, ao longo de dez dias de contagiosidade, deve infectar cerca de duas pessoas; então R_0 é 2.) Então na realidade temos:

$$I(\text{amanhã}) = I(\text{hoje}) + (0{,}2) \times I(\text{hoje}) \times S(\text{hoje})/1\,000\,000 - (0{,}1) \times I(\text{hoje})$$

Esse tipo de regra é chamada *equação de diferenças*, porque o que ela nos conta é exatamente a diferença entre a situação amanhã e a situação hoje. Se pudermos computar isso para todos os dias, podemos projetar a pandemia até quando quisermos no futuro. Você deve pensar nessa operação algébrica como uma máquina, de preferência uma daquelas com um monte de pequenas luzes e bipes sonoros. Você põe a situação de hoje na máquina e ela fica piscando as luzes e fazendo blip-blip até você obter a situação de amanhã. Aí você pega esse resultado e o coloca de novo na geringonça e aí vem o dia depois de amanhã, e assim por diante.

No dia 2, o número de novas infecções é

$$(0{,}2) \times I(\text{dia } 1) \times S(\text{dia } 1)_0 = (0{,}2) \times (10\,000) \times (990\,000/1\,000\,000) = 1980$$

então

$$S(\text{dia } 2) = S(\text{dia } 1) - (0{,}2) \times I(\text{dia } 1) \times S(\text{dia } 1)/1\,000\,000) = 990\,000 - 1980$$
$$= 988\,020$$

Há 1980 novas pessoas infectadas no dia 2, mas também um décimo das pessoas atualmente infectadas, ou 1000 pessoas, melhoram.

$I(\text{dia } 2) = I(\text{dia } 1) + (0{,}2) \times I(\text{dia } 1) \times S(\text{dia } 1)/1\,000\,000 - (0{,}1) \times I(\text{dia } 1) =$
$10\,000 + 1980 - 1000 = 10\,980$

Agora sabemos a história do dia 2; ponha isso na máquina e lá vem a projeção para o dia 3.

$S(\text{dia } 3) = S(\text{dia } 2) - (0{,}2) \times I(\text{dia } 2) \times S(\text{dia } 2)/1\,000\,000 = 988\,020 -$
$2169{,}69192 = 985\,850{,}30808$
$I(\text{dia } 3) = I(\text{dia } 2) + (0{,}2) \times I(\text{dia } 2) \times S(\text{dia } 2)/1\,000\,000 - (0{,}1) \times I(\text{dia } 2)$
$= 10\,980 + 2169{,}69192 - 1098 = 12\,051{,}69192$

Esses 69,192% de uma pessoa são um bom lembrete de que aqui estamos apenas fazendo projeções probabilísticas, usando o melhor palpite; não devemos esperar que esteja correto até a última casa decimal!

Você pode manter esse processo enquanto estiver disposto a puxar a alavanca da máquina. O número de pessoas infectadas dia a dia (arredondando, porque ninguém tem tempo para tantas casas decimais) é

10 000, 10 980, 12 052, 13 223, 14 501, ...

que é muito perto, e você pode conferir, de uma progressão geométrica, aumentando cerca de 10% ao dia. Mas não é *exatamente* uma progressão geométrica; essa taxa de crescimento está desacelerando muito lentamente. O número 10 980 é 9,8% mais que 10 000, mas 14 501 é apenas 9,7% mais que 13 223. Isso não é erro de arredondamento; é o efeito do encolhimento da população suscetível, proporcionando ao vírus menos oportunidades de criar mais de si mesmo.

Você provavelmente não quer página após página de S(dia tal) e I(dia tal); tampouco eu tenho vontade de ficar digitando. É para isso que servem os computadores: executar cálculos desagradáveis, mas puramente repetitivos. Você pode rodar essa máquina com apenas algumas linhas de programa, e obter uma projeção para quantos dias no futuro você quiser. Eu fiz isso e obtive a seguinte figura:

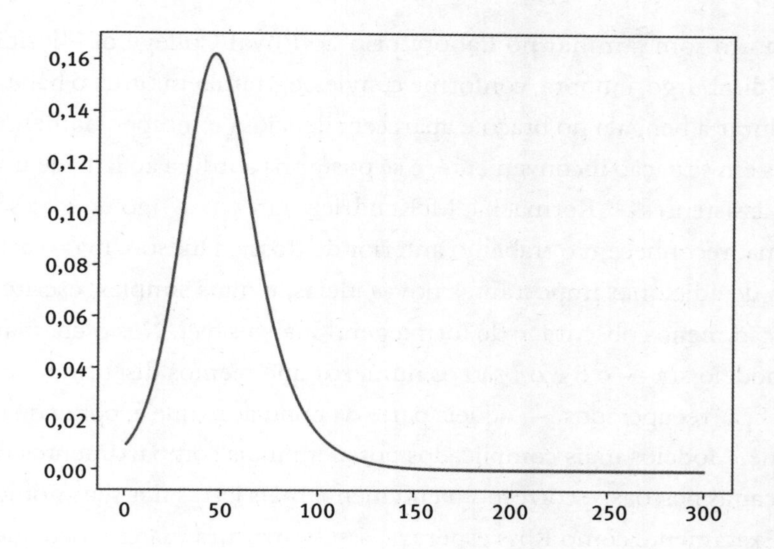

A infecção atinge seu pico no dia 45, quando um pouco mais de 16% da população está infectada. Nesse ponto, cerca de 34% da população já se recuperou da doença,* e quase exatamente a metade ainda é suscetível. Então R_0, que começou como 2, está reduzido pela metade, e agora é 1; exatamente o limiar em que novas infecções começam a cair. Embora não seja muito visível na figura, a queda num modelo como esse tipicamente não é tão acentuada quanto a subida; foram necessários 45 dias para ir de 1% de infectados até o pico, mas outros sessenta dias para baixar novamente a 1%.

Atualmente, os cientistas costumam atribuir esse modelo de doença não a Ross e Hudson, mas a Kermack e McKendrick. Anderson McKendrick, o destinatário das cartas de Ross sobre o destravamento da porta para uma nova ciência da epidemia, era, como Ross, um médico escocês de mentalidade matemática; tinha servido com Ross em Serra Leoa. William Ogilvy Kermack era um terceiro médico escocês matemático, que ficara cego ainda jovem num acidente de laboratório com soda cáustica, mas, como Hudson, possuía uma tremenda intuição geométrica. Ele não ia a nenhum lugar sem sua pesada bengala de madeira, cujas batidas no chão

* Uma versão mais realista desse modelo aceitaria a triste realidade de que algumas pessoas infectadas vão morrer em vez de se recuperar.

eram um som familiar no Laboratório do Royal College of Physicians em Edimburgo, embora, conforme conviesse, "também tinha o hábito de pendurar a bengala no braço e aparecer silenciosa e inesperadamente, às vezes em situação inconveniente, e se postar na surdina ao lado de um de seus assistentes".[36] Kermack e McKendrick, em seu artigo de 1927 sobre o tema, reconhecem o trabalho anterior de Ross e Hudson; mas o artigo, além de adicionar importantes novas ideias, é mais simples, escrito em notação menos obscura, e de forma geral mais usável. Nós o chamamos de modelo SIR — o S e o I são os números que viemos discutindo, e o R significa "recuperados" — aquela parte da população que é, por enquanto, imune. Modelos mais complicados possuem mais compartimentos onde colocar as pessoas, e correspondentemente mais letras nos seus nomes.

Exatamente como Ross esperava, a subestrutura matemática que ele ajudara a montar para estudar a transmissão de doenças tem sido útil para compreender todos os tipos de acontecimentos humanos. Nos dias de hoje, usamos modelos SIR também para outras coisas contagiosas, como tuítes. Em março de 2011, o terremoto Tōhoku e o tsunami que se seguiu destruíram a usina nuclear de Fukushima e afogaram milhares de pessoas no nordeste do Japão. Pessoas em pânico compartilharam informações no Twitter, nem todas confiáveis. Havia boatos de que a chuva seria perigosa ao toque. Um tuíte supercompartilhado: "Como prevenção para os efeitos colaterais da radiatividade, é bom beber enxaguante bucal, inclusive iodo, e comer o máximo de algas que puder". Esses boatos, mesmo começando a partir de usuários com poucos seguidores, se espalharam rapidamente, bem como as correções das autoridades científicas. Um boato é muito parecido com o coronavírus. Não se pode compartilhá-lo a menos que se tenha sido exposto a ele, e há um certo grau de imunidade — depois que você pegou uma vez, novos encontros com o agente infeccioso provavelmente não deflagrarão uma nova rodada de compartilhamentos. Então faz sentido que pesquisadores em Tóquio tenham achado que o modelo SIR fez um trabalho bem decente em modelar a disseminação dos tuítes com boatos sobre o terremoto.[37] Você poderia chamar o número médio de vezes que um boato é compartilhado por pessoa que o vê de "R_0" do boato.

Um boato moderadamente interessante tem R_0 baixo, como a gripe comum; um boato realmente suculento é mais como o sarampo. Chamamos este último tipo de boato de "viral", mas a verdade é que todos os boatos são virais! Acontece que alguns vírus são mais infecciosos que outros.

Laghu laghu laghu laghu

Equações de diferenças não servem apenas para modelar doenças. Elas são subjacentes a uma multifacetada galeria de interesses matemáticos. Você gosta de progressões aritméticas? Você pode obter uma fazendo com que a diferença seja um número fixo:

S(amanhã) – S(hoje) = 5

o que, se você começar em 1, dá

1, 6, 11, 15, 21...

Se você quiser uma progressão geométrica, faça com que a diferença seja proporcional ao valor atual, digamos,

S(amanhã) – S(hoje) = 2 × S(hoje)

o que dá

1, 3, 9, 27, 81,...

uma sequência na qual cada termo é o triplo do anterior. Você pode criar qualquer equação da diferença que quiser! Talvez por algum motivo você queira que a diferença seja o *quadrado* do valor atual:

S(amanhã) – S(hoje) = S(hoje)^2

o que dá uma sequência de crescimento de fato muito rápido:

1, 2, 6, 42, 1806...

Essa não é nenhum tipo de progressão conhecida por Platão, mas muitas outras progressões além dessa são conhecidas da Oeis (Enciclopédia On-line de Sequências de Números Inteiros, na sigla em inglês), que é ao mesmo tempo uma ferramenta de pesquisa crítica e um dispositivo de procrastinação fabulosamente bem-sucedido para todo matemático que conheço. O especialista em combinatória Neal Sloane* começou o projeto quando estudante de pós-graduação, em 1965, e o vem desenvolvendo desde então, primeiro em cartões perfurados, depois como livro em papel e agora na forma on-line. Você dá à máquina uma sequência de números inteiros e ela lhe diz tudo que o mundo da matemática já descobriu sobre a sequência. A sequência acima, por exemplo, é a de número A007018 na Oeis, de cuja entrada aprendi que o enésimo (termo *n*) da sequência é o "número de árvores ordenadas tendo nós de grau de ramificação 0, 1, 2 e tais que todas as folhas estão no nível *n*". (Árvores outra vez!)

Se quiser enfeitar isso um pouco mais (e em modelagem de doenças com qualquer pretensão a realismo, provavelmente você pode fazer isso), é possível tornar a diferença entre hoje e amanhã dependente não só do que aconteceu hoje, mas do que aconteceu ontem. Experimente

S(amanhã) – S(hoje) = S(ontem)

Para poder começar, precisamos os dados de *dois dias*. Se hoje é 1 e ontem foi 1, amanhã será 1 mais 1, ou 2. Um dia depois, S(hoje) é 2 e S(ontem) é 1, então S(amanhã) é 3. A sequência continua,

1, 1, 2, 3, 5, 8, 13, 21,...

---

*Também colaborador de John Conway, no problema geométrico de empacotar laranjas de dimensões elevadas da forma mais apertada possível numa caixa de dimensão elevada.

com cada termo sendo a soma dos dois que o antecedem. Essa é a sequência de Fibonacci, vulgo A000045, tão renomada que tem literalmente uma revista inteira dedicada a ela.

Pode não ficar claro que tipo de processo no mundo real produziria uma equação da diferença como a de Fibonacci. O próprio Fibonacci a criou, em seu livro *Liber abaci*, de 1202, a partir de um modelo biológico totalmente inconvincente de multiplicação de coelhos. Mas existe um jeito melhor, mais antigo! Eu o aprendi com Manjul Bhargava, que é não apenas um famoso teórico dos números, mas um estudioso sério da música e da literatura clássicas indianas. Ele toca tabla e conhece poesia em sânscrito.[38] Como em inglês, a estrutura métrica da poesia sânscrita é controlada por diferentes tipos de sílabas. Na poesia de língua inglesa [e portuguesa também], é típico observarmos padrões de sílabas acentuadas e não acentuadas (tônicas e átonas), que são chamados *pés*; um pé pode ser algo como um *iambo*, em que uma sílaba átona é seguida de uma sílaba tônica (ba-DUM); ou então um *dáctilo*, uma tônica seguida por duas átonas (JUGG-a-lo). Na poesia sânscrita,[39] a principal distinção é entre uma sílaba *laghu* (leve) e uma *guru* (longa), e a *guru* tem o dobro da duração. Um metro de um poema, ou *mātrā-vrrta*,* é uma sequência de *laghus* e *gurus* perfazendo uma duração total fixa. Se essa duração for dois, por exemplo, há apenas duas possibilidades: um par de *laghus* ou um único *guru*.

Em inglês [e também em português], há quatro maneiras de juntar duas sílabas: "ba-DUM", que é um iambo; "BUM-bum", que é um troqueu; "DUN-DUN", um espondeu; ou totalmente não acentuado que é chamado periambo**

---

* Um bom lembrete de que o sânscrito é uma língua indo-europeia, que compartilha um ancestral comum com as línguas inglesa e românicas [como o português]. "*Mātrā*" significa medida, praticamente idêntico a "metro" e sonoramente bem semelhante ao inglês *measure*; "*vrrta*" provém da raiz protoindo-europeia "*wert*", que significa "volta" e que também nos dá o inglês "*verse*" [e o português "verso"]. E *laghu* e *guru* são primas das palavras inglesas "*light*" [leve] e "*grave*" [grave].

** Você nunca ouviu falar de poema em "pentâmetro periâmbico" porque ninguém o escreve. Edgar Allan Poe, que sabia o caminho para contornar versos com métricas densas, disse: "O periâmbico é corretamente desprezado [...]. Insistir numa não entidade tão estarrecedora com um pé de verso com duas sílabas breves proporciona, talvez, a melhor evidência da grosseira irracionalidade e subserviência à autoridade que caracteriza a nossa prosódia".

[*pyrrhus*, em inglês]. Se você tem três sílabas para trabalhar, cada uma dessas quatro possibilidades gera mais duas: um troqueu, por exemplo, pode ser seguido por uma sílaba átona, para formar um dáctilo, ou por uma sílaba tônica, que fornece um pé de verso raramente usado em inglês chamado crético. Então há oito possibilidades para um pé métrico de três sílabas, dezesseis para quatro sílabas, 32 para cinco sílabas e assim por diante.

Sânscrito é mais complicado. Há três versos diferentes de três sílabas:

laghu laghu laghu
laghu guru
guru laghu

e cinco de quatro sílabas:

laghu laghu laghu laghu
laghu guru laghu
guru laghu laghu
laghu laghu guru
guru guru

O mesmo problema, em termos musicais: de quantas maneiras você pode reunir mínimas e semínimas, sem sobrar nada, para preencher um compasso 4/4?

Quantas variações existem quando o *mātrā-vrrta* tem duração 5? A ordem em que escrevi as possibilidades acima deve nos dar uma pista.

O verso pode terminar num *laghu*, o que significa que é antecedido por uma métrica de quatro tempos; e há cinco delas. Ou pode terminar num *guru*, que utiliza duas unidades de duração, então o que vem antes tem duração três; há três possibilidades. O número total de variações é 5 + 3 = 8, a soma dos dois termos anteriores. E agora estamos de volta à sequência de Fibonacci, ou, como Bhargava gosta de chamá-la, a sequência de Virahanka, em homenagem ao grande erudito literário e religioso que primeiro computou esses números, cinco séculos antes de Fibonacci contemplar os coelhos se multiplicando.

Leis dos acontecimentos

Com o modelo SIR, nos afastamos da progressão geométrica estrita, mas não da filosofia de que aquilo que acontece hoje acontecerá manhã. Só precisamos interpretá-la um pouco mais amplamente. Numa progressão aritmética, o aumento diário é o mesmo. Numa progressão geométrica, o aumento a cada dia é diferente, mas é o mesmo quando considerado como uma *proporção* do número de hoje. A regra para calcular o aumento diário amanhã é a mesma que usamos hoje. E, no nosso modelo levemente mais enfeitado, o que acontece amanhã é qualquer coisa que a máquina de blip-blip deduz sobre o que acontece hoje. A taxa de crescimento pode ser diferente de um dia para outro, mas *a máquina é sempre a mesma*.

Adotar esse olhar nos torna herdeiros de Isaac Newton. Sua primeira lei afirma que um objeto em movimento continuará se movendo na mesma velocidade e na mesma direção, a menos que seja aplicada sobre ele uma força. O movimento de amanhã é o mesmo de hoje.

Porém a maioria dos movimentos em que estamos interessados não passeia por aí através de um vácuo sem atrito numa eterna reta. Jogue uma bola de tênis para cima no ar e ela sobe por algum tempo, chega a uma altura máxima e cai de volta, mais ou menos como o gráfico da infecção. Isso nos leva à *segunda* lei, que nos diz como os objetos se comportam quando *há sim* alguma força, como a gravidade, atuando sobre eles.

Da perspectiva pré-newtoniana, o comportamento da bola de tênis está constantemente mudando. Mas a natureza da mudança nunca muda! Se conhecemos a velocidade de subida da bola agora, sua velocidade de subida um segundo depois será de dez metros por segundo a menos. Para a velocidade na queda, ocorre o contrário; a velocidade de queda daqui a um segundo será dez metros por segundo *a mais* do que é agora.

Se você quer uma maneira mais uniforme de dizer isso, pode (e deve!) pensar no movimento de descida de vinte metros por segundo como um movimento de subida de vinte metros por segundos *negativos*. Um segundo depois, a velocidade caiu dez metros por segundo, então agora é de −30 metros por segundo. Esse fenômeno realmente confunde as pessoas quando começam a aprender números negativos; quando você diminui um número negativo, de certo modo parece que ele está ficando maior! Para deixar isso claro, gosto de usar duas palavras diferentes: um número é *mais alto* se for mais positivo, e *mais baixo* se for mais negativo; *maior* se estiver mais longe de zero, *menor* se estiver mais perto de zero. Números positivos ficam menores à medida que ficam mais baixos, mas baixar um número negativo o torna maior.

A diferença entre a velocidade agora e a velocidade a um segundo de agora é sempre a mesma, dez metros por segundo, porque a força que atua sobre a bola de tênis é sempre a mesma: a gravidade da Terra. Essa é outra equação da diferença! A velocidade da bola não é constante de segundo para segundo, mas a equação da diferença projetando seu curso futuro nunca muda. Jogue uma bola em Vênus e você obtém uma equação diferente;* mas ainda assim obtém uma equação. O que acontece agora vai acontecer de novo a um segundo de agora.

A não ser que… você bata na bola! Um modelo como esse, por sua própria natureza, prediz como um sistema se comporta sob condições já estabelecidas. Uma colisão no sistema, ou até mesmo um leve cutucão, altera essas condições e afasta você da projeção do modelo. E sistemas reais

---

* A diferença comum seria de 8,87 metros por segundo, sendo que a gravidade da superfície de Vênus é ligeiramente mais fraca que a nossa.

estão sujeitos a todo tipo de colisões. Quando há uma pandemia, nós *não* deixamos que ela acabe dizimando a população — nós tomamos medidas! Isso não torna os modelos inúteis. Se quisermos saber o que acontece com a bola de tênis depois de acertá-la, é melhor que tenhamos uma compreensão muito sólida de como a bola se move somente sob a gravidade. Modelos de doença não podem predizer o futuro porque não podem predizer o que faremos. Mas decididamente podem nos ajudar a decidir *o que* fazer, e quando precisamos fazer.

Todo ponto é da virada

Dados sobre a covid-19 nos chegam diariamente, não a cada hora nem a cada minuto. Mas a localização de uma bola arremessada pode ser medida em escalas de tempo muito menores do que um segundo. Poderíamos perguntar como a velocidade da bola varia a cada meio segundo, ou a cada décimo de segundo, ou a cada picossegundo; e o mais ambicioso de tudo, poderíamos querer descrever algo como a taxa instantânea de variação da velocidade, a velocidade da variação da velocidade. Newton lidou muito bem com isso. Todo o objetivo da sua teoria das fluxões, que agora chamamos de cálculo diferencial, é dar sentido a questões como essa. Não vamos entrar nisso aqui exceto para dizer que uma equação de diferenças, reduzida a incrementos de tempo infinitesimais para descrever uma variação contínua, recebe um novo nome: é chamada de *equação diferencial*. Qualquer sistema físico cuja evolução no tempo possa ser descrita em termos do seu estado atual é governado por uma equação diferencial. Bolas de tênis em Vênus, água fluindo por um cano, calor se difundindo através de uma barra metálica, satélites orbitando planetas orbitando sóis: cada um tem uma equação diferencial própria. Algumas são fáceis de resolver explicitamente; outras são difíceis; a maioria é impossível.

A linguagem das equações diferenciais foi a que Ross, Hudson, Kermack e McKendrick usaram em seus modelos. Ross já deixara St. Louis na época em que Henri Poincaré deu sua palestra no último dia da exposição de 1904, mas se tivesse assistido a ela, poderia ter economizado dez anos no seu trabalho sobre epidemias. Naquele dia, Poincaré disse à plateia:

> O que os antigos entendiam como lei? Para eles era uma harmonia interna, como se fosse estática, e imitável; ou então um modelo que a natureza tentava imitar. Para nós uma lei absolutamente não é mais isso; é uma relação constante entre o fenômeno de hoje e o de amanhã; numa só palavra, é uma equação diferencial.

As equações diferenciais que Ross e Hudson aplicaram a pandemias tinham um comportamento de "ponto da virada"; há um limiar de imunidade, o ponto de imunidade de rebanho, que divide dois tipos de comportamento muito diferentes. Uma doença introduzida numa população com imunidade abaixo desse nível explodirá exponencialmente, pelo menos no início. Mas se a população tem imunidade acima desse ponto, a doença se extingue. A dinâmica de dois corpos no espaço também obedece a uma dicotomia simples; eles orbitam um em torno do outro de modo estável, numa elipse, ou se afastam um do outro numa trajetória hiperbólica. Mas a mudança de dois corpos para três acaba revelando uma fantástica gama de novas possibilidades dinâmicas. Essas eram as equações diferenciais com as quais Poincaré tinha se debatido no trabalho sobre o problema dos três corpos que fez seu nome. O comportamento complexo descrito por ele foi o começo de um campo novo, a dinâmica caótica. Quando há caos, a menor perturbação da condição presente de um sistema pode gerar um futuro drasticamente diferente. *Todo ponto* é um ponto da virada.

Poincaré já sabia o que Ross ia acabar aprendendo: que equações diferenciais eram a linguagem natural para qualquer tentativa de criar algo como uma física newtoniana da doença — ou, dadas as ambições do tipo de Ross, uma física de todos os acontecimentos. O acontecimento de amanhã depende do de hoje.

11. A terrível lei do aumento

EM 5 DE MAIO DE 2020, O Conselho de Assessores Econômicos da Casa Branca postou um gráfico mostrando as mortes por covid-19 nos Estados Unidos até o começo daquele mês, junto com diversas "curvas" potenciais que aproximadamente se encaixavam nos dados até então.

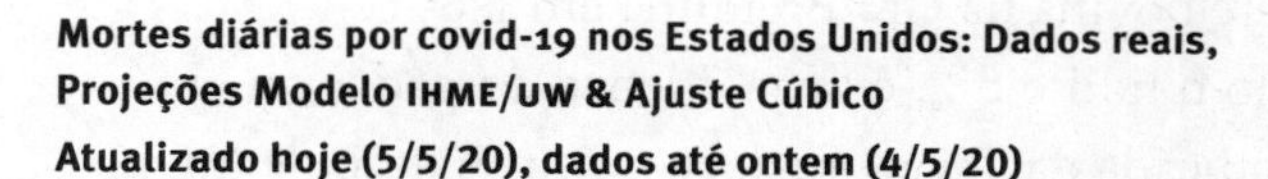

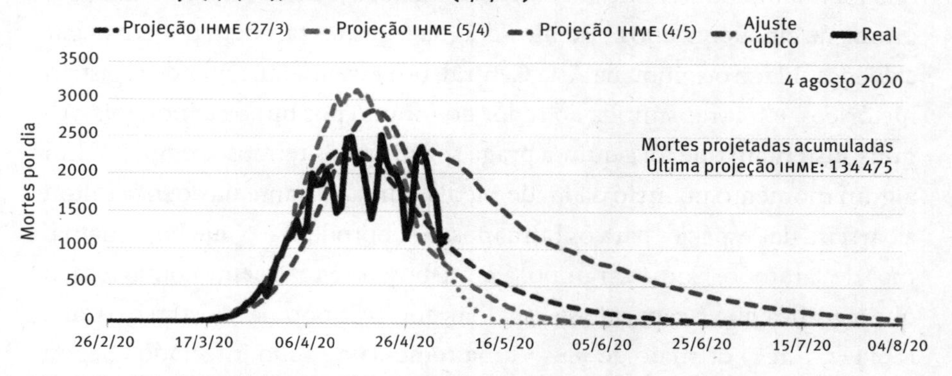

Fonte: Institute for Health Metrics and Evaluation (IHME); New York Times: cea calculations.

Uma dessas curvas, marcada no gráfico como "ajuste cúbico", representava uma perspectiva de extremo otimismo; ela mostra mortes por covid-19 caindo essencialmente para zero em apenas duas semanas. Essa curva foi alvo de sonoras chacotas, especialmente quando se ficou sabendo que o "ajuste cúbico" era trabalho do assessor da Casa Branca Kevin Hassett. O maior flerte anterior de Hassett com a fama fora sua coautoria do livro *Dow 36,000*, publicado em outubro de 1999, que argumentava que, com base em tendências passadas, o mercado de ações estava propenso a um tremendo aumento de preços no curto prazo. Nós sabemos agora o que aconteceu com as pessoas que correram para investir suas economias de uma vida em Pets.com. O *bull market*, o mercado de alta, começou a empacar pouco depois que o livro de Hassett foi lançado, e então começou a cair; levaria cinco anos para o Dow apenas retornar ao ponto máximo que tivera em 1999.

A curva do "ajuste cúbico" foi uma promessa exagerada do mesmo tipo. As mortes por covid-19 nos Estados Unidos diminuíram ao longo de maio e junho, mas a doença estava longe de ter acabado.

O que é matematicamente interessante nessa história não é que Hassett estivesse errado — é *como* ele estava errado. Compreender isso é a única maneira de podermos aprender estratégias para evitar esse tipo de erro no futuro. Para entender o que deu errado no ajuste cúbico precisamos voltar ao grande surto de peste bovina na Grã-Bretanha em 1865-6.

Peste bovina, como o nome diz, é uma doença do gado, ou era, até que foi finalmente erradicada da Terra em 2011, a culminação de um programa de cinquenta anos.* Búfalos-d'água e girafas também podem pegar a doença. Ela se originou na Ásia Central, provavelmente antes de registros históricos, e foi transmitida ao redor do mundo por hunos e mongóis. Alguns sustentam que foi a quinta praga sofrida pelos teimosos egípcios. Em algum momento no meio da Idade Média,[1] uma variante da doença saltou a barreira das espécies para os humanos; o subproduto é o que hoje chamamos de sarampo. Como sarampo, a peste bovina é realmente contagiosa, o que significa que é capaz de se espalhar por uma população com extrema rapidez. Em 19 de maio de 1865,[2] uma remessa de gado infectado chegou por navio ao porto de Hull, no leste de Yorkshire. No fim de outubro,[3] quase 20 mil vacas tinham adoecido. Robert Lowe, um parlamentar liberal e mais tarde chanceler do Tesouro e secretário para assuntos internos, advertiu a Câmara dos Comuns em 15 de fevereiro de 1866, em palavras que soaram desagradavelmente familiares em 2020:

---

* O que leva a uma grande pergunta de curiosidades: "Os únicos vírus erradicados da natureza são varíola e o que mais?". Isso só funciona se nenhum epidemiologista veterinário estiver jogando.

> Se não tivermos a doença sob controle até meados de abril, preparem-se para uma calamidade além de qualquer cálculo. Vocês viram a coisa na infância dela. Esperem e verão as médias, que têm sido de milhares, crescer para dezenas de milhares, pois não há razão para que a terrível lei do aumento que prevaleceu até agora não deva prevalecer daqui por diante.

(Lowe tinha diploma de graduação em matemática e sabia lidar com progressões geométricas.)

William Farr discordou. Farr foi um proeminente médico britânico da metade do século XIX, arquiteto do escritório de estatísticas vitais do país e partidário de reformas de saúde nas abarrotadas cidades do país. Se você já ouviu seu nome, é provavelmente em conexão com a grande história de sucesso dos primórdios da epidemiologia, a descoberta feita por John Snow da fonte do surto de cólera londrino em 1854, na bomba d'água de Broad Street. Farr representou o consenso médico britânico no lado errado daquela discussão,[4] comprometido com a crença de que o cólera era transmitido não por um organismo vivo, mas por um miasma fermentado emanado da água suja do Tâmisa.

Em 1866, era Farr quem estava remando contra a sabedoria convencional. Ele escreveu uma carta ao *Daily News* de Londres, insistindo que a peste bovina, longe de ameaçar atingir toda a população bovina, estava prestes a começar a se dissipar por conta própria. "Ninguém pode expressar uma proposição de forma mais clara que o sr. Lowe", escreveu Farr,

> mas a clareza de uma proposição não é evidência de sua verdade… É admissível que a demonstração matemática de que a lei do aumento que até agora prevaleceu, em vez de implicar "que as médias que têm sido de milhares crescerão para dezenas de milhares", implique sim o inverso; e nos leve a esperar que o abrandamento comece no mês de março.

Farr vai adiante e faz predições numéricas específicas, até cada vaca, para os casos de peste bovina nos cinco meses seguintes. Em abril, disse ele, o número diminuiria para 5226 e em junho seriam meras dezesseis.

O Parlamento ignorou a argumentação de Farr, e o establishment médico a rejeitou. O *British Medical Journal* publicou uma breve e desdenhosa resposta: "Ousamos dizer que o dr. Farr não achará um único fato histórico para respaldar sua conclusão de que em nove ou dez meses a doença desaparecerá tranquilamente — percorrendo a sua curva natural".[5]

Ousaram errado! Dessa vez Farr tinha o melhor argumento. Exatamente como predissera, os casos declinaram ao longo da primavera e do verão, e o surto tinha terminado no final do ano.

Farr relegou sua "demonstração matemática" a uma mera nota de rodapé, adivinhando corretamente que os leitores do *Daily News* prefeririam que fórmulas explícitas ficassem ocultas da sua vista. Nós, porém, não precisamos ser discretos. Mas para ver o que Farr estava fazendo, temos que recuar mais um pouco, para o início da sua carreira. No verão de 1840, ele submeteu ao Registro Geral um relatório resumindo as causas e a distribuição das 342 529 mortes humanas que essa agência sabia terem ocorrido na Inglaterra e no País de Gales em 1838: "uma série de maior extensão que nunca antes foi publicada neste ou em qualquer outro país", ele se vangloria, convincentemente.[6] Ele registra mortes por, entre outras coisas, câncer, tifo, *delirium tremens*, parto, inanição, velhice, suicídio, apoplexia, gota, hidropisia e algo terrível chamado "a febre de vermes do dr. Musgrave". Ele observa particularmente que a taxa de tuberculose (na época chamada tísica ou doença do peito) é mais alta entre mulheres que homens, e joga a culpa disso no hábito do uso de espartilhos. Aqui o recitar de estatísticas dá lugar a um apaixonado clamor por reforma:

> Em um ano *31 090* mulheres inglesas morreram dessa moléstia incurável! Será que esse impressionante fato não induzirá pessoas de posição e influência a colocar suas conterrâneas no caminho certo no artigo da vestimenta, e levá-las a abandonar uma prática que desfigura o corpo, estrangula o peito, produz desordens nervosas e outras e tem uma inquestionável tendência de implantar uma enfermidade febril incurável no quadro? As moças não têm mais necessidade de ossos artificiais e bandagens do que os rapazes.

(Farr não revela aqui — pelo menos, não diretamente — que sua esposa morrera de tuberculose três anos antes.)

A seção final do relatório, referente à epidemia de varíola de 1838, é aquela pela qual ele é mais conhecido hoje; é aqui que Farr primeiro aborda o progresso da epidemia, que, nas suas palavras, "repentinamente aumenta, como um nevoeiro saindo da terra, e espalha desolação entre as nações — para desaparecer com a mesma rapidez e falta de senso com que surgiu".[7] A meta de Farr, o estatístico, é dar algum sentido numérico a essa falta de senso, até mesmo se a causa última da epidemia não puder ser conhecida. (Ele menciona sim, numa nota de rodapé, a teoria de que epidemias são causadas por "minúsculos insetos transmitidos de um indivíduo a outro, por meio da atmosfera",[8] mas deixa de lado a hipótese sob justificativa de que os melhores microscopistas da época haviam fracassado em observar tais "animalículos".)

Farr registrou as mortes por varíola, de um mês sombrio para outro, através do longo declínio da epidemia. Os números tinham o seguinte aspecto:

4365, 4087, 3767, 3416, 2743, 2019, 1632

Ele adivinhou que, como muitos processos naturais, o declínio seguiria a lei da progressão geométrica, na qual a razão entre cada par de termos consecutivos é a mesma. A primeira razão é 4365/4087 = 1,068. Mas a segunda é diferente: 4087/3767 é 1,085. A sequência das razões tem o seguinte aspecto:

1,068, 1,085, 1,103, 1,245, 1,359, 1,237

Essas razões claramente não são sempre iguais, nem mesmo próximas; parece que estão crescendo (pelo menos até o penúltimo termo), o que viola a lei geométrica. Mas Farr não estava disposto a desistir da caça a uma progressão geométrica. E se as próprias razões, teimosamente inconstantes, estivessem elas próprias crescendo geometricamente? Isso agora fica um pouco *meta*, porque estamos nos perguntando se as razões *das razões* são sempre iguais. Será que são? Começamos com 1,085/1,068 = 1,016 e a sequência continua do seguinte modo:

1,016, 1,017, 1,129, 1,092, 0,910

Aqui preciso ser honesto com você; para mim essa sequência não parece constante. Mas, ao mesmo tempo, não está obviamente aumentando ou diminuindo; e, para Farr, isso bastava. Modificando um pouquinho a sequência, ele pôde encontrar

4,364, 4,147, 3,767, 3,272, 2,716, 2,156, 1,635

que se encaixavam muito bem nas mortes reais por varíola, e onde as razões das razões tinham todas um valor comum: 1,046. (Torcer os números é algo que soa arbitrário? Na verdade, não. Os dados na vida real são confusos e raramente — quando envolvem pessoas, eu diria nunca — seguem uma curva matemática precisa até a enésima casa decimal. O objetivo é achar a lei que mais se aproxime.) E essa regra de 1,046, argumentou Farr, se encaixa nos dados reais de maneira suficientemente próxima para ser chamada de lei da epidemia.

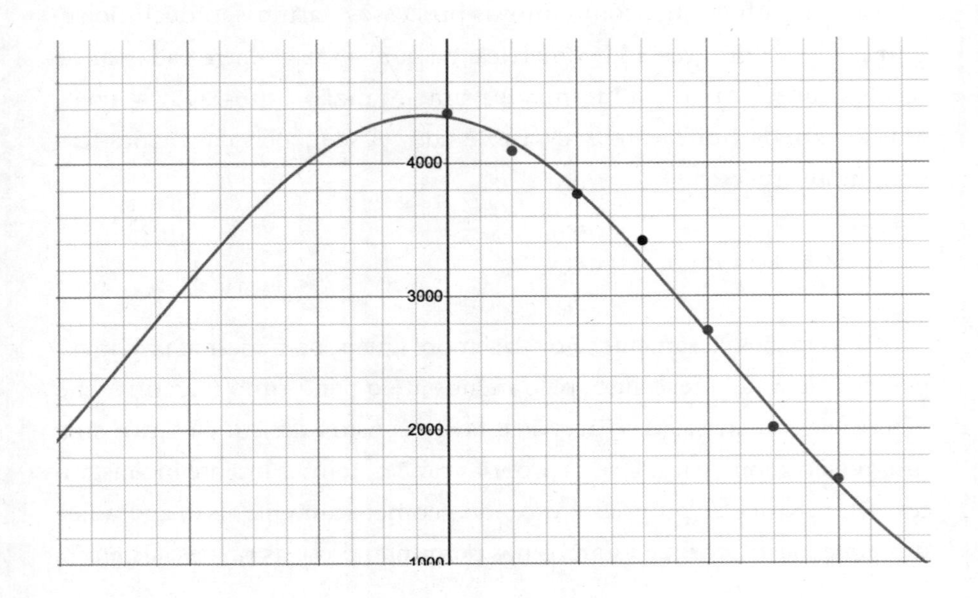

A curva aqui mostra o modelo de Farr para o curso da varíola, e os pontos são os números reais de mortes a cada mês; sua bela e suave curva se encaixa nos dados reais de maneira razoavelmente próxima.

Você agora poderia ser capaz de adivinhar o que Farr deve ter feito com os dados da peste bovina. Mas provavelmente vai chutar errado! Farr tinha a contagem de casos na sequência da peste bovina para cada um dos primeiros quatro meses de surto:

outubro de 1865: 9597
novembro de 1865: 18 817
dezembro de 1865: 33 835
janeiro de 1866: 47 191

e descobriu que as razões de casos de mês a mês eram 1,961, 1,798, 1,395. Se isso fosse uma progressão geométrica, a "terrível lei do aumento" sobre a qual Lowe tinha advertido o Parlamento, esses números seriam todos iguais. Na verdade estavam decrescendo, sinalizando a Farr que algum tipo de diminuição já estava em andamento. Então ele pegou as razões das razões:

$1{,}961/1{,}798 = 1{,}091$
$1{,}798/1{,}395 = 1{,}289$

Mas Farr não parou aí. Essas razões de razões não parecem constantes; a segunda é notavelmente maior que a primeira. Então ele calculou a razão das razões das razões!

$1{,}289/1{,}091 = 1{,}182$

A razão única 1,182 é certamente uma sequência constante, em virtude de só ter um número nela. E Farr, confiante como sempre, declarou esse número como sendo a lei que governava tudo, a razão das razões das razões que haveria de guiar todo o progresso da peste bovina. Como a última razão de razões na lista era 1,289, a seguinte seria $1{,}289 \times 1{,}182$, mais ou menos 1,524.

O que significa que o que seguia 1,961, 1,798 e 1,395 na sequência decrescente de razões deveria ser 1,395/1,524 — ou 0,915. Em outras palavras, a doença já estava em vias de decrescer! Em fevereiro, Farr raciocinou, deveriam ser vistos 0,915 × 47191, ou cerca de 43 mil novos casos.

Aqui você tem minha permissão para sentir um certo mal-estar em relação ao argumento de Farr. Por que ele presume que a razão das razões das razões vai permanecer fixa em 1,185 para todo o tempo futuro? Não vou dizer que esse tipo de premissa é justificada, mas ela tem, sim, uma história. Vou começar explicando como eu ganhei o show de talentos do meu bairro.

O Grande Raizão Quadrado

Todo mês de janeiro, no coração do frio e morto inverno do Wisconsin, o pessoal do meu bairro organiza um show de talentos. Crianças tocam violino, pais representam esquetes bobos. Eu calculei raízes quadradas de cabeça, sob o nome de o Grande Raizão Quadrado. E ganhei! O cálculo mental de raízes quadradas era um truque de salão que aprendi na faculdade. Sua utilidade social naquele contexto não era tão grande como eu imaginava. Mas vou ensiná-lo a você de qualquer maneira.

Digamos que lhe peçam para calcular a raiz quadrada de 29. Para o truque funcionar, você tem que saber muito bem os quadrados, porque tem de ter na ponta da língua que 5 ao quadrado é 25, e que 6 ao quadrado é 36. Agora considere a sequência de números:

$$\sqrt{25}, \sqrt{26}, \sqrt{27}, \sqrt{28}, \sqrt{29}, \sqrt{30}, \sqrt{31}, \sqrt{32}, \sqrt{33}, \sqrt{34}, \sqrt{35}, \sqrt{36}$$

Sabemos apenas o primeiro e o último dos doze termos: são 5 e 6. É o quinto termo que estamos tentando descobrir.

Agora suponha que a sequência esteja em progressão aritmética. Não está, mas suponha que esteja. O Grande Raizão Quadrado lhe concede permissão. Os onze saltos do primeiro termo ao último levam você de

5 a 6, então, se a diferença entre quaisquer dois termos consecutivos é a mesma, é melhor que cada uma dessas diferenças seja 1/11. Então a raiz quadrada de 20, quatro saltos acima de 5, seria 5 + 4/11. Espera, será que falei que você precisaria ser capaz de saber dividir um pouco de cabeça? Pode ser que você saiba que 1/11 é mais ou menos 0,09, então 4/11 é mais ou menos 0,36, ou você poderia estimar que 5 + 4/11 é um pouco menos que 5 + 4/10, que é 5,4; e seja lá o que for, você diz: "É 5,3 e alguma coisa, provavelmente quase 5,4".[9] (A resposta verdadeira é cerca de 5,385.)

Você pode ver, espero, a semelhança conceitual com o argumento de Farr, embora aqui você esteja usando diferenças em vez de razões. Sem qualquer base, nós decidimos, como Farr fez, que na verdade todas as diferenças são iguais, e então, usando os parcos fatos que temos à disposição, descobrimos qual deve ser essa diferença comum. Isso parece injustificado. E ainda assim meio que funciona!

É justo perguntar: por que motivo eu haveria de fazer isso, além da minha necessidade interna de vencer o filho do vizinho que aprendeu sozinho a tocar "Free Fallin"? Será que não posso simplesmente apertar a tecla de raiz quadrada na minha calculadora? Sim, eu posso. Mas William Farr não podia. E tampouco os astrônomos do século VII podiam. Foi nessa época que surgiu essa ideia. Para poder acompanhar os movimentos dos corpos celestes, precisamos dos valores de funções trigonométricas; esses valores eram mantidos em volumosas tabelas, compiladas à custa de grande esforço e tempo. Para compilar essas tabelas, é necessária uma acurácia melhor do que aquela que o meu truque de salão da raiz quadrada é capaz de oferecer. Por volta do ano 600,[10] uma nova ideia surgiu, para o astrônomo e matemático Brahmagupta, no reino de Gurjaradesa, na Índia, e para o astrônomo da dinastia Sui e elaborador de calendários Liu Zhuo, na China.

Não queremos nos perder nos labirintos do calendário imperial, então vou me ater ao exemplo da raiz quadrada para explicar seu método. Essa vai ser a parte aritmeticamente mais espinhosa de toda a discussão; *não* se espera que você seja capaz de fazer isso de cabeça numa festa da faculdade enquanto toma uma cerveja.

Para executar a abordagem Brahmagupta-Liu, você precisa levar em conta *três* raízes quadradas conhecidas em vez de duas: digamos $\sqrt{16} = 4$, $\sqrt{25} = 5$, $\sqrt{26} = 6$. De $\sqrt{16}$ a $\sqrt{36}$ são vinte passos, e você precisa ir de 4 a 6; então você poderia aceitar o conselho do Grande Raizão Quadrado e presumir que essas raízes quadradas estejam em progressão aritmética, de modo que a diferença entre cada uma e a seguinte seja 2/20. Eu disse que isso não é exatamente verdade, e eis a prova: se a sequência estivesse em progressão aritmética, a raiz quadrada de 25, nove passos adiante de $\sqrt{16}$, seria 4,9, o que não é verdade, pois deveria ser 5.

Aqui está a pegadinha. Vimos que não podemos insistir que as raízes quadradas formem uma progressão aritmética se quisermos encaixar os três valores que já conhecemos; isto é, não podemos fazer todas as 21 diferenças iguais. A segunda melhor coisa, então, é que as *próprias diferenças* formem uma progressão aritmética; isto é, que as diferenças entre as diferenças sejam todas iguais! Essa é exatamente a mesma ideia que as razões das razões de Farr.

$\sqrt{16}$, $\sqrt{17}$, $\sqrt{18}$, $\sqrt{19}$, $\sqrt{20}$, $\sqrt{21}$, $\sqrt{22}$, $\sqrt{23}$, $\sqrt{24}$, $\sqrt{25}$, $\sqrt{26}$, $\sqrt{27}$, $\sqrt{28}$, $\sqrt{29}$, $\sqrt{30}$, $\sqrt{31}$, $\sqrt{32}$, $\sqrt{33}$, $\sqrt{34}$, $\sqrt{35}$, $\sqrt{36}$

? ? ? ? ? ? ? ? ? ? ? ? ? ? ? ? ? ? ? ?

Para que isso dê certo, precisamos que a segunda fila seja uma progressão aritmética de vinte números cuja soma seja 2; mas você também precisa que a soma dos nove primeiros números na progressão, que vai de $\sqrt{16} = 4$ a $\sqrt{25} = 5$, seja 1. Acontece que só existe uma progressão que atende a esses requisitos. Eis um jeito esperto de descobrir. Como os nove primeiros termos somam 1, sua média é 1/9. Mas a média de uma progressão aritmética tem que ser o termo do meio da progressão, que no caso é o quinto termo; então esse termo é 1/9.

De outro lado, os últimos onze termos também somam 1, então sua média é 1/11, e esse deve ser o termo do meio dos onze números finais, que é o décimo quinto termo de toda a sequência.

$\sqrt{16}$,	$\sqrt{17}$,	$\sqrt{18}$,	$\sqrt{19}$,	$\sqrt{20}$,	$\sqrt{21}$,	$\sqrt{22}$,	$\sqrt{23}$,	$\sqrt{24}$,	$\sqrt{25}$,	$\sqrt{26}$,	$\sqrt{27}$,	$\sqrt{28}$,	$\sqrt{29}$,	$\sqrt{30}$,	$\sqrt{31}$,	$\sqrt{32}$,	$\sqrt{33}$,	$\sqrt{34}$,	$\sqrt{35}$,	$\sqrt{36}$
?	?	?	?	1/9	?	?	?	?	?	?	?	?	?	1/11	?	?	?	?	?	?

Isso é suficiente para determinar toda a progressão! Do quinto termo ao décimo quinto são dez passos, e a distância que precisamos para atravessar esse intervalo decresce de 1/9 a 1/11, ou 2/99, de modo que cada passo deve ser 2/990. Isso significa que a primeira diferença, que está quatro passos acima de 1/9, é 1/9 + 8/990 = 118/990, e o último, cinco passos abaixo de 1/11, é 1/11 – 10/990 = 80/990.*

$$\sqrt{16}, \sqrt{17}, \sqrt{18}, \sqrt{19}, \sqrt{20}, \sqrt{21}, \sqrt{22}, \sqrt{23}, \sqrt{24}, \sqrt{25}, \sqrt{26}, \sqrt{27}, \sqrt{28}, \sqrt{29}, \sqrt{30}, \sqrt{31}, \sqrt{32}, \sqrt{33}, \sqrt{34}, \sqrt{35}, \sqrt{36}$$

$$\frac{118}{990}\ \frac{116}{990}\ \frac{114}{990}\ \frac{112}{990}\ \frac{110}{990}\ \frac{108}{990}\ \frac{106}{990}\ \frac{104}{990}\ \frac{102}{990}\ \frac{100}{990}\ \frac{98}{990}\ \frac{96}{990}\ \frac{94}{990}\ \frac{92}{990}\ \frac{90}{990}\ \frac{88}{990}\ \frac{86}{990}\ \frac{84}{990}\ \frac{82}{990}\ \frac{80}{990}$$

1/9 (sob 110/990) 1/11 (sob 90/990)

Então qual é a raiz quadrada de 29, segundo as ferramentas mais avançadas da astronomia do século VII? Para ir de $\sqrt{16}$ a $\sqrt{26}$ você precisa somar as treze primeiras diferenças:

118/990 + 116/990 + 114/990 + … + 94/990

E somar isto a 4. Você termina com 4 e 1378/990, que é mais ou menos 5,392. Isto é aproximadamente três vezes mais próximo do que a nossa primeira estimativa de 5 + 4/11.

O método das diferenças sucessivas foi transmitido da Índia para o mundo árabe, então redescoberto novamente múltiplas vezes na Inglaterra, mais notavelmente por Henry Briggs. Em 1624, Briggs usou o método para produzir o livro *Arithmetica logarithmica*, que compilava os logaritmos de 30 mil números até catorze casas decimais cada. (Briggs foi o

---

* Sim, essas frações não são as mais simples do mundo, de modo que o seu professor do ensino médio pode ter marcado esta resposta como incorreta. Não está incorreta! A expressão 80/990 e 8/99 são diferentes nomes para a mesma razão, e se estamos falando de um novecentos e noventa avos (1/990) não há nada de errado em usar o primeiro nome.

primeiro ocupante da Cátedra Gresham em Geometria, a mesma posição que Karl Pearson mais tarde ocuparia quando apresentou ao público a geometria da estatística.) Como muita coisa na matemática europeia do século XVII, o método foi formalizado e aperfeiçoado por Newton, a ponto de nos dias de hoje nós o chamarmos de "interpolação newtoniana". Não há evidência nos escritos de Farr de que ele conhecesse essa história. Boas ideias em matemática frequentemente borbulham e surgem naturalmente quando os problemas do mundo criam a necessidade delas.

A necessidade de logaritmos não terminou com Briggs. Uma tabela é uma coisa finita, e sempre podemos nos ver precisando de um logaritmo de algum número que caia entre aqueles tratados no *Arithmetica*. A genialidade do método das diferenças é que ele nos permite estimar os valores de funções bastante complicadas como cossenos e logaritmos usando apenas as operações básicas de adição, subtração, multiplicação e divisão — e isso se você estiver só estudando diferenças de diferenças! Para obter aproximações melhores, pode ser que precisemos de diferenças de diferenças de diferenças, ou diferenças dessas diferenças triplas, e assim por diante, até a cabeça ficar zonza.

Você não gostaria de fazer isso à mão. Talvez até quisesse algum tipo de máquina mecânica para calcular essas diferenças no seu lugar. Isso nos leva a Charles Babbage. Ele era fascinado por autômatos desde a infância, quando "um homem que se autodenominava Merlin"* permitiu que entrasse em sua oficina de trabalho e mostrou ao menino sua mais engenhosa criação mecânica: "uma admirável *danseuse*, com um pássaro no dedo indicador da mão direita, que agitava a cauda, batia as asas e abria o bico. Essa dama se comportava da maneira mais fascinante. Seus olhos eram repletos de imaginação, e irresistíveis".[11]

Em 1813, Babbage tinha 21 anos e era estudante de matemática em Cambridge. Ele e seu amigo John Herschel (que era superior a Babbage em seus estudos e mais tarde inventaria a cópia heliográfica) fundaram uma

* Na verdade, era John Joseph Merlin, um prolífico funileiro belga, que também inventara os patins de rodinhas. O quase adolescente Babbage, décadas depois, comprou o autômato num leilão de um museu recém-fechado e o instalou na sua sala de desenho.

sociedade matemática como uma espécie de paródia das muitas sociedades estudantis que contestavam acaloradamente a interpretação apropriada das Escrituras; a missão da sociedade *deles* seria exaltar a notação matemática do cálculo de Leibniz acima do sistema concorrente que o herói nacional Newton havia desenvolvido. A Sociedade Analítica logo extrapolou sua origem satírica e se tornou um salão intelectual, com o objetivo de trazer novas ideias da França e da Alemanha para um país que havia se tornado um retardatário matemático, desde os tempos de Newton.

"Uma noite", recorda Babbage em suas memórias,

> eu estava sentado numa sala da Sociedade Analítica, em Cambridge, minha cabeça pendendo para a frente sobre a mesa, numa espécie de estado onírico, com uma tábua de logaritmos aberta diante de mim. Outro membro da sociedade, entrando na sala e me vendo meio adormecido, gritou: "Bem, Babbage, o que você está sonhando?", e eu respondi, "Estou pensando que todas essas tábuas (apontando para os logaritmos) poderiam ser calculadas por uma máquina".[12]

Não levou muito tempo para que Babbage, como Merlin, sua inspiração, transformasse o sonho em cobre e madeira. A máquina, agora considerada o primeiro computador mecânico, calculava logaritmos por meio do método das diferenças; é por isso que ele a chamou de "A Máquina de Diferenças".

Há uma grande diferença entre o trabalho do Grande Raizão Quadrado e o de Farr. Quando estimamos as raízes quadradas estávamos achando valores *entre* raízes quadradas que já conhecemos. Farr, usando o método na contagem de vacas doentes, estava tentando *extrapolar* — estimar o valor da função no futuro, além dos limites dos seus valores conhecidos. A extrapolação é algo difícil e levada a cabo por risco do executor.* Basta pensar no que aconteceria se tivéssemos usado no truque de

---

* Já vimos no capítulo 7 a maneira como até mesmo uma rede neural muito poderosa pode fracassar da maneira mais vergonhosa quando solicitada a extrapolar além dos limites de seus dados de treinamento.

salão para adivinhar a raiz quadrada de 49 um número maior que as duas raízes quadradas que tomamos como informação inicial. Nossa heurística, lembre-se, foi que a raiz quadrada de um número cresce em 1/11 toda vez que a diferença entre os extremos é 1. Como 49 é 24 a mais que 25, sua raiz quadrada deveria ser 24/11 a mais que 5, ou 7,18. O valor real é 7. E quanto a 100, que é 75 a mais que 25? Sua raiz quadrada deveria ser 5 + 75/11 = 11,82. A raiz quadrada real é 10. Agora o truque foi por água abaixo!

Esse é o perigo da extrapolação. Ela tende a ficar menos confiável quanto mais você se afasta dos dados conhecidos nos quais suas diferenças estão ancoradas. E quanto mais você se aprofunda nas diferenças de diferenças de diferenças, mais irregulares e esquisitas ficam as extrapolações.

E foi o que aconteceu com Kevin Hassett. Embora ele não fosse estudante de epidemiologia no século XIX, o "ajuste cúbico" que utilizou se fundamentava exatamente no mesmo argumento heurístico que Farr adotara para modelar a peste bovina.[13] Seu modelo imaginava que a razão entre as razões entre as razões de pontos de dados sucessivos permaneceria constante ao longo de toda a vida da pandemia. (Você não precisa ler artigos antigos da história da medicina para empregar essa estratégia, porque pode usá-la atualmente no Excel com alguns toques no teclado.) A curva de Hassett estava aproximadamente correta em relação ao passado — as mortes de covid-19 nos Estados Unidos tinham realmente alcançado um pico, pelo menos no curto prazo —, mas na hora de extrapolar ele estava redondamente enganado sobre o poder de permanência da epidemia.

Uma extrapolação ingênua pode nos levar para longe da verdade também numa direção pessimista. Justin Wolfers, economista da Universidade do Michigan, que chamou o modelo de Hasset de "COMPLETA MALUQUICE" (ênfase dele), havia escrito apenas um mês antes: "Projete a linha dos Estados Unidos para frente apenas sete dias, e estaremos na casa de 10 mil mortes no total. Projete-a uma semana depois disso e estaremos na casa de 10 mil mortes por dia".[14] Wolfers estava extrapolando de maneira ainda mais simples que Hassett, projetando mortes ao longo de uma inabalável progressão geométrica. E os resultados mostram quão depressa a extrapolação pode sair de controle. Os Estados Unidos *realmente atingiram* 10 mil mortes por covid-19 no total uma semana depois da projeção de Wolfers. Porém uma semana depois disso a taxa de óbitos atingira seu pico da primavera, com 2 mil mortes por dia, um quinto do número que Wolfers tinha obtido por extrapolação às cegas.

Mas alguns são úteis

Quando expliquei o raciocínio de Farr ao meu filho adolescente, ele disse: "Mas pai, por que Farr não esperou até o fim de fevereiro, quando já teria se passado meio mês, e ele teria obtido mais um ponto de dados? Então ele teria que trabalhar duas razões de razões de razões para trabalhar em vez de uma, e isso lhe daria uma base mais sólida para declarar seu número de 1,185 como a verdadeira 'lei do aumento'". Boa pergunta, filho! Meu melhor palpite: a escolha de Farr era uma vitória da sensação sobre a razão. Farr, um homem orgulhoso, como já vimos, achava que o pico da infecção seria visível nos números do mês seguinte, e queria predizer o pico antes que ele ocorresse, não depois.

A predição de Farr foi prematura, como acabou ficando claro; o número de novos casos em fevereiro foi pouco mais de 57 mil, ainda um pouco mais do que o total do mês anterior de 47 191. Se ele tivesse esperado mais dados para fazer o cálculo, teria descoberto que a última razão era 57 000/47191 = 1,208, e a última razão de razões 1,395/1,208 = 1,155, e que a nova razão de razões de razões era 1,155/1,289 = 0,896. Encontrando essa não constância, teria ele ido ao ponto de calcular a razão das duas razões de razões de razões? Não podemos saber.

O que sabemos ao certo é que Farr, embora tenha errado nos prazos, acertou na questão principal; a epidemia estava se aproximando do seu pico e logo começaria a baixar. Houve apenas 28 mil novos casos de peste bovina em março, e os números continuaram a cair a partir dali, embora não com a rapidez que Farr havia projetado; sua curva, que está no gráfico a seguir, prevê que a doença estaria terminada no fim de junho, quando na verdade levou o resto do ano para sucumbir.

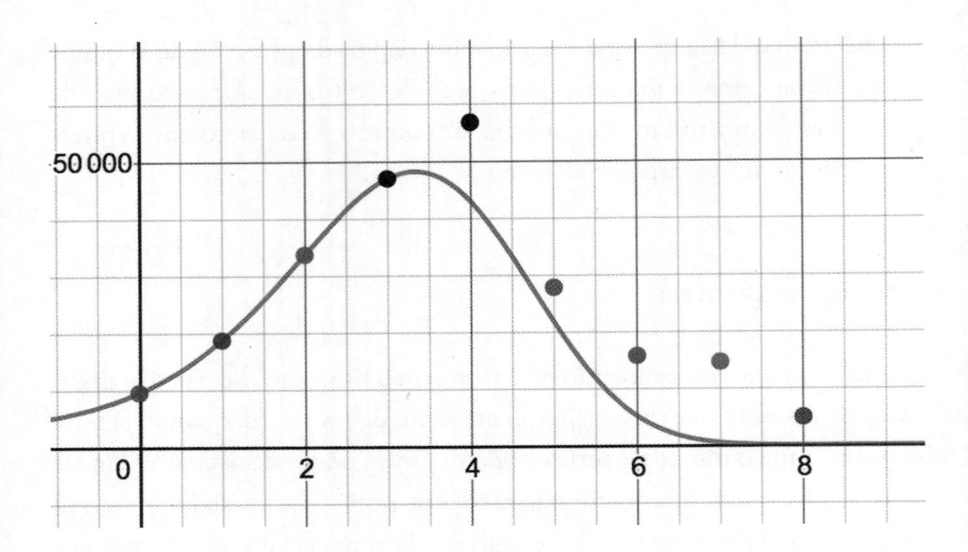

Pode-se ver aqui o perigo da extrapolação. O cálculo de Farr se saiu bem na questão de curto prazo (essa coisa vai se inverter logo?) e pior no longo prazo (quando vai ter acabado?).

Por que a peste bovina *realmente* terminou? Farr, ainda não inteiramente convencido da teoria microbiana das doenças, disse que a substância venenosa, qualquer que fosse ela, ia perdendo um pouco da sua natureza nociva ao passar de uma vaca para outra. Não é assim, sabemos agora, que os vírus funcionam. Quando o *British Medical Journal* zombou da carta de Farr, não estava questionando sua conclusão acerca do resultado, mas seu raciocínio. "Ele esquece de levar em conta", escreve o arrogante crítico anônimo, "o fato de que no presente momento todo mundo está satisfeito quanto à natureza virulentamente contagiosa da doença, e consequentemente toma medidas para preveni-la."[15] Farr predisse que a peste bovina "sucumbiria espontaneamente"; tudo o que podemos afirmar com certeza é que ela realmente sucumbiu.

O método de Farr ficou praticamente esquecido por décadas, até que foi trazido de volta para a epidemiologia por John Brownlee no começo do século XX. Brownlee notou algo que havia escapado a Farr: que, se uma epidemia é modelada assumindo a razão de razões como constante, como Farr fizera com a varíola, obtemos uma curva lindamente simétrica, que cai exatamente com a mesma rapidez que subiu. Na verdade, não é outra curva senão a distribuição normal, ou curva do sino, que desempenha um papel central na teoria da probabilidade. A curva do sino é tratada, por pessoas que conhecem um pouco de matemática, com uma espécie de reverência fetichista. E ela descreve, *sim*, uma gama impressionante de fenômenos naturais. Mas a ascensão e a queda de epidemias não é um deles. Farr sabia disso: mesmo lá em 1866, ele argumentou em favor da terceira razão em vez da segunda, e predisse que a onda de peste bovina seria assimétrica, decrescendo mais rapidamente do que havia subido. Brownlee também reconheceu que a adesão estrita à curva normal era rara em epidemias da vida real. Mas de algum modo a "Lei de Farr" viera a significar a crença de que as epidemias seguem a curva do sino, tanto na subida como na descida, uma visão que o próprio Farr era experiente demais para adotar. Eu tendo a chamá-la de "Lei" de Farr para enfatizar que na realidade não é uma lei — mas melhor seria chamá-la de "Lei" de "Farr".

Tal rigidez cria o perigo da má extrapolação. Em 1990, Denis Bregman e Alexander Lagmuir, este último um epidemiologista lendário que valorizava "o couro do sapato" no chão mais do que o trabalho puro de laboratório, publicaram um artigo chamado "Farr's Law Applied to Aids Projections" [A Lei de Farr aplicada às projeções da aids]. Invocando o sucesso de Farr com a peste bovina, realizaram uma análise similar sobre as estatísticas da aids nos Estados Unidos. Mas adotaram o olhar muito estreito de que uma epidemia precisava ser simétrica, e que a aids declinaria com a mesma rapidez com que se espalhara pela população. Sua conclusão foi que a aids já tinha alcançado seu pico, e que em 1995 haveria apenas cerca de novecentos casos nos Estados Unidos.

Na verdade, houve 69 mil.

O que nos traz de volta à covid-19 e 2020. Muitas previsões* optaram por modelar a progressão de mortes por covid-19 em cada estado como

* Em particular o próprio modelo amplamente compartilhado do Instituto de Métricas e Avaliação de Saúde na Universidade (IHME) de Washington-Seattle; mais tarde no decorrer da pandemia, o IHME sabiamente abandonou a premissa de simetria. Para ser justo, a ascensão e a queda da epidemia foram aproximadamente simétricas na irrupção inicial em Wuhan; a rápida diminuição, acredita-se agora, foi resultado das medidas de supressão extraordinariamente severas das autoridades chinesas.

uma curva do sino perfeitamente simétrica. Não por fetichismo em relação à curva do sino, mas porque descobriram que era a curva que melhor se ajustava aos esparsos dados disponíveis nas semanas iniciais do surto. Em algumas epidemias, isso poderia ter funcionado muito bem. Mas a curva da covid-19 tem sido consistentemente assimétrica, até agora quando escrevo, subindo em cada região até seu ponto máximo e declinando com dolorosa lentidão, arrastando doença e medo ao longo de toda a descida. Essa epidemia sobe de elevador e desce de escada. Se a sua projeção insiste em alguma outra coisa, você vai seguir deixando de ver a verdade enquanto percorre a curva do sino até o futuro, e continuará a mudar de tom ao encontrar novos dados que estão em conflito com as predições com as quais está comprometida.

Estamos deparando aqui com um profundo problema comum a toda tentativa de projetar matematicamente o presente no futuro. Fazer uma projeção é dar um palpite sobre a lei que governa a variável que se está rastreando. Às vezes a lei é simples, como no caso do movimento de uma bola de tênis. Ela desfruta de uma adorável simetria; o tempo entre o lançamento da bola até atingir a altura máxima é o mesmo tempo que ela leva para cair de volta até sua mão. E mais, se você medisse cuidadosamente a altura acima do chão em cada segundo e anotasse esses números numa sequência, descobriria, como Farr aproximadamente fez, que as diferenças entre as diferenças são sempre iguais, apesar do arco parabólico total da bola. Na verdade, essa propriedade é exatamente o que *faz* com que o arco seja parabólico, não um semicírculo nem uma catenária como o arco de entrada[16] em St. Louis. Se você der sorte, poderá descobrir regularidades como essa até mesmo sem entender o mecanismo subjacente; Galileu descobriu a lei parabólica do movimento de projéteis por observação cuidadosa, décadas antes de Newton elaborar a teoria geral de força e aceleração.

Mas às vezes as leis não são simples! Se a gama de leis que você está disposto a considerar for estreita demais — por exemplo, se insistirmos que a pandemia segue um curso simétrico cujas razões de razões são exatamente constantes —, vamos ficar histéricos com as tentativas fracassadas de ajustar nossa regra rígida demais à realidade. É um problema chamado de *subajuste*. É a mesma coisa que acontece com o algoritmo de uma aprendizagem de máquina que não tem botões suficientes, ou tem os botões errados.

Isso me faz pensar em Robert Plot, que em 1677 foi a primeira pessoa a publicar um desenho de um osso de dinossauro. O repertório de Plot para as possíveis explicações sobre a origem do osso não era amplo o suficiente para incluir a verdade, que era que ele estava olhando o fêmur parcial de um réptil gigante agora chamado *Megalossauro*. Ele considerou a possibilidade de um antigo elefante romano ter se perdido e morrido na Cornualha, mas sua comparação com o fêmur de um elefante real descartou essa possibilidade. Devia ser uma pessoa, pensou ele, então a única questão era *que tipo* de pessoa. Sua resposta: uma pessoa extremamente alta.[17]

Para ser justo com Plot, ele estava lidando com um fenômeno verdadeiramente novo, e é difícil culpá-lo por não ter entendido o que estava vendo. Um *desajuste* verdadeiro seria um erro mais sério, como se Plot simplesmente tivesse tomado como seu modelo que ossos no solo pertenciam a pessoas, apesar dos numerosos exemplos de ossos não humanos encontrados no chão. Escavando o esqueleto de uma cobra comum, o paleontólogo desajustado exclamaria: minha nossa, como essa pessoinha deve ter sido extraordinariamente sinuosa!

O sentido de um modelo é nos dizer se o número total de mortes por covid-19 nos Estados Unidos seria 93 526 (como projetou em 1º de abril um modelo amplamente observado do Instituto de Métricas e Avaliação de Saúde) ou 60 307 (16 de abril) ou 137 184 (8 de maio) ou 394 693 (15 de outubro), ou nos dar o dia e hora precisos em que o número de leitos hospitalares em uso chegará ao pico. Para esse tipo de trabalho, você precisa de um adivinho, não de um matemático. Então para que um modelo? Zeynep Tufecki, que não é nem matemático nem criador de modelos, mas sociólogo, resumiu a coisa num artigo com o título absolutamente correto e digno de ser compartilhado "Coronavirus Models Aren't Supposed to Be Right" [Coronavírus: Não se espera que os modelos estejam certos].[18] Um objetivo melhor para modelos é fazer avaliações mais amplas e qualitativas: neste momento a pandemia está espiralando e fugindo de controle, crescendo mas se achatando, ou terminando? Esse é o objetivo em que Kevin Hassett e seu modelo cúbico fracassaram.

Nós somos muito parecidos com o AlphaGo. O programa aprende uma lei aproximada que atribui um escore a cada posição no tabuleiro. O escore não nos diz, de cara, se a posição é um V, um D ou um E; isso está além da capacidade de computação de qualquer máquina, seja implantada num bloco mecânico ou no nosso crânio. Mas a tarefa do programa não é obter essa resposta exatamente correta; é nos dar um bom conselho sobre qual dos muitos caminhos à nossa frente é o mais provável de nos conduzir à vitória no final.

Modelar uma pandemia é mais difícil que o AlphaGo pelo menos sob um aspecto: no Go, as regras permanecem as mesmas durante todo o jogo. Numa epidemia, fazemos um modelo baseados em certos fatos sobre quem está transmitindo a quem e quando, e esses fatos podem mudar de repente, por ação humana em massa ou por decreto governamental. Pode-se usar a física para modelar o voo de uma bola de tênis, e os jogadores de tênis, se forem bons mesmo, calculam rápida e inconscientemente nesse modelo para descobrir onde determinada jogada vai colocar a bola. Mas não se pode usar a física para predizer quem vai ganhar uma demorada partida de tênis; isso depende de como os jogadores reagem à física. A modelagem real é sempre uma dança entre a dinâmica previsível e as nossas respostas imprevisíveis.

Vi num noticiário uma foto de um manifestante em Minnesota,[19] que protestava irado contra a ordem para ficar em casa que o governador havia emitido a fim de limitar a transmissão do vírus, e presumivelmente cético em relação à seriedade da ameaça representada pela covid-19. Ele carregava um grande cartaz que dizia PAREM COM O ISOLAMENTO, e outro que dizia OS MODELOS ESTÃO TODOS ERRADOS. Ele estava parafraseando, imagino que não de propósito, um famoso slogan do estatístico George Box, que é profundamente apropriado ao momento da covid-19. É mais ou menos assim: todos os modelos estão errados, mas alguns são úteis.

Ajustadores de curvas e engenheiros reversos

Há duas maneiras de predizer o futuro. Pode-se tentar descobrir a maneira como o mundo funciona e deduzir dessa compreensão bons palpites sobre o que virá a seguir. Ou pode-se... não fazer isso.

Ronald Ross expôs essa distinção muito claramente, como modo de se diferenciar de predecessores como Farr, os quais ele pretendia suplantar. Ross defende a bandeira da primeira abordagem, que poderia ser chamada de "engenharia reversa": seu projeto é começar com fatos que ele conhece acerca da disseminação de uma doença, e a partir daí raciocinar percorrendo o caminho para as equações diferenciais que a curva da epidemia deve necessariamente satisfazer. William Farr estava no campo oposto. Não era um engenheiro reverso, mas um ajustador de curvas. O modo de predição por "ajuste de curvas" consiste em procurar regularidades no passado e adivinhar quais padrões persistirão no futuro, sem se preocupar demais com os porquês. O que aconteceu ontem acontecerá amanhã. Dessa maneira, podem-se fazer predições sem obter, ou mesmo procurar, alguma compreensão sobre o que está ocorrendo nas entranhas do sistema. E a predição pode até mesmo estar correta!

A maioria dos cientistas sente uma simpatia natural por Ross e pelos engenheiros reversos. Cientistas gostam de entender as coisas. Então, os ajustadores de curvas estarem desfrutando de um ressurgimento, conduzido pelo progresso em aprendizagem de máquina, acaba sendo um balde de água fria.

Você pode ter notado que o Google consegue agora traduzir bastante bem documentos de uma língua para outra. Não perfeitamente, não de um modo que um conhecedor humano faria, mas com uma acuidade que seria tema de ficção científica décadas atrás. O texto preditivo está melhorando, também; você digita e a máquina dá um pulo na sua frente e lhe oferece uma chance, com um único toque numa tecla, de inserir a palavra ou frase que a máquina prediz que você pretende digitar a seguir. A maioria das vezes ela está certa. (Eu, por orgulho ou despeito, mudo a redação do meu texto quando a máquina adivinha corretamente o que vou dizer, ou, se não tenho escolha a não ser reconhecer a correção do modelo, pelo menos digito a palavra sozinho, letra por letra, como pretendia Deus.)

Se você perguntasse a Ronald Ross como isso funcionava, ele poderia dizer algo assim: sabemos muita coisa sobre a estrutura interna de uma sentença em inglês — aqueles entre nós de certa idade podem até fazer um diagrama dela — e sobre os significados das palavras, que estão registrados em dicionários. Dada toda essa informação, deveria ser possível para um nativo que falasse a língua compreender o mecanismo de uma sentença suficientemente bem para adivinhar que categoria de palavras pode completar uma frase que eu comece a digitar

Mas não é assim que a máquina de linguagem do Google funciona. É mais como Farr. O Google já viu bilhões de sentenças, o suficiente para observar regularidades estatísticas referentes a quais combinações de palavras provavelmente formam sentenças significativas e quais não. E, entre as significativas, pode avaliar quais parecem mais prováveis. Farr olhava as epidemias anteriores; o Google olha os e-mails anteriores. Ninguém diz à máquina o que é um substantivo ou um verbo. E ela não sabe o que são essas coisas, nem qual o significado dos termos. De todo modo, funciona. Ainda não tão bem quanto um escritor ou tradutor humano, talvez nunca chegue a isso. Mas bastante bem!

A máquina funciona mesmo que você esteja digitando algo completamente original, como todos gostamos de pensar que estamos fazendo. Em 2012 houve um bate-boca intelectual entre Noam Chomsky, que mais ou menos inventou a moderna disciplina acadêmica da linguística, e Peter Norvig do Google, que liderava um vasto esforço de engenharia para evitar essa disciplina.[20] Chomsky introduziu nos anos 1950 um exemplo famoso, ilustrando a natureza governada por regras que a linguagem humana tem: "Ideias verdes sem cor dormem furiosamente".* Aí está uma sentença que uma pessoa nunca antes vira (ou pelo menos antes de Chomsky torná-la

---

* *"Colorless green ideas sleep furiously"* é a frase original de Chomsky, mas sua tradução em português vale igualmente para a argumentação quanto à linguística. (N. T.)

famosa), e não há como anexá-la a uma interpretação significativa enquanto declaração acerca do mundo físico. No entanto, nossa mente a reconhece claramente como uma oração gramatical, e até mesmo a "entende" — poderíamos responder corretamente a perguntas baseadas nela, como "As ideias verdes sem cor estão descansando calmamente?", e reconhecer (porque *nós* sabemos o que são substantivos, verbos e adjetivos) que "Furiosamente dormem verdes sem cor ideias" é uma oração que precisa ser rearranjada para fazer algum sentido na linguagem. Mas, contrariando Chomsky, uma máquina moderna pode chegar às mesmas conclusões sem aprender regras estruturais sobre linguagem. Um programa de linguagem desenvolve um meio de avaliar uma sequência de palavras como "sentença" ou "não sentença" com base na sua semelhança com outras sentenças realmente produzidas por humanos. Como a máquina treinada para distinguir um gato de um não gato, ela usa alguma forma de gradiente descendente para encontrar um caminho passo a passo para uma estratégia que faça um bom serviço identificando as sentenças que já viu como mais "sentenciais" que outras sequências de palavras. E não é só isso; a estratégia que ela encontra (por razões que permanecem não totalmente claras até para aqueles que lidam com o assunto) tende a se sair bem avaliando a "sentencialidade" de sequências de palavras que não fizeram parte do treinamento. "Ideias verdes sem cor dormem furiosamente" tem um escore de sentencialidade muito mais elevado que "Furiosamente dormem verdes sem cor ideias", mesmo sem um modelo formal de gramática, mesmo que nenhuma dessas duas sentenças seja encontrada nos dados observados, ainda que você seja treinado na coleta de dados pré-Chomsky. Até mesmo as partes componentes, como "verdes sem cor", são vistas raramente, se é que chegam a ser.

Norvig observa que, quando se trata de tradução ou autocompletar de máquina no mundo real, métodos estatísticos como esse sobrepujam decisivamente todas as tentativas de engenharia reversa dos mecanismos subjacentes da produção de linguagem humana.* Chomsky retruca que,

---

* E, é claro, ambos ainda são esmagados por seres humanos, que aprendem linguagem mais acuradamente que qualquer IA, com um bilionésimo de seu input de treinamento.

seja como for, métodos como o do Google não fornecem percepção do que a linguagem *é realmente*; são como Galileu observando o arco parabólico de um projétil antes que Newton entrasse e apresentasse as leis.

Ambos estão certos, sobre a linguagem e também sobre a pandemia. Não se pode seguir sem uma certa quantidade tanto de ajuste de curvas quanto de engenharia reversa. Um dos modeladores mais bem-sucedidos da pandemia em 2020, um recém-graduado pelo MIT chamado Youyang Gu, habilmente combinou ambas as abordagens, utilizando um modelo estilo Ross de equações diferenciais projetado para imitar a mecânica conhecida da transmissão de covid-19, mas usando técnicas e aprendizagem de máquina para sintonizar os muitos parâmetros desconhecidos nesse modelo, de modo a combinar da melhor forma possível a pandemia observada até aquele momento. Precisamos catalogar o máximo que pudermos sobre o que aconteceu ontem se quisermos predizer o que vai acontecer amanhã, mas nunca teremos bilhões de pandemias passadas para examinar, e se quisermos estar preparados para a próxima novidade viral, é melhor que procuremos leis.

12. A fumaça na folha

EM 1977, um grupo de integrantes do time holandês na Olimpíada Internacional de Matemática em Belgrado, apresentou o seguinte quebra-cabeça para seus concorrentes britânicos: Qual é o próximo número da sequência

1, 11, 21, 1211, 111221, 312211, ...?

Fica mais fácil se eu disser a você que os próximos termos são

13112221, 1113213211, 31131211131221, 13211311123113112211, ...?

A maioria das pessoas não entende. Eu com toda certeza também não, quando vi pela primeira vez. Mas a solução, quando você fica sabendo, é boba e encantadora. Essa é a sequência "Olhe-e-Fale". O primeiro termo é 1: "um um". Então o próximo termo é 11, "dois uns". Isso faz com que o termo seguinte seja 21, ou "um dois, um um", que na hora de escrever fica 1211, "um um, um dois, dois uns", e assim por diante.

Isso é só um divertimento, ou assim parecia para o time holandês de matemática. Mas em algum momento em 1983 a sequência Olhe-e-Fale chegou a John Conway, para quem criar divertimentos em matemática (e tornar a matemática divertida) era um modo de vida. Conway mostrou[1] que a sequência Olhe-e-Fale nunca contém um número maior que 3, e que o comportamento da sequência no longo prazo é controlado pelo comportamento de exatamente 92 sequências de dígitos especiais, que Conway chamou de "átomos" e batizou segundo elementos químicos (1113213211 é "*hafnium*" [háfnio] seguido por "*tin*" [estanho]). E mais, o número de dígitos nos termos da própria sequência se comporta de forma previsível. Os termos da sequência Olhe-e-Fale que escrevemos até agora têm comprimento

1, 2, 2, 4, 6, 6, 8, 10, 14, 20...

Seria muito bacana se isso fosse uma progressão geométrica. Mas não é. A razão entre cada termo e o anterior é

2, 1, 2, 1,5, 1, 1,33, 1,25, 1,4, 1,42857...

Mas, à medida que avançamos, uma regularidade começa a se instalar. Os 47º, 48º e 49º termos do Olhe-e-Fale têm

403 966, 526 646, 686 646

dígitos respectivamente. O segundo é 1,3037 vezes o primeiro. O terceiro é 1,3038 vezes o segundo. As razões parecem estar se estabilizando. O que Conway provou, por engenhosas manipulações dos seus 92 átomos enquanto estes passavam por aquilo que ele chamou de "decaimento audioativo" pelo processo Olhe-e-Fale, é que essas razões de fato se aproximam de uma constante fixa, que Conway calculou com exatidão.* Os comprimentos dos números do Olhe-e-Fale formam não uma progressão geométrica, mas sim uma progressão que vai ficando mais e mais geométrica com o passar do tempo.

Progressões geométricas são elegantes e imaculadas. Mas no mundo real são raras. Progressões geométricas do tipo do comprimento dos números Olhe-e-Fale são muito mais comuns. Elas nos colocam em contato com uma noção matemática de importância fundamental chamada *autovalor*. Não podemos evitá-lo, por exemplo, se quisermos tornar os modelos de Ross-Hudson de disseminação de doenças até mesmo ligeiramente realistas.

---

* Para os fãs de álgebra: é a maior raiz de um certo polinômio de grau 71!

Dakota e Dakota

A teoria dos acontecimentos de Ross e Hudson, quando aplicada a uma doença, depende do acompanhamento da proporção da população atualmente infectada. Isso já cria alguma ambiguidade. Qual é a população? O seu bairro? A sua cidade? O seu país? O mundo?

Você pode ver que isso realmente importa por meio de um simples exercício de adição. Digamos que uma doença nova, a Gripe Wall Drug,* está assolando as Grandes Planícies. Suponha que o número de casos em Dakota do Norte esteja triplicando a cada semana, mas no estado vizinho de Dakota do Sul, por algum motivo, os casos estejam apenas dobrando a cada semana. Os casos em Dakota do Norte poderiam ter o aspecto

10, 30, 90, 270

e em Dakota do Sul

30, 60, 120, 240.

Então o número total de casos, se Dakota fosse um só estado, seria

40, 90, 210, 510

que não é absolutamente uma progressão geométrica: as razões entre os termos sucessivos são 2,25, 2,33, 2,43. Se você viu esses números de Dakota como unidade, poderia pensar que alguma força sinistra está fazendo com que o vírus fique mais contagioso a cada semana que passa. Pode ser que você comece a ficar doido. Será que a taxa de crescimento algum dia vai parar de aumentar?

Não precisa surtar. O crescimento de casos não é uma progressão geométrica, mas é mais ou menos um tipo de, como os comprimentos das

* Wall Drug é o nome de uma imensa loja de varejo, com artigos de todos os tipos, localizada em Dakota do Sul. (N. T.)

sequências do Olhe-e-Fale. Nas quatro semanas que cobrimos, os casos totais estão divididos aproximadamente entre as duas Dakotas. Mas isso não vai durar. Nas próximas quatro semanas Dakota do Norte produzirá um número de casos de

810, 2430, 7290, 21870

e Dakota do Sul apenas

480, 960, 1920, 3840

O total de casos nas duas Dakotas na oitava semana foi de 25710, o que é 2,79 vezes os 9210 casos da semana anterior. Essa razão é bastante próxima de 3, e vai chegar cada vez mais perto. O crescimento mais rápido em Dakota do Norte supera em muito o de Dakota do Sul. Em dez semanas de epidemia, quase 95% dos casos serão de lá. Em algum ponto, poderíamos perfeitamente ignorar por inteiro Dakota do Sul; a doença está mais ou menos totalmente em Dakota do Norte, triplicando a cada semana.

As duas Dakotas são um lembrete de que para entender direito a pandemia precisamos pensar em espaço bem como em tempo. Na história SIR básica, quaisquer duas pessoas na população têm a mesma probabilidade de se encontrarem e misturarem suas expirações. Nós sabemos que isso não é bem verdade. A população de Dakota do Sul encontra gente de Dakota do Sul, e a de Dakota do Norte encontra gente de Dakota do Norte. Isso é exatamente o que faz com que a taxa de transmissão seja diferente em estados diferentes, ou em localidades diferentes dentro do mesmo estado. Uma mistura uniforme da população faria com que a dinâmica da doença se equalizasse, mais ou menos como a mistura de água quente com água fria resulta rapidamente em água morna, e não num turbilhão quente-frio.

Eis aqui um cenário Dakota mais complicado. Suponha que a população de Dakota do Sul respeite incrivelmente todas as diretrizes de distanciamento social, tanto que não ocorre nenhum evento infeccioso entre duas pessoas do estado. Em Dakota do Norte, porém, eles ficam se aglomerando, respirando um o ar do outro e de modo geral fazendo pouco das regras. Cada pessoa de Dakota do Norte que tem o vírus o transmite para uma outra pessoa do estado. Além disso, o pessoal de Dakota do Norte gosta de perambular por aí e atravessar a fronteira e ficar frente a frente com quem encontram, e por causa dessa prática cada habitante de Dakota do Norte infectado passa a doença para um habitante de Dakota do Sul, e cada um do Sul a passa para um do Norte.

Captou tudo? Senão (ou mesmo tendo captado) vejamos como isso funciona, a começar por um habitante de Dakota do Norte infectado com a Gripe Wall Drug e Dakota do Sul sem infectados. Durante a semana seguinte, esse habitante de Dakota do Norte infecta um colega do seu próprio estado e um de Dakota do Sul, enquanto o estado de Dakota do Sul, não tendo pessoas infectadas, não gera novas infecções. Para simplificar as coisas, vamos assumir que as pessoas gripadas se recuperem depois da semana de contágio, de modo que no fim da semana as únicas pessoas infectadas são aquelas *que acabaram de ser infectadas*; uma em Dakota do Norte e outra em Dakota do Sul.

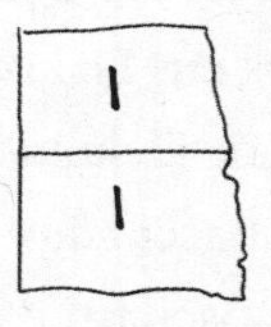

Na semana seguinte, o habitante de Dakota do Norte infecta mais duas pessoas, uma no seu próprio estado e outra em Dakota do Sul, enquanto o habitante enfermo do Sul infecta um do Norte que chegou perto demais; então temos

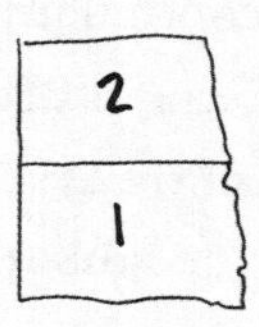

O tempo passa e a infecção se espalha mais amplamente. As próximas semanas trazem:

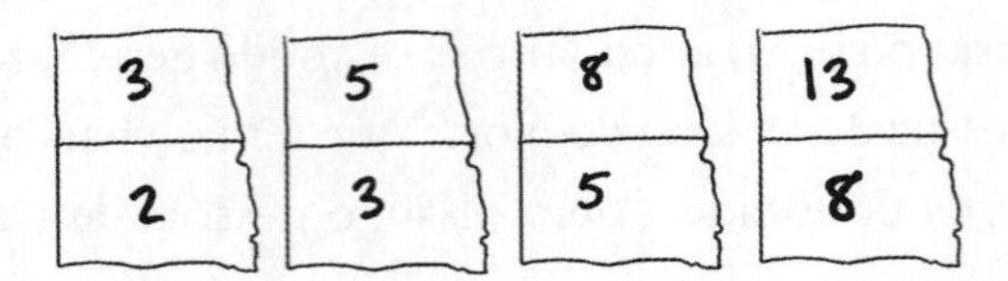

Por acaso você está ouvindo ecos de poesia em sânscrito? O número de habitantes de Dakota do Norte infectados pela Gripe Wall Drug a cada semana

1, 1, 2, 3, 5, 8, 13...

corresponde aos números de Virahanka-Fibonacci. E são também a contagem de casos de Dakota do Sul, retardados em uma semana. As regras de transmissão que escolhemos forçam isto: cada semana, o número de habitantes de Dakota do Sul com a Gripe Wall Drug é o número de habitantes de Dakota do Norte infectados da semana anterior, e o número de habitantes do Norte com a Gripe Wall Drug é a soma dos números de casos infectados de Dakota do Norte e Dakota do Sul na semana anterior, que é igual ao número de casos em Dakota do Norte na semana passada combinado ao número de casos de Dakota do Norte na semana antes dessa.

Agora, a sequência de Fibonacci *não é* uma sequência geométrica. As razões entre termos sucessivos oscilam para cima e para baixo:

1, 2, 1,5, 1,66...

Exceto que ela é na verdade uma espécie de sequência geométrica! Especialmente se a deixarmos continuar por algum tempo. O décimo segundo número de Fibonacci é 144, o décimo terceiro é 233 e o décimo quarto é sua soma, 377. A razão entre 233 e 144 é em torno de 1,61806. A razão seguinte, 377/233 é em torno de 1,61803. São valores bastante próximos. E, se você acompanhasse o crescimento da infecção semana após semana, descobriria que a razão de uma semana para a seguinte se estabiliza quase exatamente num valor comum, muito perto de 1,618034. Mais uma vez, encontramos esse fenômeno de crescimento não exatamente mas quase exponencial.

Qual é esse número misterioso que se esconde na sequência de Fibonacci? Simplesmente não é um número qualquer. É um número com um nome pomposo: *razão áurea*, ou seção áurea, ou proporção divina, ou φ.* (Quanto mais famoso é um número, mais nomes ele tende a ter.) Se você quiser uma descrição exata, há uma em termos da raiz quadrada de cinco: a razão áurea é $1 + \sqrt{5}/2$.

As pessoas vêm fazendo barulho em relação a esse número há séculos. Em Euclides, a proporção aparece com o nome mais mundano de "divisão em média e extrema razão". Ele precisou dela para construir um pentágono regular, uma vez que a razão áurea é a proporção entre a diagonal desse pentágono e o seu lado. Johannes Kepler considerou o Teorema de Pitágoras e a razão de Euclides as duas maiores conquistas da geometria clássica: "O primeiro podemos comparar a uma massa de ouro, a segunda podemos chamar de joia preciosa".[2]

Em algum ponto ao longo do caminho, a razão deixou de ser uma joia e começou a ser de ouro; um texto de 1717 diz que "os antigos chamavam essa seção de seção áurea".[3] (Não há evidência de que qualquer antigo *realmente* a tivesse chamado assim, mas atribuir ao nome que foi cunhado um peso não especificado de tradição confere uma certa pompa cultural.) Um retângulo áureo é aquele cujo comprimento é φ vezes a largura; ele tem a agradável característica de que, se você cortá-lo em dois pedaços de modo que um deles seja um quadrado, o outro será um retângulo áureo menor. E se quiser pode cortar *esse* retângulo áureo em dois, criando um outro ainda menor, e assim por diante, formando uma espécie de espiral feita de quadrados.

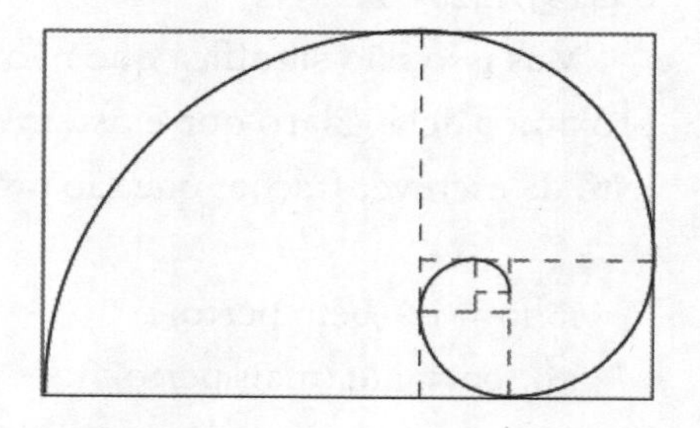

Kepler apreciava a razão áurea, tanto pelas suas propriedades geométricas quanto aritméticas; ele desco-

* Uma letra grega que é pronunciada "fi".

briu a sequência de Virahanka-Fibonacci independentemente, e descobriu que as razões entre termos consecutivos se aproximavam mais e mais da razão áurea. A relação entre a geometria e a aritmética da sequência fica visível se escrevermos um retângulo quase áureo cujo comprimento e largura forem dois números de Fibonacci consecutivos, como este espécime 8 × 13,

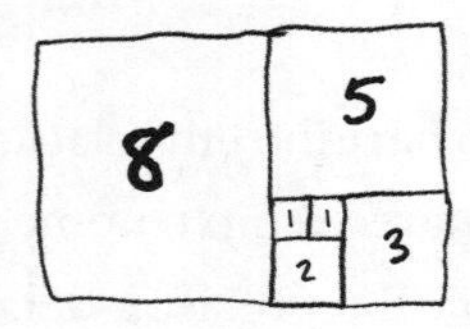

que poderíamos chamar de "áureo até que não é mais" — corte um quadrado e você obtém um retângulo 5 × 8, corte outro menor e terá 3 × 5, recuando na sequência de Fibonacci a cada corte. E você acaba chegando a zero e a sua espiral de quadrados acaba em vez de continuar para sempre.

A característica da razão áurea de que mais gosto é aquela que recebe relativamente menos atenção, então eis minha chance de fazer propaganda dela! O motivo de eu continuar digitando 1,618... com essas desagradáveis reticências é que a razão áurea é um número irracional: não se pode exprimi-lo como a divisão de um número inteiro por outro, o que também significa que não se pode escrever a razão áurea como um número finito de casas decimais, ou mesmo casas que se repitam, como 1/7 = 0,142857142857142857...

Mas isso não significa que não existam números racionais bastante próximos dela. Claro que existem! Uma expansão decimal, afinal, *é* um jeito de escrever frações que são próximas de um número:

16/10 = 1,6 (bem perto)
161/100 = 1,61 (mais perto)
1618/1000 = 1,618 (mais perto ainda)

A expansão decimal dá uma fração com denominador 1000, que está a 1/1000 da razão áurea:* se fizermos o denominador 10 000 podemos obtê-la a 1/10 000, e assim por diante.

Podemos melhorar ainda mais! Lembre-se, as razões entre números de Fibonacci também são frações que se aproximam mais e mais da razão áurea

8/5 = 1,6
13/8 = 1,625
21/13 = aproximadamente 1,615

Continue nessa sequência e você chegará a

233/144 = 1,6180555555

que está apenas a duas partes em 100 000 de distância da razão áurea, uma aproximação substancialmente melhor que 1618/1000, com um denominador bem menor. Na verdade, a diferença é menos de um centésimo da fração 1/144.

Alguns irracionais célebres podem ser aproximados ainda mais. Zu Chongzhi, um astrônomo do século V em Nanjing, observou que a fração simples 355/113 é incrivelmente próxima de π, apenas a 2 em *10 milhões* de distância. Ele a chamou de *milü* ("razão muito próxima"). O livro de Zhu sobre métodos matemáticos se perdeu, então não sabemos como ele chegou ao *milü*.[4] Mas não foi um achado simples; seriam necessários mil anos até que a aproximação fosse redescoberta na Índia, outros cem anos antes de ser conhecida na Europa, e outro século depois disso até ser provado de forma conclusiva que π era realmente irracional.

Com que grau de aproximação devemos esperar que números racionais cheguem perto de um número irracional? É um problema aritmético, mas o melhor é pensar nele geometricamente. Existe um artifício espantoso

* Na verdade, podemos obter dentro de 1/2000 arredondando o dígito final para cima ou para baixo em vez de simplesmente interromper a expansão decimal; detalhes deixados ao interesse do leitor! De qualquer maneira, não seremos tão cuidadosos a ponto de precisarmos suar com fatores de dois.

para isso, inventado por Peter Gustav Lejeune Dirichlet no começo do século XIX. Encontramos uma fração, 233/144, cuja distância em relação a φ é menor que um centésimo de 1/144. Será que podemos encontrar uma fração p/q cuja diferença em relação à razão áurea seja menor que *um milésimo* de $1/\varphi$? Podemos, e a prova de Dirichlet de que podemos é tão simples que não posso deixar de apresentá-la.* Desenhe o segmento da reta numérica que cubra os números entre 0 e 1, e então corte-a em mil pedaços iguais. (Não consigo desenhar mil pedaços iguais, então imagine-os):

Agora comece a escrever múltiplos de φ:

$$\varphi = 1{,}618\ldots,\ 2\varphi = 3{,}236\ldots,\ 3\varphi = 4{,}854\ldots,\ 4\varphi = 6{,}472\ldots$$

e marque a *parte fracionária* de cada um desses números — a parte que vem depois da vírgula decimal — na reta numérica. Se eu desenhar as partes fracionárias dos primeiros trezentos múltiplos de φ na reta numérica, marcando cada uma com uma barra vertical para deixá-la um pouco mais visível, obterei uma espécie de "código de barras":

Cada uma dessas barras se encontra dentro de uma das mil caixinhas. A razão áurea em si está na 619ª caixinha. (Não na 618ª, pelo mesmo motivo por que estamos agora no século XXI apesar de os anos começarem com 20; a primeira caixinha corresponde aos números entre 0,000 e 0,001, a se-

* Esta seção acena com o início primordial do tema da aproximação diofantina; se você se interessar, algumas coisas a serem lidas são o teorema da aproximação de Dirichlet (este que provamos aqui), frações contínuas e o teorema de Liouville.

gunda caixinha aos números entre 0,001 e 0,002 etc.) O próximo múltiplo, 2φ, cai na caixinha número 237, 3φ na caixinha 855. Continue colocando os números nas caixinhas. Se algum desses múltiplos de φ cair na *primeira* caixinha, nós ganhamos; porque dizer que um múltiplo *q*φ tem parte fracionária entre 0 e 0,001 é dizer que a diferença entre *q*φ e algum número inteiro *p* é no máximo 0,001, que, depois de dividirmos ambos os números por *q*, equivale a dizer que a diferença entre φ e a fração *p*/*q* é no máximo um milésimo de 1/*q*.

Mas por que algum dos nossos múltiplos haveria de cair na primeira caixa? Talvez, como um cão perdido procurando chegar em casa, eles atravessem o território vezes e vezes seguidas sem nunca parar na casa crucial!

É aí que entra o extraordinário insight de Dirichlet. Ele o chamou de *Schubfachprinzip* ("princípio das gavetas"), os matemáticos de hoje preferem usar o termo oriundo do inglês, princípio da casa dos pombos. O princípio diz o seguinte: se você tiver um punhado de pombos e um punhado de buracos, e colocar todos os pombos em buracos, e houver mais pombos do que buracos, então algum buraco precisa ter dois pombos dentro.

Esse enunciado é tão óbvio que é difícil acreditar que sirva para alguma coisa. Às vezes a matemática mais profunda é assim.

Para nós, os pombos são os múltiplos de φ e as mil caixinhas são os buracos. E o que aprendemos sobre as gavetas de Dirichlet é que, se olharmos 1001 múltiplos, pelo menos dois deles precisam compartilhar um buraco. Digamos que 238φ e 576φ sejam os pombos que estão juntos. Eles não estão (na verdade estão empoleirados nas caixas 93 e 988 respectivamente), mas vamos fingir que estejam. Então a diferença entre esses dois números deve estar dentro de 1/1000 de algum inteiro, que chamamos de *p*; mas essa diferença é 338φ, que deve cair na primeira caixa — ou, para ser justo, na última caixa de números terminando em 0,999... De qualquer maneira, *p*/338 é a nossa aproximação suficientemente próxima.

Não importa *quais* dois múltiplos de φ caiam na mesma caixa; qualquer que seja o par obtém-se a fração que é realmente próxima de φ. Na realidade, descobre-se que a primeira colisão de pombos ocorre entre φ e

$611\varphi = 988{,}6187...$, que compartilha a 619ª caixa com φ. Sua diferença, 610φ, é aproximadamente 987,0007, e assim 987/610 é uma aproximação realmente boa de φ. Você não ficará surpreso em saber que 610 e 987 aparecem como termos consecutivos na sequência de Fibonacci, um pouquinho depois dos pontos onde paramos de computar.

Não há nada de especial em relação ao número 1000. Se você quiser um número racional p/q cuja diferença em relação a φ seja menor que *um milionésimo* de $1/q$, também pode fazer isso, mas você vai ter que fazer q igual a 1 milhão.

A diferença entre a razão aproximada de Zu Chongzhi 355/113 e π é só aproximadamente um trigésimo de milésimo de 1/113. No que diz respeito a Peter Gustav Lejeune Dirichlet, você talvez tenha que olhar frações com denominador do tamanho de 30 000 para encontrar uma aproximação tão boa. Mas não faça isso! O *milü* não é apenas uma boa aproximação de π, é uma aproximação *impressionantemente* boa!

Vamos ver como ele se comporta na reta numérica. Se eu olhar os primeiros trezentos múltiplos de 1/7, e marcar suas partes fracionárias do mesmo jeito que fiz com os múltiplos de φ, assinalando cada uma com uma barra, obtenho uma figura que parece, bem, sete barras; porque não importa por quanto eu multiplique 1/7, obtenho algum número de "sétimos", cuja parte fracionária é 0, 1/7, 2/7, 3/7, 4/7, 5/7 ou 6/7.

O mesmo vale para qualquer número racional; podemos considerar mais e mais múltiplos, mas as barras ficarão restritas a uma coleção finita, regularmente espaçada de 0 a 1.

E quanto a π? Eis os primeiros trezentos múltiplos:

É um monte de barras! Mas não trezentas. Na verdade, se você fosse contar as barras visíveis aqui, veria que há exatamente 113 delas. O que você está vendo é a assinatura do *milü*. Como π é tão próximo de 355/113, seus trezentos primeiros múltiplos também são muito próximos de alguma quantidade de 113 avos, o que significa que essas barras permanecerão muito próximas dos números 0, 1/113, 2/113, (finja que escrevi todas as 113 possibilidades) e 112/113. Como π não é *exatamente igual* ao *milü*, seus múltiplos não caem exatamente em cima dessas frações; as barras na figura que parecem um pouco mais gordas são na verdade diversas barras tão aglomeradas que parecem só uma na página.

O que nos traz de volta à razão áurea. O código de barras formado pelos trezentos primeiros múltiplos de φ, que já desenhei antes, está bastante espalhado, não aglomerado como as barras do π. Desenhe mil múltiplos e a história é a mesma, só que com mais barras:

E não importa quantos múltiplos de φ eu pegue, mil, 1 bilhão ou mais, essas barras nunca vão se alinhar ao longo de um pequeno conjunto de posições regularmente espaçadas, como no caso de um código de barras de um número racional, nem mesmo se aglomerar *perto* dessas posições, como acontece com o código de barras do π. Não existe *milü* áureo.

Eis um belo fato, difícil de provar aqui: você não vai encontrar nenhuma aproximação racional φ melhor que as fornecidas pela sequência de Fibonacci, e essas aproximações nunca são melhores do que o teorema de Dirichlet garante. Na verdade, de um modo que pode se tornar bastante preciso, mas não aqui, φ, entre todos os números reais é aquele que menos pode ser aproximado por frações; é o *mais irracional* dos números irracionais. Isso, para mim, é uma joia.

Em busca de uma certa razão

Um dia, na década de 1990, jantei com o amigo de um amigo no Galaxy Diner em Nova York. O amigo do amigo disse que estava fazendo um filme sobre matemática e queria conversar com um profissional da área sobre como era realmente a vida de um matemático. Comemos cheeseburgers com cebola caramelizada, eu lhe contei algumas histórias, esqueci o assunto e os anos se passaram. O amigo do amigo se chamava Darren Aronofsky, e seu filme *Pi* foi lançado em 1998. O personagem principal do filme é um teórico dos números chamado Max Cohen, que pensa com extrema intensidade e vive enrolando o cabelo com os dedos. Ele conhece um homem hassídico que faz com que ele se interesse por numerologia judaica, a prática chamada *gematria*,* em que uma palavra é transformada num número mediante a soma dos valores numéricos das letras hebraicas que a compõem. A palavra hebraica para "leste" soma 144, explica o hassídico, e "A Árvore da Vida" resulta em 233. Agora Max ficou interessado, porque esses são números de Fibonacci. Ele rabisca mais alguns fibonaccis tirados das páginas do mercado de ações no jornal. "Eu nunca vi isso antes", diz o impressionado hasside. Max programa febrilmente seu computador, cujo nome é Euclides, desenha espirais de retângulos áureos e contempla longamente espirais semelhantes de leite no seu café. Ele calcula um número de 216 dígitos que parece ser a chave para a previsão dos preços de ações e possivelmente também é o nome secreto de Deus. Ele joga muito Go com o orientador da sua tese. ("Pare de pensar, Max. Apenas *sinta*. Use a sua intuição.") Ele fica com uma terrível dor de cabeça e enrola o cabelo ainda mais intensamente. A bela mulher no apartamento vizinho fica intrigada. Esqueci de mencionar, mas esse filme é em preto e branco. Alguém tenta sequestrá-lo. Finalmente ele faz um furo na sua própria cabeça para deixar sair parte da pressão matemática, e o filme chega ao que parece ser um final feliz.

* Você poderia pensar que se trata obviamente de uma hebraicização da palavra grega *geometria*. Mas aparentemente essa explicação é controversa.

Não me lembro do que eu disse a Aronofsky sobre matemática, mas não foi isso.

(Revelação: houve ocasiões, quando eu estava na casa dos vinte anos, depois que *Pi* foi lançado, em que eu me sentava num café com meu exemplar muito surrado da *Geometria algébrica* de Robin Hartshorne estrategicamente colocado num lugar visível sobre a mesa, pensando muito intensamente e enrolando o cabelo com os dedos. Ninguém jamais ficou intrigado.)

Aronofsky aprendeu os números de Fibonacci num curso do ensino médio sobre "Matemática e misticismo" e sentiu uma afinidade instantânea com a sequência, porque o código postal da sua casa era 11235. Esse tipo de atenção para coincidência e padrão, significativo ou não, é característico do numerismo áureo. Em algum ponto no meio do caminho, a compreensível atração pelas propriedades matemáticas de 1,618... extravasou para alegações mais grandiosas. O teórico dos números George Ballard Mathews já se queixava do filme de Aronofsky em 1904:

> A "proporção divina" ou "seção áurea" impressiona o ignorante, e até mesmo homens cultos como Kepler, com um senso de mistério, leva-os a sonhar com todo tipo de simbolismo fantástico. Mesmo para os gregos era *a seção*; e seus filósofos, sem dúvida infectados pelo Oriente, especulavam sobre átomos e sólidos regulares de um modo que nos parece infantil, mas para eles era bastante sério. Em todo caso, o homem que primeiro achou uma construção exata para o pentágono regular tinha motivo para sentir orgulho da sua façanha; e as superstições em torno do *pentagramma mirificum* são ecos grotescos da sua fama.[5]

Figuras com comprimentos entre si em proporção áurea às vezes são tidas como inerentemente as mais belas. G. T. Fechner, psicólogo alemão do século XIX, apresentava a sujeitos de suas pesquisas pilhas de retângulos para ver se eles achavam os áureos mais agradáveis. E achavam sim! É um retângulo bonito. Mas as alegações de que a Grande Pirâmide de Gizé, o Parthenon e a *Mona Lisa* foram todos desenhados com esse princípio não são bem consubstanciadas. (Da Vinci ilustrou sim um livro de Pacioli sobre o número, que os italianos conheciam como "a proporção divina", mas não há evidência de que tivesse prestado especial atenção à razão áurea no seu próprio trabalho artístico.[6]) O nome φ para a razão áurea foi cunhado no século XX, em homenagem ao escultor grego Fídias, de quem se dizia usar, mas provavelmente não usava realmente, a proporção áurea para esculpir corpos de pedra classicamente perfeitos. Um influente artigo de 1978 em *The Journal of Prosthetic Dentistry*[7] sugere que um conjunto de dentes falsos,[8] para máxima atração do sorriso, deveria ter o incisivo central com 1,618 vezes a largura do incisivo lateral, que por sua vez deveria ser 1,618 vezes a largura do canino. Por que se contentar com um dente de ouro se você pode ter um dente áureo?

O numerismo áureo realmente decolou em 2003, quando Dan Brown publicou seu megassucesso *O código Da Vinci*, a história de um "simbologista religioso" e professor de Harvard que usa a sequência de Fibonacci e a razão áurea para desvendar uma conspiração envolvendo os Cavaleiros Templários e descendentes modernos de Jesus. Depois disso, "botar um φ aí" foi simplesmente um bom marketing. Você podia comprar jeans cujas proporções áureas davam um bom visual para o seu traseiro (eles combinam com sua dentadura áurea!). Houve um "código de dieta", que argumentava que Leonardo teria gostado que você perdesse peso comendo proteínas e carboidratos em proporções áureas.[9] E houve talvez a maior obra de geometria mística já produzida: "DE TIRAR O FÔLEGO",[10] a explicação de 27 páginas da empresa de marketing Arnell Group para o novo "globo" da Pepsi que desenharam em 2008. A peça explica que Pepsi e a razão áurea são parceiros naturais, porque, como você bem sabe, "o vocabulário da verdade e da simplicidade é um fenômeno recorrente [sic] na história da marca". Uma linha do tempo situa a revelação do novo logo da Pepsi como a culminação de 5 mil anos de ciência e design, incluindo Pitágoras, Euclides, Da Vinci e, de algum modo, a faixa de Möbius. Nós temos muita sorte de o Arnell Group não saber nada de Virahanka, porque dá uma tremedeira só de pensar que filosofia pseudosubcontinental ele teria jogado nessa mistura se soubesse.

O novo globo da Pepsi seria construído a partir de arcos de círculos cujos raios teriam razão áurea um em relação ao outro, uma razão que a peça de marketing declara que a partir de agora, numa ação realmente impressionante de reposicionamento de marca, seria conhecida como "A Razão Pepsi". E é aí que as coisas ficam verdadeiramente estranhas. Em páginas subsequentes encontramos "Campos de Energia Pepsi" e sua relação com a magnetosfera da Terra, e o diagrama a seguir ilustrando a relevância da visão de gravitação de Einstein para a atratividade da marca no corredor do mercado:

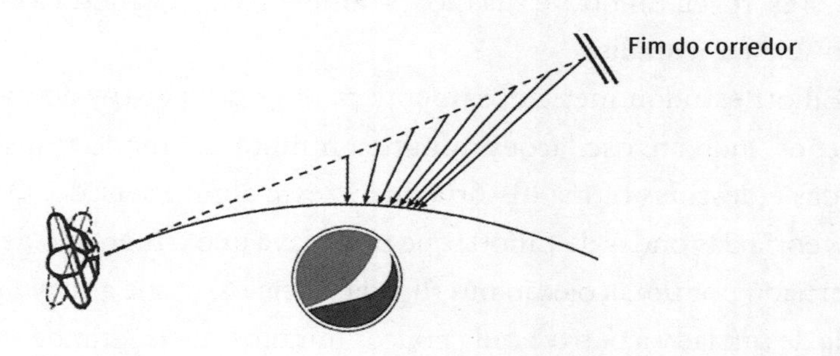

ATRAÇÃO GRAVITACIONAL DA PEPSI

Por mais absurdo que tudo isso seja, o globo da Pepsi criado pelo Arnell Group ainda está nas latas uma década depois. Então talvez a razão áurea realmente seja um verdadeiro árbitro natural do que é lindo e bom! Ou talvez as pessoas simplesmente gostem da Pepsi.

Ralph Nelson Elliott era um contador do Kansas que, durante as três primeiras décadas do século XX, ficou viajando de um lado para outro entre os Estados Unidos e a América Central, trabalhando para ferrovias no México e reorganização financeira na Nicarágua, então ocupada pelos Estados Unidos. Em 1926 adoeceu infectado por uma desagradável infestação de amebas parasíticas, e precisou mudar-se de volta para os Estados Unidos. Alguns anos depois, o mercado de ações ficou descontrolado e jogou o mundo na depressão, de modo que Elliott tinha muito tempo livre e muita motivação para restaurar alguma ordem a um mundo financeiro que não se encaixava mais numa contabilidade bonitinha composta de receitas e despesas.[11] Elliott com toda certeza não conhecia o trabalho de Louis Bachelier sobre preços de ações como um passeio aleatório, mas se tivesse conhecido não teria lhe dado a menor atenção. Ele não queria acreditar que os preços das ações flutuavam aleatoriamente como poeira suspensa num fluido. Queria algo mais parecido com as confortáveis leis físicas que mantinham os planetas em segurança nas suas órbitas. Elliott se comparava a Edmond Halley, que no século XVII descobriu que as idas e vindas aparentemente aleatórias dos cometas na verdade obedeciam a um calendário rígido. "O homem não é menos objeto natural que o Sol ou a Lua",[12] escreveu Elliott, "e suas ações também, em sua métrica ocorrência, estão sujeitas a análise."

Elliott estudou meticulosamente 75 anos de registro do movimento de ações, indo até oscilações minuto a minuto, tentando transformar as subidas e descidas numa história que fizesse algum sentido. O resultado foi a teoria das ondas de Elliott, que postulava que o mercado de ações era governado por uma coleção interligada de ciclos, desde a *subminuette*, que oscila de um lado a outro a cada poucos minutos, até o "grande superciclo", o primeiro tendo começado em 1857 e ainda em andamento.

Para que qualquer coisa dessas ajude um investidor a ganhar dinheiro, é preciso saber quando o mercado está prestes a uma reviravolta, para melhor ou para pior. A teoria das ondas tem uma resposta. Elliott acreditava que o movimento do mercado é controlado por padrões previsíveis de tendências de alta e baixa, as quais os sabichões da teoria de ondas podem antecipar pelo princípio de que a razão entre a duração da tendência presente e a duração da anterior inclina-se a ser áurea: 1,618 vezes. Elliott, sob esse aspecto, foi uma espécie de precursor de Max Cohen em *Pi*, rabiscando números de Fibonacci nas páginas de mercado financeiro.

A regra do 1,618 não era absoluta; a próxima onda poderia ter duração de 61,8% da anterior, porque isso faz a última tendência 1,618 vezes mais longa do que esta. Ou 38,2% da anterior, porque isso é 61,8% de 61,8%. Há muito espaço para manobra, e quanto mais espaço para manobra a teoria tem, mais fácil é descrever o que já aconteceu com um confiante "Foi justo isso que eu pensei!". Para ser honesto, é difícil para alguém de fora penetrar exatamente no que Elliott prediz e não prediz. A teoria das ondas, como todas as teorias desenvolvidas por pessoas que passam muito tempo sozinhas, é densa de terminologia idiossincrática ("Terço de um Terço: Poderosa seção intermediária dentro de uma onda de impulso. Empurrão: Onda impulsiva seguindo fechamento de um triângulo"). Elliott, não contente de ter solucionado o mercado de ações, passou os últimos dez anos de sua vida escrevendo a verdadeira obra da sua vida, *Nature's Law: The Secret of the Universe* [A lei da natureza: O segredo do universo]. (Spoiler: são ondas.)

Essa poderia ser apenas outra história sobre uma velha teoria esquisita do monte de cinzas da história financeira, como as de Roger Babson, que acreditava que as leis do movimento de Newton governavam o mercado de ações, predisse o grande crash de 1929, depois previu o iminente* fim da Depressão em 1930, fundou o Babson College em Massachusetts e o Utopia College em Eureka, no Kansas (no centro geográfico dos Estados Unidos continentais, onde ele achava que estaria a salvo da bomba atômica), concorreu à presidência em 1940 como candidato do Partido da Proibição e gastou grande parte do dinheiro ganho com a venda de dicas sobre ações numa tentativa de desenvolver um metal antigravidade.[13]

A diferença é que a teoria das ondas de Elliott ainda é um assunto corrente. Um guia de "análise técnica" da Merrill Lynch inclui um capítulo inteiro sobre ela, "O conceito Fibonacci", que desenrola o habitual carretel da razão áurea:

> Como ocorre com todos os outros métodos de análise, a relação Fibonacci não é 100% confiável. No entanto, é misteriosa a frequência com que ela consegue predizer pontos de virada significativos. É farta a especulação sobre os motivos que levam a razão de Fibonacci e suas derivadas a continuar aparecendo. O fato é que a misteriosa razão é repetidamente encontrada na natureza. Ela permeia as pinturas do período da Renascença, definindo proporções e perspectiva. E também foi encontrada na arquitetura dos templos da Grécia Antiga — muito antes do tempo de Fibonacci.[14]

---

* Na verdade, nem tão iminente assim.

O seu terminal Bloomberg, caso você tenha dinheiro suficiente para ter um, desenhará pequenas "linhas de Fibonacci" para você nos gráficos de ações, de modo que você saiba até que nível um preço pode subir antes de ser obrigado a repetir uma cópia do tamanho φ da sua tendência mais recente, naquilo que os "ondistas" chamam de "retração Fibonacci". Em abril de 2020, *The Wall Street Journal* advertiu seus leitores[15] de que "provavelmente havia mais dor pela frente" para o índice S&P 500 combalido pelo coronavírus; os preços subiram 23% desde o nível mais baixo no fim de março, mas a retração Fibonacci previa mais perdas. Dois meses depois, o S&P tinha subido mais 10%.*

Tenho uma amiga, uma amiga bastante rica se você quer saber, que usa métodos de Fibonacci em seus investimentos. O argumento dela é que não importa se "realmente" funciona — só importa que um número suficiente de pessoas *pense* que funciona para que os mercados tenham uma correlação, ainda que ligeira, com aquilo que as ondas de Elliott predizem. As ondas, como a Sininho de *Peter Pan*, são trazidas à vida pelos desejos de quem verdadeiramente acredita nelas. Talvez minha amiga esteja certa, mas a evidência para o ponto de vista dela é bastante tênue. Se o seu gerente de investimentos é adepto da retração Fibonacci, eu diria — e você que me perdoe — que ele não está fazendo jus ao seu ganho φ-nanceiro.

Dakota e Dakota revisitados

E se ajustássemos o nosso modelo para tornar Dakota do Norte um pouco pior? Digamos que cada pessoa infectada nesse estado, em vez de transmitir o vírus para apenas uma outra pessoa, transmita para *duas*. Se começarmos, como antes, com uma pessoa infectada em Dakota do Norte e sem infecções no Sul,

---

* E o que aconteceu nos dois meses depois disso? Talvez Fibonacci acabe tendo razão! Bom, se quando você diz "minha predição estava certa", está dando a entender que "Em algum momento não especificado no futuro o mercado de ações vai cair", a sua predição é ao mesmo tempo correta e nada impressionante.

(1 DN, 0 DS)

a geração seguinte vê dois habitantes de Dakota do Norte infectados e um novo habitante de Dakota do Sul,

(2 DN, 1 DS)

e então os dois habitantes do Norte se combinam para infectar mais quatro conterrâneos e mais dois moradores de Dakota do Sul, enquanto o habitante já infectado do Sul infecta um novo morador do Norte:

(5 DN, 2 DS)

Os infectados em Dakota do Norte por semana compõem uma sequência

1, 2, 5, 12, 29...

na qual cada número (o último, que está sendo calculado) é *o dobro* do anterior na sequência (penúltimo) somado ao antepenúltimo número da sequência. Essa sequência também tem um nome: sequência de Pell. Não é uma progressão geométrica, mas, assim como a sequência de Fibonacci, se aproxima de uma. As razões entre termos consecutivos são

$2/1 = 2$
$5/2 = 2{,}5$
$12/5 = 2{,}4$
$29/12 = 2{,}416666\ldots$

Continue calculando a sequência e você achará 33 461 seguido de 80 782; a razão é 2,4142... que é quase exatamente $1 + \sqrt{2}$. E quanto mais longe você for na sequência, mais perto a razão chega dessa constante que a governa.

Seria a mesma coisa se cada habitante de Dakota do Norte infectasse três outras pessoas no estado; a razão mágica seria (1/2) $(3 + \sqrt{13})$, um número que é um pouco mais que 3,3. Ou se expandíssemos nosso modelo original de modo a incluir Nebraska, e declarássemos que cada morador de Nebraska infecta um habitante de Dakota do Sul e cada um desses infecta um de Nebraska mas os nebraskianos não se infectam entre si; a intrincada interação entre todos os estados fornece a seguinte sequência de pessoas infectadas em Dakota do Norte:

1, 1, 2, 3, 6, 10, 19, 33...

Essa sequência não tem nome,* mas tem uma propriedade similar àquelas acima; as razões sucessivas vão se aproximando mais e mais de um valor 1,7548... que, se você realmente insiste em ter uma expressão exata, é

$$\frac{1}{3}\left(2 + \sqrt[3]{\frac{25}{2} - \frac{3\sqrt{69}}{2}} + \sqrt[3]{\frac{25}{2} + \frac{3\sqrt{69}}{2}}\right)$$

Esse tipo de regularidade, não a razão áurea em particular, é um princípio subjacente que aparece em todo lugar na natureza. Não importa quantos estados você inclua ou exatamente quantos habitantes de Utah o morador do Wisconsin infecta em média — o número de infecções em cada estado sempre tenderá a uma progressão geométrica.** Platão estava certo o tempo todo — as progressões geométricas realmente são o tipo favorecido pela natureza.

---

* Embora apareça na Enciclopédia On-line de Sequências de Inteiros com a designação A028495, onde fico sabendo que o enésimo (n) termo é o número de formas de conseguir xeque-mate em $n + 1$ movimentos começando de uma posição específica particularmente escolhida. Estranho!

** Pelo menos de início. A progressão geométrica modela a fase inicial de uma epidemia, antes de começarem a faltar hospedeiros suscetíveis para o vírus.

Esse número estranhamente complicado que governa a taxa de crescimento geométrico é chamado autovalor. A razão áurea é apenas uma das possiblidades; suas características agradáveis surgem do fato de ser um autovalor de um sistema particularmente simples. Sistemas diferentes têm autovalores diferentes; na verdade, a maioria dos sistemas tem mais de um. No primeiro cenário Dakota que consideramos, a epidemia era na verdade a combinação de dois surtos separados, cada um crescendo geometricamente, um triplicando a cada semana e o outro duplicando. Com o passar do tempo, o surto de crescimento mais rápido dominou os números de tal maneira que a contagem geral era mais ou menos uma progressão geométrica com razão comum 3. Essa é uma situação em que se têm dois autovalores, 3 e 2; o *maior* é aquele que importa.

Em sistemas onde múltiplas partes interagem, não é fácil ver como se pode separar o processo em progressões distintas, perfeitamente geométricas, como nesse. Mas é possível! Por exemplo, eis uma progressão geométrica que começa com um número que é aproximadamente 0,7236 e onde cada termo é a razão áurea vezes o anterior:

0,7236..., 1,1708..., 1,8944..., 3,0652..., 4,9596...

E eis outra, que começa com 0,2764 e tem uma razão comum negativa, −0,618. (Essa razão é na realidade exatamente o que obtemos ao subtrairmos a razão áurea de 1.) Nesta última sequência tem-se uma queda exponencial rumo a zero em vez de crescimento exponencial, parecido com uma epidemia como R_0 pequeno. (Bem, talvez não tão *parecido* assim, já que cada segundo número será negativo.)

0,2764..., −0,1708..., 0,1056..., −0,0652..., 0,0403...

Se somarmos essas duas séries geométricas acontecerá algo realmente maravilhoso: a bagunça nas casas decimais se cancela e obtemos, bem diante do nosso nariz, a sequência de Fibonacci.

1, 1, 2, 3, 5...

Em outras palavras, a sequência de Fibonacci não é uma progressão geométrica; consiste em *duas* progressões geométricas, uma governada pela razão áurea e a outra por −0,618. Esses dois números são os autovalores. A longo prazo, só o maior realmente importa.

Mas de onde vêm esses dois números? Não há um Autovalor do Norte e um Autovalor do Sul; cada autovalor, 1,618 e −0,618, capta algo profundo e global relativo ao comportamento do sistema. Eles não são propriedades de alguma parte individual do sistema, mas emergem da interação entre as partes. O algebrista James Joseph Sylvester (sobre o qual falaremos mais em breve) chamou esses números de *raízes latentes* — "latente", como ele vividamente explica, "num sentido similar a considerar que o vapor está latente na água ou a fumaça numa folha de tabaco".[16] Infelizmente, os matemáticos anglófonos preferiram traduzir parcialmente a palavra usada por David Hilbert, *Eigenwert*, que em alemão significa "valor inerente", "valor próprio".*

Não precisamos dividir a pandemia por geografia; podemos usar quaisquer categorias que desejarmos. Em vez de dividir os habitantes em do Norte e do Sul, poderíamos dividi-los em dois grupos etários, ou cinco grupos etários, ou dez, acompanhando em cada caso quanta interação existe dentro de cada grupo e entre os diversos grupos. Com dez grupos etários isso é um bocado de informação; para organizar tudo, talvez fosse desejável fazer uma caixa de números 10 × 10; aí, por exemplo, na terceira linha com a sétima coluna seria colocado o número de contatos pessoais entre membros do terceiro grupo etário e do sétimo. (Isso talvez fosse *ligeiramente* redundante, na medida em que esse número seria igual ao número na caixa da sétima linha e terceira coluna. Ou talvez achemos que pessoas jovens têm maior probabilidade de transmitir a infecção aos mais velhos, e não o contrário; nesse caso, talvez desejemos afinal colocar

* E *Eigenwert* é, por sua vez, substituto alemão para o termo mais antigo de Poincaré, *nombre caractéristique*.

números diferentes nessas duas posições.) Uma caixa de números como esta é o que Sylvester chamou de *matriz*; nesse caso, o nome que ele deu pegou. Calcular o autovalor de uma matriz — o número latente que governa o crescimento do sistema de muitas partes descrito pela caixa de números — veio a ser visto como um dos cálculos *fundamentais*. A maioria dos matemáticos calcula autovalores diariamente.

A auto-história (ou eigenistória) pode nos dar uma imagem muito mais refinada do progresso de uma pandemia e do seu futuro esperado do que os modelos básicos que discutimos anteriormente. Em particular, se algum subgrupo da população tiver maior probabilidade que outros de contrair e transmitir o vírus, um R_0 inicialmente alto pode não indicar necessariamente uma pandemia que eventualmente acabe se espalhando através da maioria da população. Pode ser que, em vez disso, os primeiros números sejam conduzidos por aquele subgrupo altamente suscetível, e uma vez que o vírus tenha permeado essa pequena fatia, que sai do outro lado pelo menos temporariamente imune, a transmissão entre a população restante não seja rápida o bastante para manter a pandemia crescendo. É possível fazer modelos como esse,[17] em que a pandemia cessa depois de infectar uma fração muito menor das pessoas, apenas 10% ou 20%, mesmo com R_0 elevado. Descobrir realmente esses números envolve autovalores competindo entre os diversos subgrupos, mas pode-se ver a ideia principal apenas imaginando o seguinte caso simples: apenas 10% da população é suscetível ao vírus, mas cada pessoa expõe outras vinte ao ser infectada, enquanto os outros 90% são imunes. Veríamos um crescimento inicial com um R_0 de 2, porque cada pessoa infectada encontraria outras vinte pessoas das quais apenas duas (10%) seriam suscetíveis à infecção. Mas, depois de infectar todo mundo naqueles 10% da população, o vírus esgotaria as pessoas suscetíveis.

Progressões geométricas não são a história toda, como já vimos. O R_0 de uma epidemia pode mudar com o tempo, com governos e indivíduos modificando suas estratégias de controle da infecção. Além disso, existe o aumento e diminuição predito pelo modelo Ross-Hudson-Kermack-McKendrick quando o vírus satura a população, chega à imunidade de rebanho e, lentamente, dolorosamente, vai desaparecendo. Pode-se fazer toda esta análise com populações divididas em subgrupos espaciais ou demográficos, e neste ponto estaremos estudando não tanto uma epidemia como um conjunto de epidemias, cada uma alimentando todas as outras. O resultado, quando se junta tudo isso, é algo que de fato tem um aspecto vagamente realista: surtos e calmarias em diferentes populações em momentos diferentes.

E toda essa modelagem, se realmente quisermos fazer a coisa certa, é realizada *estocasticamente*, o que significa, por exemplo, que não se está atribuindo a cada indivíduo seu próprio e preciso R_0 — como se você, com seus 25 anos de idade, esta semana por certo infectaria precisamente seis dos seus colegas jovens e um cidadão mais idoso —, mas uma variável aleatória. Se a variável aleatória não estiver variando *loucamente demais*, isso pode não ter importância, talvez metade dos enfermos infecte uma nova pessoa e a outra metade infecte duas; e não se perde muita coisa se pensarmos nas infecções da próxima semana como 1,5 vezes as da semana presente e fizermos a modelagem com um R_0 de 1,5. Mas e se 90% das pessoas infectadas não infectam ninguém, 9% infectam dez novas pessoas cada e o restante 1% infecta sessenta pessoas cada um? A média continua sendo 1,5 novas infecções por pessoa, mas a dinâmica da epidemia é diferente. Talvez aquela pequena fração de pessoas seja ultrainfecciosa por algum motivo biológico, ou talvez sejam aquelas que optam por ir a grandes casamentos em salões fechados; não importa, a matemática dá conta do recado. Eventos de supertransmissão são grandes, mas raros. Em qualquer região dada, pode-se passar algum tempo sem um evento desses, e a doença pode ficar em banho-maria por algum período, com um caso aqui ou ali trazido de fora, sem explodir. Mas bastam alguns poucos eventos supertransmissores em sucessão rápida e, pronto!, temos um surto local. Isso nos deixa com uma completa incerteza com referência às causas. Quando dois lugares são atingidos de forma diferente pela doença, pode ser porque um deles tenha tido um conjunto de políticas locais melhores. Mas pode ser também mera estocasticidade. Quanto mais uma infecção é dominada por supertransmissão, maior é o papel da pura sorte para as populações que vão sofrer e as que vão ser poupadas.

Isso não significa que um departamento de saúde local deva simplesmente erguer os braços e se render, queimar algumas oferendas e orar para que o destino aleatório seja misericordioso. Saber que uma epidemia é guiada por superdisseminação na verdade pode ser útil. Se a superdisseminação estiver no local de onde veio a transmissão da doença, pode-se suprimir a transmissão suprimindo a superdisseminação. Nada de casamentos em salões fechados, nada de bares, nem de concursos de canto, e talvez você consiga se safar com restrições mais brandas em outras formas de contato humano.

Como o Google funciona, ou a Lei dos Longos Passeios

Havia a internet antes do Google e há a internet depois do Google; para pessoas que se conectaram pela primeira após meados dos anos 1990 é quase impossível dar uma ideia da diferença drástica, imediata que ocorreu. De repente, em vez de saber qual sequência de links era preciso seguir ou que endereço de HTML digitar manualmente para chegar a determinada informação, bastava... perguntar. Parecia um milagre. E eram na realidade autovalores.

A melhor maneira de ver como isso funciona é voltar para a pandemia. Suponha que você tivesse um modelo mais refinado, no qual você não divide a população em duas Dakotas ou dez faixas etárias e sim vai mais longe, dividindo a população em categorias cada vez mais estritas até que no final cada pessoa seja *sua própria* caixa. Quando se chega a esse ponto, obtém-se o que é chamado de *modelo baseado em agente*, o que é ótimo, se você conseguir rastrear — ou pelo menos aproximar significativamente — os monumentais dados de interações de cada indivíduo com todas as outras pessoas. Tal modelo é, sob muitos aspectos, como os passeios aleatórios que Ross estudou. Mas, em vez de um mosquito infectado voando de cá para lá, é o próprio vírus que está dando um passeio aleatório, saltando com alguma probabilidade de um indivíduo infectado para a pessoa suscetível com a qual ele entra em contato. E o mesmo tipo de análise de autovalor se aplica, embora agora o tamanho da caixa de números seja gigantesco, tendo uma linha e uma coluna para cada pessoa da população!

Poderíamos imaginar que, num modelo como este, a probabilidade de uma pessoa ser infectada dependeria de quantos eventos de contato ela tivesse com outras. E isso é verdade, até certo ponto. Mas o que importa é *com quem* são essas interações. Uma pessoa e seu cônjuge provavelmente têm uma interação com risco de infecção mútua praticamente todo dia. Mas, se o casal raramente interagir com pessoas de fora do seu relacionamento, esses contatos entre os dois não têm importância para o contágio geral. Se você corta seus contatos sociais a um mínimo, encontrando apenas o seu melhor amigo, isso poderia parecer bastante seguro; mas se o seu amigo vai regularmente a festas lotadas sem máscara o seu risco de infecção é alto, apesar do seu número baixo de contatos.

Os modelos baseados em agentes não dominaram de fato a modelagem da covid-19, porque na realidade não temos (e não deveríamos ter!) nada parecido com dados finamente granulados sobre os contatos individuais que precisaríamos para fazer o modelo funcionar.

Porém não estamos falando mais de covid-19. Estamos falando de buscas na internet. A rede de links entre as páginas da web é muito mais fácil de mensurar do que a rede de contatos entre pessoas. Mas a estrutura é similar. Há muitas, muitas páginas individuais, e cada par de páginas está linkado ou não.

Se você está buscando "pandemia", não vai querer uma página selecionada aleatoriamente a partir de cada uma das que mencionam essa palavra. Você quer a melhor! Poderíamos naturalmente pensar que a melhor página sobre um assunto é aquela que tem mais links vinculados a ela. Mas isso pode ser ilusório. O fornecedor do panfleto "Pandemia são apenas efeitos colaterais da fluoração municipal da água" é perfeitamente capaz de levantar diferentes websites sobre esse tema e estabelecer links de todos entre si. Se você der um escore elevado para a página "Dentifrício ou MORTE?!?!" com base nisso, estará cometendo um grande equívoco.

A proveniência dos links tem importância. As páginas de fluoração, múltiplos links entre si, mas não a partir do mundo exterior, são como um casal isolado cujos contatos ocorrem todos dentro de casa. Ter um amigo que vai muito a festas é análogo a ter um link da CNN para sua página; um link deve contar muito se provém de uma página que tenha muitos links voltados *para ela*. Pode-se modelar a importância na internet por um passeio aleatório, de modo muito semelhante aos modelos baseados em agente para uma disseminação pandêmica. Se você der um passeio aleatório na internet, seguindo um link escolhido aleatoriamente a partir de cada página, quais páginas você tende a visitar muito, e quais páginas você quase nunca encontra?*

É uma característica muito encantadora dos passeios aleatórios que essa pergunta tenha resposta. Isso nos leva de volta a Andrei Andreyevich Markov e à Lei dos Longos Passeios: se um mosquito tem um conjunto finito de charcos onde pousar, e cada charco tem um conjunto finito de charco aos quais está conectado, e se o mosquito, em cada momento, escolhe um destino ao acaso considerando os charcos que pode alcançar a partir do seu charco atual, então cada charco tem uma *probabilidade-limite*. Isto é, cada charco tem uma porcentagem a ele ligada, e o mosquito, perambulando entre charcos por um tempo longo, provavelmente passa quase exatamente essa porcentagem do tempo naquele charco.

É um pouco mais fácil de captar o que isso quer dizer no contexto do jogo Monopoly, ou Banco Imobiliário. O jogo é um passeio aleatório; o seu carrinho colorido se move entre as quarenta posições segundo o que é ditado pelos dados. Robert Ash e Richard Bishop calcularam as probabilidades-limite[18] desse passeio em 1972. O lugar mais provável de o carrinho estar é na cadeia; em média ele passa 11% do tempo ali.** Mas, se você quiser saber onde deve colocar suas casas e hotéis, está querendo saber a qual das casinhas de *propriedade* se chega com mais frequência: é a avenida Illinois, onde os carrinhos passam cerca de 3,55% do tempo,

* O que acontece se você chega a uma página sem links? É como o problema de ficar encalhado num *local optimum* no gradiente descendente, e a mesma coisa se aplica; você começa de novo num local aleatório e continua indo.

** Ash e Bishop assumem que o jogador fica na cadeia por três rodadas ou até tirar um duplo nos dados, em vez de pagar $50 para sair na boa imediatamente.

substancialmente mais que os 2,5% que seriam esperados se as quarenta casas do jogo ocorressem com a mesma frequência. Em qualquer jogo, é claro, você poderia ficar totalmente sem cair nessas casas (pelo menos é isso o que acontece com meus filhos sortudos quando eu, obedecendo às leis da probabilidade, empilho casas na avenida Illinois).* Mas de modo geral, se fôssemos acompanhar onde *todos* os jogadores caem em *todos* os jogos durante um período extenso, a Lei dos Longos Passeios diz que essas são as proporções das quais vamos nos aproximar.

Há uma probabilidade-limite para cada uma das quarenta casas, o que significa que temos uma lista de quarenta números; esse é o tipo de dispositivo que chamamos de *vetor* num capítulo anterior, e esse vetor não é um vetor qualquer: é chamado de *autovetor*. Como um autovalor, ele captura algo inerente ao comportamento de longo prazo de um sistema que não é tão aparente a um olhar superficial, algo latente como a fumaça numa folha.

O que Ash e Bishop fizeram com o Monopoly, os construtores do Google fizeram com a internet inteira. Eu deveria dizer *fazem* com a internet inteira, uma vez que, ao contrário do Monopoly, ela está constantemente criando novos locais e apagando velhos. A probabilidade-limite de um site nos dá um escore, que eles chamaram de PageRank [ranking da página] e que capta a verdadeira geometria da internet como ninguém tinha feito antes.

É realmente maravilhoso como isso funciona. A probabilidade de estar em qualquer determinado lugar na internet é uma complicada soma de progressões geométricas, exatamente como o número total de pessoas infectadas nos dois estados de Dakota, mas como se houvesse bilhões de Dakotas em vez de duas. Isso parece impossível de analisar. Mas lembre-se: uma progressão geométrica pode estar explodindo exponencialmente ou decaindo exponencialmente; ou ainda, na fronteira precisa entre esses dois comportamentos, pode permanecer exatamente constante. No caso de um passeio aleatório como esse, descobre-se que uma das progressões

* Quando algum jogador cai em uma casa já ocupada, ou paga ao seu "dono" um valor de "pedágio" proporcional aos imóveis que já estão ali, ou cumpre alguma punição. (N. T.)

geométricas é constante e *todas as outras* decaem exponencialmente. Sua contribuição vai ficando cada vez menor à medida que o tempo avança e o andarilho continua caminhando. Podemos ver isso até mesmo num passeio simples como o do mosquito no capítulo 4, que esvoaça entre dois charcos. A análise de Markov mostrou que, no longo prazo, o mosquito passaria um terço de sua existência no primeiro charco. Mas podemos ser mais precisos: se o mosquito sai do Charco 1, a chance de ele estar no Charco 1 depois de um único dia é 0,8; após dois dias, 0,66; após três dias, 0,562;* podemos juntar isso numa série:

1, 0,8, 0,66, 0,562, 0,493...

que, com o tempo, irá convergir para 1/3 — a probabilidade no longo prazo de que o mosquito esteja ali. Essa sequência não é uma progressão geométrica. Mas é (sem surpresa alguma, imagino eu a esta altura) uma combinação de *duas* progressões geométricas; ou seja, o resultado da soma de duas progressões, termo a termo. Uma das progressões é constante

1/3, 1/3, 1/3, 1/3, ...

e a outra não é, sendo que cada termo é 70% do anterior.

2/3, 14/30, 98/300, ...

Em tempo: essa segunda progressão geométrica decai inexoravelmente para quase nada, deixando atrás de si apenas o refrão constante de 1/3.

O que vale para dois charcos, vale para 1 bilhão de sites. A operação do passeio aleatório vai derretendo todas as complicações não essenciais da rede. O que sobra no fim é a progressão geométrica constante, um número único que ali está, imutável, enquanto todo o resto vai morrendo, como

* Não se supõe que isso seja óbvio! Mas você pode calcular passo a passo, a mão, ou, se você gosta de matrizes, elevando uma "matriz de transição" a uma potência.

o tom puro que permanece no ar quando seguramos a tecla de um piano até os harmônicos sumirem. O número que resta é o PageRank.

As notas no acorde

Essa intrincada superposição de centenas ou milhares de modelos interligados, progressões geométricas ou algo ainda mais cabeludo que isso pode parecer à primeira vista um tanto barroca, como a teoria pré-newtoniana dos epiciclos, nos quais o movimento planetário era retroajustado numa complexa combinação de movimentos circulares menores colocados em camadas por cima dos movimentos maiores, rodas rodando sobre rodas. Ou, sob esse aspecto, como a teoria das ondas de Elliott, com suas ondas pequenas e médias ondulando por cima de dois ultramegaciclos. Mas a história do autovalor é matemática real e está em toda parte. Está no coração da mecânica quântica — *ali sim* há uma história de geometria que eu gostaria que houvesse espaço para contar aqui. Mas talvez eu conte uma pequena parte dela, porque me dá a oportunidade, aqui no final do capítulo, de fazer uma definição matemática de verdade. Chega de coisas vagas, vamos computar!

Considere uma sequência de números que seja infinita, e não só isso, infinita em ambas as direções, como

...	1/8	1/4	1/2	1	2	4	8	...

Qualquer sequência dessas pode ser *deslocada* uma casa para a esquerda:

...	1/4	1/2	1	2	4	8	16	...

Nesse caso, acontece algo muito simpático: deslocar, ou trasladar, a sequência uma casa para a esquerda é a mesma coisa que duplicar cada termo. Isso porque a sequência é uma progressão geométrica! Se eu tivesse usado uma progressão geométrica de razão 3 entre termos sucessivos, o deslocamento de posição multiplicaria cada termo da sequência por 3. Mas se eu tivesse usado uma sequência que não é progressão geométrica, como

...	−2	1	0	1	2	...

a versão deslocada

...	−1	0	1	2	3	...

não seria múltipla da sequência original. As sequências com a propriedade especial de que o deslocamento as multiplique por algo — quer dizer, as progressões geométricas — são as *autossequências* (ou *eigensequências*) para o deslocamento, e o número pelo qual a autossequência fica multiplicada é o seu autovalor.

Deslocar não é a única coisa que podemos fazer com uma sequência. Podemos, por exemplo, multiplicar cada termo de uma sequência pela sua posição; o termo zero por 0, o primeiro termo por 1, o segundo termo por 2, o primeiro termo negativo por −1, e assim por diante. Chamemos essa operação de modular. Se fizermos uma modulação na nossa progressão geométrica, usando a convenção de que 1 é o termo zero da sequência, transformamos

1/8	1/4	1/2	1	2	4	8

em

−3/8	−2/4	−1/2	0	2	8	24

Essa sequência não é múltipla da original, então a nossa progressão geométrica não é uma autossequência para a modulação. O que *é* uma autossequência para a modulação é algo como

...	0	0	0	0	0	1	0	...

com um 1 na posição 2 e 0 em todas as outras casas. Apliquemos a modulação nessa sequência e obteremos

...	0	0	0	0	0	2	0	...

que é o dobro da sequência original. Então esta é uma autossequência de autovalor 2. Na verdade, pode-se demonstrar (você consegue?) que sequências com apenas um termo diferente de zero são as *únicas* autossequências para a modulação. (E a sequência só de zeros? Ela realmente é transformada numa múltipla de si mesma tanto pelo deslocamento quanto pela modulação, mas a sequência toda nula não conta; para começar, não existe modo bem definido para dizer qual múltiplo de si mesma ela é.)

Você pode ter ouvido que, bem lá na base da física, uma partícula tipicamente não tem uma posição ou momento linear bem definido, existindo em vez disso numa espécie de nuvem de incerteza em relação a uma ou ambas as grandezas. Pode-se pensar em "posição" como uma operação que podemos fazer sobre uma partícula, assim como o deslocamento é uma operação sobre uma sequência. Mais precisamente, a partícula tem um "estado", que registra tudo sobre sua situação física no momento, e a operação chamada "posição" muda o estado da partícula de alguma maneira. Para a presente discussão, não importa que tipo de entidade é um estado,* mas importa que o estado seja um tipo de coisa que, como uma sequência, podemos multiplicar por um número. E, assim como uma autossequência para deslocamento fica multiplicada por um número quando é deslocada, um autoestado para posição é um estado que fica multiplicado por um número — o autovalor — quando é posicionado. Percebe-se que uma partícula age como se tivesse uma localização precisa no espaço exatamente quando seu estado é um autoestado. (E *qual*

* Se quer mesmo saber, é um ponto num certo tipo de espaço chamado *espaço de Hilbert* — o mesmo Hilbert que vimos antes mexendo com os fundamentos da geometria no *fin de siècle.*

é essa localização? Você pode descobri-la a partir do autovalor.) Mas a maioria dos estados não são autoestados, assim como a maioria das sequências não são progressões geométricas. Como vimos acima, porém, sequências mais genéricas como Virahanka-Fibonacci frequentemente podem ser repartidas como combinações e progressões geométricas; é exatamente a mesma coisa, um estado que não seja autoestado pode ser decomposto como uma combinação de autoestados, cada um com seu próprio autovalor. Alguns dos autoestados aparecem com mais intensidade, outros com menos, e essa variação é o que governa a probabilidade de uma partícula ser encontrada num local específico.

O momento linear é uma história parecida; *momento linear* é outra operação sobre estados, que podemos pensar como sendo análogo à modulação. E uma partícula com um valor bem definido de momento linear em vez de uma vaga nuvem de probabilidade seria um autoestado para esse operador, o análogo a uma autossequência para a modulação.

Então, que tipo de partícula teria *tanto* sua posição *quanto* seu momento linear bem definidos? Seria como uma sequência de números que é autossequência tanto para o deslocamento como para a modulação.

Mas essa é uma coisa que não existe! Uma autossequência para o deslocamento é uma progressão geométrica. Uma autossequência para a modulação é uma sequência com exatamente um elemento diferente de zero. *Nenhuma sequência diferente de zero pode ser as duas coisas ao mesmo tempo.*

Existe outra maneira de provar esse fato, que nos aproxima ainda mais da física quântica. (Seria muito bom ter papel e lápis com você durante o resto deste capítulo; ou você pode simplesmente ler por alto, não vou te julgar.) Começamos perguntando: O que acontece se deslocarmos e modularmos a nossa sequência ao mesmo tempo? Vamos combinar de começar com qualquer sequência conhecida, como

...	4	2	1	−3	2	...

e aí deslocamos

4	2	1	−3	2	...	...

e modulamos (lembrando que −3, que estava na primeira posição antes, agora está na posição zero, 1 está na primeira posição negativa e assim por diante…)

−12	−4	−2	0	2	...	...

Poderíamos chamar essa operação combinada "troca-então-modula" ou "troca-modula", que é mais curto.* Mas por que fizemos nessa ordem? E se, em vez disso, executássemos um "modula-então-troca"? A nossa sequência original, modulada, passa a ser

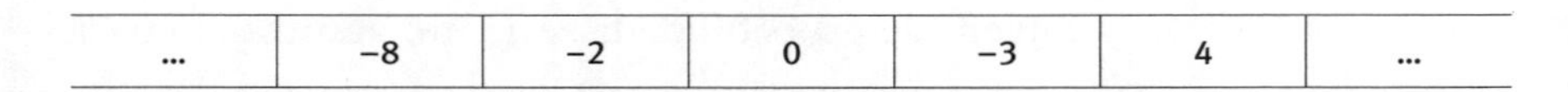

...	−8	−2	0	−3	4	...

E quando você aplica o deslocamento em seguida obtém

−8	−2	0	−3	4	...	...

O troca-modula e o modula-troca não são a mesma coisa! Estamos observando aqui um fenômeno chamado *não comutatividade*, que é o nome matemático rebuscado para o fato de que fazer uma coisa e depois outra diferente não dá sempre na mesma que fazer primeiro esta última e depois a primeira. A matemática que aprendemos na escola é em sua maior parte comutativa; multiplicar por dois e depois multiplicar por três é a mesma coisa que multiplicar por três e depois multiplicar por dois. Algumas operações no mundo físico também comutam, como vestir a luva direita e a luva esquerda. Faça na ordem que quiser e você terminará com a situação de duas mãos enluvadas. Mas experimente calçar os sapatos antes das meias e você terá uma não comutatividade.

* Exercício: Você consegue encontrar alguma autossequência para o troca-modula?

Mas o que tudo isso tem a ver com autovalores? Trata-se da diferença entre o modula-troca e o troca-modula. Subtraia o troca-modula do modula-troca:

−8	−2	0	−3	4	...	...

−12	−4	−2	0	2	...	...

e a sequência resultante será

4	2	1	−3	2	...	...

Exatamente a sequência com a qual começamos! (Ou, para ser mais cuidadoso em relação a ela, seu deslocamento.) Na verdade, não importa com que sequência você comece, a diferença entre o modula-troca e o troca-modula é o deslocamento da sequência original. Agora suponha que você, de algum modo, tenha conseguido encontrar uma sequência misteriosa S que seja uma autossequência tanto para modular quanto para deslocar; talvez o deslocamento de S seja o triplo de S e a modulação de S seja o dobro de S. Nesse caso, o modula-troca de S é a modulação de três vezes S, que deve ser seis vezes S;* mas o mesmo raciocínio mostra que o troca-modula de S também é seis vezes S. Então, a diferença entre o modula-troca de S e o troca-modula de S é a sequência de todos os membros nulos. Mas essa diferença é também (o deslocamento de) S em si! Então S deve ter sido zero, o que, conforme estipulamos antes, não conta.[19]

A ideia de uma autossequência é capturar as circunstâncias em que operações como deslocar e modular agem como multiplicação. Mas multiplicações são comutativas entre si, enquanto deslocar e modular não são. Isso cria uma tensão! As operações são parecidas e no entanto não o são.

* Estamos assumindo aqui que a modulação seja *linear*, o que significa que multiplicar por três e então modular é o mesmo que modular e então multiplicar por três; outra questão de comutatividade!

Foi a mesma tensão que William Rowan Hamilton teve que enfrentar para formular seus amados quatérnions. Ele queria tratar a rotação como um tipo de número, mas rotações não comutam; girar vinte graus em torno de um eixo e então girar trinta graus em torno de outro simplesmente não é a mesma coisa que fazer as duas rotações na outra ordem. Para obter "números" que modelassem rotações, ele precisou descartar um axioma, o axioma da comutatividade. (É claro que duas rotações poderiam comutar; elas comutam, por exemplo, se forem realizadas em torno do mesmo eixo. E vale a pena observar que, nesse caso, qualquer ponto desse eixo comum permanece inalterado pelas duas rotações; é uma autocoisa para ambas as rotações ao mesmo tempo, com autovalor 1 em cada caso.)

A situação na física quântica é em grande parte a mesma. Os operadores representando momento linear e posição não comutam. E a diferença entre posição-momento linear e momento linear-posição do estado de uma partícula é simplesmente — bem, não exatamente o estado em si, mas o estado multiplicado por i (a raiz quadrada de -1) e por um número chamado constante de Planck, simbolizado por $\hbar$. Em particular, isso significa que a diferença não pode ser zero,* o que por sua vez implica, exatamente como ocorre nas sequências, que o estado de uma partícula nunca pode ser um autoestado simultaneamente para os operadores de posição e para o momento linear. Em outras palavras: uma partícula não pode ter ao mesmo tempo uma posição bem definida e um momento linear bem definido. Em mecânica quântica chamamos isso de princípio da incerteza de Heisenberg, e ele anda por aí trajando um manto de mistério e intriga. Mas são apenas autovalores.

Deixamos muita coisa de fora, é óbvio.** Continuamos falando sobre como uma porção de sequências interessantes podem ser decompostas como combinações de progressões geométricas, e estados de partículas po-

---

* Apesar de que, em relação à escala do nosso aparelho sensório, a constante de Planck é *bem próxima* de zero, e é por isso que os objetos parecem estar, para a nossa percepção direta, ao mesmo tempo em um lugar e se movendo de um modo particular.

** E se você quiser aprender sobre o que deixei de fora, o livro de Sean Carroll *Something Deeply Hidden* [Algo profundamente oculto] é uma grande iniciação não técnica para a matemática subjacente à física quântica.

dem ser decompostos como combinações de autoestados reais. Mas como, na prática, realmente *executamos* essa decomposição? Eis um exemplo de uma parte mais clássica da física. Uma onda sonora pode ser decomposta em tons puros, que são auto-ondas para alguma operação; seu autovalor é determinado pela sua frequência, a nota que tocam. Se você ouvir um acorde em dó maior, essa é uma combinação de três auto-ondas, uma com autovalor dó, uma com autovalor mi, e uma com autovalor sol. Há um mecanismo matemático, chamado transformada de Fourier, para separar uma onda em suas auto-ondas componentes. É uma história rica, entrelaçando cálculo, geometria e álgebra linear, e só avançou a partir do século XIX.

Mas você pode *ouvir* as notas individuais no acorde, mesmo sem saber cálculo! E isso porque essa computação profundamente geométrica, que levou centenas de anos para ser desenvolvida pelos matemáticos, também é executada por um pedacinho de carne enrolado no seu ouvido chamado cóclea.[20] A geometria já estava em nosso corpo muito antes de sabermos codificá-la.

13. Uma bagunça no espaço

Um dos primeiros exemplos considerados pelos adeptos iniciais da teoria de Markov do passeio aleatório, como o húngaro George Pólya e seu aluno Florian Eggenberger, foi a disseminação de fenômenos através do espaço bidimensional. Ignorando o furioso desdém do russo por aplicações no mundo real, eles usaram os processos de Markov para modelar varíola, escarlatina, descarrilamentos de trens e explosões de aquecedores a vapor.[1] Eggenberger chamou sua tese de "O contágio da probabilidade". (Como sua tese foi em alemão, o nome era uma palavra apenas: *Die Wahrscheinlichkeitsansteckung*.)

Eis aqui uma maneira de pensar na disseminação da doença como um passeio aleatório no espaço. Vamos supor que comecemos com um ponto numa grade retilínea, como um mapa urbano de ruas com quarteirões regulares, como Manhattan. O ponto é uma pessoa infectada com um vírus. Os contatos pessoais dela são as quatro pessoas adjacentes a ela na rede. Para simplificar isso o máximo possível, vamos supor que cada pessoa, a cada dia, infecte todas aquelas desafortunadas que são suas vizinhas.

Cada pessoa tem quatro vizinhos, então poderíamos pensar que veríamos uma pandemia exponencialmente crescente com $R_0 = 4$. Mas não é assim, de forma alguma. Depois de um dia, cinco pessoas estão infectadas:

depois de dois dias, treze:

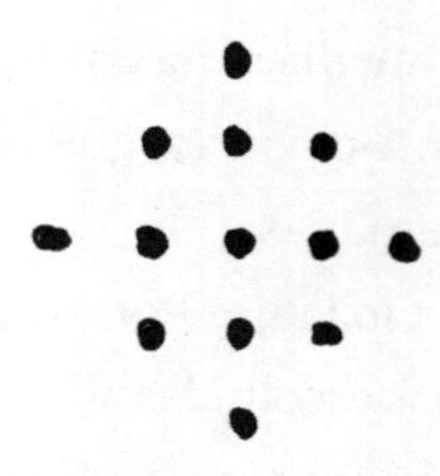

e depois de três dias, 25:

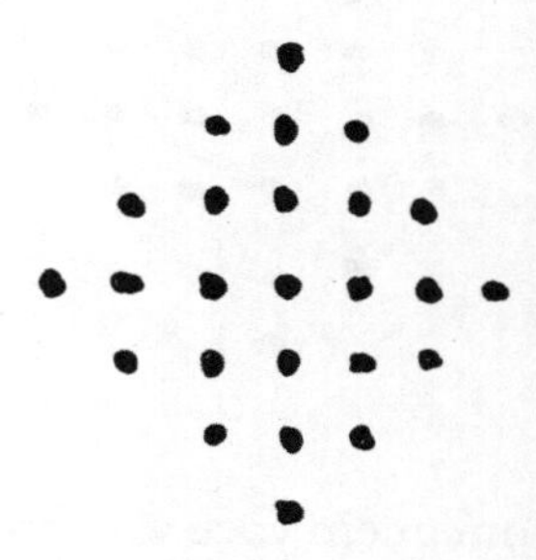

A sequência continua: 1, 5, 13, 25, 41, 61, 85, 113... O crescimento é mais rápido que uma progressão aritmética (a diferença entre termos consecutivos vai aumentando de um termo da sequência a outro)* porém muito mais lento que qualquer progressão geométrica. No começo, cada termo é mais que o dobro do anterior, mas as razões vão decrescendo à medida que se avança: 113/85 é apenas 1,33.

Quando elaboramos pela primeira vez nosso modelo de doença, vimos infecções crescendo exponencialmente em progressão geométrica. Esse modelo é diferente, porque não estamos pensando apenas em quantas pessoas estão infectadas, mas *onde* elas estão, e a que distância uma da outra. Estamos levando a geometria em conta. A geometria *desse tipo* de epidemia é um quadrado orientado diagonalmente,** com centro no paciente zero,

---

* Você pode se divertir checando, à la William Farr, que as diferenças *entre* essas diferenças são sempre iguais, ou seja, 4.

** Embora na geometria de Manhattan, como vimos no capítulo 8, esse quadrado seja um círculo!

expandindo-se metodicamente dia a dia em ritmo constante. É totalmente diferente do que vimos com a covid-19, que pareceu se espalhar por todo o globo num intervalo de semanas.

Por que o crescimento é tão lento? Porque as quatro pessoas que encontramos não são quatro pessoas escolhidas ao acaso entre os espalhados habitantes de Dakota do Norte; são as pessoas perto de nós. Se você é essa pessoa,

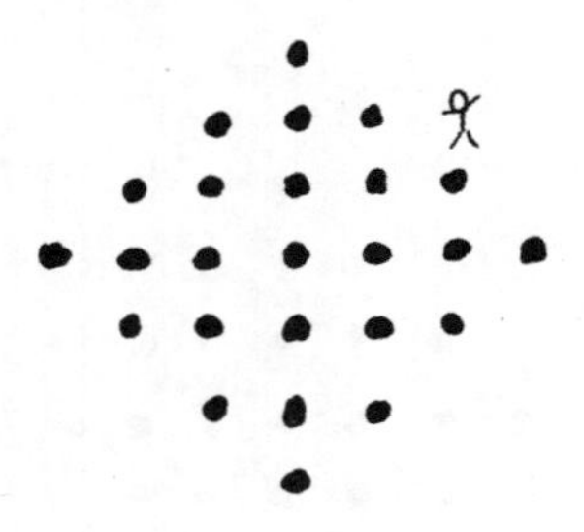

duas das quatro pessoas com quem você vai entrar em contato amanhã já estarão infectadas. E a pessoa não infectada a norte de você também está recebendo uma dose de vírus do seu vizinho a oeste ao mesmo tempo que recebe de você. O vírus está se espalhando *redundantemente*, encontrando a mesma pessoa vezes e vezes seguidas.

E isso deveria lembrá-lo de nosso velho amigo, o mosquito errante, que fica visitando e revisitando o mesmo quarteirão da cidade e só muito lentamente se aventura para longe do terreno onde foi criado. O número total de lugares que o mosquito pode visitar se voar por n dias não é maior que o número de quadradinhos preenchidos num losango de raio n, que não são tantos assim. É difícil explorar rapidamente uma rede geométrica, seja você um mosquito ou um vírus.

Pandemias costumavam funcionar dessa maneira. A peste bubônica chegou à Europa em Marselha e na Sicília em 1347, então se propagou para o norte numa onda constante, levando cerca de um ano para chegar ao norte da França e cobrir a Itália, mais um ano para abrir caminho e atravessar toda a Alemanha, e mais outro ano para alcançar a Rússia.

Já em 1872, o ano da grande epizootia de gripe equina na América do Norte, as coisas se passaram de modo diferente. É uma epizootia, não uma epidemia, porque *demos* em grego significa "gente, pessoas", e pessoas não pegam gripe equina.* O termo não é mais muito usado, mas a gripe equina de 1872 deixou tamanha marca na vida norte-americana que a palavra passou a ser uma gíria para doenças inclassificáveis,[2] de animais ou humanas, com seu uso perdurando até boa parte do século XX. Um correspondente em Boston reportou que "pelo menos sete oitavos do número total de animais nesta cidade estavam sofrendo da doença",[3] e Toronto, onde a epizootia teve início no outono de 1872, foi chamada de "vasto hospital para cavalos doentes".[4] Imagine todos os carros e caminhões pegando a gripe e aí você pode ter uma ideia do impacto.

A epizootia se expandia para fora de Toronto de modo a cobrir a maior parte do continente, mas não numa onda de expansão suave, como a peste bubônica. A doença saltou a fronteira e aterrissou em Buffalo em 13 de

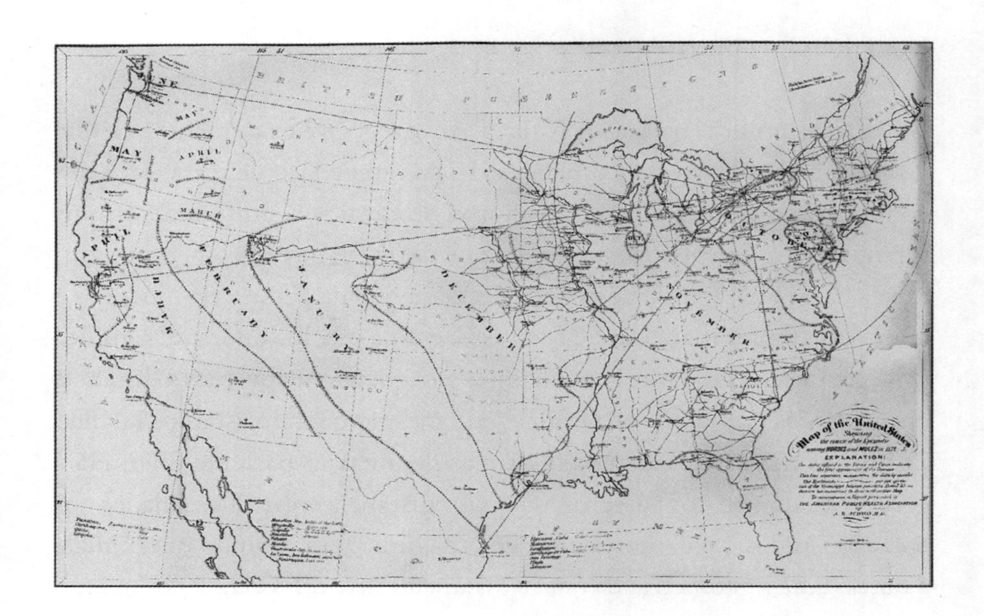

* Então uma praga em plantas é uma "epifitia"? Deveria ser, você pode pensar, mas a palavra parece ser raramente usada nesse sentido.

outubro de 1872; estava em Boston e Nova York já em 21 de outubro, e uma semana depois foi vista em Baltimore e na Filadélfia. Mas não chegou a pontos no interior como Scranton e Williamsport, que estão mais perto de Toronto, antes do começo de novembro. O progresso na direção oeste foi igualmente irregular; a gripe chegou a Salt Lake City na segunda semana de janeiro e a San Francisco em meados de abril, mas só alcançou Seattle, aproximadamente à mesma distância de Toronto em linha direta, em junho.

Isso porque a gripe não viaja em linha reta como os pássaros. Ela viaja seguindo o caminho do trem. A ferrovia transcontinental, que na época só tinha três anos de idade, transportou cavalos e doença do centro do país diretamente para San Francisco, e linhas férreas unindo Toronto a grandes cidades costeiras e a Chicago semearam surtos precoces também nessas cidades.[5] A viagem não mecanizada para locais distantes das linhas ferroviárias era mais lenta, então a epizootia demorou mais a chegar.

Uma dobra na pizza

Geometria significa "medição da Terra" em grego, e é exatamente isso que estamos fazendo. Atribuir uma *geometria* a um pedaço de terra, ou a um conjunto de pessoas, ou a um conjunto de cavalos é, no fundo, atribuir um número a dois pontos quaisquer, que devemos interpretar como a distância entre eles. E uma percepção fundamental da geometria moderna é que há diferentes maneiras de fazer isso, e uma escolha diferente significa uma geometria diferente. Nós já vimos isso, quando mapeamos a distância entre primos numa árvore familiar. Até mesmo quando estamos falando de pontos num mapa, temos múltiplas geometrias para escolher. Há a geometria do voo dos pássaros, na qual a distância entre duas cidades nos Estados Unidos é o comprimento de uma linha reta* unindo uma cidade à outra. E há a geometria na qual a distância entre duas cidades é "quanto

* "Mas e a curvatura da superfície da Terra?" Se isso for realmente um problema para você, espere algumas páginas e chegaremos lá!

tempo demora para ir da primeira à segunda em 1872", que é a geometria relevante para a epizootia.* Nessa métrica (pois *métrica* é o termo da arte que usamos em geometria no lugar da desajeitada expressão "atribuição de uma distância a cada par de pontos"), Scranton está mais longe de Toronto do que Nova York, enquanto, pelo critério do voo dos pássaros, está muito mais perto. Você pode fazer o que quiser — isto é matemática, não escola! Talvez sua métrica seja "a distância entre dois lugares numa lista de todas as cidades dos Estados Unidos em ordem alfabética" — agora Scranton está de novo mais perto de Toronto do que Nova York.

A ideia de que a geometria não é fixa e sim pode ser alterada conforme a nossa vontade é familiar a várias gerações de crianças americanas que gostam de ler, pela seguinte figura:

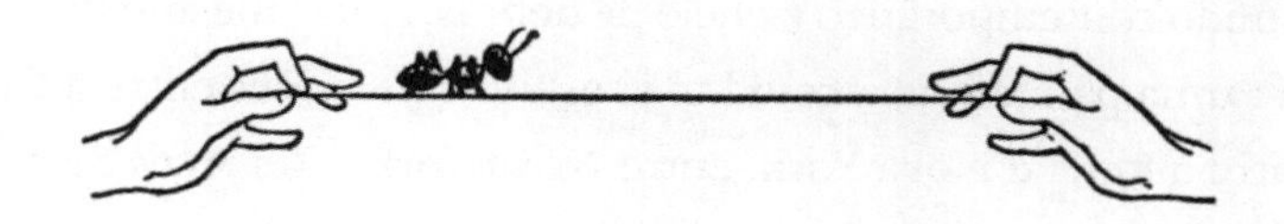

Essa é uma demonstração geométrica da sra. Whatsit, uma das três bruxas/anjos interplanetárias que ajudam três crianças a derrotar um mal cósmico em *Uma dobra no tempo*.** Como elas atravessam o universo numa velocidade mais rápida que a da luz? "Nós aprendemos a pegar atalhos sempre que possível", ela diz. "Como em matemática."

A formiga, explica ela, está perto de uma das extremidades do barbante, mas muito longe da outra. Mas mova o barbante no espaço e essa distância se reduz para quase nada, permitindo que a formiga passe direto de uma mão para a outra. "Agora, veja", a sra. Whatsit explica,

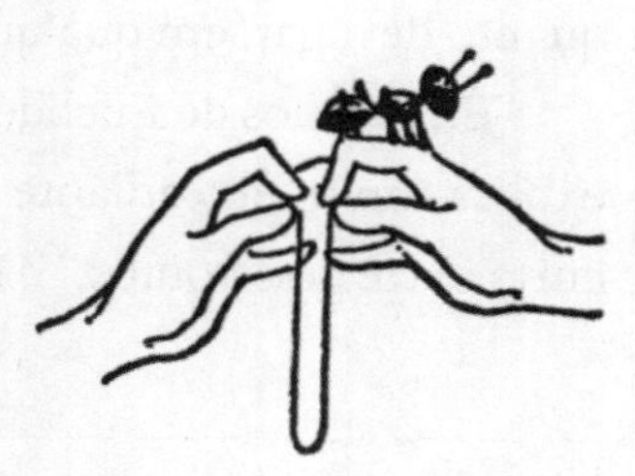

* E a relevante para desenhar mapas isócronos como aquele que vimos no capítulo 8.

** A sra. Whatsit [sra. O que é isso] também é a resposta para uma grande pergunta de curiosidades: Que personagem foi retratada na tela tanto por Alfre Woodard e Reese Witherspoon?

"ela chega lá sem essa longa viagem. É assim que nós viajamos." A dobra do barbante é o que dá o título ao livro, e ao filme. As bruxas a chamam de "tesserato". No contexto de 1872 era chamada de "ferrovia". Os trilhos que unem Chicago a San Francisco são uma alteração da geometria do continente, uma mudança na métrica que faz dois pontos ficarem mais perto um do outro do que poderíamos ter ingenuamente pensado. Ou os pontos podem ficar mais afastados! A epizootia de 1872 chegou até o sul na Nicarágua, mas nunca atravessou para a América do Sul. Isso porque o istmo do Panamá representava para os possíveis atravessadores de fronteiras um "pântano quase intransponível interceptado por cadeias de montanhas áridas e difíceis".[6] Colômbia e Nicarágua estão bastante próximas entre si na superfície da Terra, mas na métrica da viagem a cavalo estavam efetivamente a uma distância infinita.

O mundo contemporâneo é cheio de dobras. Antes mesmo de sabermos que havia uma pandemia, a covid-19 já estava nos aviões entre a China e a Itália, entre a Itália e Nova York, entre Nova York e Tel Aviv. Se de algum modo não soubéssemos que existe algo como o avião, poderíamos inferir sua existência pela natureza da propagação da pandemia. E no entanto a geometria-padrão da superfície da Terra ainda desempenha um papel. As partes dos Estados Unidos mais duramente atingidas na primavera de 2020 não foram as cidades com aeroportos internacionais e habitantes frequentadores de voos intercontinentais: foram os lugares aos quais se podia ir de carro ou ônibus a partir de Nova York. As pandemias viajam tanto depressa quanto devagar, em qualquer veículo onde possam pegar uma carona.

"Em termos de Euclides, ou geometria plana antiquada", a sra. Whatsit explica um pouco adiante no livro, "uma linha reta *não é* a distância mais curta entre dois pontos."[7]* Mas em geometria *moderna* podemos dar a razão

---

* Por que sempre dizemos isso se uma reta não é uma "distância"? Aparentemente o fraseado estranho tem origem numa má tradução no século XIX de um manual de geometria de Legendre, que descreve a reta mais acuradamente como "*le plus court chemin*" (o caminho mais curto). E quem foi o tradutor que fez a bobagem aqui? O historiador e ensaísta Thomas Carlyle, que, antes de se tornar famoso, ganhava a vida como professor de matemática do ensino médio em Kirkcaldy, Escócia.

para Euclides. Qual é a distância mais curta entre dois pontos na superfície da Terra, por exemplo Chicago e Barcelona? Não pode ser uma linha reta no sentido usual a não ser que você seja realmente muito bom em cavar buracos, porque a superfície da Terra, ao contrário do plano de Euclides, tem alguma curvatura. Não há linhas retas sobre a superfície de uma esfera.

Mas deve haver um caminho mais curto. E pode não ser aquele que você acha que é. Chicago e Barcelona estão aproximadamente na mesma latitude, 41 graus norte. Se você ligasse essas duas cidades por uma linha reta no mapa, viajaria para leste quase 7500 quilômetros ao longo do paralelo 41. Mas esse é o caminho mais longo! O verdadeiro caminho mais curto parece no mapa se arquear para norte, deixando a América do Norte perto da cidadezinha de Conche, na Terra Nova, especializada em processar bacalhau, e chegando ao ponto setentrional máximo no Atlântico numa latitude de aproximadamente 51 graus. Isso corta mais de 3 mil quilômetros de viagem.

A ideia de que se movimentar para leste ou oeste ao longo de uma linha de latitude é uma "reta" é uma dessas formulações superficialmente atraentes que cai por terra quando se pensa o que realmente implica.* Suponha que você comece a andar para oeste estando a dois metros de distância do polo Sul. Em poucos segundos você terá descrito um círculo muito pequeno e muito frio. Você não sentirá que está andando em linha reta. Pode confiar nessa sensação.

A melhor ideia do que deve significar uma linha reta na situação esférica estava o tempo todo em Euclides; nós simplesmente *definimos* uma linha reta como sendo o caminho mais curto. (Na verdade, isso é mais parecido com um segmento de reta, que, ao contrário da reta, tem começo e fim definidos.) Todos os caminhos mais curtos na esfera, acabamos por descobrir, são pedaços de "círculos máximos" (ou "grandes círculos"), assim chamados porque são os maiores círculos que podem ser desenhados numa esfera, aqueles que passam por dois pontos diretamente opostos. E um círculo máximo é ao que nos referimos ao falarmos em uma reta na

---

* Insira aqui uma comparação com a ideologia política de que você menos gosta.

esfera. O equador é um círculo máximo, mas outras linhas de latitude não são tão grandes. Uma linha de longitude é um círculo máximo, uma vez que se emparelhe com seu antimeridiano, a linha de latitude diretamente oposta do outro lado da Terra. Assim, viajar para o norte ou para o sul *realmente é* um movimento em linha reta. Se a assimetria entre norte-sul e leste-oeste incomoda você, lembre-se simplesmente de que isso está embutido na maneira como definimos longitude e latitude. Meridianos se encontram; paralelos não. Não existe polo Oeste.

Embora estejamos livres para inventar um! Podemos colocar um polo onde bem desejarmos. Nada nos impede, por exemplo, de declarar um polo no meio do deserto de Kyzylkum no Uzbequistão e o outro no ponto da Terra diretamente oposto no Pacífico Sul. Harold Cooper, um engenheiro de computação em Nova York, fez um mapa como esse. Por quê? Porque então cerca de uma dúzia de meridianos — ou, como Cooper os chama, "avenidas", passa diretamente ao longo do comprimento de Manhattan, então as linhas perpendiculares de latitude são as ruas transversais. Dessa maneira você pode estender a grade de ruas de Nova York para o restante do globo.* O Departamento de Matemática da Universidade do Wisconsin fica perto da esquina da avenida 5086 com a rua Oeste Negativo 3442, o que talvez explique a nossa energia extremamente centro-urbana.

O fato de desenharmos linhas de latitude como retas nos nossos mapas do mundo é uma herança da pessoa que concebeu esses mapas, Gerardus Mercator.[8] Nascido Gerhard Cremer, ele fez o que estava na moda entre cientistas da sua época e adotou uma versão latinizada do seu nome: *mercator* em latim quer dizer "mercador", que é também o significado de *Cremer* em baixo-alemão. (Se eu fizesse a mesma coisa seria Jordanus Cubitus,** que possui uma certa sonoridade.) Mercator estudou matemática e cartografia com o mestre flamengo Gemma Frisius, escreveu um manual popular para caligrafia cursiva, foi aprisionado por fanáticos religiosos durante a maior parte de 1544 sob suspeita de protestantismo, desenvolveu e

* Você pode "manhattizar" sua própria localização em: <https://extendny.com/>.

** *Ellenberg* é dialeto alemão para "cotovelo", ou pelo menos é isso o que diz a lenda da família.

lecionou um curso de geometria para estudantes secundários em Duisburg e traçou montes e mais montes de mapas. Hoje é conhecido pelo mapa que fez em 1569, que chamou de *Nova et Aucta Orbis Terrae Descriptio ad Usum Navigantium Emendata* ("Novo e expandido mapa-múndi corrigido para marinheiros") e que agora conhecemos como a projeção de Mercator.

O mapa de Mercator era bom para marinheiros porque o que lhes importava não era pegar a rota mais curta; o importante para eles era não se perder. No mar, pode-se usar uma bússola para se manter num ângulo fixo em relação ao norte (ou pelo menos ao norte magnético, que esperamos não ser tão deslocado). Numa projeção de Mercator, as linhas norte-sul de longitude são linhas verticais, as de latitude são horizontais, e todos os ângulos no mapa são os mesmos que na vida real. Então, se estabelecemos um curso para oeste, ou a 47 graus do norte, ou seja lá o que for, e nos atemos a esse curso, o trajeto percorrido — chamado loxodromia ou linha de rumo — é uma linha reta no mapa de Mercator. Se você tiver o mapa e um transferidor, é fácil ver para que costa a linha de rumo levará você.

O mapa de Mercator, porém, traz algumas coisas erradas. E tem de trazer, porque os meridianos são ali descritos como linhas paralelas, que obviamente não podem se encontrar. Mas os meridianos se encontram — duas vezes, na verdade, no polo Norte e no polo Sul. Então alguma coisa precisa dar errado no mapa de Mercator se formos muito longe para o norte ou para o sul. De fato, Mercator interrompe suas paralelas bem antes dos polos para evitar as distorções ártica e antártica dolorosamente aparentes. Linhas de latitude perto dos polos vão ficando mais e mais afastadas no mapa, quando na vida real são separadas pela mesma distância. Isso faz com que as coisas na região polar pareçam maiores do que realmente são. Na projeção de Mercator, a Groenlândia é do tamanho da África. Na realidade, a África é catorze vezes maior.

Poderia haver uma projeção melhor? Talvez você preferisse que os círculos máximos aparecessem como linhas retas (uma projeção *gnomônica* ou *central*), ou que as áreas relativas de objetos geográficos estivessem compatíveis com a vida real (uma projeção *autálica quártica*), ou talvez preferisse que a projeção deixasse certos os ângulos (projeção *conforme*; a projeção de Mercator é uma delas). Mas não dá para ter todas essas coisas juntas. O motivo remete à prova de Carl Friedrich Gauss do teorema da pizza. Gauss não o chamou de teorema da pizza, mas certamente teria chamado se tivesse tido acesso às fatias de pizza nova-iorquinas na Göttingen do século XIX. Em vez disso, chamou-o de *Theorema Egregium*, o que na linguagem de hoje significaria algo como "o teorema admirável". Não vou importunar você com o enunciado exato, e sim desenhar uma figura:

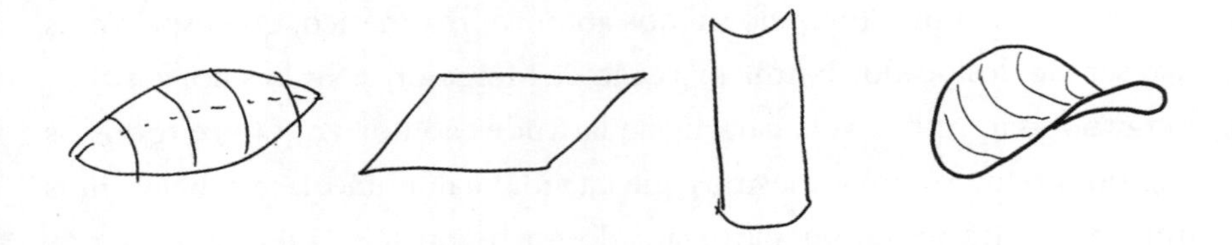

Uma superfície curva suave, se eu aproximar meu zoom o suficiente, vai se parecer com uma dessas quatro figuras. À esquerda temos um pedaço de uma esfera; no meio temos um plano achatado e um pedaço de cilindro, e à direita temos uma batatinha chips. Gauss concebeu uma noção numérica de "curvatura" — o plano achatado tem curvatura zero, bem como o cilindro. A superfície esférica tem curvatura positiva, e a batatinha chips tem curvatura negativa. Uma superfície mais complicada, como esta abaixo, pode ter curvatura positiva em um ponto e curvatura negativa em outros:

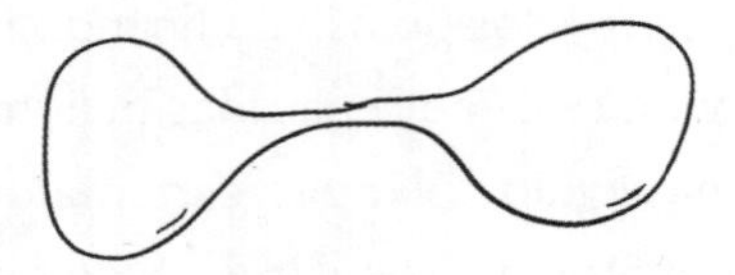

Acontece que, se conseguirmos mapear uma superfície de uma maneira que mantenha os ângulos e as áreas, então a métrica também estará certa — em outras palavras, a *geometria* das duas superfícies é a mesma. A distância entre dois pontos sobre uma superfície é a mesma que a distância entre os pontos correspondentes na outra.

O teorema admirável é este: se pudermos projetar uma superfície sobre outra de modo que a geometria se mantenha — em outras palavras, se tivermos permissão de dobrá-la ou torcê-la, mas não de esticá-la —, a curvatura também deve permanecer a mesma. Uma casca de laranja é um pedaço de uma esfera e tem curvatura positiva; então não se pode achatá-la transformando-a numa superfície de curvatura zero. E um pedaço de pizza, cortado de uma torta circular achatada, tem curvatura zero. Pode ser arredondado numa forma cilíndrica de curvatura zero por uma puxada na ponta

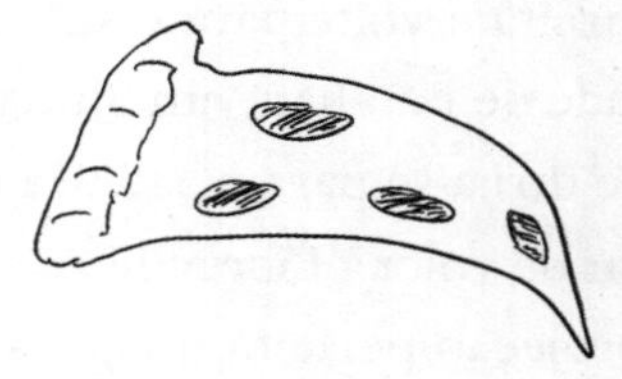

ou enrolada puxando-se as suas bordas

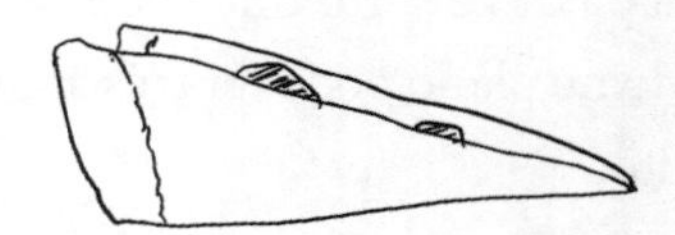

mas *não podemos fazer ambas as coisas*.[9] Porque isso a transformaria numa enorme batatinha chips. Uma pizza não é uma batata chips, porque a curvatura da batata chips é negativa, não zero. E é por isso que quando você anda pela rua comendo sua fatia de pizza para viagem você enrola as bordas — porque a pizza tem curvatura zero, e o teorema de Gauss impede que a ponta da fatia se vire para baixo e deixe o queijo derretido escorrer em cima da sua camisa.

Não é de fato necessária toda a admirabilidade do Teorema Admirável para sabermos que não se pode ter um mapa da superfície esférica da Terra que satisfaça todos os nossos desejos geométricos. A questão está resumida numa antiga charada: um dia um caçador acorda, engatinha para fora da bar-

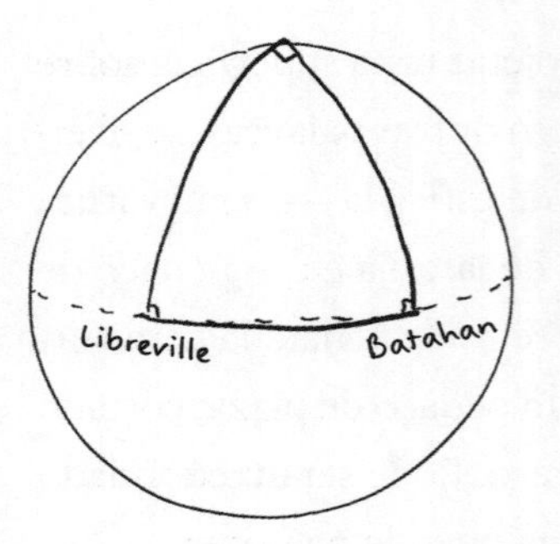

raca e sai à procura de um urso. Anda dez quilômetros para o sul; nada de urso. Anda dez quilômetros para leste; ainda nada. Anda dez quilômetros para o norte, e finalmente encontra um urso, bem na frente da barraca.

A charada: Qual é a cor do urso?

Se você não conhece a brincadeira, eis outra versão. Saia de Libreville, no Gabão, bem em cima do equador, vá direto para o norte até chegar ao polo Norte, vire noventa graus para a direita e volte para o sul, alcançando novamente o equador perto da cidade de Batahan, em Sumatra; por fim, faça outra virada em ângulo reto e dirija-se para oeste um quarto da distância em volta do globo até chegar de volta a Libreville.

Lembre-se, nossa projeção perfeita imaginária supostamente deve transformar círculos máximos em linhas retas. O trajeto que seguimos consiste inteiramente de segmentos de círculos máximos, então nosso mapa perfeito imaginário precisa ter três segmentos retos — um triângulo. Mas cada ângulo no mapa deve ser o que foi no globo: ou seja, noventa graus. Nenhum triângulo no plano pode ter três ângulos retos, e aí termina o sonho do mapa perfeito.

Ah, e o urso era branco. Porque a barraca tinha de estar no polo Norte, então era um urso-polar.*

(Pode dar risada.)

E qual é o seu número de Erdős-Bacon?

Passar da geometria do mapa plano à geometria da esfera já envolve uma matemática rica. Porém temos em mente alguns afastamentos ainda mais radicais do livro de Euclides. O que dizer a respeito da geometria das

---

* Um leitor atento da primeira edição deste livro apontou que a barraca também poderia estar em certos locais bem perto do polo Sul. Lá não há ursos, no entanto.

estrelas de cinema? Não as curvas e planos dos seus corpos físicos — já se escreveu o suficiente sobre isso — mas a rede formada pelas suas participações. Para que os atores tenham uma geometria, precisamos de uma métrica, uma noção da distância entre duas estrelas no firmamento. Para isso usamos a "distância coestelar". Um *elo* entre dois atores é um filme em que ambos aparecem, e a distância entre dois atores é a menor corrente de elos que os liga. George Reeves atuou em *A um passo da eternidade* com Jack Warden, que participou de *Virando o jogo* — seu último filme — com Keanu Reeves. Então a distância entre George e Keanu é 2. Ou melhor, é *no máximo* 2; ainda precisamos verificar se existe algum trajeto *mais curto* entre os dois, que seria um único elo, um filme em que ambos apareceram. O Reeves mais velho morreu cinco anos antes de Keanu nascer, portanto é 2.

Não há nada de especial com astros e estrelas de cinema; podemos definir a mesma distância em qualquer rede de colaborações. Na verdade, a ideia é muito mais antiga no contexto dos matemáticos, em que um elo liga dois matemáticos que escreveram um artigo juntos. A geometria dos matemáticos tem sido um jogo de salão desde que Casper Goffman escreveu uma nota de meia página na revista *American Mathematical Monthly*, "And What is Your Erdős Number?" [E qual é o seu número de Erdős?], em 1969. O seu número de Erdős é a sua distância em relação ao matemático Paul Erdős, que é considerado central para a rede graças ao seu imenso número de colaboradores — 511 na última contagem, mas mesmo tendo morrido em 1996 ele continua ganhando ocasionalmente novos elos com autores que escrevem artigos usando ideias que aprenderam conversando com ele. Erdős foi um famoso excêntrico, nunca morou num lar de verdade, era incapaz — ou propositalmente incapaz — de cozinhar ou lavar roupa,* aparecia peripateticamente de surpresa na casa desse ou daquele matemático, provando teoremas com seus anfitriões, e consumia doses

* Uma característica desagradável da lenda de Erdős: ela incentiva alguns matemáticos a ver o trabalho doméstico de algum modo como abaixo do nosso nível e ao mesmo tempo além das nossas capacidades. E ainda assim vestimos camisas limpas e comemos. Fato: pensar em matemática enquanto se lava pratos é bom tanto para a matemática, se você for propenso a devaneios como a maioria dos matemáticos, quanto para os pratos.

cavalares de benzedrina. (Pelo menos uma vez, declinou do convite para se juntar a um grupo de matemáticos para um café depois do almoço, explicando: "Tenho algo muito melhor que café".[10])

O seu número de Erdős é o comprimento da corrente de elos mais curta conectando você a Erdős. Se você é Erdős, o seu número de Erdős é 0; se não é Erdős mas escreveu um artigo com ele, o seu número de Erdős é 1; se não escreveu um artigo com ele mas escreveu com alguém cujo número de Erdős é 1, o seu número de Erdős é 2, e assim por diante. Erdős está conectado com praticamente todo matemático que já escreveu um artigo em colaboração com alguém, o que equivale a dizer que praticamente todo matemático tem um número de Erdős. Marion Tinsley, o mestre do jogo de damas, tinha número de Erdős igual a 3. E eu também: em 2001 escrevi um artigo sobre formas modulares com Chris Skinner, que, como estagiário nos Laboratórios Bell, escreveu em 1993 um artigo sobre funções zeta com Andrew Odlyzko, que escreveu três artigos com Erdős entre 1979 e 1987. E a distância entre mim e Tinsley é 4. Nós três formamos um triângulo isósceles:[11]

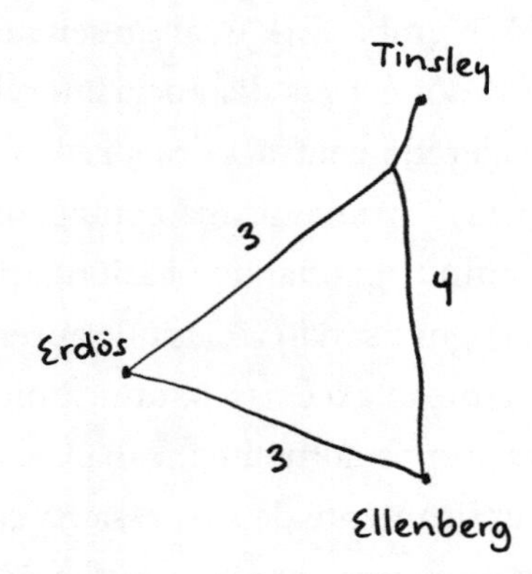

O triângulo tem um aspecto um tanto encrespado porque Tinsley só escreveu um artigo conjunto na sua breve carreira de pesquisador matemático, com seu aluno Stanley Payne, de modo que esse elo faz parte tanto da linha de Tinsley a Erdős quanto da linha de Tinsley até mim.

Agora afastamos nosso zoom, de modo a podermos ver cada um dos cerca de 400 mil matemáticos que algum dia já publicaram um artigo. E conectamos todo par de coautores com um elo:

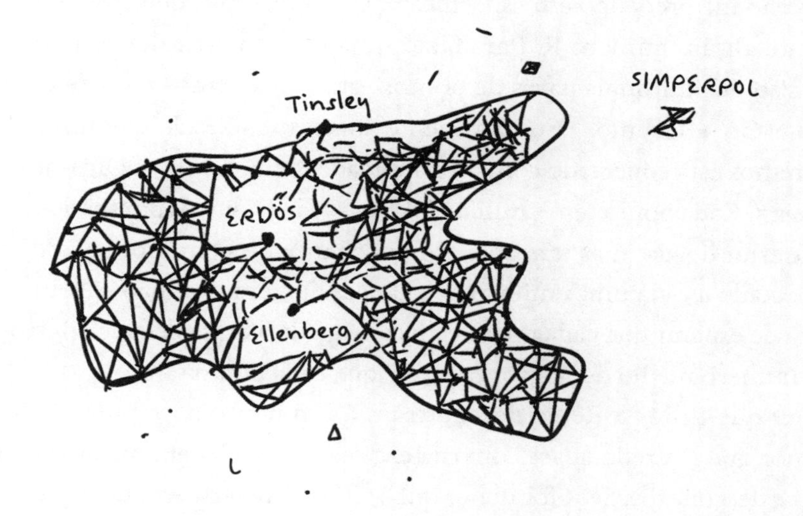

Essa grande maçaroca (ou, em terminologia técnica, o grande "componente conectado") são os 268 mil matemáticos que estão conectados por alguma corrente de elos de Erdős. O que parece poeira é a coleção de matemáticos solitários que nunca colaboraram num artigo; há mais ou menos 80 mil deles. O resto da população matemática está dividido em dois pequenos aglomerados, o maior dos quais consiste em 32 especialistas em matemática aplicada sediados na sua maior parte na Universidade Estatal de Simferopol, na Ucrânia. Todo e cada matemático no grande componente está conectado a Erdős por uma corrente de não mais de treze elos; se você tem um número de Erdős, ele é no máximo 13.

Pode parecer estranho que haja uma lacuna tão grande entre uma maçaroca gigante e a quase desconectada coleção de solitários matemáticos deixados de fora, em vez de um punhado de maçarocas de tamanhos variados. Mas é na realidade o jeitão geral das coisas, algo que sabemos graças ao próprio Erdős. A noção de número de Erdős não é uma mera homenagem à sociabilidade dele; é um tributo ao trabalho pioneiro que

Erdős fez, junto com Alfréd Rényi,* sobre as propriedades estatísticas das grandes redes. Eis o que eles mostraram: vamos supor que tenhamos 1 milhão de pontos, onde por "1 milhão" entendemos "algum número grande que não me preocupo em especificar". E vamos supor que tenhamos em mente algum número R. Para fazer uma rede a partir desses pontos, é preciso decidir quais pares de pontos estão conectados na rede e quais não estão; e fazemos isso totalmente ao acaso, dizendo que um par de extremos está conectado com probabilidade R em 1 milhão. Digamos que R seja 5. Cada ponto tem 1 milhão (ok, 999 999) de outros pontos aos quais *pode* estar ligado, mas tem apenas uma chance de 5 em 1 milhão de estar conectado a cada um; 1 milhão de chances de 5 em 1 milhão se somam, e seria de esperar que cada ponto estivesse ligado a cerca de cinco outros. R é o número médio de "colaboradores" que cada ponto tem.

O que Erdős e Rényi descobriram é um ponto da virada. Se R for menor que 1, a rede quase com certeza se desmancha em incontáveis pedaços desconexos. Se R for maior que 1, é igualmente certo de que haverá uma maçaroca gigante ocupando uma grande porção da rede. Dentro da maçaroca, cada grão tem um trajeto para cada outro, da mesma maneira como quase todo matemático tem um caminho até Erdős.** Uma minúscula mudança em R, de 0,9999 para 1,0001, cria uma enorme mudança no comportamento da rede.

Já vimos isso antes. Suponha que os pontos sejam a população de Dakota do Sul, que é mesmo cerca de 1 milhão. E suponha que dois pontos estejam conectados se as pessoas entrarem em contato estreito e inalarem a expiração uma da outra. Esse não é *exatamente* um bom modelo para transmissão de infecção — não leva em conta que diferentes pessoas são infectadas em momentos diferentes —, mas é suficientemente próximo para um trabalho de consulta. O número médio de pessoas para as quais

* No caso de alguém que esteja lendo não falar húngaro, os nomes são pronunciados "Érdosh" e "Rêni".

** E se R for *exatamente igual* a 1? Há centenas e centenas de artigos sobre isso; frequentemente acontece que os casos ocupando uma fronteira entre dois regimes são aqueles nos quais se oculta a matemática mais ricamente barroca.

uma pessoa infectada transmite a doença é R, que agora tira sua máscara de borracha e revela ter sido R_0 o tempo todo. Menos de 1? A doença permanece localizada em algum minúsculo segmento da rede. Maior que 1? Chega a todo lugar.

Outra coisa pela qual Erdős é famoso é a ideia de "O Livro", um volume que contém a mais perfeita, compacta, elegante, ilustrativa prova de todo teorema. Só Deus pode vê-lo. Você não precisava acreditar em Deus para acreditar no Livro; o próprio Erdős, embora criado numa família judia, não via utilidade para a religião. Ele chamava Deus de "o supremo fascista", e uma vez comentou em visita à católica Universidade de Notre Dame, em Indiana, que o campus era muito bonito, mas que havia um excesso de "sinais de mais".[12] E mesmo assim ele acabou com uma visão da realidade matemática não muito diferente da visão da devota Hilda Hudson, que também acreditava que uma prova realmente boa era o caso de uma comunicação direta com o divino. Poincaré, que nem tinha fé e nem debochava dela, era mais cético quanto a esse tipo de revelação. Se um ser transcendente conhecesse a verdadeira natureza das coisas, escreveu ele, "poderia não encontrar palavras para expressá-la. Não só não podemos adivinhar a resposta, mas se ela nos fosse dada, pode ser que não entendêssemos nada".[13]

Grafos e traças

O jogo de Erdős para estrelas de cinema foi inventado nos anos 1990 por um punhado de estudantes universitários entediados que observaram que Kevin Bacon aparentemente tinha estado num filme com todo mundo;[14] ele era o Erdős da Hollywood dos anos 1980 e 1990. Então pode-se definir o número de Bacon de uma estrela ou astro de cinema como a distância, na geometria coestelar, em relação a Kevin Bacon. Assim como quase todo matemático tem um número de Erdős, quase todo ator ou atriz tem um número de Bacon. E acontece que eu tenho ambos. Meu número de Bacon é 2, graças à minha participação em *Um laço de amor*, com Octavia

Spencer, que por sua vez representou "a Grande Cliente" antagonista do "Jorge" de Kevin Bacon no filme *Um salão do barulho*, de Queen Latifah, em 2005. Então meu número de "Erdős-Bacon" é 3 + 2, ou 5. Danica McKellar, que estrelou a série *Anos incríveis* quando adolescente e que, por todos os relatos de meus amigos que foram seus professores na UCLA, teria tido uma longa carreira em matemática se não tivesse escolhido ser atriz, tinha um número de Erdős-Bacon de 6. Nick Metropolis* desenvolveu e deu seu nome a um dos mais importantes algoritmos em passeios aleatórios, um algoritmo que ajudou a realizar o sonho de Boltzmann de compreender as propriedades dos gases, líquidos e sólidos por meio de uma análise uma-por-uma de moléculas e suas incessantes colisões tipo bolas de bilhar. Porém muito depois disso, e mais pertinente à atual discussão, ele fez um pequeno papel no filme *Maridos e esposas*, de Woody Allen, portanto me vencendo com um número de Erdős-Bacon de 4 (está a uma distância 2 de ambos).**

Em geral matemáticos não chamam essas redes de redes; nós as chamamos de grafos, o que é incrivelmente confuso, já que não têm nada a ver com os gráficos de funções que podem ser desenhados na escola. Nós culpamos os químicos por isso. *Parafina* é uma molécula composta apenas de átomos de carbono e hidrogênio; uma realmente simples, com apenas um átomo de carbono e quatro hidrogênios, é o metano (o gás da "flatulência das vacas que causa o aquecimento global"). A cera de parafina, na qual você provavelmente pensou, é uma molécula mais robusta, com dúzias de átomos de carbono. Os químicos do século XIX podiam dizer quanto carbono e hidrogênio cada composto tinha por meio de "análise elementar", que é uma palavra bonita para "ponha fogo e veja quanto do resultado é dióxido de carbono e quanto é água". Mas eles logo começaram a entender que havia moléculas com as mesmas fórmulas químicas que mesmo

* Junto com Augusta e Edward Teller e Arianna e Marshall Rosenbluth. (Arianna Rosenbluth morreu de covid-19 em 28 de dezembro de 2020.)

** Coautores de Erdős, Daniel Kleitman e Bruce Reznick reivindicam, cada um deles, um número de Erdős-Bacon de 3 em virtude de filmes nos quais apareceram como figurantes. Isso vale ou é trapaça? Não cabe a mim dizer. (É claro que é trapaça.)

assim tinham propriedades diferentes. O fundamental, conforme vieram a entender, é que contagem não é tudo. As moléculas têm geometria. Os mesmos átomos podem ser arranjados de diferentes maneiras.

O butano, o gás que queima num isqueiro Zippo, é C_4H1_0: quatro átomos de carbono, dez de hidrogênio. Esses átomos de carbono podem estar ligados numa cadeia de quatro

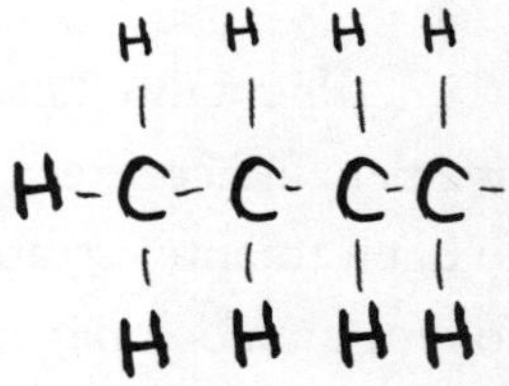

ou arranjados em forma de Y, resultando numa molécula que chamamos "isobutano".

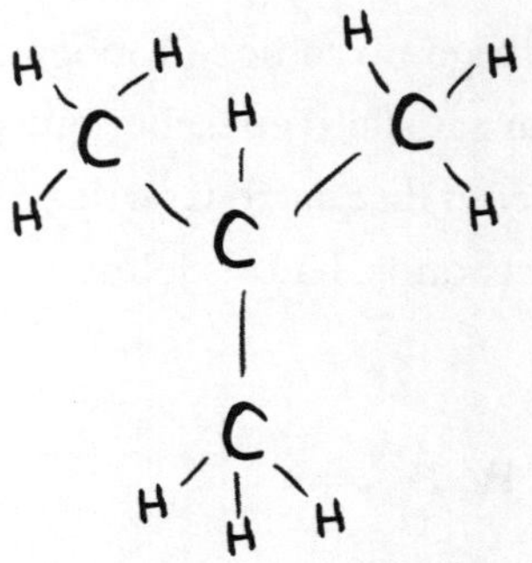

Quanto mais átomos de carbono houver, mais geometrias diferentes podemos obter. O octano, conforme o nome sugere, tem oito átomos de carbono. Na sua forma-padrão tem os oito carbonos alinhados, mas o C_8H_{18} que entra na gasolina e proporciona uma viagem tranquila é cujo nome científico é 2,2,4-trimetilpentano. Posso entender por que não classificam bombas de gasolina pelo índice de 2,2,4-trimetilpentano. A nomenclatura usual leva ao fato ligeiramente estranho de que a coisa que os químicos chamam de octano tem uma octanagem extremamente baixa.

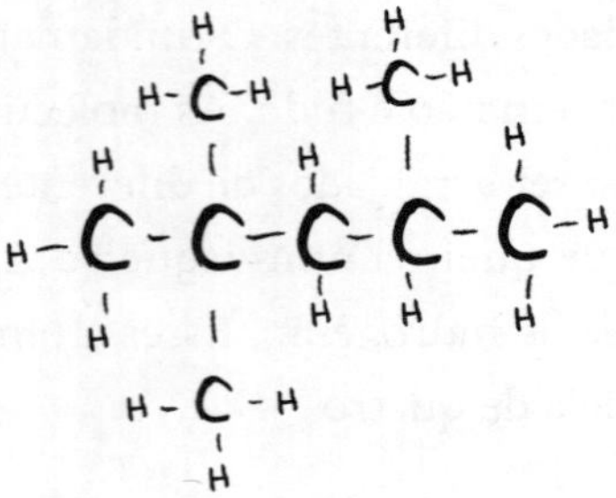

Uma molécula é uma rede; os pontos são átomos, conectados por ligações químicas. Na parafina, os carbonos não têm permissão de se ligarem em um ciclo fechado; então a rede de átomos de carbono forma uma árvore, exatamente como as posições num jogo de damas.

Por sua vez cada átomo de carbono precisa se ligar a quatro outros átomos, enquanto o hidrogênio se liga monogamicamente a apenas um; dado isso, você pode ficar satisfeito em saber que os dois butanos desenhados acima são *os únicos jeitos* de quatro Cs e dez Hs poderem se ligar. Para o pentano, com cinco carbonos, há três jeitos:

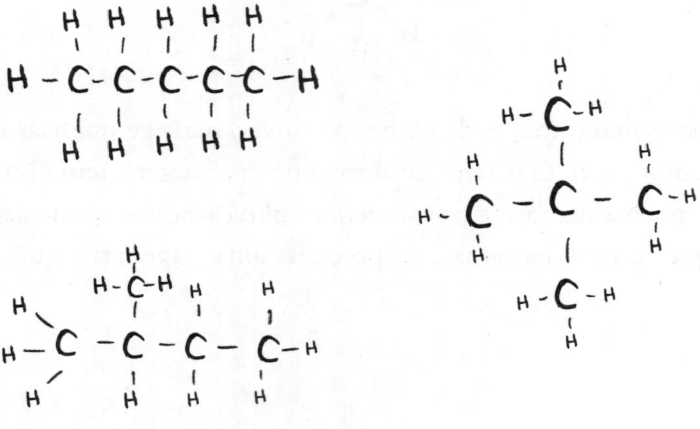

e para o hexano, cinco jeitos (desta vez não vou ficar desenhando os pequenos hidrogênios):

```
C-C-C-C-C-C

    C   C
    |   |
C - C - C - C

  C
  |
C-C-C-C-C

      C
      |
C-C-C-C-C

  C
  |
C-C-C-C
  |
  C
```

Virahanka-Fibonacci de novo! Mas não; há nove jeitos para sete moléculas de carbono, não oito. Simplesmente não existem suficientes números pequenos, o que significa que há muita superposição entre problemas de contagem pequena. É um desafio para testes padronizados; entendo por que se gostaria de perguntar a um aluno "Qual é o próximo número da sequência 1, 1, 2, 3, 5, ...?", mas se ele responder "9, porque assumi que estávamos contando parafinas", você terá de reconhecer que o espertinho merece todo o crédito.*

Uma boa imagem faz maravilhas para clarear nossa mente. Os químicos deram um salto adiante na sua compreensão quando começaram a desenhar figuras como as vistas nas últimas páginas, que eles chamaram de *notação gráfica*. Os matemáticos, também, foram inspirados pelas novas questões geométricas que os químicos haviam revelado, e rapidamente as transpuseram para matemática pura. Quantas estruturas diferentes havia, e como deveria ser organizado esse selvagem zoológico geométrico? O algebrista James Joseph Sylvester foi um dos que primeiro levaram essas questões a sério. A química, ele escreveu, tem "um efeito acelerante e sugestivo sobre o algebrista".[15] E comparou a ação sobre a mente matemática

* A sequência que conta o número de parafinas com mais e mais átomos de carbono está, é claro, registrada na Enciclopédia On-line de Sequências de Inteiros: é a sequência A000602.

com a inspiração que poetas extraem de pinturas: "Em poesia e álgebra temos a ideia pura elaborada e expressa através do veículo da linguagem, em pintura e química a ideia envolta em matéria, dependendo em parte dos processos manuais e recursos de arte para sua devida manifestação".[16]

Sylvester parece ter entendido a expressão "notação gráfica"[17] como significando que as redes atômicas que os químicos estavam desenhando eram chamadas de "gráficos", e aqui estamos nós, de língua inglesa, presos a isso.*

Sylvester era inglês, mas também, num certo sentido, foi o primeiro matemático americano; na condição de pesquisador sênior estabelecido, já na casa dos sessenta anos, ele entrou para o corpo docente da recém-inaugurada Universidade Johns Hopkins em 1876, época em que os matemáticos americanos mal existiam e estudantes precisavam viajar de navio para a Alemanha para aprender alguma coisa séria. Ele fazia o papel do distinto erudito mais velho. Um contemporâneo o descreveu como "um gnomo gigante, barba sobre um peito enorme, felizmente sem pescoço, pois não havia pescoço capaz de sustentar uma cabeça tão enorme, quase totalmente calvo com exceção de um halo de cabelo invertido tomando conta da junção com os largos ombros".[18] Todo mundo notava a imensa cabeça de Sylvester. Francis Galton, o estatístico e entusiasta da frenologia, comentou com Karl Pearson, seu protegido: "Era uma maravilha observar o grande domo".[19] (Galton escreveu reclamando da descoberta de Pearson de que a capacidade craniana não estava, como o cabeçudo Galton sempre acreditara, correlacionada com realização intelectual.)

A empreitada matemática americana poderia ter sido posta em movimento bem mais cedo, pois Sylvester na verdade já tinha sido contratado nos Estados Unidos uma vez antes, em 1841, na Universidade da Virgínia. Esse poderia ter parecido o local perfeito de partida, pois era a universidade do matematófilo Thomas Jefferson, onde uma das três exigências de admissão inegociáveis era "demonstrar um meticuloso conhecimento de Euclides".[20] Mas as coisas deram errado desde o começo. Se você conhece alguém que gosta de reclamar dos privilégios que os estudantes universi-

* Em inglês, tanto gráfico quanto grafo são *graph*. (N. T.)

tários têm nos dias de hoje, deve incentivar essa pessoa, nos termos mais fortes possíveis, a ler sobre estudantes universitários americanos no começo do século XIX. Em Yale, em 1830,[21] 44 alunos, incluindo o filho do vice-presidente John C. Calhoun, foram expulsos depois de se recusarem a fazer um exame final de geometria que havia sido mudado de consulta livre para sem consulta, um acontecimento conhecido como "A Rebelião da Seção Cônica". Na Virgínia, a inquietação dos estudantes fizera com que a insubordinação das salas de aula vazasse para violência explícita. Os alunos se reuniam em massa para entoar "Fora professores europeus!", e era rotina arremessarem pedras pelas janelas em cima dos membros menos favorecidos do corpo docente. Em 1840, estudantes baderneiros balearam e mataram um impopular professor de direito.[22]

Sylvester não era só europeu, mas judeu: um jornal local reclamou que o povo da Virgínia era formado por "cristãos, e não pagãos, nem judeus, nem ateus, nem infiéis", e que seus professores deviam ser mantidos no mesmo padrão religioso. A nomeação de Sylvester fora contestada pelo fato de ele não ter, estritamente falando, um diploma. Esse também era um problema religioso. Cambridge requeria que os graduados fizessem o juramento de adesão aos 39 Artigos da Igreja da Inglaterra, o que Sylvester não pôde fazer. Felizmente o Trinity College de Dublin, que precisava acomodar estudantes não só protestantes mas também católicos, não exigia esse juramento, e concedeu a Sylvester um bacharelado pouco antes de ele partir para a América.

Sylvester, então com uma aparência física nada imponente (apesar da cabeça) e pouco mais velho que os estudantes para os quais lecionava, via seus esforços para manter disciplina em sala de aula recebidos com insolência e escárnio. Suas tentativas de punir William H. Ballard, de New Orleans, por ler um livro em classe sob a mesa inflaram a ponto de se tornar uma disputa que o corpo docente inteiro precisou adjudicar. Ballard acusou Sylvester da pior violação que podia imaginar, afirmando que o professor se dirigira a ele da maneira que um homem branco na Louisiana falaria com um escravo. Para grande frustração de Sylvester, muitos de seus colegas viam as coisas como Ballard. Espantosamente, tudo ficou ainda pior a partir daí. Mais tarde no ano letivo, Sylvester cometeu o equívoco de comentar alguns erros no exame oral de um estudante, o que induziu o irmão mais velho do aluno a vingar a honra da família dando um soco na cara de Sylvester. Este, decerto ciente do destino do impopular professor de direito, tomara a precaução de se armar com uma bengala-espada, com a qual desferiu um contra-ataque. O irmão do aluno não foi ferido, mas isso bastou para selar a sorte de Sylvester na Virgínia. Ele perambulou pelos Estados Unidos por alguns meses, procurando uma situação mais propícia. Chegou perto de conseguir uma posição na Universidade de Columbia, porém mais uma vez se viu julgado um pouco Velho Testamento demais para o emprego. Os administradores lhe disseram, em termos que para eles devem ter parecido uma defesa, que não tinham preconceito nenhum contra professores estrangeiros e teriam considerado um judeu americano igualmente inadequado para ser contratado. Esse fracasso também pôs fim a um namoro que Sylvester estava tentando começar em Nova York.

"Minha vida está agora um belo de um vazio", recordou Sylvester. Ele voltou para a Inglaterra,[23] sozinho e desempregado, e conseguiu ganhar a vida aqui e ali — como atuário, advogado e professor particular de matemática de Florence Nightingale — enquanto paralelamente se ocupava de álgebra. Levou mais de uma década para conseguir voltar apara a universidade. E não ajudou muito o fato de que, quando os rumores da sua estada na Virgínia atravessaram o Atlântico, muita gente pensou que ele havia matado o rapaz a quem meramente atacara com a tal bengala. Sylvester também tinha um infeliz gosto por querelas acadêmicas, como podemos deduzir de artigos como um escrito em 1851, "An Explanation of the Coincidence of a Theorem Given by Mr. Sylvester in the December Number of This Journal, With One Stated by Professor Donkin in the June Number of the Same" [Uma explicação da coincidência de um teorema dado pelo sr. Sylvester no número de dezembro desta revista com um enunciado pelo Professor Donkin no número de junho da mesma], que vou parafrasear: "Embora eu às vezes submeta artigos para a vossa revista, não a leio regularmente, então não notei o artigo anterior de Donkin, que diz respeito a um teorema que efetivamente provei nove anos atrás e que já deve ter sido publicado em algum outro lugar". E conclui com um muito atenuado "lamento, mas não tanto" para Donkin — e aqui preciso citar, é floreado demais:

> cuja elevada e merecida reputação, para não falar do desinteressado amor pela verdade por si só, à parte considerações pessoais, que anima os labores do genuíno devoto da ciência, deve torná-lo indiferente a qualquer crédito que possa ser suposto como resultante da primeira autoria ou publicação do simplíssimo (por mais importante que seja) teorema em questão.

Ele se candidatou à cátedra Gresham[24] de geometria, mais tarde ocupada por Karl Pearson, prestou uma prova didática e foi recusado. Nunca se casou.

Por todo esse seu empenho, ele acabou recuperando seu lugar na matemática inglesa institucional e passou o meio do século XIX ajudando a inventar a disciplina que agora chamamos de álgebra linear. Para Sylvester, esta mal era separada da geometria do espaço, um assunto ao qual ele incessantemente retornava. A álgebra linear permite que se estenda a percepção sobre o espaço tridimensional para qualquer dimensão que se queira,* de modo que a mente naturalmente se volta para a questão de saber se tal espaço de dimensão superior poderia existir onde nós efetivamente vivemos. Sylvester gostava da metáfora da "traça", uma criatura perfeitamente plana que vive dentro de uma folha de papel bidimensional, sem ter ideia e sem ter como formar a ideia de que o mundo é mais do que só aquilo. E se, pergunta Sylvester, nós seres tridimensionais formos igualmente limitados? Será que nossa capacidade de imaginar nos possibilita sermos mais do que traças e enxergar além da nossa "página" tridimensional? Talvez, Sylvester sugere, o nosso mundo esteja "passando no espaço de quatro dimensões[25] (espaço tão inconcebível para nós quanto nosso espaço para a

---

* É a álgebra linear que nos fornece a teoria dos vetores, que é tão central para a aprendizagem de máquina, e que deu a Geoffrey Hinton os meios para descrever o espaço de catorze dimensões exatamente como um espaço tridimensional, em relação ao qual volta e meia dizemos "Catorze!" quando nos lembramos.

suposta traça) por uma distorção análoga a uma página sendo rasgada...". Essa é, obviamente, a mesma teoria apresentada pela sra. Whatsit, com a traça entrando no lugar da formiga andando sobre o barbante.

Sylvester uma vez começou uma aula se desculpando: "Um matemático eloquente deve, pela natureza das coisas, permanecer um fenômeno tão raro quanto um peixe falante",[26] mas esse é o pedido de desculpas obrigatório de alguém bastante orgulhoso da sua habilidade verbal. De fato, assim como William Rowan Hamilton e Ronald Ross, Sylvester era um poeta. Ele escreveu aquele que pode ser o único soneto já dirigido a uma expressão algébrica: "Para o membro que falta de um grupo familiar de termos em uma fórmula algébrica".* Foi ainda mais longe, escrevendo um livro inteiro, *The Laws of Verse* [As leis do verso], que visava a colocar a prática técnica da poesia sobre uma rigorosa fundação matemática. Aqui, embora não dê o menor indício de algum dia ter estudado prosódia sânscrita, Sylvester adota o mesmo ponto de vista que Virahanka 1300 anos antes, de que uma sílaba tônica tem o dobro da duração que uma sílaba átona. (Sylvester usa os termos musicais "semínima" e "colcheia" para o que Virahanka denominou *laghu* e *guru*.)

Estou sendo cuidadoso para descrever a meta de Sylvester de *elevar* a poesia a assunto matemático, e não de *reduzi-la* a isso, uma vez que essa era certamente sua visão. Ele se opôs durante a vida toda à visão popular da matemática como uma sofrida marcha através de passos dedutivos. Para Sylvester, a matemática era um meio de tocar a realidade transcendente; você se move intuitivamente para chegar lá, atinge o momento fulgurante e logo faz a volta para construir um andaime lógico e ajudar outros a alcançarem a mesma visão. Ele ataca a pedagogia costumeira da época, ligando-a ao sufocante convencionalismo anglicano que lhe negara posições acadêmicas:

---

* Daniel Brown, em seu livro extremamente interessante *The Poetry of Victorian Scientists* [A poesia de cientistas vitorianos], argumenta que esse poema pode ser lido como sendo uma alusão à exclusão de Sylvester do sistema universitário por conta de sua fé, fazendo do próprio Sylvester o "membro que falta". Esse Brown não tem relação alguma com o Dan Brown de *O código Da Vinci*, apesar da sua habilidade de encontrar simbolismo religioso no trabalho de cientistas históricos.

> O estudo precoce de Euclides fez com que eu odiasse a geometria, o que espero possa servir de pedido de desculpas se choquei as opiniões de alguém nesta sala (e sei que há alguns que classificam Euclides como sendo o segundo em termos de santidade, perdendo apenas para a própria Bíblia, e como um dos postos avançados da Constituição Britânica) pelo tom no qual aludi anteriormente a ela como livro escolar; e ainda assim, apesar dessa repugnância, que se tornou uma segunda natureza em mim, sempre que fui longe o bastante numa questão matemática senti, por fim, ter tocado um fundo geométrico.[27]

Ele admirava tanto a Alemanha quanto os Estados Unidos, onde sentia a brisa intelectual no rosto de uma maneira que a Inglaterra tornava impossível; chegou ao ponto de dizer (para uma plateia americana, é claro — podia ser pouco político, mas não era nenhum tolo) que, apesar da geografia, Estados Unidos e Alemanha estavam no mesmo hemisfério e a Inglaterra em outro.[28] Mas Sylvester retornou de novo à Inglaterra nos anos 1880 na cátedra Saviliano de geometria, um posto ocupado primeiro pelo construtor de tabelas de logaritmos, Henry Briggs. Mais ou menos nessa época, Sylvester foi visitar o jovem Poincaré, que, mais do que ninguém, no fim do século XIX estava libertando a geometria da sua prisão euclidiana e insistindo na sua posição como alicerce de toda a ciência.

> Recentemente fiz uma visita a Poincaré em sua arejada varanda na rue Gay-Lussac em Paris... Na presença desse poderoso reservatório de força intelectual acumulada, minha língua inicialmente se recusou a exercer seu ofício, meus olhos perambularam e foi só depois de eu esperar algum tempo (podem ter sido dois ou três minutos) para ponderar e absorver, como se assim fosse, a ideia de suas joviais feições externas, que me encontrei em condições de falar.[29]

Por uma vez em sua longa e eloquente vida, Sylvester se viu sem palavras.

Quando ele morreu, em 1897, a Royal Society cunhou uma medalha em sua homenagem. Poincaré foi o primeiro a recebê-la. O jovem matemático deu uma comovente palestra em tributo a Sylvester no jantar anual da sociedade em 1901. Com toda certeza, Sylvester teria ficado contente em ouvir o grande geômetra elogiando sua matemática como "possuindo algo do espírito poético da antiga Grécia".

Também presente ao jantar estava Sir Ronald Ross.[30] Imagine se ele tivesse se sentado junto a Poincaré, e imagine se Poincaré, no espírito das conversas triviais, tivesse lhe contado sobre o interessante trabalho do seu aluno Bachelier sobre o passeio aleatório em finanças, e imagine se Ross tivesse feito a ligação com suas ideias ainda em desenvolvimento sobre mosquitos errantes…

Leitura da mente à longa distância

Em seu número de 15 de maio de 1916, a revista sobre mágica *The Sphinx* publicou o seguinte anúncio:

> LEITURA DA MENTE À LONGA DISTÂNCIA. Você envia a qualquer pessoa um baralho de cartas comum, pedindo-lhe que embaralhe e escolha uma carta. A pessoa embaralha de novo e devolve para você apenas METADE do baralho, não importando se essa metade contém ou não a carta escolhida. Por correio você responde qual carta a pessoa escolheu. **Preço: $2,50.**
> NOTA — Mediante $0,50 faço uma demonstração real. Então, se você quiser o segredo, remete os $2,00 combinados.

O anúncio foi colocado por Charles Jordan, um criador de galinhas em Petaluma que também construía rádios enormes como passatempo e mantinha uma lucrativa renda paralela ganhando concursos de quebra-cabeças em jornais.[31] (Ele ficou tão bom nisso que os jornais começaram a barrar sua entrada nos concursos; ele simplesmente arranjou cúmplices para submeter suas respostas em troca de uma parte do prêmio, um esquema que quase saiu pela culatra quando um dos seus sócios foi chamado aos escritórios de um jornal para um desempate ao vivo.) Jordan também era um prolífico inventor de truques de cartas. Apesar de não ter treinamento matemático formal, pelo que sabemos dele, foi pioneiro em trazer a matemática para truques de mágica.

Vou lhes ensinar a ler mentes através do correio. Eu sei, um mágico nunca revela o segredo de um truque! Mas eu não sou mágico. Sou professor de matemática. E o segredo do truque de Jordan se reduz à geometria de embaralhar as cartas.

Eu a aprendi com Persi Diaconis, meu orientador da tese de graduação. Muitos matemáticos acadêmicos têm uma história bastante previsível. Não Diaconis, filho de um bandolinista e professor de música e que fugiu de casa aos catorze anos para ser mágico em Nova York, em seguida foi para o City College para estudar teoria da probabilidade depois que um colega de prática disse que isso o tornaria melhor nas cartas. Ele conheceu Martin Gardner, um colega entusiasta tanto de matemática como de mágica,* que lhe escreveu uma carta de recomendação dizendo: "Não sei muito sobre matemática, mas esse garoto inventou dois dos melhores truques de cartas dos últimos dez anos. Vocês devem lhe dar uma chance". Alguns lugares, como Princeton, não ficaram impressionados; mas Harvard tinha Fred Mosteller, um mágico amador além de estatístico, e Diaconis foi para lá para ser aluno dele. Quando cheguei a Harvard, ele era professor ali.

Disciplinas introdutórias de pós-graduação em matemática em Harvard não têm currículo estabelecido; os professores têm permissão de ensinar qualquer material que lhes pareça mais adequado. No meu primeiro ano, o semestre de outono de álgebra foi lecionado por Barry Mazur, que acabou sendo meu orientador de doutorado, e foi dedicado ao seu tema de pesquisa, que mais tarde também veio a ser o meu, teoria algébrica dos números. O semestre de primavera foi lecionado por Diaconis, que passou o período inteiro falando de embaralhamento de cartas.

---

* E o primeiro popularizador da matemática do século xx; foi por meio da coluna de Gardner na *Scientific American* que o Jogo da Vida de Conway se tornou mundialmente famoso, por exemplo. Gardner é mencionado em *Ada*, de Nabokov, foi declarado "pessoa supressiva" pela Igreja de Cientologia e almoçou com Salvador Dalí para conversar sobre tesseratos. Morava numa rua chamada avenida Euclides e uma vez teve um conto sobre topologia publicado na *Esquire*. Sujeito divertido.

A geometria do embaralhamento de cartas é muito parecida com a das estrelas de cinema e dos matemáticos — só que muito, muito maior. Os pontos do nosso "espaço" são as maneiras como as 52 cartas do baralho podem ser ordenadas. Quantas são? A primeira carta pode ser qualquer uma das 52 do baralho. Tendo feito a escolha, a carta seguinte pode ser qualquer uma das que restam; não importa qual tenha sido a primeira escolhida, há 51 restantes. Então isso é $52 \times 51 = 2652$ escolhas para as primeiras duas cartas. E a seguinte pode ser qualquer uma das cinquenta que ainda estão lá, dando $52 \times 51 \times 50$ ou 132 600 opções ao todo. Mantendo esse raciocínio o tempo todo, até o fim do baralho, a quantidade de ordenamentos é o produto de todos os números de 52 até 1. Este número geralmente é representado por 52![32] e chamado "52 fatorial", embora tenha havido um movimento no século XIX para chamá-lo de "52 exclamação", para ser coerente com a empolgação da tipografia. O fatorial de 52 é um número de 68 dígitos e não pretendo perturbar você com seu valor exato; porém garanto que é bem maior que o número de matemáticos e de estrelas de cinema.

(É claro que essa geometria é, num sentido ingênuo, *menor* do que a geometria de um humilde segmento de reta, que possui infinitos pontos!)

Para se ter uma geometria, precisamos de uma noção de distância. É aí que entra o embaralhamento. Aqui vamos considerar o embaralhamento americano [*riffle shuffle*] padrão; o princípio é cortar o baralho em dois, e então formar uma nova pilha composta de cartas escolhidas da direita ou da esquerda. Quando as cartas estiverem todas recolocadas na pilha única, as duas metades estarão misturadas, embaralhadas. (Não se exige que se pegue alternadamente entre as duas partes do baralho.) O embaralhamento americano é uma manobra em que as duas pilhas de cartas são seguradas e pressionadas uma contra a outra de modo que as extremidades se dobrem levemente; as cartas são então largadas pelos polegares e se intercalam sozinhas com aquele delicioso som de brrrrrrip. Há uma porção de embaralhamentos americanos diferentes — por exemplo, se uma das duas pilhas tiver apenas uma carta, você pode pegá-la e enfiar em qualquer lugar na outra pilha. Isso conta como embaralhamento americano, embora provavelmente ninguém vá fazer isso na vida real. Dizemos que um ordenamento de cartas está vinculado a outro se pudermos chegar do primeiro ao segundo por um embaralhamento americano. E a distância entre dois ordenamentos é o número de vezes que embaralhamos para ir de um a outro.

Existem cerca de 4,5 quatrilhões de embaralhamentos americanos diferentes, o que é um número grande, mas só uma gotinha perto do 52 fatorial. Então um baralho novo que acabamos de tirar da caixa e embaralhamos uma vez não pode estar em qualquer ordenamento, deve estar num dos ordenamentos dentro de uma distância 1 da ordem mandada pela fábrica. Em geometria temos um nome para o conjunto de pontos à distância de no máximo 1 de um ponto dado; nós o chamamos "bola".*

O pequeno tamanho da bola é a chave para a leitura da mente através do correio. Eis a natureza do truque. Eu lhe mando um baralho de cartas. Você as embaralha, depois divide o monte embaralhado em duas pilhas, aí escolhe a carta que quiser de uma das pilhas, anota cuidadosamente que carta foi e a insere na outra pilha. Agora pegue *qualquer uma* das duas pilhas, jogue as cartas no chão, pegue-as de volta, ponha-as num envelope em qualquer ordem de mistura e envie-as de volta para mim. Eu vou acessar sua mente por via postal e adivinhar a carta que você escolheu.

Como?

Para simplificar na hora de escrever, imagine que estivéssemos fazendo o truque só com cartas de ouros. Eis como ficará um embaralhamento americano na página. Você começa com as cartas em ordem:

2, 3, 4, 5, 6, 7, 8, 9, 10, J, Q, K, A

Você as corta em duas pilhas, não necessariamente do mesmo tamanho:

2, 3, 4, 5, 6   7, 8, 9, 10, J, Q, K, A

---

* Não, não uma esfera; esse é o conjunto de pontos à distância de exatamente 1 de um ponto dado. A superfície da Terra é uma esfera (ok, um esferoide ligeiramente oblato), mas a Terra em si é uma bola. A distinção é a mesma que fizemos antes entre círculo e disco.

e aí vem um brrrrrip:

2, 3, 7, 4, 8, 9, 10, 5, J, 6, Q, K, A

As cartas estão embaralhadas, mas se você espiar com cuidado verá que elas ainda têm alguma "memória" da ordem em que começaram. Comece com 2 e dê um pulo para frente para ver onde está a carta seguinte, 3; aí salte para 4; e continue saltando até ter que *voltar* para chegar no número seguinte, o que acontece quando você chega ao 6 de ouros. Na sequência abaixo, aqueles onde pousamos estão em negrito:

2, **3**, 7, **4**, 8, 9, 10, **5**, J, **6**, Q, K, A

Agora volte para a primeira carta não marcada, que é 7, e repita o processo. Dessa vez você cobre todo o resto das cartas. Na verdade, as duas sequências marcadas são as duas pilhas embaralhadas. Não importa como você tenha embaralhado, o baralho sempre se dividirá dessa maneira, em duas sequências crescentes.

Agora suponha que você corte o baralho novamente em duas pilhas,

2, 3, 7, 4, 8, 9   10, 5, J, 6, Q, K, A

mova uma carta — digamos a dama — de uma pilha à outra

2, 3, 7, Q, 4, 8, 9   10, 5, J, 6, K, A

e mande uma pilha de volta para mim, o leitor de mentes.

Eis como o truque funciona: quaisquer que sejam as cartas que eu receba pelo correio, ponho em ordem e as organizo em sequências de cartas consecutivas. Se você não tivesse trocado uma carta de uma pilha para outra, haveria duas dessas sequências. Do jeito que estão, provavelmente haverá três. Se uma das sequências consistir em uma única carta, essa é a carta movida. Se não, se houver uma carta *faltando* cuja presença grudaria duas das sequências uma na outra, essa é a carta que está faltando na pilha. Vamos ver como acontece no nosso caso. Se você tiver mandado a primeira pilha, ponho as cartas em ordem crescente

2, 3, 4, 7, 8, 9, Q

e percebo que há duas sequências de cartas consecutivas (2, 3, 4 e 7, 8, 9) e uma carta totalmente sozinha — e é esta a carta movida, a dama fora de lugar.

E se você me mandar a outra pilha? Em ordem, as cartas são

5, 6, 10, J, K, A

Se agruparmos essas duas sequências em cartas consecutivas, teremos três pares: mas você pode ver que poderia transformar esses três pares em apenas duas sequências se tivesse a carta que separa 10, J de K, A: a dama que falta.

Não me entenda mal, isso pode não dar certo. E se movesse o 10 da segunda pilha para a primeira e me desse a pilha que você aumentou? Você me mandaria 2, 3, 4, 7, 8, 9, 10, uma sequência que pode ser dividida em duas consecutivas perfeitamente boas: 2, 3, 4 e 7, 8, 9, 10. Eu não teria ideia do que está fora de lugar. Com apenas treze cartas, esse tipo de coisa acontece um bocado. Mas com um baralho inteiro de 52 cartas o truque quase sempre dá certo.

É claro que Jordan não mandava para as pessoas um baralho com a ordem da fábrica; isso tornaria o truque óbvio demais. E você também não deve fazer isso, caso resolva tentar em casa. Você *precisa sim* saber em que ordem o baralho estava originalmente; então talvez quisesse colocá-lo numa ordem da qual você possa se lembrar facilmente. Quando receber o meio baralho de volta, ponha na ordem da regra que escolheu, qualquer que seja ela, e a carta movida deve saltar bem diante dos seus olhos.

O que torna o truque possível é que as cartas embaralhadas não estão numa ordem aleatória qualquer. Ou melhor, usando a terminologia matemática adequada, não estão numa ordem *uniformemente* aleatória: é assim que passamos a ideia de que nem todo ordenamento é igualmente provável. Os matemáticos gostam de usar a palavra "aleatório" num sentido mais genérico que este: se uma moeda é modificada para dar cara dois terços das vezes, o resultado do lançamento continua sendo aleatório! Mas não é uniforme, porque um dos dois resultados é mais provável que o outro. Mesmo uma moeda com duas caras também é aleatória, do nosso ponto de vista! Acontece que é um evento aleatório no qual um dos resultados, cara, ocorre 100% das vezes. Você pode insistir que não é verdadeiramente "aleatório" porque o resultado não envolve probabilidade; mas isso, para mim, é o mesmo que declarar que zero não é um número porque não se refere a uma quantidade de algo e sim à ausência de quantidade. (Mesmo hoje essa má ideia sobrevive na terminologia "números naturais" para os números inteiros começando por 1, uma notação que eu detesto; não há nada mais natural que zero. Há montes de coisas das quais não há nada!)

Quanto mais você embaralha as cartas, mais uniformemente aleatório fica o baralho. Isso parece natural (e seria bem perturbador para distribuidores de cartas de blackjack ao redor do mundo se descobríssemos que isso está errado) mas não é fácil provar. Uma das primeiras justificativas é encontrada num livro do bom e velho Poincaré,[33] dando um descanso da geometria para escrever um tratado sobre probabilidade. A matemática envolvida aqui é muito parecida com aquela subjacente ao PageRank do Google; é novamente a Lei dos Longos Passeios. Quando se vagueia ao acaso pelo espaço de todos os ordenamentos, a memória do ponto de partida original começa a desaparecer. Você pode ter começado em qualquer ponto. O que torna o PageRank diferente das cartas é que algumas páginas da web são simplesmente melhores que outras, e o indivíduo que gosta de passear ao acaso pela internet passará em média mais tempo nessas páginas, dando-lhes um PageRank mais alto. Os ordenamentos de um baralho são igualmente bons, e, se você embaralhar as cartas por tempo suficiente, a chance de terminar em um deles é a mesma que a chance de terminar em qualquer outro.

Se a vítima do truque de telepatia de Jordan embaralhasse as cartas duas vezes em vez de uma, o truque não daria certo, ou pelo menos não daria certo exatamente da mesma maneira. Isso inspirou Diaconis e seu colaborador Dave Bayer* a perguntar: exatamente quantas vezes *é preciso* embaralhar as cartas para tornar a ordem do baralho tão próxima de perfeitamente uniforme que não se possam fazer truques de cartas com ele?

Acontece que embaralhar seis vezes é suficiente para tornar possível qualquer ordenamento das cartas. Poderíamos dizer que seis é o "raio" dessa geometria, a maior distância que se pode percorrer a partir do centro antes de não ter mais espaço para onde correr. Assim como 13 é o maior número de Erdős que qualquer matemático tem, 6 é o máximo número de embaralhamentos que qualquer permutação das cartas tem. (Como seria de esperar, o ordenamento onde as cartas estão exatamente invertidas em relação à sua ordem original é um daqueles que requer seis embaralhadas completas para se chegar.) Então a geometria do embaralhamento de cartas é grande, porém de algum jeito, como um mundo com uma porção de voos intercontinentais diretos, também é pequena; existe uma porção de lugares diferentes, mas não são necessários muitos passos para ir de uma posição a outra.

Porém mesmo depois de seis embaralhadas alguns ordenamentos são bem mais prováveis que outros. Nenhuma quantidade de embaralhadas dá a qualquer ordenamento uma probabilidade *exatamente* igual; mas com bastante rapidez as probabilidades se tornam tão próximas de iguais que não existe diferença significativa. Nenhum mágico, por mais hábil que seja, poderia dizer se você mudou uma carta de baralho de um ponto para o outro. Diaconis e Bayer foram capazes de quantificar essa convergência para a uniformidade de maneira praticamente exata. Todo mundo em matemática chama esse resultado de "o teorema das sete embaralhadas", porque sete embaralhadas[34] constituem um marco de referência razoável de mistura de cartas.

---

* Que, como dublê de mão para Russell Crowe em todas as cenas de quadro de giz em *Uma mente brilhante*, o filme biográfico de John Nash, tem um número de Bacon de 2 via Ed Harris e um número de Erdős de 2 via Diaconis, cujo artigo com Erdős sobre o máximo divisor comum foi publicado oito anos depois da morte de Erdős. Esse artigo, por sua vez, é o primeiro elo no trajeto de comprimento 4 que vai de Erdős para Danica McKellar.

Diaconis se interessava por cartas porque era mágico. Mas e Poincaré, por que o seu interesse? Em parte, acabava remetendo à física. Poincaré estava intrigado, como todos os cientistas da sua época, pelo problema da entropia. A visão de Boltzmann de que o comportamento da matéria podia ser deduzido da física agregada de uma miríade de moléculas individuais se chocando entre si sujeitas às leis de Newton era atraente e elegante. Mas as leis de Newton são reversíveis no tempo; funcionam do mesmo jeito para frente e para trás. Então, como é possível que, como exige a segunda lei da termodinâmica, a entropia sempre aumente? Sopa quente e sopa fria quando misturadas rapidamente se tornam uma sopa morna, mas uma sopa morna nunca se organiza espontaneamente em partes quente e fria nos dois lados na mesma tigela.

Uma das respostas vem da probabilidade. Não é que a entropia *não possa* diminuir, mas é *incrivelmente improvável* que ela diminua. Embaralhar cartas também é um processo reversível no tempo. Você provavelmente nunca embaralhou um maço de cartas já misturado para descobrir que foi restaurado à ordem perfeita da fábrica. Mas não porque seja impossível — não é! É meramente improvável. Do mesmo modo, um fio longo e flexível como o fio de um headphone tende a ficar emaranhado quando o metemos no bolso — a experiência de vida e um artigo de 2007 já revisto por pares, com o título "Spontaneous Knotting of an Agitated String"[35] [Emaranhamento espontâneo de um barbante agitado], concordam nesse ponto — não porque haja uma lei universal de que o emaranhamento precisa aumentar, mas porque, mais ou menos, há mais jeitos de um barbante ficar emaranhado do que desemaranhado, então movimentos aleatórios têm pouca probabilidade de resultar no raro estado desemaranhado.*

* Um físico lendo isso entenderá que se trata de uma supersimplificação da maneira como pessoas modernas pensam sobre entropia. É melhor, mesmo que ainda supersimplificado, pensar na entropia não como uma medida do estado da sopa, mas como uma medida da nossa *incerteza* quanto ao estado da sopa — à medida que o tempo avança, nossa incerteza aumenta, e dizer que a incerteza é maximizada é (muito) aproximadamente dizer que todos os estados são igualmente prováveis, e muito mais estados de moléculas correspondem à sopa morna do que a uma sopa com segregação de temperatura. Então, no longo prazo é provável que a sopa esteja morna.

Estamos mais uma vez de volta à exposição de St. Louis em 1904 e à palestra de Poincaré, onde ele abordou as múltiplas crises que vinham atormentando a física. Na década de 1890, Poincaré havia se oposto veementemente à incursão da probabilidade na disciplina. Mas ele não era um ideólogo; ele se atracou com a teoria da qual não gostava lecionando um curso sobre ela, e ao fazê-lo viu que ela tinha virtudes. Se a visão probabilística estivesse certa, ele disse à sua plateia em St. Louis, "a lei física então assumiria um aspecto inteiramente novo; não seria mais apenas uma equação diferencial, assumiria o caráter de uma lei estatística".[36]

O único Kardyhm do mundo

Embaralhar cartas se parece muito com o mosquito de Ross. Em ambos os casos, damos uma sequência de passos, cada um deles escolhido ao acaso a partir de um menu de opções. O mosquito, a cada tique-taque do relógio, escolhe voar para o norte, leste, oeste ou sul; as cartas são embaralhadas via um dos tipos de embaralhamento americano disponíveis.

Mas aí as duas geometrias se afastam. O mosquito, lembre-se, vagueia muito lentamente. Se ele começa no centro de uma grade de 20 × 20, leva vinte dias para ter uma chance de chegar ao canto mais distante; e, como vimos, seus movimentos aleatórios tendem a divergir do seu ponto de partida com muito menos rapidez do que isso. Seriam necessárias centenas de movimentos para que a posição do mosquito sobre a grade se tornasse mais ou menos aleatória. O baralho de cartas, por sua vez, apesar de o número de ordenamentos possível ser muito maior, explora sua geometria inteira em seis passos e fica bastante não uniforme em sete.

Uma diferença óbvia é que há quatro direções para o mosquito se mover e 4 quadrilhões de diferentes embaralhamentos que as cartas podem sofrer. Mas não é isso que faz com que os embaralhamentos sejam cobertos mais depressa. Se escolhermos quatro tipos de embaralhamento[37] entre esses 4 quadrilhões de opções e forçarmos o embaralhador a escolher um desses quatro ao acaso cada vez que pega as cartas, mesmo assim o ordenamento *ainda fica* uniformemente aleatório com extrema rapidez.

Não, existe uma verdadeira diferença estrutural entre o voo do mosquito e o embaralhamento das cartas. O primeiro está ligado à geometria do espaço habitual. O segundo, não. E isso faz a diferença. Geometrias abstratas, como a geometria do baralho de cartas, são tipicamente bastante rápidas de explorar, muito mais rápidas que geometrias tiradas do espaço físico. O número de lugares que pode ser alcançado cresce exponencialmente com o número de passos dados, seguindo a aterrorizante lei do crescimento geométrico, o que sugere que se pode ir quase a qualquer lugar em tempo muito curto. O cubo mágico[38] tem 43 quintilhões de posições, mas pode-se voltar de qualquer uma delas para a posição original em apenas vinte movimentos. As centenas de milhares de matemáticos com alguma publicação estão todos (com exceção dos ucranianos da matemática aplicada e outros isolados) a apenas treze colaborações de distância de Paul Erdős.

Porém matemática é uma atividade humana, matemáticos são humanos, e a rede que capta ao máximo o nosso interesse, se quisermos ser sinceros, é a rede de pessoas e suas interações. Essa é também a rede relevante para a propagação de uma pandemia. Então, que tipo de rede é ela? Mais parecida com o embaralhamento de cartas ou mais como os anófeles errantes de Ross?

É um pouco de cada. A maioria das pessoas nas quais você tosse vivem bem perto de você. Mas há ligações de longa distância: um empresário de Wuhan pega um voo para a Califórnia, alguém que esquiou no norte da Itália voa de volta para casa na Islândia. Essas transmissões de longa distância são raras, mas têm importância. Na teoria dos grafos chamamos essas redes que misturam conexões de curta e longa distância de "pequenos mundos", uma expressão que remonta aos anos 1960 e ao psicólogo social Stanley Milgram. Ele é provavelmente mais conhecido por convencer sujeitos a dar choques elétricos de mentira em atores sob persuasão autoritária, mas nos seus momentos mais alegres estudou formas mais positivas de interação humana. Na geometria das ligações humanas, em que duas pessoas estão interligadas sempre que se conhecem mutuamente, qual é a probabilidade, indagou Milgram, de que duas pessoas possam ser unidas por uma cadeia de conexões, e, se assim for, qual é o comprimento da cadeia necessária? A peça de John Guare *Seis graus de separação* põe na boca de um dos seus frágeis personagens da alta sociedade do mundo da arte em Nova York um resumo dos resultados de Milgram:

> Li em algum lugar que todo mundo neste planeta está separado dos outros por apenas seis pessoas. Seis graus de separação. Entre nós e todo o resto de pessoas do planeta. O presidente dos Estados Unidos. Um gondoleiro em Veneza. Escolham. Eu acho a) tremendamente reconfortante que estejamos tão próximos e b) angustiante como a tortura chinesa da água que estejamos tão próximos. Porque você precisa encontrar as seis pessoas certas para fazer a conexão. Não são grandes nomes. É *qualquer um*. Um nativo numa floresta tropical. Um habitante da Terra do Fogo. Um esquimó.

Esse não é exatamente o achado de Milgram, que estudou apenas americanos, pedindo às pessoas de Omaha para encontrar uma cadeia de conhecidos terminando num particular corretor de ações em Sharon, Massachusetts. E ele não descobriu que *todo mundo* estava interligado; ao contrário, apenas 21% dos moradores de Nebraska foram capazes de encontrar um caminho até o corretor de Sharon. Os caminhos completados envolviam tipicamente de quatro a seis pessoas, mas em pelo menos um caso foram necessários dez graus de separação. A peça de Guare distorce os achados para fazer o estudo servir melhor como metáfora de ansiedade racial — os personagens brancos na peça querem poder dizer que fazem parte de um mundo diversificado e moderno, mas ficam fisicamente pesarosos diante da consciência de que a floresta tropical e seus "nativos" podem não estar tão longe do Upper East Side quanto imaginam. (A "separação" que Milgram liga aos seis graus seguramente carrega um apêndice silencioso, "mas igualdade".)* Milgram na verdade fez um estudo de

* Referência à doutrina de cunho racista "Separate but equal" (Separados mas iguais), que buscava justificar legalmente a segregação racial nos Estados Unidos. (N. T.)

follow-up em 1970,[39] no qual 540 pessoas brancas em Los Angeles foram solicitadas a encontrar elos de correntes com dezoito homens em Nova York, metade negros, metade brancos. Cerca de um terço das conexões branco-branco foram completadas com êxito; mas apenas um em seis brancos da Califórnia foi capaz de encontrar seu caminho para um homem negro.

A expressão "seis graus de separação" virou "seis graus de Kevin Bacon", o nome comum para o processo de desenhar trajetos curtos para Kevin Bacon na geometria das estrelas de cinema. Para completarmos o círculo inteiro de volta até a covid-19, Bacon lançou uma campanha de "seis graus" em março de 2020 pedindo a seus fãs que mantivessem seu distanciamento social. "Tecnicamente estou a apenas seis graus de distância de você", dizia ele num vídeo que compartilhou. "Estou ficando em casa porque isso salva vidas e é o único jeito que temos para desacelerar a transmissão do coronavírus."[40]

Nos dias de hoje podemos fazer experimentos de graus de separação sem depender de seres humanos enviando cartões-postais, como Milgram fez. Em 2011, o Facebook tinha cerca de 700 milhões de usuários ativos, com uma média de cerca de 170 amigos cada, e os matemáticos do setor de pesquisa da empresa têm acesso a essa megarrede inteira. Escolha dois usuários ao acaso em qualquer parte do globo; o comprimento médio da cadeia mais curta de amigos do Facebook entre eles, como se descobriu, é de apenas 4,74 (isto é, existem tipicamente três ou quatro intermediários entre dois usuários). Quase todos os pares — 99,6% do total — estavam dentro dos seis graus. O Facebook é um mundo pequeno.[41] (E ficando cada vez menor,[42] mesmo que o número de usuários cresça: em 2016 o comprimento médio do trajeto tinha caído um pouco, para 4,57.) O alcance do Facebook é tão grande que sua rede domina a geografia. A separação entre dois usuários aleatórios nos Estados Unidos é 4,34; entre duas contas aleatórias do Facebook na Suécia é 3,9. Para o Facebook o mundo é só um pouquinho maior que a Suécia.

Analisar esse grafo gigantesco é um sério esforço computacional. O Facebook lhe dirá quantos amigos você tem, mas para realizar essa análise de trajeto você precisa saber quantos amigos de amigos você tem, e quantos amigos *desses* amigos de amigos existem, e assim por diante pelo menos por mais algumas iterações. Isso fica complicado: não se pode simplesmente somar o número de amigos que cada um dos seus amigos tem, porque obteremos uma porção de nomes repetidos! E fazer a busca por nomes repetidos nessa lista inteira requer armazenar e acessar centenas de milhares de registros, o que vai deixar seu trabalho lento demais.

O truque para fazer isso depressa é um processo chamado algoritmo de Flajolet-Martin. Em vez de explicar exatamente o que é esse algoritmo, vou lhes contar uma versão mais simples. O Facebook não lhe dirá quantos amigos de amigos você tem; mas vai deixar você procurar entre seus amigos de amigos por pessoas chamadas Constance. Eu tenho 25. Constance não é um nome comum; nos grupos etários dos quais provém a maioria de pessoas do meu círculo, entre cem e trezentas pessoas por milhão nascidas nos Estados Unidos têm esse nome. Se meus amigos de amigos tiverem mais ou menos a mesma probabilidade de se chamarem Constance que o americano típico, isso significa que tenho entre 85 mil e 250 mil amigos de amigos. Tentei isso para mais alguns nomes, atendo-me aos mais incomuns de modo a obter uma lista suficiente para contar: cinquenta Geralds, dezoito Charitys. No máximo obtive estimativas em torno de um quarto de milhão, então isso é quantos amigos de amigos eu acho que tenho.

O algoritmo de Flajolet-Martin não é *bem assim*, embora opere com o mesmo princípio. É mais como percorrer a lista de todos os amigos de cada amigo, um por um, registrando o tempo todo o nome mais raro que você viu até o momento. Toda vez que encontra um nome que seja mais raro que o campeão atual, você joga fora aquele que estava guardando e o substitui pelo novo. Não é necessária uma armazenagem em larga escala![43] No fim do processo você terá um prenome supostamente muito raro, e quanto maior for sua lista, mais raro esse nome tem probabilidade de ser. Então você pode ir de trás para frente; pela raridade do nome mais raro, pode estimar quantas pessoas diferentes estavam entre seus amigos de amigos!

Isso nem sempre funciona. Por exemplo, tenho um amigo chamado Kardyhm, cujos pais juntaram as iniciais dos seus sete melhores amigos na primeira ordem pronunciável que conseguiram achar e anexaram o resultado ao seu bebê. Acredito que meu amigo seja o único Kardyhm do mundo. Então a estimativa para quaisquer amigos de amigos de Kardyhm, graças à excepcional raridade do nome, será irrazoavelmente alta. O verdadeiro algoritmo Flajolet-Martin não usa prenomes, mas outro tipo de identificador chamado *hash*, sobre o qual se tem controle suficiente para evitar problemas de tipo Kardyhm.

Uma pequena advertência sobre cálculos: se você os fizer sozinho, provavelmente irá se deparar com o fato, que sempre fere o nosso ego, de que seus amigos, em média, têm mais amigos que você. Não estou aqui tentando insultar as habilidades sociais do meu leitor típico. Uma análise em larga escala da rede do Facebook em 2011 descobriu que 92,7% dos usuários tinham menos amigos que seu amigo médio tinha. É absolutamente normal que seus amigos tenham mais amigos que você, porque os seus amigos, na vida real ou na tela, não são amostras aleatoriamente selecionadas da população. Em virtude de serem *seus amigos*, são provavelmente o tipo de pessoa que tem muitos amigos.

Seis graus de Selma Lagerlöf

Para a maioria das pessoas, é bastante impressionante que uma rede social tão vasta como o Facebook possa ser atravessada de uma extremidade a outra em tão poucos passos. Mas agora sabemos que redes tipo mundo pequeno são comuns, graças ao trabalho fundacional no fim dos anos 1990 feito por Duncan Watts e Steven Strogatz[44] e que assentou esses alicerces matemáticos. Watts e Strogatz nos pedem que contemplemos o seguinte tipo de rede. Começamos com um punhado de pontos dispostos em torno de um círculo, cada um conectado com um pequeno conjunto de seus vizinhos mais próximos. Essa rede é como o movimento do mosquito; não se pode mover muito depressa, e se o círculo tiver mil pontos em sua circunferência, vai levar muito tempo até dar a volta toda. Mas e se acrescentarmos algumas conexões de longa distância a essa rede, para simular as conexões ocasionais que sabemos haver entre pessoas distantes?

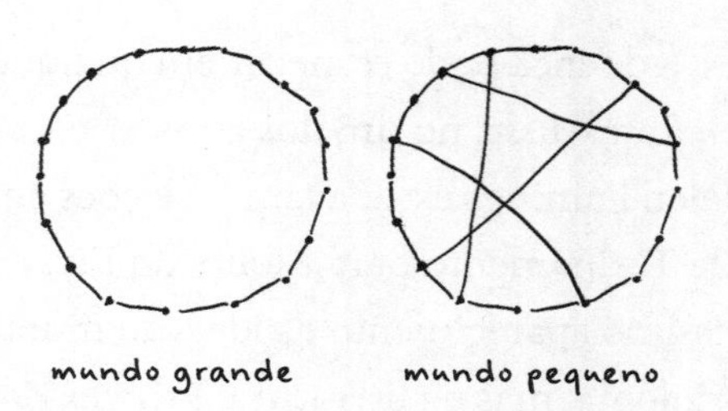

O que Watts e Strogatz descobriram é que é necessária apenas uma minúscula quantidade desses novos elos para transformar a rede num mundo pequeno, onde cada indivíduo esteja conectado com cada um dos outros via um trajeto curto. Eles escrevem, num trecho que agora parece inquietantemente profético, que "prevê-se que doenças infecciosas se espalhem com muito mais facilidade e rapidez num mundo pequeno; o ponto alarmante é quão poucos atalhos são necessários para tornar o mundo pequeno". Os desenvolvimentos na matemática de redes tipo mundo pequeno mostram que o fenômeno inicialmente surpreendente encontrado por Milgram não deveria ter sido absolutamente nenhuma surpresa. Essa é a natureza de boa matemática aplicada: ela transforma "Como pode ser uma coisa dessas?" em "Como poderia ser de outro modo?".

Stanley Milgram é a cara da teoria dos "seis graus"[45] em parte por causa do experimento que realizou e em parte por ter sido um habilidoso marqueteiro do seu próprio trabalho. Seu primeiro registro escrito do estudo dos cartões-postais, dois anos antes de qualquer publicação científica formal, foi na popular revista *Psychology Today* — na verdade, apareceu no primeiríssimo número. Mas Milgram não foi o primeiro a contemplar a pequenez do mundo em rede.[46] Seu experimento foi projetado para testar uma predição teórica de pequenez do mundo existente, produzida mas nunca publicada por Manfred Kochen e Ithiel de Sola Pool — este último, no espírito das cadeias curtas, avô do meu colega de quarto na faculdade. E antes disso, no começo da década de 1950, Ray Solomonoff e Anatol Rapoport, escrevendo em revistas científicas de biologia, tinham compreendido o ponto da virada que Erdős e Rényi mais tarde descobririam independentemente no contexto da matemática pura: uma vez alcançada certa densidade de conexões, a doença pode começar em qualquer lugar e chegar a quase todo lugar. E antes *disso*, no fim dos anos 1930, os psicólogos sociais Jacob Moreno e Helen Jennings estudavam "relações em cadeia" em redes sociais na Escola de Treinamento para Moças do Estado de Nova York.[47]

Mas o primeiríssimo aparecimento da ideia do mundo pequeno não foi em biologia ou sociologia, mas na literatura. Frigyes Karinthy foi um satirista húngaro* que em 1929 publicou uma história chamada *"Láncszemek"* (Elos de corrente):

> O planeta Terra nunca foi tão pequeno quanto é agora. Ele encolheu — falando relativamente, é claro — devido ao pulso acelerador tanto da comunicação física como verbal. Este tópico já veio à tona antes, mas nós nunca o enquadramos exatamente desta maneira. Nunca falamos sobre o fato de que alguma pessoa na Terra, por vontade própria, minha ou de qualquer um, pudesse ficar sabendo em poucos minutos o que eu penso ou faço, e o que eu quero ou o que gostaria de fazer... Um de nós sugeriu a realização do seguinte experimento para provar que a população da Terra está mais próxima entre si agora do que jamais esteve antes. Deveríamos escolher qualquer pessoa entre 1,5 bilhão de habitantes da Terra — qualquer uma, em qualquer lugar. E apostamos que um de nós, usando não mais que cinco indivíduos, um deles um conhecido pessoal, poderia chegar à pessoa escolhida usando nada além da rede de conhecimentos pessoais. Por exemplo: "Veja, você conhece o sr. X. Y.; por favor peça a ele para entrar em contato com seu amigo, o sr. Q. Z., que ele conhece, e assim por diante. "Ideia interessante!" — disse alguém — "Vamos fazer uma tentativa. Como você entraria em contato com Selma Lagerlöf?" "Bem, vejamos, Selma Lagerlöf", retrucou o proponente do jogo. "Nada poderia ser mais fácil." E apresentou uma solução em dois segundos: "Selma Lagerlöf acabou de ganhar o prêmio Nobel de literatura, então deve estar prestes a conhecer o rei Gustavo da Suécia, uma vez que,

* Erdős e Rényi também eram húngaros, bem como o pai de Milgram, e a teoria dos grafos é considerada um tipo de disciplina fortemente húngara para se trabalhar até mesmo hoje; tire disso a conclusão que quiser.

pelas regras, ele é um dos que lhe teria concedido o prêmio. E é bem sabido que o rei Gustavo adora jogar tênis e participa de torneios de tênis internacionais. Ele já jogou com o sr. Kehrling, então eles devem se conhecer. E acontece que eu mesmo conheço o sr. Kehrling muito bem.[48]

Exceto pelo número baixo para a população mundial, isso poderia ter sido escrito em 2020. A ansiedade e a inquietação que o narrador sente é a mesma que sentimos agora, no meio de uma pandemia global, e a mesma que sentem os personagens de Guare, enfiados no seu apartamento no Upper East Side. É uma ansiedade em relação à geometria do mundo em que vivemos. Nós evoluímos para entender um mundo no qual aquilo que estava perto de nós era o que podíamos ver, ouvir e tocar. A geometria que habitamos agora, e aquela com que Karinthy nos anos 1920 já estava sendo obrigado a se acostumar, é diferente. "As famosas visões de mundo e pensamentos que marcaram o fim do século XIX não têm serventia nenhuma hoje", Karinthy escreve mais adiante na história. "A ordem do mundo foi destruída."

A geometria do mundo agora é ainda menor, e mais conectada, e mais propensa a uma transmissão exponencial. Há tantas dobras no tempo que ele é quase todo feito de dobras. Não é fácil desenhar isso num mapa. As abstrações da geometria entram em cena quando a nossa capacidade de desenhar se esgota.

14. Como a matemática quebrou a democracia (e ainda pode salvá-la)

A noite de 6 de novembro de 2018 foi de regozijo para os democratas, sofredores de longa data, no estado do Wisconsin. O governador republicano Scott Walker — que sobrevivera a duas eleições gerais e a uma campanha de deposição por referendo popular, que durante seus oito anos de mandato trouxera para o estado a polarização ao estilo de Washington e que por um curto tempo em 2016 parecia determinado a ser o indicado à eleição presidencial do seu partido — havia sido finalmente derrubado, vencido por Tony Evers, um ex-professor escolar e autor de declarações surpreendentes, já de certa idade, cuja posição mais alta anteriormente tinha sido a de superintendente estadual de instrução pública. Na verdade, os democratas tomaram conta dos cargos executivos em disputa naquela noite. Sua candidata ao Senado, Tammy Baldwin, foi reeleita com uma margem de onze pontos, a maior vitória de uma candidata do estado para qualquer partido desde 2010. Eles conquistaram os postos de procurador-geral e secretário do tesouro, antes detidos por republicanos. E tudo isso no contexto de uma onda nacional de sentimento pró-democrata que viu o partido ganhar a maioria na Câmara dos Representantes, obtendo 41 cadeiras.

Mas nem tudo foi um mar de rosas para os democratas do Wisconsin. Na Assembleia Estadual do Wisconsin, a câmara baixa da legislatura estadual, os republicanos perderam apenas um assento, retendo uma maioria de 63-36. No senado estadual, os republicanos na realidade ganharam um assento.

Por que as eleições legislativas em 2018, um ano de expressivos ganhos dos democratas, haveriam de resultar de forma muito semelhante ao que ocorrera em 2016, quando o senador republicano Ron Johnson teve uma reeleição tranquila e um candidato presidencial republicano venceu no estado pela primeira vez em décadas? Poderíamos buscar uma explicação política; quem sabe os eleitores do Wisconsin pensem que os republicanos são melhores para legislar, mesmo que prefiram um Executivo democrata? Se fosse assim, seria de esperar que houvesse um punhado de distritos legislativos estaduais votando num representante republicano e ao mesmo tempo apoiando Evers para governador. Mas na verdade, se pusermos num gráfico a parcela da votação em Scott Walker em cada distrito estadual em comparação com a parcela da votação que o respectivo candidato distrital ali obteve, o aspecto é o seguinte:*

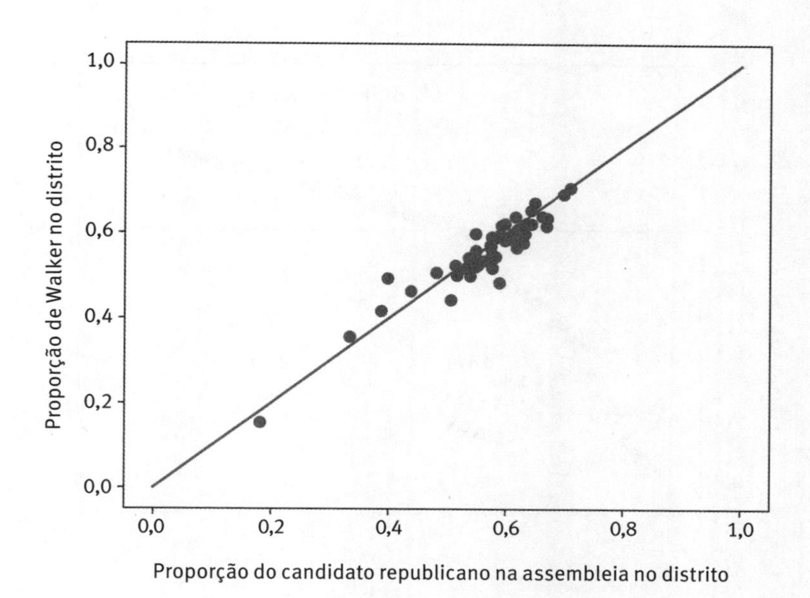

Os distritos gostaram de Scott Walker quase exatamente tanto quanto gostaram do candidato republicano ao Legislativo. Somente dois distritos,[1] ambos representados por republicanos, votaram em Evers mas escolheram

* O leitor muito cuidadoso notará que não há 99 pontos no gráfico [são 99 os distritos do Wisconsin], mas apenas 61; isso porque estamos mostrando apenas os 61 distritos onde ambos os partidos apresentaram candidatos.

republicanos na assembleia. Walker perdeu o governo do estado ao mesmo tempo que obtinha mais votos em 63 dos 99 distritos. A maioria dos *eleitores* do Wisconsin em 2018 escolheu democratas, mas a maioria dos *distritos* escolheu republicanos.

Isso pode parecer um acidente engraçado, só que não é acidente e é engraçado só se você rir de nervoso. Os distritos no Wisconsin são republicanos porque as linhas distritais foram desenhadas por republicanos e foram precisamente fabricadas para produzir esse resultado. Abaixo, temos um gráfico da votação em cada distrito, no qual ordenei os distritos em ordem crescente de adesão aos republicanos:

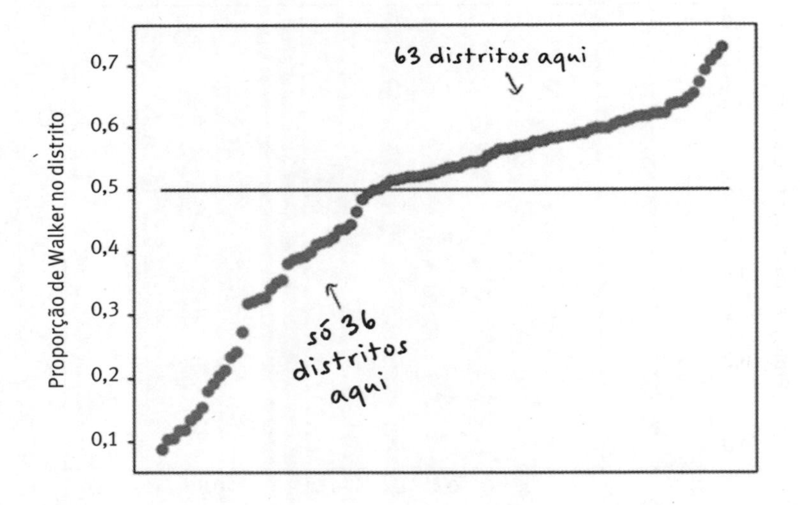

Há uma clara assimetria. Note a predominância de distritos onde Walker mal consegue 50% dos votos. Em 38 de 99 distritos, a parcela de Walker esteve entre 50% e 60%. Seu oponente, Tony Evers, obteve 50% e 60% em apenas onze distritos. A minúscula liderança de Tony Evers na corrida pelo governo do estado é uma combinação de grande vitória em cerca de um terço dos distritos e derrota no restante deles, na maioria das vezes por estreita margem.

Há algumas maneiras de ler esse gráfico. Podemos dizer que a força democrata no Wisconsin é guiada por uma região pequena, politicamente inflamada, que não representa a política do estado. Esse é, naturalmente, o ponto de vista do Partido Republicano do Wisconsin, sendo que um de seus líderes, Robin Vos, comentou após a eleição: "Se tirássemos Madison e Milwaukee da fórmula eleitoral do estado, teríamos uma clara maioria".[2]* Um ângulo mais democrata sobre a política estadual seria observar que há dezoito distritos onde Scott Walker obteve menos que um terço dos votos, contra apenas cinco onde Evers teve um desempenho igualmente ruim. Em outras palavras, os republicanos desconsideraram regiões inteiras que formam um quinto do estado, sendo que há números substanciais de democratas praticamente em todo lugar, incluindo distritos de maioria republicana. Setenta e oito por cento dos eleitores do Wisconsin que votaram em Scott Walker têm um representante republicano na assembleia, mas apenas 48% dos eleitores de Evers são representados por um democrata.

Ambas as explicações tratam a assimetria da curva como uma característica natural e peculiar da geografia política do Wisconsin. Não é. Na verdade, essa curva foi *construída*, na primavera de 2011, numa sala trancada de um escritório de advocacia de Madison com conexões políticas, por um grupo de assessores e consultores trabalhando para representantes republicanos. O projeto era parte de um esforço nacional do Partido Republicano para traduzir seus ganhos eleitorais de 2010 em linhas distritais favoráveis.[3] O último dígito, zero, no fim de 2010 é importante; é nos anos divisíveis por 10 que os Estados Unidos realizam um censo, que gera novas estatísticas populacionais oficiais, as quais, dada a movimentação natural das pessoas de um lugar para outro, tendem a tornar alguns dos distritos existentes maiores que outros. Isso significa a necessidade de criar novos distritos, e atores partidários se apressam a ser aqueles que o farão. Em anos anteriores de recenseamento, tanto democratas como republicanos haviam controlado uma das duas casas da legislatura do Wisconsin ou a sede do governo, então qualquer mapa que pudesse ser transformado em lei tinha de satisfazer ambos os partidos. Na prática, isso significava que nenhum mapa podia ser transformado em lei, e os tribunais tinham que

* Como diz o velho provérbio ídiche: "Se a minha avó tivesse rodas, ela seria uma carroça".

fazer esse serviço. Em 2010, os republicanos tinham maioria em ambas as casas e um governador republicano novinho em folha: Scott Walker, ansioso por estabelecer as regras para dez anos de eleições no Wisconsin mesmo antes de terminar de tirar as medidas para as cortinas da mansão do governo. Apenas o seu senso de decoro poderia impedi-los de procurar extrair a máxima vantagem política.

Esta não vai ser uma história sobre o triunfo do decoro.

Aventuras e desventuras de Joe Agressivo

Os responsáveis pela elaboração dos mapas no Wisconsin estavam presos por um gélido sigilo. Até mesmo a legisladores republicanos foi mostrada apenas a proposta para seu próprio distrito, e foram proibidos de discutir com seus colegas o que tinham visto. Os democratas não viram absolutamente nada. O mapa como um todo foi mantido encoberto até uma semana antes de a assembleia votar a nova lei estadual, segundo linhas partidárias, que veio a ser o Ato 43.*

Os responsáveis pelo mapa na sua sala trancada haviam trabalhado meses para construir um mapa que trouxesse máximas vantagens aos interesses republicanos. Entre eles estava Joseph Handrick, que não era nenhum novato nesse jogo. Desde a sua adolescência, disse ele a um entrevistador, "toda grande decisão na minha vida foi tomada contra o pano de fundo de querer concorrer à assembleia estadual". Ele concorreu pela primeira vez a uma cadeira na assembleia no seu distrito no norte do estado quando tinha vinte anos e estava no penúltimo ano da faculdade. Numa campanha inusitadamente orientada pelos dados para meados dos anos 1980, ele elaborou um gráfico zona por zona para identificar onde o popular representante democrata vinha superando a tendência partidária local, e escolheu esses eleitores como alvo de uma forte campanha ideológica baseada em impostos

* Ou segundo linhas quase partidárias: Samantha Kerkman, de Randall, foi a republicana solitária na legislatura estadual que votou contra o projeto.

e direitos de pesca de nativos americanos (era contra ambos). A sabedoria convencional dizia que o representante popular não podia ser derrotado por um universitário com uma planilha na mão, e a sabedoria convencional estava certa. Mas a corrida fez de Handrick um nome novo na política republicana estadual,[4] e ele depois cumpriu três mandatos na assembleia. Em 2011 estava fora de um cargo eletivo e trabalhando como consultor para os parlamentares do Wisconsin. "O que gosto mais de tudo na campanha", Handrick disse certa vez, "é do planejamento da estratégia e do desenvolvimento do plano de jogo." Na sala dos fundos do escritório de advocacia, ele estava profundamente mergulhado na parte da política de que mais gostava.

A equipe de mapeamentos classificava os mapas como "assertivos" quando ajudavam muito os republicanos e "agressivos" quando ajudavam os republicanos ainda mais que isso. Nomeavam cada mapa combinando esse adjetivo com o nome da pessoa que o desenhara. O mapa pelo qual finalmente optaram, aquele ainda usado em 2018, foi o elaborado por Joseph Handrick. Chamaram-no de "Joe Agressivo".[5]

Aqui veremos quão agressivo era o Joe Agressivo. Keith Gaddie, um professor de ciência política de Oklahoma trazido para consulta, estimava que os republicanos manteriam tipicamente uma maioria de 54 a 45 cadeiras na assembleia, mesmo numa eleição em que sua parcela estadual da votação caísse para 48%. Os republicanos teriam que estar perdendo no estado por uma margem de 54-46 para que os democratas assumissem a maioria das cadeiras.

Há um modo rápido e prático de checar como o trabalho de Gaddie se manteve, mesmo sete anos depois. Se ranquearmos os 99 distritos do Wisconsin conforme o desempenho de Scott Walker em 2018, o que está no meio é o Distrito Estadual 55, no condado de Winnebago, mais ou menos na metade do caminho entre Madison e Green Bay. Walker obteve 54,5% dos votos ali,* cerca de quatro pontos à frente da sua parcela do

* Quer dizer, 54,5% dos votos republicanos e democratas combinados; para simplificar, vou jogar fora os votos para partidos menores (membros do Partido Libertário, me desculpem) e utilizar aqui a divisão em dois partidos.

voto popular. Quarenta e nove distritos foram melhores para Walker, e 49 foram piores; na linguagem da estatística, dizemos que o Distrito 55 é a *mediana* entre os distritos. Se um democrata vencer no Distrito 55, há uma chance bastante boa de o partido ganhar os 49 distritos mais democratas que ele, e assim assegurar uma maioria; e o mesmo vale para os republicanos. O status de guia do Distrito 55 não é apenas hipotético; nas eleições estaduais realizadas no Wisconsin desde que esse mapa foi desenhado, o candidato que ganhou o Distrito 55 obteve a maioria dos distritos,[6] em todos os casos.

Quão bom teria de ser um ano dos democratas para eles conseguirem arrancar uma vitória no Distrito 55? Em 2018, um ano em que os dois candidatos a governador obtiveram quase o mesmo número de votos, Scott Walker ganhou nesse distrito por nove pontos. Então, poderíamos estimar que para os democratas atingirem o equilíbrio no Distrito 55 precisariam ficar nove pontos percentuais na frente em todo o estado, ganhando de 54,5 a 45,5 — aproximadamente o mesmo número que Gaddie apontou quando os mapas foram desenhados. Essa é apenas uma regra prática, não uma predição exata sobre eleições futuras, mas dá alguma ideia do vento contra que os democratas enfrentam na sua luta por uma maioria na assembleia com as atuais fronteiras distritais.

Outro jeito de ver o efeito do mapa do Ato 43 é compará-lo com o que vinha antes dele, desenhado por uma exasperada corte distrital federal em 2002, após encontrar "falhas irrecuperáveis"[7] em todos os dezesseis mapas propostos pelos atores interessados de ambos os lados.

Você está olhando aqui para uma lista das eleições estaduais de novembro realizadas no Wisconsin entre 2002 e 2018.* O eixo horizontal mostra a parcela da votação estadual que o candidato republicano recebeu, e o eixo vertical mostra quantos dos 99 distritos eleitorais estaduais deram ao republicano mais votos que ao democrata.

---

* Nem todas; deixei de fora uma lavada para o Senado em 2006 e a eleição um tanto esquisita de 2002 para governador, na qual o irmão mais novo do ex-governador republicano concorreu pelo Partido Libertário e obteve 10% dos votos.

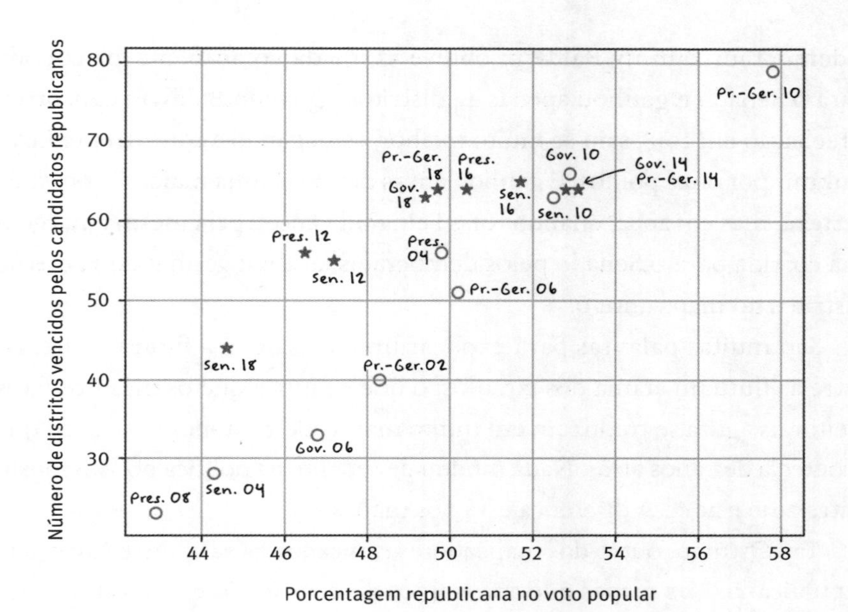

Os círculos são eleições realizadas sob o mapa desenhado pela corte em 2002 e as estrelas são as eleições de Joe Agressivo. Consegue notar alguma coisa? Em 2004, John Kerry venceu por muito pouco George W. Bush na corrida presidencial no Wisconsin, obtendo 50,2% dos votos em ambos os partidos; Bush venceu em 56 distritos estaduais. Numa eleição similarmente apertada em 2006, o republicano J. B. Van Hollen venceu Kathleen Falk e se tornou procurador-geral do Wisconsin; ele ganhou em 51 dos distritos estaduais. São os dois círculos perto do meio do gráfico. O republicano Ron Johnson, na corrida para o senado de 2010, saiu-se melhor, obtendo 52,4% dos votos contra Russ Feingold e ganhando em 63 distritos estaduais.

A partir de 2012, as coisas têm outro aspecto. Donald Trump em 2016 e Scott Walker em 2018 estiveram numa eleição quase empatada, assim como Bush e Van Hollen; mas enquanto esses dois republicanos acabaram na frente em 56 e 51 desses distritos, Trump e Walker ganharam ambos em 63 dos 99, o mesmo número que Ron Johnson obteve pelo mapa desenhado pela corte ao obter uma clara vitória sobre seu adversário democrata. Em 2012, o primeiro ano dos mapas do Ato 43, o republicano Mitt Romney venceu 46,5% do voto nos dois partidos, mas ganhou 56 dos 99 distritos;

a democrata Tammy Baldwin obteve 52,9% da votação em sua corrida para o Senado e ganhou apenas 44 distritos. Quando Baldwin concorreu à reeleição em 2018, saiu-se muito melhor, esmagando a concorrente Leah Vukmir por onze pontos. E ganhou em 55 distritos; uma maioria, com toda certeza, mas em 2004, quando Russ Feingold venceu pela mesma margem sua corrida para o Senado pelos democratas, acabou ganhando 71 dos 99 distritos no mapa antigo.

São muitas palavras para explicar uma coisa que a figura já diz. As estrelas flutuam acima dos círculos, o que significa que os mesmos fatos eleitorais agora se traduzem em muito mais cadeiras republicanas do que acontecia dez anos atrás. Nada mudou de repente na política no Wisconsin entre 2010 e 2012. A diferença está nos mapas.

Tad Ottman, outro dos mapeadores trancados na sala, disse à bancada republicana: "Os mapas que aprovamos determinarão quem estará aqui daqui a dez anos... Temos uma oportunidade e uma obrigação de desenhar esses mapas, que os republicanos não tiveram em décadas".[8] A linguagem é reveladora. Não só uma oportunidade, mas uma *obrigação*. A implicação aqui é que o primeiro dever de um partido político é proteger seus próprios interesses contra os caprichos de um eleitorado potencialmente hostil. A prática de desenhar linhas distritais para garantir vantagem para si ou seus copartidários é chamada *gerrymandering*, e é um jeito de manipular um estado oscilante como o Wisconsin de modo que os republicanos obtenham uma maioria legislativa na câmara baixa mais expressiva do que conseguem em estados mais conservadores, como Iowa e Kentucky.

Isso é justo?

Resposta curta: não.

A resposta longa vai requerer um pouco de geometria.

Distinções artificiais e sutilezas silogísticas

Governos democráticos são fundamentados no princípio de que as opiniões de cada cidadão devem estar representadas na tomada de decisão do estado.

Como todos os bons princípios, esse é fácil de enunciar, difícil de precisar e quase impossível de implementar de forma totalmente satisfatória.

Antes de mais nada, os governos modernos são *grandes*. Mesmo uma cidade de dimensões modestas é grande o bastante para que se tornasse impraticável colocar em plebiscito público cada decisão sobre zoneamento, currículo escolar, transporte público e impostos. Existem formas de contornar as situações. Para casos criminais tiramos os nomes de doze pessoas de um chapéu e deixamos que elas decidam. Para grande parte da administração do dia a dia de cidades e estados, as decisões são tomadas dentro das agências governamentais com input apenas ocasional e indireto dos eleitores. Mas quando se trata de legislação, a infraestrutura básica da ação governamental, usamos o sistema de representantes eleitos, no qual um pequeno grupo de legisladores é eleito pelo povo em geral e encarregado de falar em seu nome.

Como escolher esses representantes? É aí que os detalhes começam a ter importância. E há uma porção de maneiras de os detalhes se apresentarem. Eleitores nas Filipinas depositam na urna um voto para até doze candidatos, e os doze mais votados ao todo entram para o Senado. Em Israel, cada partido político apresenta uma lista de legisladores propostos, e os eleitores escolhem um partido, não um candidato individual. Então cada partido ocupa a quantidade de cadeiras no Knesset — o Parlamento israelense — segundo a proporção do voto popular, percorrendo a lista do partido em sequência até o número indicado. Mas a maneira mais comum de fazer isso é como os Estados Unidos fazem: a população é dividida em distritos pré-definidos, e cada distrito escolhe um representante.

Nos Estados Unidos os distritos são desenhados geograficamente. Mas não precisa ser assim. Na Nova Zelândia,[9] a população maori tem seus próprios distritos eleitorais, que se superpõem aos distritos gerais; os eleitores maoris têm, em cada eleição, a opção de votar no distrito maori ou no distrito geral onde residem. Ou a partilha pode não ter aspecto geográfico nenhum. Em Hong Kong há uma cadeira no conselho legislativo em que apenas professores e administradores de escolas podem votar, uma das 35 cadeiras eleitas pelos assim chamados eleitorados funcionais. A Assembleia das Centúrias na República Romana tinha os eleitorados separados por faixa de riqueza. Na Câmara alta do Oireachtas na Irlanda, há um conjunto de três cadeiras ocupadas por estudantes e graduados do Trinity College Dublin, e outro para ex-alunos da Universidade Nacional da Irlanda. Os judeus têm sua própria cadeira no Parlamento do Irã.

Como americano, e portanto alguém treinado a pensar no modo americano como o único, acho agradável a liberdade de pensar nas outras maneiras legislativas em que poderíamos repartir o público eleitor americano. E se os nossos distritos legislativos estaduais fossem, em vez de regiões geográficas, faixas etárias de mesmo tamanho? Com quem tenho mais prioridades e valores políticos em comum: um aposentado idoso que mora a dez quilômetros da minha casa, ou um colega de 49 anos que tem mais ou menos o mesmo tempo de vida que eu pela frente para planejar e que provavelmente tem filhos mais ou menos da mesma idade, mas acontece que mora do outro lado do estado? Os legisladores teriam de "morar" no seu distrito cronológico? (Se assim fosse, isso resolveria magnificamente o problema de os representantes preguiçosos ficarem no cargo para sempre por obra da inércia; a menos que fossem espaçados de forma extremamente regular por data de nascimento, a progressão de tempo regularmente jogaria representantes uns contra os outros à medida que envelhecessem através das diversas faixas.)

Os estados dos Estados Unidos são, pelo menos formalmente, governos semiautônomos, cada um com seus interesses particulares. Os distritos dentro dos estados, por outro lado, são pedaços de terra sem muito significado. Ninguém no Segundo Distrito Congressional do Wisconsin, onde moro, usa uma camiseta WI-2, e nem conseguiria reconhecer o distrito pela sua silhueta. Quanto ao meu distrito legislativo, tive que olhar para ver se tinha colocado o número certo. Esses distritos precisam ser determinados de alguma maneira, apesar da falta de qualquer identidade política inerente. Alguém precisa cortar o estado em segmentos. Esse processo, chamado *districting*, distritamento, é técnico e consome tempo, envolvendo planilhas e mapas. Não é algo interessante para se assistir na televisão, e tradicionalmente não tem chamado muito a atenção do público.

Isso agora mudou. E mudou porque agora entendemos algo que não entendíamos realmente antes, um fato que é ao mesmo tempo matemático e político: a maneira de cortar um estado em distritos tem um enorme efeito sobre quem acaba na casa legislativa estadual fazendo leis. O que significa que as pessoas com as tesouras têm um poder enorme sobre quem é eleito. E quem detém as tesouras do poder? Na maioria dos estados, são os próprios legisladores. Os eleitores supostamente elegem seus representantes, mas em muitos casos os representantes é que escolhem seus eleitores.

Em certa medida, é óbvio que os que desenham os distritos detêm muito poder. Se estou no controle completo do distritamento do Wisconsin, com o poder de repartir a população do jeito que eu quiser, posso simplesmente achar um grupo conspiratório que pense como eu, declarar cada um deles como um distrito próprio e então criar mais um distrito compreendendo todo o restante das pessoas. Meus candidatos escolhidos a dedo votam em si mesmos e então tomam conta da legislatura com no máximo um voto potencial de oposição. Democracia!

Isso é claramente injusto. Com toda certeza o povo do Wisconsin, com exceção do grupo conspiratório em si, teria todo o direito de se sentir não representado na tomada de decisões do estado. E é também ridículo; nenhum governo democrático seria conduzido dessa maneira! Exceto, é claro, aqueles que o são. Na Inglaterra, por exemplo, havia "bairros podres" que persistiram durante séculos, elegendo devidamente membros para o Parlamento apesar de já terem decaído para um vazio quase total. A cidade de Dunwich,[10] que um dia já foi grande como Londres, foi caindo no mar do Norte pedaço a pedaço e já estava largamente abandonada no século XVII, mas continuou mandando dois membros para a Câmara dos Comuns até ser dissolvida pelo primeiro-ministro whig Earl Grey (admita, você achava que ele tinha inventado o chá) pela Lei da Reforma de 1832. A essa altura Dunwich tinha sido reduzida a 32 eleitores. E esse não foi o mais podre dos bairros podres! Old Sarum um dia foi uma próspera cidade com uma catedral, mas perdeu sua razão de ser quando a nova catedral de Salisbury foi erigida; a cidade foi esvaziada e suas edificações viraram entulho em 1322. E mesmo assim, por quinhentos anos, Old Sarum teve dois assentos no Parlamento, escolhidos pela família abastada que detivesse o título sobre aquele morro pedregoso inabitado. Até Edmund Burke, geralmente amigo da tradição, se queixou da necessidade de reforma: "Os representantes, em número maior que o de constituintes, só servem para nos informar que esse foi um dia um local de comércio [...], embora agora só possamos identificar as ruas pela cor do milho e sua única manufatura seja a de membros do Parlamento".[11]

As coisas eram mais racionais aqui nas colônias, mas só um pouquinho. Não havia bairros podres, porém mesmo assim alguns americanos eram mais representados que outros. Thomas Jefferson se queixava dos tamanhos desiguais dos distritos legislativos na Virgínia, insistindo que "um governo é republicano na medida em que todo membro que o compõe tenha voz igual no sentido de suas preocupações".[12] Numa época já bem avançada no século XX,[13] a cidade de Baltimore era limitada a 24 das 101 cadeiras na Câmara dos Delegados de Maryland, mesmo que tivesse metade da população do estado. O procurador-geral de Maryland (e nativo de Baltimore) Isaac Lobe Straus rogou por uma mudança na constituição que desse à cidade representação igual, citando Jefferson e Burke, e então realmente falando com toda a franqueza:

> Alguém pode explicar com base em que princípio de justiça ou ética ou direito ou política ou filosofia ou literatura ou religião ou medicina ou física ou anatomia ou estética ou arte um homem no condado de Kent tem direito a 29 vezes mais representatividade do que um homem na cidade de Baltimore?[14]

(Para que eu não deixe você com a impressão de que Straus era um tribuno fiel aos princípios da democracia: no mesmo discurso de 1907 ele recomendou uma emenda adicional requerendo um teste de alfabetização para se votar, com o objetivo de mitigar "o mal de um sufrágio inconsciente dominado por um grande corpo de eleitores iletrados e irresponsáveis neste estado, que se tornaram eleitores como consequência da guerra entre os estados do norte e do sul, e não apenas mediante qualquer ato do povo de Maryland, mas contrariando sua solene rejeição à emenda da

Constituição Federal sob a qual as pessoas em questão votam". Para qualquer pessoa não familiarizada com o habitual código vocabular da política americana, ele se refere a pessoas negras.)

A era da representação desigual só chegou ao fim nos Estados Unidos em 1964, quando a Suprema Corte rejeitou os distritos legislativos estaduais do Alabama, no caso Reynolds vs. Sims. A lei do Alabama repartia representantes por condado; a fórmula em vigor atribuía um único senador do estado para os 15 417 habitantes do condado de Lowndes, e o mesmo valia para o condado de Jefferson, que continha a cidade de Birmingham e tinha uma população de mais de 600 mil habitantes. W. McLean Pitts, argumentando em defesa do Alabama, advertiu que a mudança nos mapas distritais significaria que "os condados maiores, mais densamente habitados, acabariam por estrangular a Legislatura do Alabama com base no princípio de 'um homem, um voto', e as pessoas nas áreas rurais não teriam nenhuma voz em seu próprio governo".[15] A corte via as coisas de maneira diferente, registrando uma decisão de 8-1 de que o Alabama tinha violado a Décima Quarta Emenda ao privar eleitores nos condados mais populosos da "proteção igual" das leis que regiam o voto.

A exigência de representação igual significa que não podemos impedir o *gerrymandering* proibindo os governos de jogarem com as fronteiras de distritos. Essa troca é obrigatória. As pessoas se mudam de um lugar para outro, os velhos morrem e o jovens se reproduzem, algumas regiões ficam mais robustas enquanto outras minguam, e assim as fronteiras que são constitucionais ao serem desenhadas tornam-se inconstitucionais quando se processa o censo seguinte. É por isso que aquele zero no final tem tanta importância.

O princípio de W. McLean Pitts — "Por que as pessoas de Birmingham deveriam ter mais poder sobre a lei só porque são em maior número?" — soa engraçado aos ouvidos modernos, mas realisticamente os americanos ainda vivem segundo esse princípio. Cada estado tem dois senadores, seja no minúsculo Wyoming ou na vasta Califórnia. Isso tem sido controverso desde o início. Alexander Hamilton se queixou no *Federalist #22*:

> Toda ideia de proporção e toda regra de representação justa conspiram para condenar um princípio que na escala de poder dá para Rhode Island um peso igual a Massachusetts, ou a Connecticut, ou a Nova York, e para Delaware uma voz nas deliberações nacionais igual à da Pensilvânia, ou à da Virgínia, ou à da Carolina do Norte. Sua operação contradiz a máxima fundamental de um governo republicano, que requer que o senso da maioria deve prevalecer... Pode acontecer que a maioria dos Estados seja uma pequena minoria do povo dos Estados Unidos; e dois terços do povo dos Estados Unidos não possam mais ser persuadidos, por meio de distinções artificiais e sutilezas silogísticas, a submeter seus interesses à administração e à disposição de um terço.*

A história tirou a irada preocupação de Hamilton do contexto das hipóteses; os 26 estados menores, cujos 52 representantes compõem uma maioria no Senado, falam em nome de apenas 18% da população.**

E não é só o Senado. Cada estado, por menor que seja, tem pelo menos três votos no Colégio Eleitoral, que em última análise decide a presidência. As 579 mil pessoas do Wyoming — praticamente a mesma quantidade que vive na grande Chattanooga — compartilham entre si três votos eleitorais, o que significa que cada voto eleitoral representa cerca de 193 mil habitantes de Wyoming. A Califórnia tem quase 40 milhões de pessoas, de modo que cada um de seus 55 votos eleitorais corresponde a mais de 700 mil californianos.

É assim, como seus amigos constitucional-originalistas provavelmente o lembram, por desenho. A ideia de que o presidente deva ser escolhido pela maioria do voto nacional parece hoje bastante natural para a maioria dos americanos, mesmo para aqueles que veem motivos para sustentar o

---

* Tecnicamente, Hamilton está desabafando aqui sobre os Artigos da Confederação, não sobre a alocação de senadores definida na Constituição então recém-redigida, mas ele falou da mesma maneira durante a discussão sobre esse documento, indagando: "Será que é do nosso interesse modificar este governo geral para sacrificar direitos individuais em nome da preservação dos direitos de um ser artificial, chamado estados?".

** Isto é, 18% da população dos cinquenta estados. A porcentagem é ainda menor se contarmos americanos residindo em Washington, D.C., Porto Rico ou outras possessões territoriais dos Estados Unidos que não possuem representação nenhuma no Senado.

sistema do Colégio Eleitoral. Mas havia pouco apetite para a ideia entre os fundadores. James Madison foi uma notável exceção, e até mesmo ele apoiava um voto popular nacional só porque achava que todas as outras opções eram piores. Estados pequenos se preocupavam com que apenas um candidato de um estado populoso pudesse ter alguma chance. Os sulistas (exceto Madison) não gostavam do fato de que a eleição nacional embotasse seu "compromisso dos três quintos", arduamente conseguido, que lhes permitia obter uma representação extra no Congresso em face da grande, escravizada e desprivilegiada população negra. Num sistema de maioria popular nacional, o estado não ganha poder do povo a não ser que o deixe votar.

A maneira de eleger o presidente foi fonte de rancorosa divisão, que se arrastou por muito tempo durante o longo verão constitucional de 1787. Plano após plano era trazido e votado. Elbridge Gerry, de Massachusetts, sugeriu que os governadores deveriam escolher, cada um com um voto ligeiramente ponderado pela população de seu estado; essa ideia foi sonoramente rejeitada. O mesmo aconteceu com propostas de que o presidente fosse escolhido pelas legislaturas estaduais, ou pelo Congresso, ou por uma comissão de quinze membros do Congresso escolhidos aleatoriamente. O corpo principal do grupo foi incapaz de entrar num acordo, finalmente transferindo a decisão sobre a eleição do presidente e alguns outros pontos de divergência persistentes para um grupo de onze infelizes membros chamado Comitê das Partes Inacabadas. O sistema ao qual acabamos chegando não deve ser pensado como uma brilhante incorporação da sabedoria dos fundadores; foi um meio-termo que se alcançou com desgaste e relutância, já que ninguém fora capaz de propor algo melhor. Se você alguma vez já ficou sentado numa reunião que dura um dia inteiro, sabendo que a hora de buscar as crianças estava cada vez mais perto e que ninguém podia ir para casa antes que a reunião produzisse um documento com o qual todos os presentes concordassem de má vontade em assinar, você pode ter uma boa ideia de como o Colégio Eleitoral veio a existir.

Mesmo que você esteja a par das desigualdades de representação assadas no forno do Colégio Eleitoral, é melhor estar ciente de que elas foram ficando bem mais intensas desde a época dos responsáveis pela sua elaboração. No censo de 1790, o maior estado, Virgínia, tinha onze vezes a população do menor, Rhode Island. Agora, a razão entre a população do Wyoming e a da Califórnia é cerca de 68 vezes. Será que a convenção constitucional teria sido suficientemente ousada para atribuir a Rhode Island tanto poder para indicar senadores e eleitores se o estado fosse seis vezes menor do que era na época?

Talvez o meio mais simples de diluir a desigualdade do Colégio Eleitoral fosse aumentar o tamanho da Câmara dos Representantes. Havia 435 representantes em 1912 e há 435 representantes hoje, num país mais de três vezes maior. O número de eleitores em cada estado é o número de representantes *e* de senadores de cada estado. Se a Câmara tivesse 1000 membros, 120 deles seriam da Califórnia e 2 do Wyoming. Então a Califórnia teria 122 votos eleitorais, um para cada 324 mil californianos, enquanto o Wyoming teria 4, um para cada 144500 pessoas no Wyoming; ainda desigual, mas não tão desigual quanto antes. Uma Câmara maior significaria uma Câmara dos Representantes e um Colégio Eleitoral representando melhor os votos da população, sem mudar uma única vírgula no plano dos fundadores.

Por mais extrema que a desigualdade eleitoral seja agora, já foi ainda pior. Quando Nevada foi admitido para a União em 1864, tinha apenas cerca de 40 mil habitantes; o estado de Nova York era mais de cem vezes maior! Essa vasta diferença não ocorreu por acaso. Abraham Lincoln e os republicanos haviam forçado o território de Nevada a se tornar estado, apesar da sua magra população, na fase final da eleição de 1864; preocupado com que os três principais candidatos pudessem repartir a votação e jogar a definição para a Câmara dos Representantes, precisaram que os confiáveis republicanos de Nevada tivessem voz ali, por mais desproporcional que fosse em relação aos seus números reais. Nevada se tornou estado poucas semanas antes da eleição e obedientemente depositou seus votos para Abraham Honesto Mas Também Dissimulado Quando Precisava Ser. Nevada acabou crescendo, mas levou algum tempo. Em 1900, ainda tinha apenas 1/171 do tamanho de Nova York, e nos seus 36 anos de existência sua delegação do Senado enviara apenas um democrata para Washington, e para apenas um mandato.

Desproporções como essa podem ser obscurecidas pelo fato de que alguns estados pequenos parecem grandes. Políticos de tendência republicana gostam de exibir mapas dos Estados Unidos que mostram um mar de vermelho republicano quase de costa a costa, com as fortalezas democratas da Califórnia e do nordeste representadas por uma pequena franja azul ao longo do litoral. Desse ponto de vista, dificilmente pode parecer injusto que o Wyoming tenha dois senadores — vejam *o tamanho* do Wyoming!

Mas isso, claro, é um recurso da maneira como se desenha o mapa. Senadores representam pessoas, não acres de terra. Já encontramos o problema de "Groenlândia demais" — o padrão de mapas como as projeções Mercator distorce áreas, fazendo com que algumas regiões pareçam maiores do que o espaço que realmente ocupam no globo. E se houvesse um mapa que atribuísse a cada estado uma quantidade de espaço de acordo com sua *população* em vez de sua área, retratando mais acuradamente as pessoas que o Senado supostamente representa? A geometria pode fazer isso. Esse tipo de mapa é chamado cartograma:

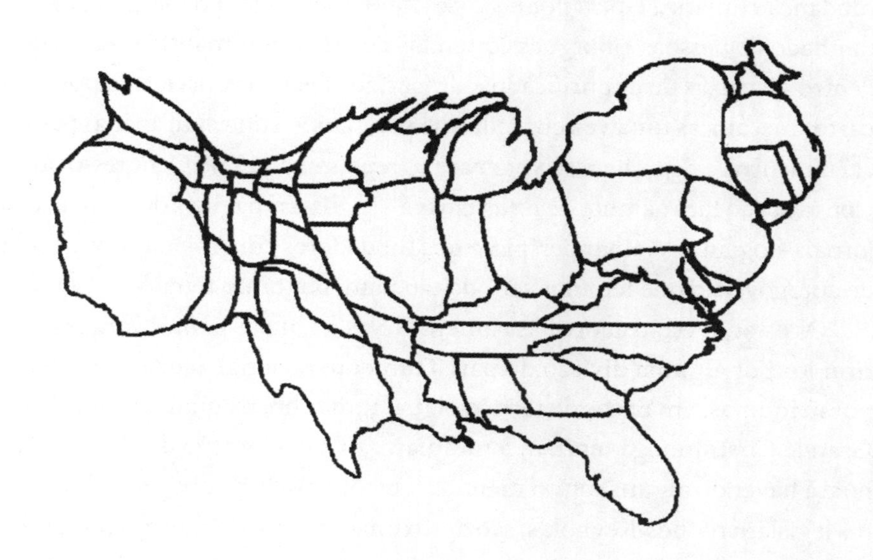

O cartograma deixa claro quanto da população dos Estados Unidos, até mesmo hoje, está nas treze colônias originais do leste e quão estreitas as Grandes Planícies são na verdade.

Um votante da Pensilvânia pode ter menos influência na eleição presidencial do que um de New Hampshire, mas tem infinitas vezes mais que um americano que mora em Porto Rico, nas Marianas Setentrionais ou em Guam. (Os moradores de Guam, com sua mentalidade altamente cívica,[16] apesar de não terem direito a votos eleitorais, realizam mesmo assim primárias e eleição presidencial em todo ano eleitoral; em 2016 tiveram um comparecimento às urnas de 69%, melhor do que todos os estados americanos, com exceção de três.)

Poderíamos pensar no Senado e no Colégio Eleitoral como um tipo de teste padronizado, um substituto quantitativo para o que quer que pensemos como sendo vontade popular. Como qualquer teste padronizado, ele mede aproximadamente aquilo que deve medir; mas pode ser manipulado, e quanto mais tempo ele persiste num formato fixo, maior se torna a capacidade das pessoas de manipulá-lo, ficando mais e mais acostumadas em pensar no teste em si como a coisa que realmente importa. Às vezes imagino um futuro distante no qual regiões inteiras dos Estados Unidos, assoladas pela mudança climática e pela poluição descontrolada, sejam habitadas por um punhado de pessoas-ciborgues com mais de cem anos, mantidas em estase dentro de caixas de ar purificado e despertadas para a consciência por suas partes mecânicas uma vez em cada ano par, tempo suficiente apenas para ir até uma urna e depositar seu voto para os representantes no Congresso que a Constituição lhes garante. E ainda haverá artigos nas páginas de opinião dos jornais elogiando o olhar perspicaz dos fundadores em projetar um sistema de autogoverno que tem nos servido tão bem, por tanto tempo.

Os estados estão agora basicamente fixos no lugar; jamais vamos substituí-los por alguma divisão do país altamente racionalizada e desenhada por máquinas, em nacos de terra de igual tamanho, na qual o Wyoming e Grande Chattanooga tenham a mesma voz na elaboração das leis. Continuará havendo alguns muito menores que outros. Em contraste, os distritos legislativos, pós-Reynolds, são aproximadamente do mesmo tamanho. Isso limita um pouco o poder de quem desenha os distritos, impedindo-os de criar descaradamente bairros podres para preservar seu poder. Mas não elimina esse poder. O presidente da Suprema Corte, juiz Earl Warren, ao se pronunciar sobre o caso *Reynolds*, escreveu: "Distritamento indiscriminado, sem qualquer consideração pela subdivisão política ou por linhas de fronteiras históricas ou naturais, pode ser um pouco mais que um convite para o *gerrymandering* partidário".

E assim provou ser. Há muitos sabores de contravenção disponíveis para legisladores que — se você me permitir a redundância — são fortemente motivados a levar adiante os interesses de sua facção política. Vamos ver como isso funciona no estado de Crayola.

Quem governa Crayola?

No grande estado de Crayola dois partidos disputam o poder, o Púrpura e o Laranja. O estado tem uma inclinação: 60% do 1 milhão de votantes ali apoiam o Partido Púrpura. Crayola tem dez distritos legislativos, cada um dos quais envia um senador para cumprir os solenes deveres governamentais na sede estadual de Cromópolis.

Eis aqui quatro modos de dividir os votantes nesses dez distritos:

	OPÇÃO 1		OPÇÃO 2	
	Púrpura	*Laranja*	*Púrpura*	*Laranja*
Distrito 1	75000	25000	45000	55000
Distrito 2	75000	25000	45000	55000
Distrito 3	75000	25000	45000	55000
Distrito 4	75000	25000	45000	55000
Distrito 5	75000	25000	45000	55000
Distrito 6	75000	25000	45000	55000
Distrito 7	35000	65000	85000	15000
Distrito 8	35000	65000	85000	15000
Distrito 9	40000	60000	80000	20000
Distrito 10	40000	60000	80000	20000

	OPÇÃO 3		OPÇÃO 4	
	Púrpura	*Laranja*	*Púrpura*	*Laranja*
Distrito 1	80000	20000	60000	40000
Distrito 2	70000	30000	60000	40000
Distrito 3	70000	30000	60000	40000
Distrito 4	70000	30000	60000	40000
Distrito 5	65000	35000	60000	40000
Distrito 6	65000	35000	60000	40000
Distrito 7	55000	45000	60000	40000
Distrito 8	45000	55000	60000	40000
Distrito 9	40000	60000	60000	40000
Distrito 10	40000	60000	60000	40000

Todos esses quatro distritamentos dividem Crayola em distritos do mesmo tamanho com 100 mil votantes cada. Em todos os quatro, as colunas somam 600 mil votantes do Partido Púrpura e 400 mil do Partido Laranja. Mas as legislaturas que produzem são barbaramente diferentes. No primeiro mapa, o Púrpura ganha seis das dez cadeiras e o Laranja, quatro. No segundo, o Laranja assume a maioria, com seis entre dez cadeiras. No terceiro, o Púrpura detém a maioria, sete cadeiras contra três. E, no último mapa, o Laranja fica completamente de fora e o Púrpura faz as leis sem nenhuma voz dissidente a ser ouvida no plenário.

Qual deles é justo?

Essa não é uma pergunta retórica. Na verdade, pense nela por um minuto! Não há sentido em ler dúzias de páginas sobre um problema social difícil antes de você refletir sobre o objetivo que você pensa que queremos atingir.

Um minuto se vai...

Não há resposta óbvia, como espero que você possa ver. Eu dou um monte de palestras sobre distritamento, sempre faço essa pergunta e recebo todo tipo de respostas. Quase sempre, a maioria de pessoas gosta mais da

Opção 1. A maioria acha a Opção 2 a mais injusta, pois o Laranja detém a maioria das cadeiras apesar de decididamente ser a minoria da população. Mas uma vez conversei com um grupo de unitaristas que achavam a Opção 4 claramente a pior, porque um partido era inteiramente privado de seu direito de participar. E os unitaristas estão longe de estar sozinhos nesse ponto de vista.

Será que essa chega a ser uma pergunta matemática? Não é uma pergunta *não* matemática. Mas há um aspecto legal, um aspecto político e um aspecto filosófico também, e não há como desemaranhar essas coisas umas das outras. Existe uma longa e pouco impressionante tradição de matemáticos abordando o problema do distritamento como um exercício de geometria pura, fazendo perguntas tipo: "Como podemos cortar o Wisconsin segundo linhas perfeitamente retas de modo que as regiões poligonais resultantes tenham igual população?". É possível fazer isso — mas *não se deve* fazer, porque obtereremos distritos que nada têm a ver com os fatos políticos reais. Esses distritos poderiam ter proporções geométricas agradáveis, mas cortarão cidades e bairros ao meio e atravessarão limites de condados, o que, no Wisconsin e em muitos outros estados,[17] é um erro constitucional a menos que você o faça para igualar os distritos em população.

De outro lado, quando juristas e políticos pensam no redistritamento negligenciando o aspecto matemático, o resultado do trabalho não é melhor; e é exatamente assim, em geral, que esses assuntos têm sido abordados até recentemente. Para fazer o distritamento de forma correta, não há outra alternativa senão mergulhar nos números e nas formas.

Olhando esses números dos quatro distritamentos em Crayola, conseguimos ver de maneira perfeitamente clara o princípio quantitativo básico do *gerrymandering*. Se cabe a você desenhar as linhas distritais, vai querer os votantes do seu adversário empacotados em alguns poucos distritos onde eles predominam. Melhor de tudo é conseguir fazer isso tirando seus votantes inimigos para fora de distritos adjacentes antes competitivos, dando ao seu partido a vantagem ali. Quanto aos seus próprios votantes, você os quer cuidadosamente alocados num grande número de distritos onde constituam uma maioria razoavelmente segura. É isso que acontece na Opção 2: a maioria do voto Púrpura está espremida nos quatro distritos onde o Laranja não tem chance, enquanto os outros seis distritos tendem ao Laranja por uma sólida margem de 55-45.

É também o que acontece no Wisconsin. A linha entre os condados de Waukesha e Milwaukee é uma das fronteiras políticas mais robustas. Quando se vai de carro para leste saindo de Madison num ano eleitoral, os cartazes nas fachadas mudam instantaneamente do vermelho republicano para o azul democrata quando se cruza a rua 124. Até 2010, as linhas distritais estaduais paravam em grande parte onde os condados terminavam, com distritos confiavelmente republicanos a oeste do condado de Waukesha e os distritos com inclinação democrata formando o condado de Milwaukee. O mapa introduzido em 2011 muda tudo isso.

Os 13º, 14º, 15º, 22º e 84º distritos, entre outros, agora atravessam a linha de fronteira do condado[18] de modo a misturar votantes democratas — mas não votantes *demais* — com as alas republicanas de Waukesha.* Esses cinco distritos têm sido representados por republicanos desde o tempo da sua criação até 2018, quando Robyn Vining, ex-pastora e Mãe do Ano do Wisconsin em 2017, ganhou o 14º Distrito para os democratas por menos de 0,5%.** O número de distritos localizados inteiramente dentro do condado de Milwaukee caiu de dezoito no mapa antigo para apenas treze. Os democratas detêm onze desses distritos estaduais, e dez deles são tão pouco competitivos que os republicanos nem chegaram a nomear um candidato em 2018.

A política não é para ser confortável. De um ponto de vista, não há nada de injusto para ser encontrado aqui. Legislar é um jogo no qual quem está na frente consegue mudar as regras no papel, e não há certo ou errado, apenas ganhar ou perder. Porém a maioria das pessoas vê algo de ardiloso

* Não acabei de dizer que a constituição do Wisconsin não permite atravessar as fronteiras dos condados? Bem, sim; mas até agora questionamentos judiciais desse mapa têm passado pelas cortes federais, que não abordam a potencial violação da constituição estadual.

** Mais um distrito, o 13º, foi tomado pelos democratas em novembro de 2020. A votação presidencial em todo o estado foi quase exatamente emparelhada, como havia sido a disputa Walker-Evers, e os republicanos mantiveram uma maioria de 61-38 na assembleia.

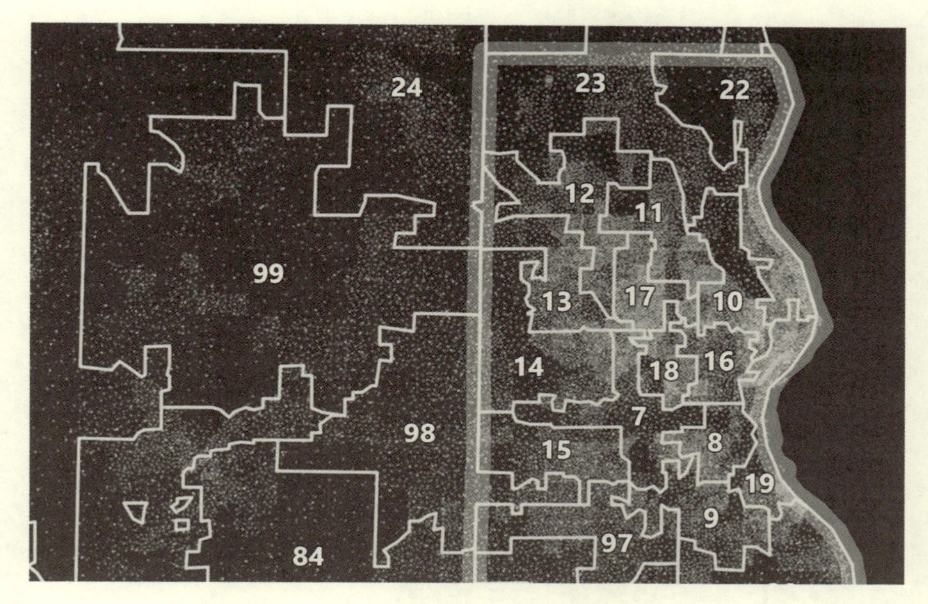

Mapa de 2001.

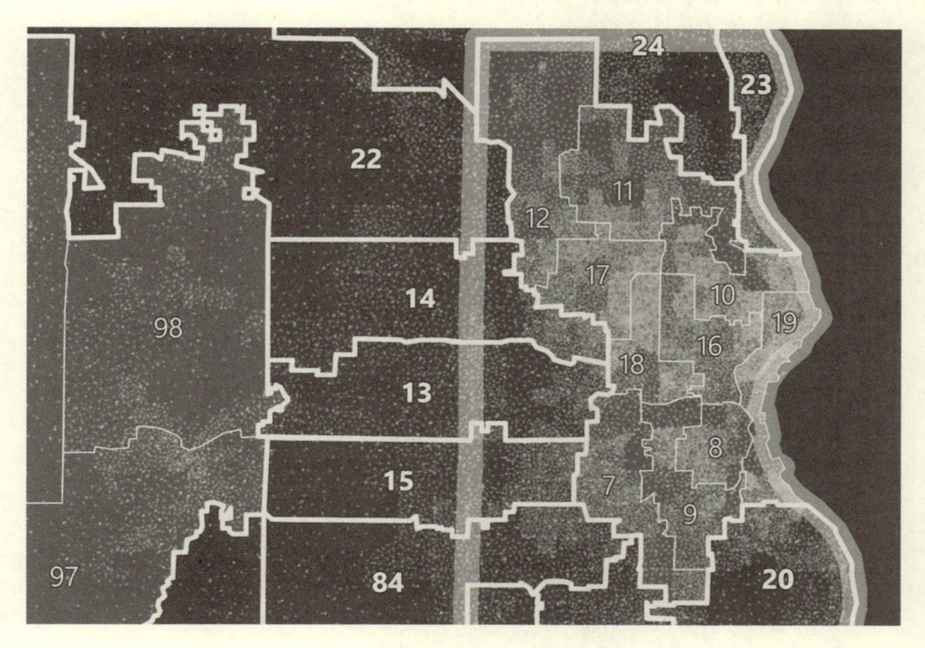

Mapa de 2011.

na prática do *gerrymandering*, e algumas dessas pessoas são juízes federais. Os distritos do Wisconsin foram objeto de questionamentos judiciais quase a partir do momento que Scott Walker assinou a lei de mudança. Dois dos distritos foram modificados por juízes em 2012 para deixar o mapa menos hostil aos votantes hispânicos em Milwaukee, numa decisão cuja redação começa: "Houve uma época em que o Wisconsin era famoso por sua cortesia e sua tradição de bom governo",[19] e que descreve como "quase risíveis" as alegações de que haviam trabalhado sem viés partidário feitas por quem tinha desenhado os mapas. Então, em 2016, um painel de três juízes da Corte Distrital dos Estados Unidos para o Distrito Ocidental do Wisconsin jogou fora o mapa inteiro como um espécime de *gerrymandering* político em violação à Constituição dos Estados Unidos. A parte perdedora recorreu da decisão e ela chegou à Suprema Corte, que labutara longamente para encontrar um padrão legal razoável para definir quando o *gerrymandering* era exagerado. O que sucedeu depois disso foi uma colisão de matemática, política, direito e raciocínio motivado cujas implicações a política americana ainda está absorvendo.

"Está estabelecido um governo da minoria"

Se você sabe algo sobre *gerrymandering*, o que sabe provavelmente são duas coisas, grudadas entre si direto ali no nome: primeiro, que foi inventado por Elbridge Gerry, que, como governador, participou de um distritamento de Massachusetts destinado a ajudar os democratas-republicanos a afastar os federalistas na eleição de 1812; e, segundo, que envolve distritos desenhados com fronteiras bizarramente sinuosas, como o distrito em forma de "salamandra" [*salamander*] em Massachusetts, que um cartunista imortalizou como a "*Gerry-mander*".

Ambas as coisas estão erradas. Antes de mais nada, o comportamento de *gerrymandering* nos Estados Unidos é bem mais antigo que a palavra, e bem anterior a Gerry. Segundo o estudo definitivo de Elmer Cummings Griffith, sua dissertação de doutorado em história na Universidade de Chicago em 1907,[20] a prática remonta pelo menos à assembleia colonial na Pensilvânia em 1709.[21] E, nos primórdios dos Estados Unidos, o exemplo mais notório de elaboração de distritos politicamente motivada foi posto em prática por Patrick Henry — o Patrick Henry de "Dá-me liberdade ou dá-me a morte", cuja atitude pró-liberdade era temperada pelo desejo de manter controle férreo sobre a legislatura da Virgínia. Henry foi um amargo contestador da Constituição dos Estados Unidos e estava determinado a manter um dos seus principais arquitetos, James Madison, fora do Congresso na eleição de 1788. Sob orientação de Henry, o condado do domicílio de Madison foi colocado num distrito com cinco condados que eram vistos como anticonstitucionais. Henry esperava que esses condados votassem a favor do oponente de Madison, James Monroe. Quão injusto era esse distrito é algo debatido até hoje, mas é inquestionável que Madison e seus aliados achassem que Henry estava jogando sujo. Madison não teve o caminho fácil para o Congresso que esperava, precisando, em vez disso, voltar de Nova York para casa para fazer campanha por todo o distrito durante semanas. Ele tinha um quadro agudo de hemorroidas que tornava difícil viajar, e teve queimaduras por frio no rosto debatendo com Monroe ao ar livre em janeiro, diante de uma multidão de luteranos. *Gerrymander* ou não, o fato é que Madison prevaleceu,[22] em parte por vencer na sua base de origem, o condado de Orange, por 216 votos a 9.

Assim, na época em que Gerry usou o *gerrymandering*, este não era nenhuma novidade, mas uma tecnologia política estabelecida. (A Lei de Stigler ataca novamente!) Em 1891 a prática, entrelaçada com outras variedades de artimanhas eleitorais, foi tão grave que levou o presidente Benjamin Harrison* a advertir no seu discurso do Estado da União:

> Se eu fosse chamado para declarar onde reside nosso principal perigo nacional, diria sem hesitação que está na derrubada do controle da maioria pela supressão ou perversão do sufrágio popular. Que se trata de um perigo

* Que obteve uma maioria decisiva no Colégio Eleitoral em 1888 e ao mesmo tempo perdeu no voto popular, só para constar.

> real, todos devemos concordar; mas as energias daqueles que o veem têm sido gastas principalmente em tentar atribuir a responsabilidade ao partido oposto, em vez de se esforçar para tornar tais práticas impossíveis por qualquer um dos partidos. Será que não é possível agora adiar esse interminável e inconclusivo debate e ao mesmo tempo dar por consenso um passo na direção da reforma eliminando o *gerrymander*, que tem sido denunciado por todos os partidos, como influência na seleção de eleitores do presidente e membros do Congresso?

A descrição dada por Harrison de democracia sob *gerrymander* não perdeu nada da sua pertinência: "Está estabelecido um governo da minoria que só uma convulsão política pode derrubar".[23]

Isso levanta uma questão. Se há trezentos anos os legisladores vêm desenhando fronteiras de distritos para atender aos seus interesses partidários e a democracia mais ou menos persistiu, por que agora uma reforma urgente é subitamente necessária?

Trata-se, em parte, de uma história de tecnologia. Um veterano em termos de eleições no Wisconsin me contou uma vez como é feito o redistritamento. Havia uma pessoa que, ao longo de décadas de experiência na nossa política estadual, tinha memorizado as idiossincrasias de cada ala eleitoral do estado, de Kenosha a Superior. E o entendedor de distritos tinha um enorme mapa de papel aberto sobre uma gigantesca mesa de conferências; ele olhava o mapa, movia uma peça aqui e outra ali, assinalava as mudanças com um marcador e a coisa estava pronta.

Gerrymandering costumava ser uma arte; o avanço da computação o transformou em ciência. Joe "Agressivo" Handrick e sua equipe de fazedores de mapas tentaram modificação após modificação, mapa após mapa, não sobre uma mesa de madeira, mas numa tela. E experimentaram cada divisão potencial por meio de simulações que testavam sua performance numa ampla gama de climas políticos, até convergirem para um mapa otimizado para preservar o controle republicano em todas as circunstâncias, exceto as mais extremas. Esse processo não é só mais rápido, é melhor. Um advogado envolvido em processos contra o Estado me disse que a eficácia do *gerrymander* da Lei 43 foi muito além do que qualquer mestre em mapas antiquados era capaz de conseguir.

E mais ainda: um *gerrymander* que funciona bem nas primeiras eleições após o ciclo cria uma população de representantes para o partido autor da manipulação, adicionando ainda mais vantagens àquelas que o *gerrymander* proporciona. Os doadores da oposição, avaliando o mapa tendencioso demais para ser superado, alocam suas contribuições em outros lugares. E assim a manipulação alimenta a si mesma.

A juíza Sandra Day O'Connor, escrevendo como voz divergente no caso Davis vs. Bandemer, de 1986, argumentou que as cortes não precisavam intervir em casos de redistritamento. Lembre-se, fazer um bom mapa manipulado envolve construir uma porção de distritos onde o seu partido tem uma vantagem moderada, em contraste com alguns poucos onde o seu oponente predomina. Isso não significa, perguntou O'Connor, que o *gerrymandering* é inerentemente uma estratégia arriscada? Na avaliação dela, os partidos irão se conter e evitar manipular o estado de forma exagerada, porque isso expõe seus representantes a um alto risco de serem derrubados por uma guinada política imprevista. "Há um bom motivo para pensar que a manipulação política de fronteiras distritais é uma empreitada autolimitadora", escreveu ela.

Naquela época ela podia ter razão. Mas hoje a potência computacional varreu para longe a natureza autolimitadora dessa empreitada, assim como fez com tantos outros limites. (Pergunte a Marion Tinsley.) Assim como os mapas podem ser sintonizados para produzir substancial vantagem partidária, podem ao mesmo tempo ser manuseados para reduzir o risco para os representantes. E não só porque um computador moderno turbinado seja superior a um Apple II. Os votantes também mudaram! Nós, americanos, gostamos de pensar em nós mesmos como pessoas que avaliam a cédula de votação sem preconceito, fazendo um estudo da plataforma política de cada candidato e a aptidão do seu temperamento para o cargo; e aí escolhemos para o nosso voto aquele que representa uma solução melhor. A maioria de nós só vota em quem comprove ter seu próprio mérito. A proporção de "votantes flutuantes", que trocam de partido de uma eleição presidencial para a seguinte,[24] que pairou em torno de 10% de meados do século XX até os anos 1980, caiu para metade disso. Quanto mais estáveis e previsíveis forem os votantes em sua escolha, maior a capacidade que um partido tem de desenhar um mapa que preserve a maioria *e* proteja os representantes *e* persista em seu efeito por tempo suficiente para chegar até o próximo censo, e assim a um mapa novo em folha desenhado pela mesma velha maioria legislativa na mesma velha sala trancada.*

Pare de chutar o Pato Donald

Um ponto de vista tradicional sobre o *gerrymandering* é que, como o juiz Potter Stuart disse num contexto judicial muito diferente, você reconhece quando vê. E sim, por aí existem alguns distritos legislativos de formato muito esquisito, como o 4º Distrito Congressional de Illinois, os "protetores de orelhas", que consiste em duas regiões distintas interligadas por uma via expressa de dois ou três quilômetros; ou então aquela beleza na Pensilvânia, coloquialmente conhecida como "o Pateta chutando o Pato Donald".

O 7º Distrito da Pensilvânia foi desenhado dessa maneira para capturar suficientes votos republicanos espalhados de modo a formar um distrito favorecendo o Partido Republicano. As duas figuras principais estão ligadas apenas por meio do terreno de um hospital localizado na ponta do pé do Pateta. O pescoço do Pateta é um mero estacionamento de carros.[25]

Esse distrito foi descartado pela Suprema Corte da Pensilvânia em 2018 como um exemplo de manipulação partidária que foi longe demais — uma vitória para eleições honestas e formatos aproximadamente arredondados de distritos. Uma crença comum na história da reforma do redistritamento é que podemos impedir os excessos manipulativos se exigirmos que os distritos te-

* Compare com o que Elmer Cummings Griffith tem a dizer sobre uma época similarmente polarizada: "Em 1840 dois grandes partidos haviam se estabilizado numa constante e contínua luta pela supremacia política. Com a estabilidade política geral, as eleições podiam ser preditas com maior chance de sucesso. Quando partidos se tornam estabelecidos, a mudança de votantes de um partido para outro é uma porcentagem muito pequena. E os resultados de uma eleição podem ser preditos com segurança dentro de certos limites definidos".

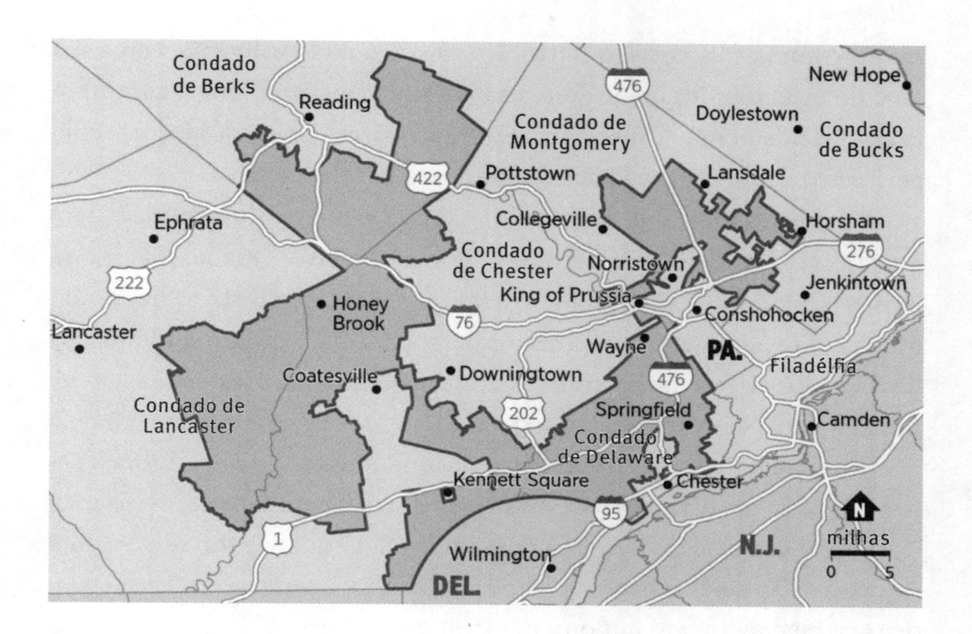

nham formatos "razoáveis", limitando assim a possibilidade de os legisladores cometerem contravenções. Muitas constituições estaduais têm até mesmo cláusulas orientando os elaboradores de mapas a evitar distritos em formato de personagens da Disney; a constituição do Wisconsin, por exemplo, requer que os distritos estejam "na forma mais compacta que for praticável". Mas o que exatamente isso significa? Os legisladores nunca conseguiram chegar a um padrão consensual. E tentativas de especificar que formatos são "compactos" às vezes atrapalham ainda mais as coisas. Em 2018, os votantes do Missouri aprovaram um referendo de emenda à sua constituição exigindo cada vez mais que "distritos compactos são aqueles que são quadrados, retangulares ou hexagonais no seu formato, na medida permitida pelas fronteiras naturais ou políticas". Antes de tudo, um quadrado é um tipo de retângulo. E o que o Missouri tem contra triângulos, pentágonos e quadriláteros não retangulares? (Minha teoria pessoal é que o Missouri fica constrangido por ser um trapezoide e assim procura uma supercompensação.)

A disciplina da geometria oferece algumas opções para medir a "compacidade" de uma forma. A sua intuição provavelmente diz que uma forma muito complicada, como o outrora 7º Distrito da Pensilvânia, cerca sua área de modo muito ineficiente, usando uma fronteira longa, carambolada, cheia de pontas e reentrâncias. Então talvez queiramos formas cujo perímetro não seja grande demais comparado com sua área.

A primeira ideia que ocorre é que talvez possamos usar uma razão: quanta área está dentro do perímetro por quilômetro? Quanto maior esse número, melhor. Eis o problema com essa ideia: um distrito quadrado minúsculo com quatro quilômetros de norte a sul e quatro quilômetros de leste a oeste terá um perímetro de dezesseis e uma área de $4 \times 4 = 16$. Então a razão área/perímetro seria $16/16 = 1$. Mas e se aumentássemos o distrito quadrado de modo a ter quarenta quilômetros de lado? Agora o perímetro seria 160 e a área 1600. A razão melhorou para 1600/16, ou seja, 10.

Esse é um estado de coisas desagradável. O quanto um quadrado é compacto não deveria depender do seu tamanho! E tampouco deve depender se a medida for em quilômetros, milhas ou léguas! Qualquer que seja a medida que utilizemos, a "compacidade" deveria ser o que os geômetras chamam de *invariante*,* não deveria mudar quando a região é deslocada, girada, ampliada ou encolhida. Quando deslocamos ou giramos uma região, seu perímetro e área não se alteram, então aí não há problema. Quando a ampliamos por um fator de 10, porém, seu perímetro cresce pelo mesmo fator de 10 enquanto sua área cresce por um fator de 100. Isso sugere que uma razão melhor para se usar é

$$\text{área}/\text{perímetro}^2$$

o que não muda quando se ampliar ou encolher o distrito. Aliás, um modo muito prático de acompanhar esse tipo de coisa é escrever tudo com as unidades de medida junto! O perímetro do nosso quadrado de 40 quilômetros é 160 quilômetros, enquanto sua área é 1600 quilômetros *quadrados*; então a área dividida pelo perímetro não é 10, é 10 *quilômetros*, um comprimento, não um número puro.

* Em particular, um invariante para as *semelhanças*, conforme discutido no capítulo 3.

O pessoal que faz redistritamento chama a razão acima de escore Polsby-Popper, lembrando os dois advogados que perceberam sua relevância nos anos 1990, mas a noção é mais antiga que isso. Para um círculo de raio r, o perímetro é $2\pi r$ e a área é πr^2, portanto o escore é:

$$(\pi r^2)/(2\pi r^2) = \pi r^2/4\pi^2 r^2 = 0{,}079\ldots$$

E note que a resposta não depende absolutamente do raio do círculo! Os r's se cancelam. É o invariante trabalhando. A mesma coisa para quadrados; se o lado do quadrado for d, o perímetro é $4d$ e a área é d^2, de modo que o escore de Polsby-Popper é

$$d^2/(4d)^2 = d^2/16d^2 = 1/16 = 0{,}0625$$

que não depende do comprimento do lado. O escore do quadrado não é tão bom quanto $1/4\pi$. Na verdade, descobrimos que $1/4\pi$ é o escore mais alto que qualquer forma pode ter! Isso zomba da nossa intuição, que nos diz qual é o tamanho máximo da área da nossa figura se fixarmos seu perímetro. Ponha um barbante com as pontas amarradas sobre a mesa e tente "inflar" o barbante colocando o máximo de material possível dentro da área fechada pelo barbante; você não sente que ele tende a assumir uma forma circular? Esse fato era conhecido e foi provado por Zenodoro, no sentido um tanto casual com que a maioria dos matemáticos provava as coisas então, mais ou menos um século depois de Euclides. Os matemáticos o chamam de "desigualdade isoperimétrica". E não houve uma prova de acordo com os padrões dos geômetras modernos até o século XIX.[26]

Então podemos pensar no escore Polsby-Potter medindo quão "circular" é um distrito, e nesse ponto é hora de começar a se perguntar se de fato essa é uma boa ideia. Será que um distrito circular é realmente melhor do que um quadrado? Será que um retângulo como esse

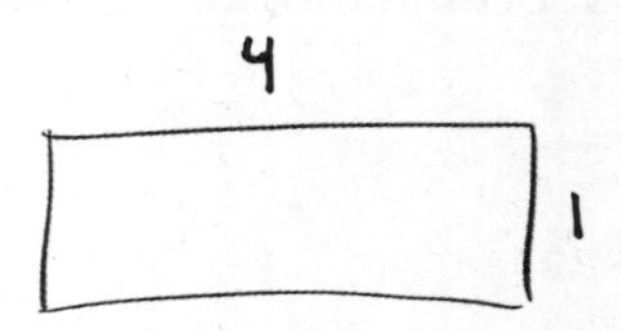

com um escore de 4/100 = 0,04 é efetivamente tão pior assim? E por falar nisso, o que realmente entendemos por perímetro? As fronteiras de distritos na vida real são em parte linhas topográficas retas, mas em parte linhas costeiras, que são fractalmente onduladas em qualquer escala, de modo que vão ficando cada vez mais longas quanto mais perto medirmos cada minúscula saliência ou reentrância. A qualidade de um distrito não deveria depender do tamanho da régua!

Vamos pegar outro detalhe. Sob muitos aspectos, as figuras geométricas mais administráveis são as *convexas*. Falando vagamente, uma figura convexa é aquela que só se dobra para fora,

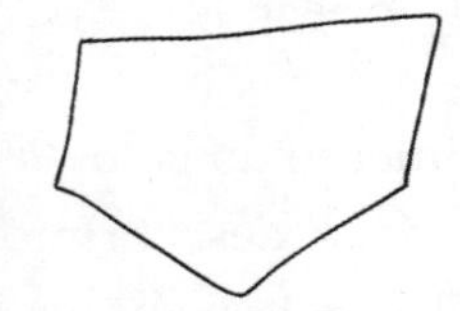

nunca para dentro.

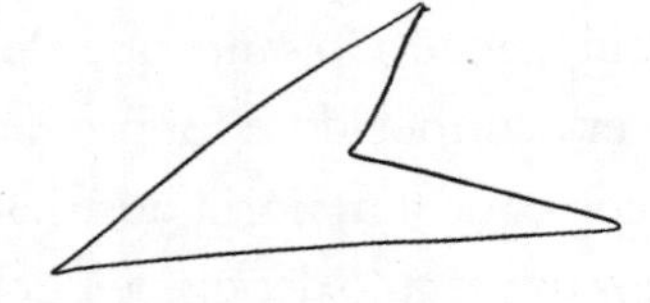

Mas há uma adorável definição oficial: uma forma é convexa quando todo segmento de reta entre dois pontos nessa forma está inteiramente contido dentro da forma. (Essa definição faz sentido em duas dimensões, ou três, ou até mesmo num número de dimensões mais elevado, bem além da nossa capacidade de visualizar o que significa dobrar "para dentro" e "para fora".) Você pode ver como esta última forma não passa pelo teste do segmento de reta:

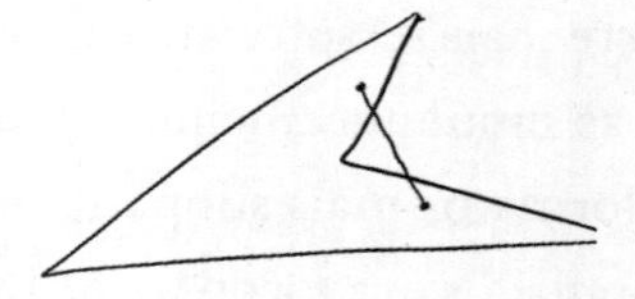

A *envoltória convexa* (ou fecho convexo) de uma forma é a união de todo segmento de reta juntando cada par de pontos dentro dessa forma:

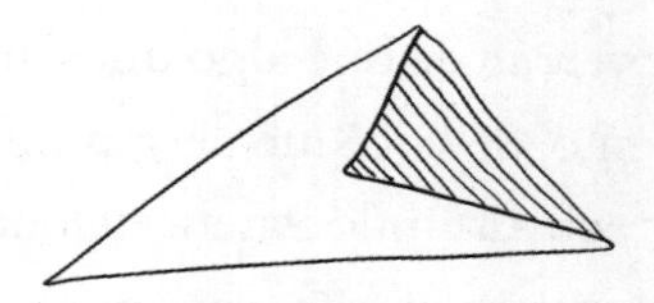

Podemos pensar nisso como "preenchendo todos os lugares não convexos", ou, mais fisicamente, como um saco plástico embrulhando a forma do jeito mais apertado que der. A envoltória convexa de uma bola de golfe é uma esfera; os buraquinhos são preenchidos. A sua própria envoltória convexa está bem rente a você quando pressionamos as pernas uma contra a outra e os braços contra as laterais do corpo o máximo que conseguirmos; mas terá uma extensão bem maior se estendermos os membros para fora em todas as direções.

De qualquer maneira: o escore do "Polígono Populacional" de um distrito é a razão entre o número de pessoas que vivem nesse distrito e o número de pessoas que vivem em sua envoltória convexa. A envoltória convexa do Pateta e Pato Donald contém todas as pessoas *entre* Pateta e Pato Donald, então o escore desse distrito será bastante ruim.

O Polígono Populacional é um aperfeiçoamento em relação a Polsby-Popper, uma vez que leva em conta onde as pessoas realmente moram. Mas há um problema mais profundo para impor compacidade como um freio para a manipulação de fronteiras, que é o fato de ela não funcionar. Talvez nos tempos dos mapas de papel as pessoas tivessem de recorrer a formas malucas para simplesmente obter o portfólio dos votantes que queriam, mas isso não ocorre mais. O software cartográfico que permite avaliar um milhão de mapas simultaneamente numa tarde também permite escolher aqueles com formatos mais simpáticos *e* alcançar os objetivos. Aqueles distritos manipulados em torno de Milwaukee são quase retângulos de aparência inocente, que obteriam escores aceitáveis em quaisquer medidas quantitativas de compacidade.[27]

Sandra Day O'Connor certa vez escreveu* que, quando se trata de distritos legislativos, "as aparências importam, sim": um distrito em forma de salamandra cria a *percepção* de que algo diferente de ideais democráticos está em funcionamento. Se você me perguntar, esses ideais não ficam muito mais respaldados substituindo Pateta e Donald por um mapa igualmente partidário porém menos ofensivo aos olhos. Existem algumas boas razões para querer que um distrito seja compacto, imagino eu — uma viagem de carro em média mais curta para o escritório do representante estadual, um alinhamento modestamente maior de prioridades políticas entre os constituintes. Mas que as restrições da compacidade possam impedir alguma manipulação, isso só ocorre porque elas em si são restrições. Quanto menos escolhas os desenhistas de mapas tiverem, menos provável é que consigam encontrar opções que levem a graves manipulações. Não é que haja algo inerentemente mais justo em distritos aproximadamente arredondados; é que há muito menos maneiras de fragmentar um estado se for preciso fazer os pedaços aproximadamente redondos.

O que sabemos agora é que medidas tradicionais de compacidade simplesmente não bastam para impedir que os partidos arranjem o baralho a seu favor, não mais que as exigências de população igual do caso Reynolds vs. Sims. É claro que se poderia ser mais estrito em relação a medidas de compacidade para tornar as restrições mais severas, ou impor leis estaduais relativas à quebra das fronteiras dos condados, ou simplesmente inventar regras puramente arbitrárias ("o número de votantes registrados em cada

* No caso de *gerrymandering* racial Shaw vs. Reno — o desenho de distritos para garantir, ou impedir, representação de minorias é todo um outro aspecto da história do distritamento que este capítulo não é grande o suficiente para conter.

distrito deve ser um número primo") para limitar o espaço de sinuosidades disponível aos legisladores apanhados em seu cio manipulativo de dez em dez anos. Mas regras arbitrárias como essa não são de fato viáveis politicamente. Se a meta é impedir o *gerrymandering*, a estratégia terá de ser atacá-lo diretamente. Isso significa que precisamos de uma medida de mapa que nos diga não o quanto os distritos estão habitados igualmente, ou o quanto são compactos ou gordinhos, e sim *como eles estão manipulados*. Esse é um problema ainda mais difícil. Mas a geometria pode nos ajudar a chegar lá.

Guardem os Grits!

Parafraseando H. L. Mencken, quase toda questão interessante de matemática aplicada tem uma resposta que é simples, matematicamente elegante e incorreta. Para o distritamento, essa resposta é a *representação proporcional*: o princípio de que um partido deve obter uma parcela de cadeiras na legislatura igual à proporção do voto popular obtido pelos seus candidatos. Essa é a resposta quantitativa direta para o que significaria um mapa distrital ser "justo", e não é uma resposta realmente popular. O *Washington Post* reportou que, nas eleições de 2016 para a Assembleia Estadual do Wisconsin, 52% dos votos foram para candidatos republicanos, mas os republicanos ganharam 65% das cadeiras; o Partido Republicano, escreveu o jornal, "parece ter se beneficiado de *gerrymandering*, dada a discrepância entre votos obtidos e cadeiras conquistadas".[28] A sugestão implícita é que algo cheira mal quando esses números não combinam.

Representação proporcional é a razão por que as pessoas têm a tendência de gostar da Opção 1 dos mapas de Crayola. O Partido Púrpura obteve 60% dos votos e obtém 60% das cadeiras. Mas será que a representação proporcional realmente seria o resultado se os mapas fossem desenhados honestamente? Quase com certeza não! Peguemos o Senado Estadual do Wyoming. O estado é, segundo algumas medições, o mais intensamente republicano nos Estados Unidos. Dois terços de seus votantes escolheram Donald Trump em 2016, e a mesma proporção votou no Partido Republicano na corrida para o governo do estado em 2018. Mas o senado estadual não é dois terços republicano; há 27 senadores do Partido Republicano e só três democratas. Devemos realmente encarar isso como injusto? Quando a população de um estado é dois terços republicana, é bem provável que quase todo naco geográfico do estado seja bastante republicano. No caso extremo de um estado que seja totalmente homogêneo politicamente, todo bairro em toda cidade tendo a mesma proporção de democratas e republicanos, o partido com a maioria do voto popular ganharia cada cadeira na legislatura. Esse é o cenário da Opção 4 de Crayola. E a legislatura de partido único não seria resultado de *gerrymandering*, mas da distribuição estranhamente consistente de votantes no estado.

Idaho tem dois representantes no Congresso, mesmo número que o Havaí, e não achamos estranho que a delegação de Idaho venha sendo totalmente republicana e a do Havaí totalmente democrata ao longo da última década,* mesmo que a proporção de votantes apoiando o partido da maioria em cada estado esteja mais perto de 50% do que de 100%. Não creio que uma divisão justa de Idaho em dois distritos resultaria em um democrata e um republicano. Nem mesmo penso que *seria possível* desenhar um distrito não ridículo que cobrisse metade de Idaho e tivesse uma maioria democrata.

E quanto à condição dos libertários? A proporção de americanos que votam em candidatos libertários para a Câmara dos Representantes paira consistentemente em torno de 1%; mas nunca houve nos Estados Unidos um representante eleito por esse partido,[29] muito menos a representação proporcional de três a cinco que seria recomendada, porque não existe algo como uma cidade libertária ou até mesmo um bairro (embora seja engraçado imaginar!). No Canadá, cujas eleições estão estruturadas de ma-

* Para ser justo, cada estado teve um representante do partido minoritário durante um mandato depois da eleição de 2008.

neira muito similar às americanas, os desvios são ainda mais acentuados; nas eleições federais de 2019, o Partido Democrático Novo obteve 16% dos votos contra apenas 8% do Bloco Québécois, mas o Bloco, cujos votantes estão concentrados numa única província, ganhou substancialmente mais cadeiras no Parlamento.

O Canadá, aliás, não tem problema de *gerrymandering*, apesar de ter uma legislatura de estilo americano. E isso não porque os canadenses sejam mais bacanas que os americanos. É porque o Canadá tem encarregado o desenho dos distritos (lá chamados *ridings*) a comissões não partidárias desde 1964. Antes disso, o desenho dos distritos era tão sujo e politicamente motivado quanto é hoje nos Estados Unidos. O primeiríssimo primeiro-ministro do Canadá,[30] o conservador Sir John Macdonald, brandia a caneta do distritamento num impiedoso esforço para diminuir o poder de seus oponentes do Partido Liberal, os assim chamados "Grits". O mapa usado para a eleição de 1882 era descarado a ponto de inspirar o seguinte poema publicado no *Toronto Globe*, seguramente a explicação mais clara dos princípios manipulativos já colocada em tetrâmetro trocaico:

Portanto vamos redistribuir
Quais eleitorados estão em dúvida
De modo a aumentar nossas perspectivas;
Guardem o Grits onde eles
Já são fortes demais para serem derrotados;
Fortaleçam nossos redutos mais fracos
Com deslocamentos dessas fortalezas
Na verdade isto é fiel à natureza
*Numa poderosa capitania Tory!**[31]

* No original: "*Therefore let us re-distribute/ What constituencies are doubtful/ So as to enhance our prospects;/ Hive the Grits where they already/ Are too strong to be defeated;/ Strengthen up our weaker quarters/ With detachments from these strongholds/ Truly this is true to nature/ In a mighty Tory chieftain!*". (N. T.)

Representação proporcional é um sistema perfeitamente razoável; muitos países a embutem em seu método de eleger legislaturas. Mas não é o *nosso* sistema, e não é razoável esperar que a representação proporcional seja o resultado de uma eleição americana. Mesmo assim, o espectro da representação proporcional ainda atormenta o discurso da manipulação. Num seminário a portas fechadas para aconselhar os republicanos a como desenhar mapas em seu favor sem entrar em conflito com juízes, secretamente gravado por um dos participantes, o advogado eleitoral republicano Hans von Spakovsky advertiu sua audiência sobre aqueles que tentariam derrubar os mapas na corte:

> O que eles argumentavam era que, se por exemplo, o Partido Democrata tiver um candidato presidencial que obtenha 60% dos votos em todo o estado na eleição presidencial, então teriam o direito a 60% das cadeiras legislativas estaduais, e 60% das cadeiras no Congresso.[32]

Isso é falso, embora para mim não fique claro se Spakovsky sabe que é falso. A representação proporcional não é o padrão que os reformadores estão defendendo. Então qual é?

Cuidado com a lacuna

O caso Vieth vs. Jubelirer, julgado na Suprema Corte em 2004, colocou o problema da manipulação partidária num curioso limbo legal. Quatro juízes sentiam que a prática do *gerrymandering* para ganhos partidários era inteiramente injudicializável; ou seja, que era uma questão puramente política na qual as cortes federais eram proibidas de interferir. Quatro sentiam que o mapa insultava com tal gravidade o direito de representação que se tornava uma violação constitucional.

O juiz Anthony Kennedy, nesse caso como em muitos outros o fiel da balança da corte, constituiu a maioria sustentando o mapa manipulado em questão, mas discordou da opinião de seus colegas em relação à questão da judicialização. As cortes tinham, sim, o poder e o dever de impedir o *gerrymandering* partidário, escreveu ele, bastando que houvesse um padrão razoável que os juízes pudessem usar para determinar quando um mapa é tão ruim que causa ânsias de vômito na Constituição.

Vimos que a representação proporcional não é o padrão, e tampouco medidas de compacidade geométrica. Então era necessária uma ideia nova. Os reformadores obtiveram uma vinda do cientista político Eric McGhee e do professor de direito Nicholas Stephanopoulos, na forma de uma "lacuna de eficiência".

Vamos lembrar: o que faz com que o *gerrymandering* funcione é que um partido ganhe uma porção de distritos por pouco e perca alguns distritos por muito. Pode-se pensar nisso como uma alocação "eficiente" dos votantes desse partido. Olhando a Opção 2 de Crayola por essa lente, podemos ver um massivo fracasso de eficiência do Partido Púrpura. De que lhe adianta sua vitória de 85 000-15 000 no 7º Distrito? Eles estariam em melhor situação mudando 10 000 desses votantes para o 6º Distrito e trazendo 10 000 laranjistas para o 7º Distrito em troca; ainda assim venceriam no 7º por uma dominante margem de 75 000-25 000, mas então ganhariam o 6º Distrito de 55 000-45 000, em vez de o perderem pela mesma contagem.

Esses eleitores em excesso no Púrpura no 7º Distrito são, do ponto de vista do seu partido, desperdiçados. Para Stephanopoulos e McGhee, "votos desperdiçados" são

- votos dados num distrito em que seu partido perde; ou
- votos acima do limiar de 50% num distrito em que seu partido ganha.

Na Opção 2, o Partido Púrpura desperdiça *uma porção* de votos. Eis uma tabela:

DESPERDIÇADOS	Votos Púrpura	Votos Laranja	DESPERDIÇADOS
45000	45000	55000	5000
45000	45000	55000	5000
45000	45000	55000	5000
45000	45000	55000	5000
45000	45000	55000	5000
45000	45000	55000	5000
35000	85000	15000	15000
35000	85000	15000	15000
30000	80000	20000	20000
30000	80000	20000	20000

Há 45 mil votos desperdiçados em cada um dos seis distritos nos quais o Partido Púrpura foi derrotado; no 7º e no 8º, os 35 mil em cada um ultrapassando o que o Partido Púrpura precisa para uma maioria também são desperdiçados; e no 9º e no 10º distritos 60 mil dos 160 mil votos púrpuras são desperdiçados. Somado, tudo isso resulta em 6 × 45 000 + 70 000 + 60 000, ou 400 000 votos desperdiçados.

Os Laranjas, ao contrário, são incrivelmente eficientes. Apenas 5 mil dos seus votos são desperdiçados em cada um dos primeiros seis distritos; e naqueles distritos em que eles perdem, perdem feio, desperdiçando apenas 30 mil no 7º e no 8º Distritos e 40 mil no 9º e no 10º Distritos. Somando ao todo 100 mil votos desperdiçados, 300 mil a menos do que o Púrpura.

A lacuna de eficiência consiste na diferença entre o número de votos desperdiçados pelos dois partidos* expresso enquanto uma porcentagem de um número total de votos colocados nas urnas. No caso da Opção 2, essa lacuna é de 300 mil em 1 milhão, ou seja, 30%.

* Os *dois* partidos? Mas e se... sim, eu sei, eu sei. Quantificar a incidência de *gerrymandering* em um quadro em que mais de dois partidos estão envolvidos é um campo ainda não explorado e estimulo a todos pensarem a respeito!

Essa é uma lacuna de eficiência *muito grande*. Em eleições reais, esse número costuma se limitar a um dígito. Alguns advogados sugeriram que qualquer número acima de 7% deveria ser suficiente para levar um tribunal a analisar cuidadosamente o caso.

Nem todas as opções que expomos no caso de Crayola presumem que existam lacunas tão grandes. Essa é a tabela para a Opção 1, o mapa que satisfaz a representação proporcional:

DESPERDIÇADOS	Votos Púrpura	Votos Laranja	DESPERDIÇADOS
25 000	75 000	25 000	25 000
25 000	75 000	25 000	25 000
25 000	75 000	25 000	25 000
25 000	75 000	25 000	25 000
25 000	75 000	25 000	25 000
25 000	75 000	25 000	25 000
35 000	35 000	65 000	15 000
35 000	35 000	65 000	15 000
40 000	40 000	60 000	10 000
40 000	40 000	60 000	10 000

O Partido Púrpura desperdiça 25 mil em cada um dos seis primeiros distritos, 35 mil em cada um dos 7º e 8º Distritos, e 40 mil no 9º e no 10º Distritos, para um total de 300 mil votos desperdiçados. O Laranja também perde 150 mil nos seis primeiros, mas só 15 mil em cada um dos 7º e 8º Distritos, e 10 mil em cada um dos 9º e 10º Distritos, totalizando 200 mil. Então a lacuna de eficiência cai para 100 mil em 1 milhão, ou 10% ainda em favor do Laranja. Na Opção 4, o mapa onde o Partido Púrpura conquista todas as cadeiras, o Partido Laranja desperdiça 40 mil votos em todo distrito, enquanto o Púrpura desperdiça apenas 10 mil; então temos outra lacuna de eficiência enorme de 30%, mas dessa vez favorecendo o Púrpura. E a Opção 3?

DESPERDIÇADOS	Votos Púrpura	Votos Laranja	DESPERDIÇADOS
30000	80000	20000	20000
20000	70000	30000	30000
20000	70000	30000	30000
20000	70000	30000	30000
15000	65000	35000	35000
15000	65000	35000	35000
5000	55000	45000	45000
45000	45000	55000	5000
40000	40000	60000	10000
40000	40000	60000	10000

Agora, cada partido desperdiça o mesmo número de votos: 250 mil. Esse mapa tem lacuna de eficiência *zero*; do ponto de vista dessa medida, o mapa é o mais justo que pode ser, apesar de afastado da representação proporcional.

No que me diz respeito, isso é bom! Na prática, mapas que são desenhados por árbitros neutros raramente se aproximam de representação proporcional, exceto para os casos em que tanto a proporção de cadeiras quanto o voto popular estão perto de 50-50. Em vez disso, a proporção de cadeiras está geralmente mais distante de 50-50 do que a proporção do voto popular. Pelo padrão da lacuna de eficiência, uma eleição na qual um partido obtém 60% dos votos e 60% das cadeiras da legislatura poderia ser indício *de* manipulação, e não contra ela.

A lacuna de eficiência é uma medida objetiva, é fácil de calcular e pilhas de evidência empírica mostram que ela salta aos olhos em mapas que sabemos terem sido manipulados, como o do Wisconsin. Então, ela se tornou rapidamente a favorita dos queixosos. E desempenhou um papel fundamental no caso judicial que rejeitou os mapas do Wisconsin em 2016, após anos de disputa legal.

E é aqui que eu estrago de novo a brincadeira. A lacuna de eficiência começou a ficar sob fogo cerrado quase ao mesmo tempo que se tornou popular. Ela tem defeitos, defeitos sérios. Pelo menos por um motivo: ela é terrivelmente descontínua. A existência ou não de votos desperdiçados depende de quem ganha o distrito, o que significa que a lacuna de eficiência pode mudar drasticamente sob pequenas mudanças no resultado da eleição. Se o Púrpura ganha um distrito por 50 100-49 900, o Laranja desperdiçou 49 900 votos ali e o Púrpura, somente cem. Uma alteração mínima na votação dá ao Laranja uma vitória de 50 100-49 900, e inverte os votos desperdiçados; agora é o Púrpura que desperdiça mais quase 50 mil. Isso muda a lacuna de eficiência em quase 10%, só com essa inversão! Uma medida boa não deveria ser tão frágil.

Outro problema com a lacuna de eficiência tem mais a ver com leis do que com matemática. Para fazer uma corte descartar um mapa, ou até mesmo para ter o caso considerado, a pessoa que leva o caso precisa ter base; isto é, o queixoso precisa mostrar que, pessoal e individualmente, alguma parte de seus direitos constitucionais lhe foi negada pelo mapa daquele estado. Quando os distritos são diferentes demais em tamanho, fica óbvio quem foi lesado: a pessoa no distrito gigantesco cujo voto conta menos. As bases de queixas num caso de *gerrymandering* são muito mais obscuras. E a lacuna de eficiência não ajuda muito. A quem os direitos foram negados, ou pelo menos reduzidos significativamente? Não pode ser todo mundo cujo voto conta como "desperdiçado" — isso, por exemplo, incluiria todo mundo do lado perdedor numa eleição apertada naquele distrito, e os votantes nos distritos mais competitivos certamente não parecem ser aqueles cujo direito de voto está sendo podado. Essa questão da base legal foi precisamente onde o caso do Wisconsin naufragou na Suprema Corte dos Estados Unidos, que julgou por unanimidade que os queixosos não tinham feito o suficiente para estabelecer que eles, pessoalmente, foram prejudicados pela manipulação. O caso foi devolvido a Wisconsin para ser reparado, mas nunca voltou para a Suprema Corte, que decidiu usar casos da Carolina do Norte e de Maryland para emitir seu julgamento sobre *gerrymandering*.

A lacuna de eficiência também sofre de uma certa rigidez exagerada. Se o número de votos em todo distrito é o mesmo, como nos exemplos de

Crayola,[33] então descobrimos que a lacuna de eficiência é simplesmente a diferença entre

a margem de vitória do partido vencedor no voto popular

e

metade da margem de vitória do partido vencedor em número de cadeiras.

Então obtemos lacuna de eficiência zero quando a margem de vitória em cadeiras é exatamente o dobro que a margem de vitória no voto popular, e quanto mais perto se chega desse padrão, menor é a lacuna de eficiência. Em Crayola, o partido Púrpura ganhou no voto popular por uma margem de vinte pontos percentuais. Assim, no que concerne à lacuna de eficiência, a margem "certa" de vitória nas cadeiras legislativas deve ser o dobro disso, ou quarenta pontos. Isso é exatamente o que ocorre na Opção 3, que tem lacuna de eficiência igual a zero, onde o Púrpura obtém 70% das cadeiras. Na Opção 1, onde o Púrpura ganha tanto no voto popular quanto na eleição de cadeiras por uma margem de vinte pontos, a lacuna de eficiência é 20% − 10% = 10%.

As cortes não gostam de sistemas nos quais haja um único número "correto" de cadeiras atribuído a uma parcela dada de votos. Esses sistemas cheiram a representação proporcional, mesmo quando, como aqui, a fórmula é geralmente incompatível com representação proporcional.

Digo "geralmente" incompatível porque há uma situação em que a lacuna de eficiência e a representação proporcional (e provavelmente também você) concordam em relação ao que é justo. Trata-se do cenário no qual cada partido recebe exatamente metade do total de votos. Então existe uma simetria básica que se espera que qualquer mapa dito "justo" satisfaça. Se a população do estado está exatamente dividida, os dois partidos não deveriam também compartilhar igualmente a legislatura?

O Partido Republicano do Wisconsin diria não. E, o que quer que eu sinta em relação à malandragem deles no distritamento na primavera de 2011, tenho que admitir que eles têm uma certa razão.

O mapa 2 de Crayola dá uma maioria de cadeiras ao Partido Laranja, mesmo que tenham sido esmagados pelos púrpuras no voto popular. Mas e se os púrpuras do estado estiverem congregados num par de áreas urbanas púrpura escuro, em contraste com um fundo rural que se inclina para o laranja? É possível que você já tenha visto muitos resultados como esse, sem qualquer desonestidade por parte dos desenhistas dos mapas. Será que esse tipo de simetria é realmente injusto se os púrpuras estiverem manipulando a si mesmos?

O procurador-geral republicano do Wisconsin, Brad Schimel, argumentou num *amicus curiae*[34] para a Suprema Corte que esse cenário é exatamente o que ocorre no Wisconsin. A assembleia distrital em Madison, onde moro, a AD77, deu 28 660 votos ao democrata Tony Evers. O candidato republicano Scott Walker recebeu apenas 3935. No 10º Distrito de Milwaukee, Evers foi ainda mais dominante, ganhando de 20 621 a 2428. Não houve distritos onde os republicanos tenham vencido por resultado sequer próximo a esses. E não porque *gerrymandering* fez desses distritos pacotes cheios de democratas. Madison *simplesmente é* cheio de democratas.

O critério superficialmente justo de que uma divisão de votos 50-50 deveria resultar numa divisão de cadeiras de aproximadamente 50-50, Schimel argumentou, na realidade estaria adotando um viés *contra* os republicanos, não só no Wisconsin mas em todo estado cujas densas cidades fossem dominadas por votantes democratas — o que quer dizer praticamente qualquer estado.

Prevaricação estatística bipartidária

Nem todos os argumentos nesse comentário jurídico são bons. O mapa da Lei 43 foi projetado para ser à prova de votantes, construindo uma resistência a uma mudança uniforme no estado de espírito do votante; se todo distrito se deslocar para os democratas numa mesma porcentagem fixa, é preciso uma grande mudança para dissolver a vantagem engendrada pelos republicanos. Schimel, cuja tarefa era negar a efetividade do mapa que seu próprio partido tinha trabalhado tão duro para criar, ressalta que todos os 99 distritos na verdade não oscilam exatamente em uníssono.

Existem muitas medidas estatísticas abrangendo todo um estado que poderiam ser computadas para testar com que uniformidade essas oscilações tendem a ocorrer, e quanto o mapa da Lei 43 consegue resistir a ganhos democratas sob um modelo mais realista de variação ano a ano. Seria uma análise interessante e útil. Não foi o que Schimel fez.

Em vez disso, ele escolheu um distrito, o 10º Distrito do Senado Estadual, que dera ao candidato republicano 63% numa eleição e 44% na seguinte, uma oscilação de dezenove pontos. É realmente plausível que todo o estado tenha obtido um número tão maior de democratas num tempo tão curto? Se tivesse sido assim, estima Schimel, os democratas estavam a caminho de "*vencer em 77 de 99 distritos*" (o itálico sem fôlego é de Schimel). Penso que afinal a manipulação não foi tão ruim assim!

O que Schimel não diz é que a eleição do 10º Distrito vencida pela democrata Patty Schachtner (uma avó de nove netos e caçadora de ursos, cujo cargo anterior mais alto tinha sido o de examinadora médica do condado) havia sido uma eleição especial para uma cadeira livre, realizada em janeiro, com um comparecimento ao redor de um quarto do que se tem num ano de eleição normal. E, na eleição antes dessa, o candidato republicano que obteve 6% era um representante popular que vinha detendo a cadeira por dezesseis anos. Não se pode argumentar que o Wisconsin tenha tido uma oscilação política de dezenove pontos em dezoito meses a menos que se escolham os dados com todo cuidado para chegar a essa conclusão, que foi exatamente o que Schimel fez.*

Prevaricação estatística desse tipo não se limita aos republicanos do Wisconsin. O número total de votos para os candidatos democratas à assembleia em 2018 foi de 1103305. Então os candidatos democratas obtiveram 53% do voto popular para a assembleia — mas só ganharam 36 das 99 cadeiras. Isso não é apenas um afastamento da representação proporcional,

---

* E, de fato, em novembro de 2020, a primeira tentativa dela numa eleição regularmente programada, Schachtner perdeu sua tentativa de reeleição por uma margem de dezenove pontos.

o que seria perdoável; é quase uma maioria à prova de veto conquistada por um partido que teve a minoria dos votos. Essa estatística foi divulgada por toda parte. Apareceu no programa de TV liberal popular de Rachel Maddow e foi tuitada pelo chefe estadual do Partido Democrata, como prova efetiva da distorção do mapa distrital do Wisconsin.

Mas *eu* não falei disso. Eis por quê. Um dos principais efeitos do *gerrymandering* é empacotar os democratas em distritos tão homogêneos que os republicanos não têm um pingo de chance ali. Num ano em que o estado de espírito está a favor dos democratas, como 2018, nem vale a pena um candidato republicano concorrer. Assim, em 2018 trinta dos 99 distritos não tiveram nenhum candidato republicano — meu distrito em Madison foi um deles —, contra apenas oito distritos sem democrata. Cada uma daquelas trinta eleições sem disputa *teria dado* alguns votos a um candidato republicano, se houvesse algum disposto a concorrer. Mas esse número de 53% os trata como se não houvesse sentimento republicano nenhum.

Tanto o número de Schimel quanto o de Maddow estavam corretos. E isso torna as coisas ainda piores! Um número falso pode ser corrigido. Um número verdadeiro escolhido para passar a impressão errada é muito mais difícil de farejar. As pessoas muitas vezes se queixam de que ninguém mais gosta de fatos e números, razão e ciência, mas, no papel de alguém que fala sobre essas coisas em público, posso lhes dizer que não é verdade. As pessoas *adoram* números, e ficam impressionadas por eles, às vezes mais do que deveriam ficar. Um argumento vestindo trajes matemáticos transmite uma certa autoridade. E, se você é um daqueles que o vestiu dessa maneira, tem uma responsabilidade especial de fazer direito.

Perguntas erradas

Se mesmo o princípio básico de que votos equilibrados deveriam levar a legislaturas equilibradas é suspeito, que esperança resta de conseguir definir o que é justo? Como podemos julgar qual dos nossos quatro mapas de Crayola é o certo? Será a Opção 1, aquela que satisfaz a representação proporcional, onde o Púrpura obtém seis cadeiras e o Laranja, quatro? Será a Opção 3, aquela com lacuna de eficiência igual a zero, onde o Púrpura obtém uma margem de 7-3? E a Opção 4? Parece errado o Púrpura ficar com todas as cadeiras, mas como vimos, é exatamente o que acontece se o estado de Crayola for politicamente homogêneo, com a mesma proporção de 60-40 de Púrpura para Laranja nas quatro direções da bússola, em cidades e povoados. Nesse caso, não importa como desenhemos as linhas, cada distrito se inclinará 60-40 em favor do Púrpura, e obteremos uma legislatura monocromática.

O Partido Republicano do Wisconsin sugeriria que até mesmo a Opção 2 não deveria ser descartada; se a concentração de púrpuras em Purpurópolis for suficientemente intensa, pode muito bem ser que qualquer mapa razoável produza quatro distritos altamente púrpura e seis modestamente laranja.

Parece que nos deparamos com um impasse; não há maneira clara de olhar esses números e concordar em termos de qual mapa é justo. Essa sensação de futilidade é bem recebida pelos especialistas em *gerrymandering*, que preferem fazer seu trabalho obscuro sem restrições. Isso está no centro de todo argumento apresentado às cortes em defesa da prática: talvez seja justo, talvez não seja, mas tragicamente, meritíssimo, não há como julgar.

Talvez não. Mas você e eu não somos juízes. Somos, nesse momento, matemáticos. Não estamos presos pelos limites da lei; podemos usar toda ferramenta que temos à mão para tentar descobrir o que realmente se passa. E, se tivermos sorte, chegaremos a algo que se sustente na corte.

As batalhas legais sobre *gerrymandering* chegaram a um clímax em março de 2019, quando a Suprema Corte ouviu sustentações orais em dois casos com o potencial de finalmente abrir ou fechar a porta constitucional que o juiz Kennedy deixara tão tentadoramente entreaberta.[35] O próprio Kennedy não estava lá para ouvir o caso; ele se aposentara um ano antes, substituído na Corte por Brett Kavanaugh. Um dos casos, Rucho vs. Common Cause, vinha da Carolina do Norte; o outro, Lamone vs. Benisek, era de Maryland. Ambos os mapas questionados eram referentes a distritos para a Câmara de Representantes do Estados Unidos: o mapa da Carolina do Norte, manipulado por republicanos, ajeitara as coisas para que dez das treze cadeiras do estado fossem confiavelmente republicanas; em Maryland, por sua vez, o governo totalmente democrata cortara o número plausível de cadeiras republicanas no estado para apenas um em cada oito. Os fazedores de mapas de Maryland foram aconselhados por Steny Hoyer, veterano congressista democrata e Líder da Maioria da Casa, que certa vez disse a um entrevistador: "Quero deixar claro, eu sou um manipulador serial".[36] Ironicamente, a carreira de Hoyer na política começou quando, aos 27 anos, calouro em política, ganhou a corrida de 1966 para a cadeira 4C do Senado Estadual de Maryland, cadeira esta que viera a existir apenas um ano depois que a Suprema Corte descartou os distritos senatoriais de tamanhos desiguais de Maryland,[37] na esteira do caso Reynolds vs. Sims. (Isaac Lobe Straus, infelizmente, não viveu para ver isso.)

O conjunto de casos gêmeos apresentava uma oportunidade perfeita para a corte legislar sobre a manipulação de mapas sem parecer estar tomando algum lado partidário. Os mapas de mais alto perfil de manipulação no país, em lugares como Carolina do Norte, Virgínia e Wisconsin, haviam sido desenhados por republicanos, então a luta pela reforma do distritamento geralmente era vista como uma luta democrata; porém mandatários de alto perfil republicano, como John Kasich, governador de Ohio, e John McCain, senador pelo Arizona, também jogaram seu peso contra o *gerrymandering*, submetendo *amicus curiae* para a corte, apresentando suas próprias experiências pesarosas com o efeito de elaboração de mapas interesseiros pelos democratas. Peritos de todo o país submeteram suas próprias opiniões. Houve a opinião de um historiador, que citou não menos de onze dos *Federalist Papers*; houve a opinião de uma equipe de organizações de direitos civis abordando o impacto sobre direitos das minorias; houve a opinião de cientistas políticos questionando a visão da juíza O'Connor de que o problema do *gerrymandering* cuidaria de si mesmo; e, pela primeira vez na história da Suprema Corte, houve a opinião de um matemático.* Eu assinei. Daqui a algumas páginas chegaremos ao que lá estava.

* Tecnicamente, o "*Amicus curiae* de Matemáticos, Professores de Direito e Estudantes", mas a maioria de nós era de matemáticos.

Matemáticos são como os Ents,[38] as árvores sencientes em *O Senhor dos Anéis* — não gostamos de nos envolver nos conflitos mundanos do estado, que estão fora de sincronia com a nossa vagarosa escala de tempo. Mas às vezes (e, aliás, eu ainda estou dentro dessa comparação com Ents), os acontecimentos do mundo ofendem tanto nossos interesses particulares que precisamos nos meter. Nossa intervenção era necessária aqui por causa de alguns equívocos básicos sobre a natureza do problema, que esperávamos corrigir por meio da nossa opinião diante da corte. Desde o começo das sustentações orais, ficou claro que não tínhamos conseguido totalmente. O juiz Gorsuch, questionando o advogado do queixoso da Carolina do Norte, Emmet Bondurant, cortou para o que julgou ser o alvo: "Quanto de desvio em relação à representação proporcional é suficiente para ditar um resultado?".

Em matemática, respostas erradas são ruins, mas perguntas erradas são algo ainda pior. E essa é a pergunta errada. Representação proporcional, como vimos, não é o que geralmente acontece quando os distritos são desenhados de maneira neutra. Sim, mais de três quartos dos distritos da Carolina do Norte estavam firmemente em mãos republicanas, mesmo que os votantes republicanos na Carolina do Norte não formem nada perto de três quartos do eleitorado. Mas esse não era o problema real que os queixosos estavam pedindo que a corte remediasse.

É fácil ver por que os juízes *desejariam* que fosse esse o pedido, porque isso tornaria fácil o seu trabalho; eles não podiam simplesmente dizer não. O caso Davis vs. Bandemer já tinha estabelecido que a falta de representação proporcional não tornava um mapa inconstitucional. Mas a questão real em Rucho era mais sutil. Para explicá-la, como tantas vezes ocorre em matemática quando ficamos realmente emperrados, precisamos voltar para o início do problema e começar tudo de novo.

Distritamento embriagado

Nós tentamos encontrar um padrão numérico para o que é "justo" e fracassamos. A razão é que cometemos um erro filosófico básico. O oposto de manipulação de mapas não é representação proporcional, nem lacuna de eficiência zero, nem adesão a uma fórmula numérica específica. O oposto de manipulação de mapas é *não manipulação* de mapas. Quando perguntamos se um mapa distrital é justo, o que realmente estamos querendo saber é:

> Este processo de distritamento tende a produzir mapas similares àqueles que uma parte neutra teria desenhado?

Já estamos num reino que faz com que os advogados esfreguem nervosamente o queixo, porque estamos fazendo perguntas sobre um *contrafactual*: o que teria acontecido num mundo diferente, mais justo? Para ser honesto, isso tampouco soa muito como matemática. A pergunta requer conhecimento dos desejos do desenhista de mapas. E o que a matemática sabe sobre desejos?

Uma trilha para fora desse matagal foi aberta pela primeira vez pelos cientistas políticos Jowei Chen e Jonathan Rodden. Eles estavam perturbados pelos problemas com medidas tradicionais de *gerrymandering*, especialmente o princípio de que 50% dos votos deveriam produzir 50% das cadeiras na legislatura. Estava claro para eles que a concentração de um partido em distritos urbanos tinha probabilidade de produzir o que chamaram de *gerrymandering não intencional* em favor do partido mais rural, mesmo em mapas desenhados por atores desinteressados. Foi o que vimos em Crayola; o partido cujos votantes estão espremidos em alguns poucos distritos está em desvantagem assimétrica quando chega a hora de ganhar cadeiras. Mas seria essa assimetria suficientemente grande para explicar as disparidades que observamos? Para descobrir é preciso que algumas partes neutras desenhem mapas para nós. E se você não conhece ninguém neutro, pode simplesmente programar um computador para agir como se fosse. A ideia de Chen e Rodden, que agora é central para a maneira como pensamos em *gerrymandering*, é gerar mapas *automaticamente*, e em grande número, por um processo mecânico que não tenha preferência entre os partidos porque não o codificamos para tê-la. Então podemos reformular nossa pergunta inicial:

> Este processo de distritamento tende a produzir resultados similares àqueles que um computador teria desenhado?

Mas é claro que existem muitas maneiras diferentes pelas quais um computador poderia desenhar um mapa; então por que não alavancar a potência do computador para nos permitir olhar todas as possibilidades? Então reformulemos a pergunta de modo que comece a soar mais como matemática:

> Este processo de distritamento tende a produzir resultados similares a um mapa *aleatoriamente selecionado* de um conjunto de todos os mapas legalmente permissíveis?

Isso serve para a nossa intuição, pelo menos de início; poderíamos imaginar que um desenhista de mapas realmente indiferente a quantas cadeiras cada partido obtém ficaria igualmente feliz com qualquer modo de recortar o Wisconsin. Se houvesse 1 milhão de maneiras de fazer isso, poderíamos rolar um dado de 1 milhão de faces, ler o minúsculo numerozinho que caiu para cima, pegar o mapa e relaxar até o próximo recenseamento.

Mas isso não está muito certo. Alguns mapas são melhores que outros. Alguns são francamente ilegais — se os distritos não forem contíguos,* por exemplo, ou se violarem as exigências da Lei dos Direitos de Voto de distritos onde minorias raciais têm possibilidade de eleger representantes, ou se as populações dos distritos diferirem uma da outra mais do que as regras permitem.

E mesmo entre os mapas que não desrespeitam estatutos temos preferências. Estados querem refletir divisões políticas naturais, evitar cortar condados, cidades e bairros. Queremos que nossos distritos sejam razoavelmente compactos, e da mesma maneira queremos que suas fronteiras não

* Exceto em Nevada, o único estado sem exigência de contiguidade — guarde essa ideia, vamos precisar dela mais tarde!

sejam muito sinuosas. Pode-se imaginar dar a cada mapa de distrito um escore que meça o quanto ele se sai bem com respeito a essas medidas, que em terminologia legal são chamadas *critérios tradicionais de distritamento*, mas que eu chamarei de *boa aparência*. E agora escolhemos um distrito ao acaso entre as opções legais, mas de modo a adotar um viés que favoreça os mapas de melhor aparência.

Então, tentemos mais uma vez:

> Este processo de distritamento produz resultados similares a um mapa selecionado aleatoriamente, com um viés em favor de uma boa aparência, mas sem viés referente a resultado partidário, a partir do conjunto de todos os mapas legalmente permissíveis?

Agora uma pergunta se apresenta. Por que não deixamos simplesmente o nosso computador buscar, buscar e buscar até encontrar o mapa de melhor aparência de todos, aquele que mais respeite as fronteiras de condados e que faça o mínimo de modificações não convexas ao longo de seu perímetro?

Há dois motivos. Um é político. Pessoas que realmente trabalham com governos estaduais, pela minha experiência, são unânimes na opinião de que ocupantes de cargos eletivos e seus votantes *odeiam* a ideia de mapas desenhados por computador. Distritamento é uma tarefa dada às pessoas do estado, mediante algum corpo oficial que supostamente representa nossos interesses. Delegar essa tarefa a um algoritmo inauditável não é algo aceitável.

Para quem não gosta desse motivo, eis aqui outro: seria absoluta e definitivamente impossível fazer isso. Um computador pode escolher o melhor mapa entre cem. Pode escolher o melhor mapa entre 1 milhão. A quantidade de distritamentos possíveis é... muito mais que isso. Lembra-se do 52 fatorial, o número astronômico de ordenamentos possíveis para um baralho de cartas? Esse número é como um minúsculo e enrugado grão de feijão perto da quantidade colossal[39] de maneiras nas quais se pode dividir o estado do Wisconsin em 99 regiões contíguas de população aproximadamente igual.* O que significa que não se pode simplesmente pedir ao computador para avaliar a aparência de cada mapa e escolher o de aparência melhor.

Em vez disso, podemos olhar apenas para alguns mapas possíveis, onde por "apenas alguns" eu entendo 19 184. Obteremos um quadro como este:

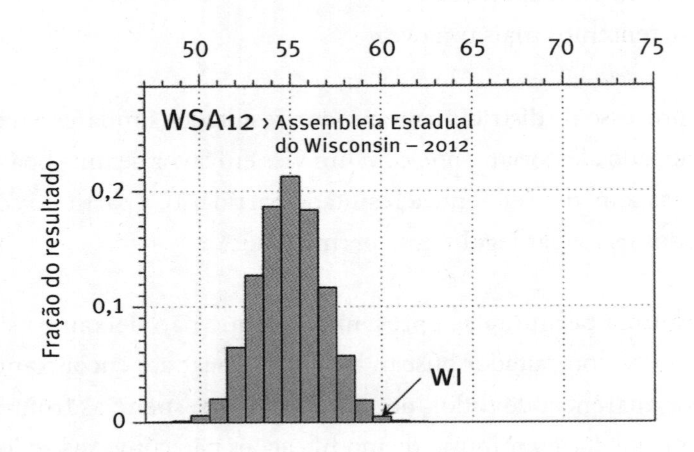

Você está olhando para algo que chamamos de *ensemble*, um conjunto de mapas gerados aleatoriamente por um computador. Esse computador específico foi manuseado por Gregory Herschlag, Robert Ravier e Jonathan Mattingly na Duke University.[40] Para cada um daqueles 19 mil e tantos mapas gerados ao acaso, eles pegam os votos democratas e republicanos da eleição real para a Assembleia Estadual do Wisconsin em 2012 e lhes atribuem o seu novo distrito autogerado.** Para cada mapa, conta-se o

* Não se conhece nenhuma fórmula exata para esse número, nem mesmo para uma aproximação decente. O número de maneiras de dividir as 81 caixas de um quadrado 9 × 9 em nove regiões de mesmo tamanho, todas conectadas — o número de figuras do quebra-cabeça "Sudoku", se você se interessa — já é 706 152 947 468 301. O Wisconsin tem 6672 pedaços de terra que você precisa dividir em 99 regiões.

** Aqui há imperfeições, como por exemplo: o que fazer com pessoas que moram em zonas eleitorais onde a eleição real não foi disputada? É preciso dar o melhor palpite sobre como esses votantes *teriam* votado, dado um candidato de cada partido; pode-se fazer isso extrapolando a partir de como a região votou nas eleições para presidente, senador e representante na Câmara que ocorreram simultaneamente.

número de distritos nos quais os republicanos obtiveram mais votos. É isso que você vê no gráfico de barras acima. O resultado mais comum, que ocorre em mais de um quinto dos mapas gerados por máquina, é que os republicanos ganham 55 das cadeiras. Com frequência ligeiramente menor, os republicanos ganham 54 ou 56. Juntas, essas três possibilidades cobrem mais da metade das simulações. Quando se vai mais longe em cada direção a partir do resultado mais frequente* de 55 cadeiras, o gráfico de barras produz caudas; como tantos processos aleatórios, forma algo vagamente semelhante a uma curva do sino, e os resultados muito distantes de 55 são bastante improváveis. Eles são, usando um termo estatístico, *pontos fora da curva* [*outliers*].

Um distritamento que separa os votantes de 2012 em sessenta distritos de maioria republicana e apenas 39 de maioria democrata é um desses pontos fora da curva. Um mapa que gerasse um resultado tão bom para os republicanos é altamente improvável, ocorrendo em menos de uma em duzentas tentativas do computador. Ou melhor — esse tipo de mapa é altamente improvável *se o mapa for escolhido aleatoriamente por uma pessoa ou máquina sem interesse partidário*. Se, em vez disso, o mapa for escolhido por um grupo de consultores numa sala trancada com a missão explícita de maximizar as cadeiras republicanas, ele é exatamente o contrário de improvável.

O ensemble também mostra a verdade e a mentira existentes na defesa do mapa feita pela legislatura do Wisconsin. Não podemos fazer nada, dizem eles, se os democratas optam por se congregar em cidades, em meio aos seus próprios semelhantes liberais, comedores de couve ineptos; isso torna a legislatura tendenciosa para os republicanos mesmo que o voto da população esteja dividido.

E isso é verdade! Mas com o ensemble podemos estimar *como* é verdade. Em 2012, um mapa desenhado tipicamente neutro, sob condições de quase paridade entre votos democratas e republicanos em todo estado,

* O valor de uma variável que ocorre com maior frequência — o lugar onde o gráfico de barras tem seu pico — geralmente é chamado de *moda*, que é outra palavra inventada por Karl Pearson.

teria dado ao Partido Republicano uma maioria de 55-45 cadeiras. Isso é muito menos que a maioria de 60-39 que os republicanos na realidade conquistaram. Seis anos depois,[41] na eleição de 2018, Scott Walker obteve pouco menos da metade do voto popular; mesmo assim, um mapa tipicamente neutro lhe daria uma vitória em 57 distritos da assembleia. Mas o mapa desenhado pelo Partido Republicano consegue criar 63 distritos favoráveis a Walker! A geografia política do Wisconsin ajuda os republicanos; o impulso turbinado que eles conseguem com o *gerrymandering* vai muito acima e além disso.

Pelo menos, às vezes isso acontece. Em 2014, ano de eleição de meio mandato, quando todo o país estava num estado de espírito que tendia para os republicanos, esse partido se saiu bem no Wisconsin, obtendo quase 52% da votação para a assembleia em todo o estado.[42] Mas aumentaram sua maioria na assembleia em apenas três cadeiras, obtendo 63 de 99. Filtrando a mesma eleição pelos 19 184 mapas aleatórios, ela já não parece absolutamente ser um ponto fora da curva; acontece que, na eleição de 2014, 63 cadeiras republicanas são aproximadamente o que um mapa neutro aleatório provavelmente teria fornecido.[43]

O que aconteceu? Será que o *gerrymander* perdeu seu encanto em apenas dois anos? Isso seria evidência de que a manipulação não necessita de intervenção judicial e vai se desgastando sozinha, como uma ressaca. Mas não é bem assim. É mais como a Volkswagen. Alguns anos atrás foi revelado que a empresa automobilística vinha fugindo sistematicamente de testes de poluição, instalando nos seus carros a diesel um software para enganar os fiscais e fazê-los pensar que os motores estavam atendendo aos padrões de emissão. Funcionava assim: o software detectava quando o carro estava sendo testado e *só então* ligava o sistema antipoluição. O resto do tempo o carro simplesmente viajava pela rodovia expelindo partículas de matéria.

O mapa do Wisconsin é uma peça de engenharia igualmente audaciosa. E o método do ensemble revela isso; porque fornece informação não só sobre o que aconteceu nas eleições do estado mas sobre o que *poderia* ter acontecido se as eleições tivessem sido um pouquinho diferentes. E se pegarmos a eleição para a assembleia de 2012 e alterarmos cada uma das 6672 zonas eleitorais em 1% no sentido dos democratas ou dos republicanos? A manipulação se verga e aguenta? Ou se quebra? Esse é o mesmo voo para o contrafactual que Keith Gaddie usou quando os republicanos estavam inicialmente desenhando o mapa. E revela algo surpreendente. Em ambientes eleitorais onde os republicanos têm maioria de votos no estado, a manipulação não tem muito efeito; são eleições nas quais os republicanos obteriam de qualquer maneira uma maioria na assembleia. É somente em ambientes com inclinação democrata que a manipulação realmente funciona bem, agindo como uma parede protetora para manter a maioria republicana contra o sentimento popular prevalente. Pode-se ver a parede protetora funcionando no gráfico da página 393: em anos que os republicanos se saíram bem, os círculos e estrelas não estão muito afastados, mas à medida que a parcela do voto popular republicano fica mais baixa, as estrelas se separam dos círculos, permanecendo teimosamente acima da linha de cinquenta cadeiras que dá a maioria ao Partido Republicano.

A equipe de Duke estima por meio dos ensembles que o mapa da Lei 43 faz exatamente o que Gaddie predisse que faria. O mapa mantém a assembleia em mãos republicanas a menos que os democratas vençam no voto popular em todo o estado por uma vantagem de 8 a 12 pontos percentuais, uma margem raramente conseguida nesse estado equilibradamente dividido. Como matemático, fico impressionado. Como votante do Wisconsin, eu me sinto meio mal.[44]

Deixei algo de fora. Há 600 zilhões de mapas possíveis; é por isso que não podemos simplesmente pegar o melhor. Então como é que podemos escolher 19 mil deles ao acaso?

Para isso, precisamos de um geômetra. Moon Duchin é uma teórica de grupos geométricos e professora de matemática na Tufts University em Massachusetts. Sua tese de doutorado em Chicago foi sobre um passeio aleatório no espaço de Teichmüller. Não se preocupe com o que é o espaço de Teichmüller,* foque apenas no passeio aleatório; essa é a chave. Nós o vimos nas posições do Go e o vimos no embaralhamento de cartas e, de forma menos importante, até mesmo com os mosquitos: um passeio aleatório, nossa velha amiga, a cadeia de Markov, é a maneira de explorar um conjunto de opções incontrolavelmente grande.

Lembre-se: para passear aleatoriamente entre mapas distritais, você precisa saber em qual mapa pode tropeçar vindo de outro mapa, o que vale dizer que precisa saber quais mapas estão *perto* de quais outros mapas. Estamos de volta à geometria, mas uma geometria de um tipo muito elevado e conceitual: não a geometria do estado do Wisconsin, mas a geometria da coleção de todas as maneiras de fragmentar essa geometria em 99 pedaços. Essa é a geometria que os elaboradores de mapas exploraram para descobrir a manipulação, e é a geometria que os matemáticos têm para mapear de modo a mostrar o terrível ponto fora da curva que é o *gerrymander*.

Não há controvérsia a respeito de qual geometria usar no estado do Wisconsin em si. Madison está perto de Mount Horeb, Mequon está perto de Brown Deer. Para a geometria mais elevada do espaço de todos os distritamentos, temos uma porção de escolhas; e acontece que essas escolhas importam. Minha favorita é aquela que Duchin desenvolveu junto com Daryl DeFord e Justin Solomon, chamada geometria *ReCom*, abreviação de "recombinação".[45] O passeio aleatório dessa geometria funciona assim:

1. Escolha aleatoriamente dois distritos no seu mapa que façam fronteira entre si.
2. Combine esses dois distritos num distrito de tamanho duplo.
3. Faça uma escolha aleatória entre as maneiras de dividir pela metade esse distrito de tamanho duplo, criando um mapa novo.

---

* Se você quer mesmo saber, é um tipo de geometria de todas as geometrias bidimensionais que receberam o nome de — embora de maneira alguma inteiramente desenvolvidas por — um dos mais fervorosos nazistas na matemática do início do século XX.

4. Confira se o mapa que você fez viola alguma restrição legal; se violar, volte para 3 e escolha uma nova divisão.
5. Volte para 1 e comece tudo de novo.

A operação de "dividir e recombinar" dos passos 2 e 3 é para o distritamento o que o embaralhamento é para o maço de cartas. E, como no caso das cartas, podem-se explorar montes e montes de configurações diferentes com apenas alguns movimentos. O mundo é pequeno. Pode-se randomizar um baralho com sete embaralhadas. Infelizmente, sete ReComs não são suficientes para explorar o espaço dos distritamentos. Cem mil ReComs aparentemente resolvem o problema; parece muita coisa, mas é um mínimo em comparação com o problema de passar por *todos* os distritamentos um por um. Pode-se fazer ReCom 100 mil vezes num laptop em uma hora. Isso nos dá um ensemble de tamanho razoável de mapas desenhados de maneira neutra, com os quais podemos comparar o mapa que desconfiamos estar sendo manipulado.

O foco do método do ensemble não é eliminar inteiramente o *gerrymandering* partidário, da mesma maneira que o foco de Reynolds vs. Sims não era requerer que os distritos tivessem população igual até o último votante. Toda decisão tomada por um desenhista de mapas, da proteção ao representante até a promoção de eleições competitivas, pode ter impacto partidário. A meta não é impor uma neutralidade absoluta impossível, mas bloquear os delitos piores.

Voltemos a pensar no discurso de Tad Ottman aos parlamentares republicanos, sobre a "obrigação" que o partido tinha de aproveitar a oportunidade de cimentar o controle. Se sua tarefa é obter e manter uma maioria na legislatura, e a lei permite que você jogue sujo o quanto quiser, então é seu dever trapacear. Reduzir o poder do *gerrymandering*, estabelecer que existe algum nível de desonestidade que a democracia não irá tolerar, teria um efeito saudável em todo o processo. Políticos estariam mais propensos a adotar soluções de compromisso razoáveis se as recompensas do *gerrymandering* não fossem tão grandes. Se você não quer que as crianças furtem nas lojas, talvez seja melhor não deixar *tantos* doces *tão* perto da porta de entrada.

O retorno triunfal dos grafos, árvores e buracos

Eu poderia passar por cima da parte do ReCom em que dividimos o distrito de tamanho duplo em dois, mas não vou fazer isso, porque falar sobre isso faz com que eu traga de volta dois personagens já apresentados no livro. Primeiro de tudo, as zonas eleitorais num distrito, como estrelas de cinema ou átomos em hidrocarbonetos, formam uma rede, ou — como James Joseph Sylvester teria chamado — um grafo: os vértices são os distritos, e dois vértices estão conectados apenas quando os distritos correspondentes fazem fronteira entre si. Se as zonas têm este aspecto,

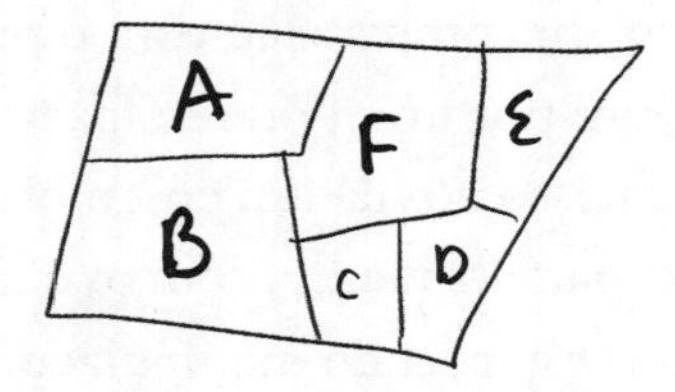

o grafo tem este aspecto:

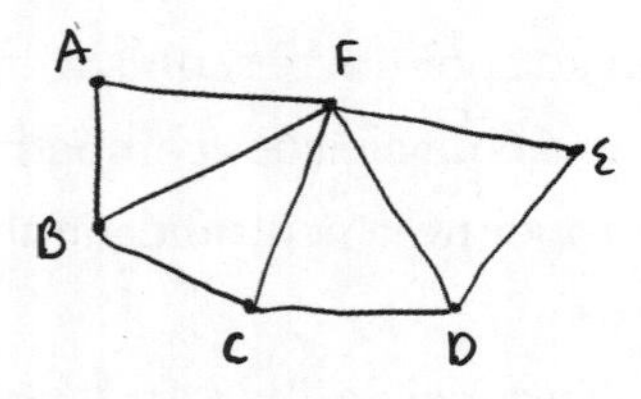

Precisamos encontrar um meio de dividir as zonas em dois grupos, e precisamos nos certificar de que cada grupo de zonas forme sua própria rede conectada.

Colocar *A*, *B* e *C* num grupo e *D*, *E* e *F* no outro funciona bem,

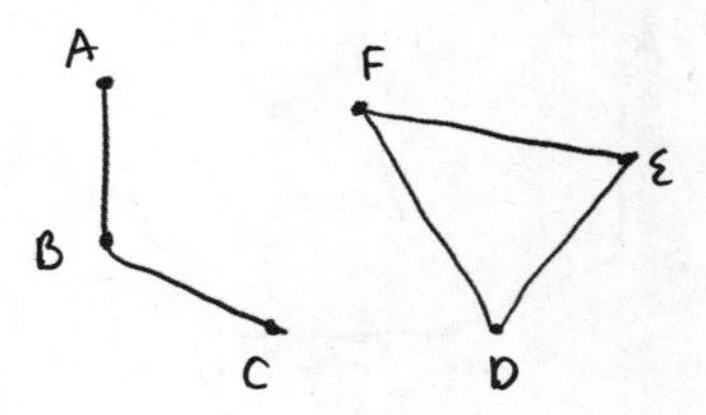

mas agrupar *C*, *D* e *F* nos deixa com *A*, *B* e *E*, que não formam um distrito conectado.

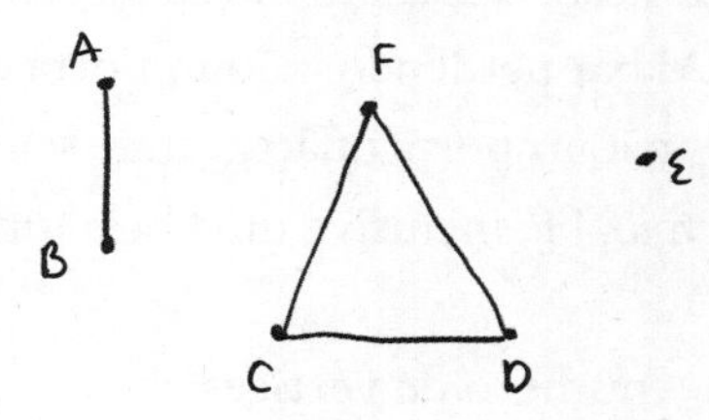

Aqui estamos ao lado de todo um caldeirão borbulhante da teoria dos grafos. John Urschel, um atacante do time de futebol americano Baltimore Ravens, largou sua carreira profissional em 2017 para trabalhar nesse assunto, que era o que ele sempre quisera fazer. Um dos seus primeiros artigos depois de abandonar o esporte foi sobre como dividir grafos em pedaços interligados usando a teoria dos autovalores à qual fomos apresentados no capítulo 12.[46]

Há uma porção de maneiras de dividir um grafo. Quando ele é tão pequeno como esse, podem-se listar todas as divisões e escolher ao acaso uma da lista. Mas listar todas as divisões possíveis fica complicado assim que o gráfico se torna um pouco maior. Há um truque para escolher ao acaso, e envolve mais velhos amigos. Suponha que Akbar e Jeff estejam jogando; eles se revezam removendo arestas da rede, e quem acabar com pedaços desconectados perde. No grafo acima, Akbar poderia remover a aresta *AF*, e então Jeff poderia remover *DF*, e então Akbar poderia remover *EF* (mas não *AB*, porque nesse caso desconectaria *A* e perderia!) e Jeff poderia remover *BF*, e agora Akbar está encrencado: qualquer aresta que ele apague partirá o grafo em dois pedaços desconectados.

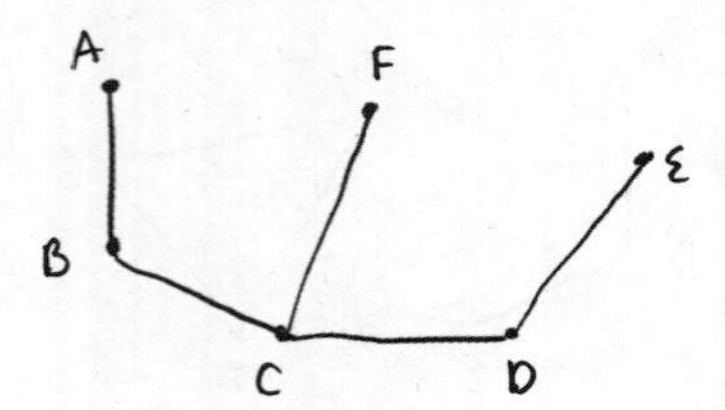

Poderia Akbar ter jogado de forma mais esperta e ganhado? Não, porque esse jogo tem uma característica secreta: se nenhum jogador fizer uma bobagem e desconectar a rede desnecessariamente, o jogo sempre terminará após quatro rodadas e com Akbar perdendo, não importa quais os movimentos que façam. Na verdade, não importa quão grande seja a rede, o número de movimentos no jogo é fixo. Há inclusive uma bela fórmula para isso:

número de arestas – número de vértices + 1

No começo do jogo, há nove arestas juntando os seis distritos, então obtemos $9 - 6 + 1 = 4$. Quando o jogo acaba, com apenas cinco arestas restando, o número caiu para zero. E o que sobra da rede tem uma forma muito especial; não há como traçar um circuito fechado no grafo, como se podia fazer no grafo original percorrendo um ciclo de *A* para *B* até *F* e de volta para *A*. Se houvesse um circuito assim, poderíamos remover uma das arestas nesse ciclo sem desconectar o grafo. O que resta é um grafo sem ciclo nenhum; e um grafo sem ciclos é uma árvore.

Quantos buracos há numa rede? Essa é, de certa maneira, uma pergunta que gera confusão, exatamente como a pergunta de quantos buracos existem num canudo ou num par de calças. Mas para essa pergunta eu já revelei a resposta; é exatamente o número acima, arestas menos vértices mais um. Toda vez que se tira uma aresta de um ciclo, estamos nos livrando de um buraco. Quando não há mais arestas para tirar, sobra um grafo sem nenhum buraco: uma árvore. Isso não é uma metáfora; há um invariante fundamental de qualquer tipo de espaço, chamado sua *característica de Euler*, que nos diz de modo muito, muito, muito aproximado o número de buracos existentes nele.* Já vimos isso antes, quando estávamos contando buracos em canudos e calças. Canudos têm característica de Euler e o mesmo ocorre com redes e com modelos teóricos de cordas no espaço-tempo de 26 dimensões; é uma teoria unificada que cobre geometrias, da modesta à cósmica.

Então estamos de volta à geometria das árvores. Uma árvore como a que se encontra no final do jogo de cortar fora arestas, que toca cada vértice da nossa rede, é chamada *árvore de extensão* [*spanning tree*]. Essas coisas aparecem em toda a matemática. Uma árvore de extensão de uma rede em forma de grade quadrada como as ruas de Manhattan é algo que você já viu antes. Chama-se labirinto. (Na figura abaixo,[47] as linhas brancas são as arestas. Se você tiver um lápis pode se convencer de que o labirinto é conectado; pode desenhar um caminho de qualquer ponto para qualquer outro sem sair das linhas brancas. Na verdade, há somente *um* trajeto que se pode percorrer sem voltar para trás. O livro é meu, e eu lhe dou permissão de escrever nele.)

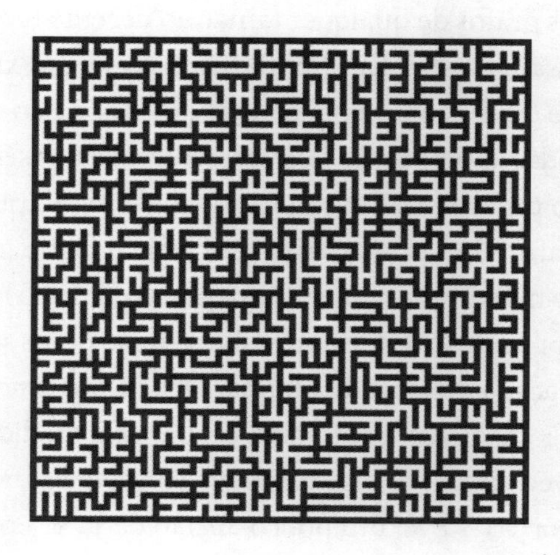

---

* Só um pouquinho menos aproximado, é mais como "o número de buracos par-dimensionais menos o número de buracos ímpar-dimensionais". Para quem quiser saber o que é *realmente*, ver o livro de Dave Richeson *Euler's Gem* [A joia de Euler].

Ou você pode desenhar a árvore de extensão com vértices como pontos e arestas como segmentos de reta, mais parecido com o modo como desenhamos o grafo de distritos:

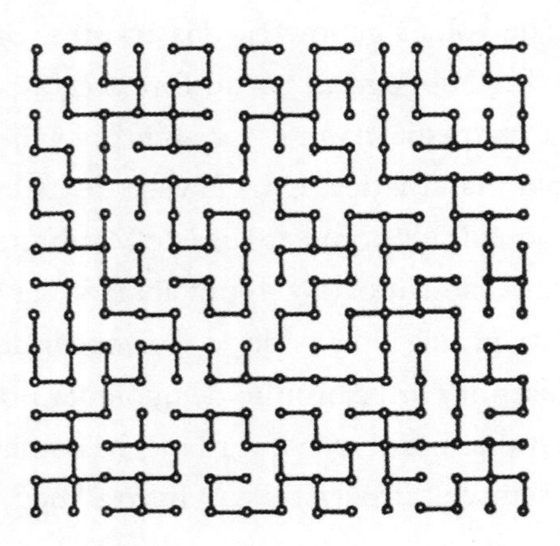

A maioria dos grafos de qualquer tamanho decente tem uma porção de árvores de extensão. Gustav Kirchhoff, físico do século XIX, deduziu uma fórmula que pode dizer exatamente quantas, mas isso não chega nem perto de responder a todas as perguntas que apresentam, e um século depois essas árvores ainda são uma área de pesquisa ativa. Há regularidade e estrutura. Por exemplo: quantos becos sem saída tem um labirinto aleatório? É claro que haverá mais e mais becos sem saída quanto maior for o labirinto, mas e se indagarmos que proporção de locais no labirinto são becos sem saída? Há um teorema muito bacana de 1992, de Manna, Dhar e Majumdar,[48] que mostra que essa proporção não cresce até 1 nem cai para 0 à medida que o labirinto aumenta — em vez disso, por alguma razão só vai chegando cada vez mais perto do valor $(8/\pi^2)(1 - 2/\pi)$, um pouco abaixo de 30%. Poderíamos pensar que o número de árvores de extensão de um grafo aleatório seria um número mais ou menos aleatório. Mas não é assim. Minha colega Melanie Matchett Wood provou em 2017[49] que, se você tem um grafo escolhido ao acaso,* o número de árvores de extensão tem probabilidade ligeiramente maior de

* No sentido de Erdős e Rényi do capítulo 13.

ser par do que ímpar. Para ser mais preciso, a chance de o número de árvores de extensão ser ímpar é o produto infinito

$$(1 - 1/2)(1 - 1/8)(1 - 1/32)(1 - 1/128)\ldots$$

em que o denominador de cada fração é quatro vezes o denominador anterior. (Mais uma vez progressão geométrica!) O produto chega a cerca de 41,9%, uma distância bastante considerável em relação a 50/50. Essa assimetria é a assinatura da estrutura geométrica mais profunda na coleção de todas as árvores de extensão; descobrimos, por exemplo, que existe um meio significativo de saber quando uma sequência de árvores de extensão forma uma progressão geométrica![50]

Mas para explicar isso eu precisaria me embrenhar em detalhes fascinantes do "processo roto-rooter" — ou seja, ir perfurando e retirando entulho —, e até agora ainda não conseguimos salvar a democracia. Então, voltemos aos distritos.

Uma vez que se tenha à mão uma árvore de extensão, existe um jeito fácil de cortar a rede em duas partes; basta fazer uma jogada para perder o jogo e cortar fora uma aresta, desconectando-a do grafo. Qualquer que seja a escolha, o grafo ficará dividido em dois; com um pouco de trabalho, pode-se geralmente achar uma aresta que faça com que as duas partes tenham tamanhos aproximadamente iguais. (Se você não conseguir, escolha outra árvore e recomece.) O aspecto é mais ou menos assim, no qual as duas seções são a parte da árvore que sombreei em cima e a parte que não sombreei.

E agora você sabe mais ou menos como a ReCom funciona.* Pega-se o distrito de tamanho duplo, escolhe-se uma árvore de extensão ao acaso — por exemplo, brincando de cortar arestas fora com jogadas escolhidas aleatoriamente** —, pega-se uma aresta aleatória nesse corte de árvore e o grafo se parte direitinho nos dois novos distritos.

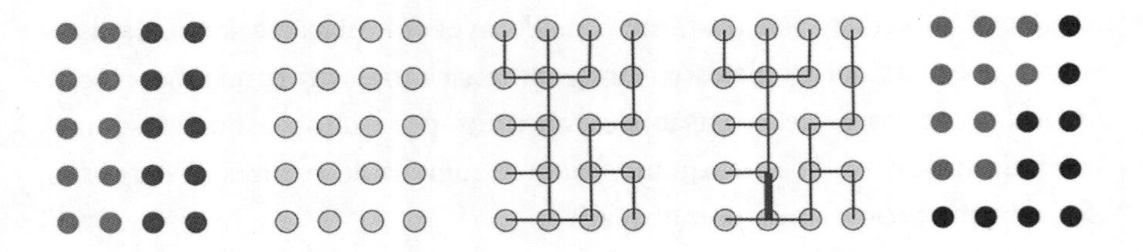

É melhor eu dar uma parada para comentar um senão. Há uma grande diferença entre um passeio aleatório por ReCom no espaço de mapas e o passeio aleatório de embaralhamento no espaço das maneiras de ordenar um baralho de cartas. No último caso, temos o teorema das sete embaralhadas, onde por teorema eu entendo *teorema*; há uma prova matemática de que um certo número de embaralhadas (seis!) é suficiente para explorar todo ordenamento possível, e mais, que dadas apenas poucas (sete!) embaralhadas, cada ordem possível é quase igualmente provável.

Quando chega a hora dos distritos, não há teorema. Sabemos muito menos sobre a geometria dos distritamentos do que sabemos sobre a geometria dos embaralhamentos. O espaço de todos os distritamentos poderia, por exemplo, ter o seguinte aspecto:

---

* E se você quiser saber ainda mais, veja o livro *Political Geometry* [Geometria política] (2021), organizado por Duchin junto com Ari Nieh e Olivia Walch.

** Mas, se você quiser obter cada árvore de extensão com igual probabilidade, precisa ser um pouco mais intencional na maneira de escolher que arestas tirar; ou pode seguir DeFord, Duchin e Solomon e usar o *algoritmo de Wilson*, o que também é um pouco mais rápido.

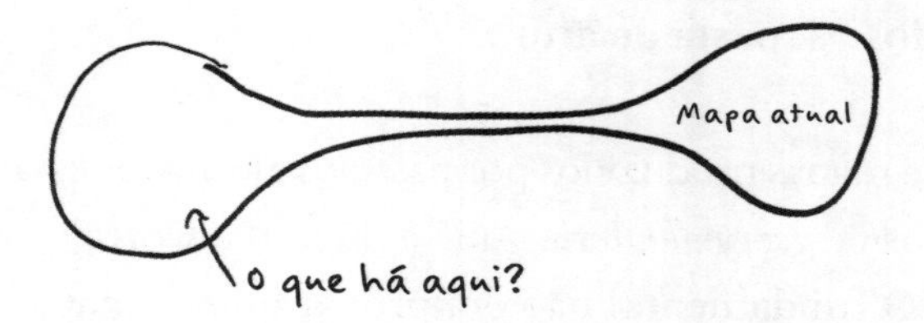

e nesse caso, se você começasse numa das pontas, seria concebível que pudesse vagar por muito tempo antes de explorar o que há do outro lado do istmo. Ou, pelo que sabemos, o espaço de todos os distritamentos poderia ser separado em dois pedaços conectados, ou mais que isso. Poderia haver uma região não descoberta de mapas possíveis da Carolina do Norte, radicalmente diferente de tudo que já tenha sido contemplado pelos matemáticos, computadores ou políticos inescrupulosos, e talvez entre *esses* mapas ter dez cadeiras republicanas em treze seja bastante típico. Se não podemos descartar isso, será que temos o direito de dizer que o atual mapa manipulado é um ponto fora da curva?

No que me concerne, sim. Podemos não saber com absoluta certeza se existe ou não algum reservatório secreto de mapas alternativos; mas sabemos que, na prática, se começamos com o mapa feito pela legislatura da Carolina do Norte e brincamos com ele, ele fica menos republicano não importa o que se faça. Esse experimento fornece um forte indício, em qualquer sentido estatístico significativo, de que o mapa foi objeto de manipulação. Não é uma *prova* de que os desenhistas do mapa se propuseram a armar o jogo. Para isso, não servem nem mesmo os e-mails e memorandos dos desenhistas afirmando diretamente que estavam tentando armar o jogo; afinal, não há nenhuma demonstração euclidiana de que na realidade não tivessem intenção de digitar "Vamos ao trabalho para desenhar mapas que capturem imparcialmente a vontade do povo" mas os dedos acabaram escorregando no teclado e saiu "Vamos manipular tanto o mapa desse estado que não teremos a menor possibilidade de perder". Essa seria uma prova no sentido da lei, mas não no sentido da geometria.

Estados Unidos vs. pasta de atum

O ensemble de mapas produzidos por passeios aleatórios estava no próprio cerne dos casos de *gerrymandering* que a Suprema Corte ouviu na primavera de 2019. O fundamental não era provar que os mapas haviam sido desenhados com intenção de beneficiar um partido; essa questão não estava em disputa. Thomas Hofeller, o arquiteto do mapa da Carolina do Norte, já havia testemunhado que seu objetivo tinha sido "criar o maior número possível de distritos nos quais os candidatos republicanos fossem [...] bem-sucedidos" e "minimizar o número de distritos nos quais os democratas [... pudessem] eleger um candidato".[51] A questão era: o plano tinha dado certo? Não se pode descartar um mapa por mera *tentativa* de ser injusto. É preciso provar que ele realmente foi injusto.

O método do ensemble é a melhor ferramenta para isso. Ideias mais antigas, como a lacuna de eficiência, estavam amplamente ausentes da reclamação dos queixosos. O que eles pediam à corte era o reconhecimento de que o mapa da Carolina do Norte era um ponto fora da curva, tão fora de lugar entre seus colegas de desenho neutro quanto um javali numa ninhada de leitõezinhos.[52] Essa análise do ponto fora da curva, argumentavam eles, é o "padrão administrável" que a corte vinha procurando. Jonathan Mattingly, um matemático de Duke e membro da equipe que fez o ensemble de mapas da assembleia do Wisconsin, fizera o mesmo para os distritos congressionais da Carolina do Norte. Ele testemunhou que em seu ensemble de 24518 mapas, havia somente 162 nos quais os republicanos ganhavam dez distritos. O mapa existente empacotava os democratas da Carolina do Norte de maneira tão eficiente em três distritos que as parcelas de votos democratas eram 74%, 76% e 79%; nem um único dos 24518 mapas simulados criava distritos tão desequilibrados.

O relatório dos matemáticos dava um argumento similar, mas o nosso tinha gráficos mais bonitos.

E então veio a sustentação oral, que para todo mundo que estivera assistindo ao caso através da lente matemática foi um fiasco monumental. Era como se anos de progresso e pesquisa sobre distritamento nunca tivessem ocorrido, e estivéssemos de volta à obsoleta questão indagando se 55% do voto estadual deveriam garantir 55% das cadeiras na legislatura. Paul Clement, defendendo os mapas da Carolina do Norte, deu início à coisa dizendo a Sonia Sotomayor: "Penso que a senhora colocou o dedo naquilo que meus amigos da outra parte percebem ser o problema, que é a falta de representação proporcional". A juíza Sotomayor tentou dizer a Clement que seu dedo estava em outro lugar, mas ele continuou pressionando, dizendo a Stephen Breyer: "Você não pode falar nem genericamente sobre pontos fora da curva ou extremidades, a menos que saiba do que se está desviando. E eu imagino, implícito na sua pergunta e implícito na pergunta da juíza Sotomayor, que o que está incomodando as pessoas seja um desvio do princípio de representação proporcional". "Na verdade...", Sonia Sotomayor interrompeu. "Você continua dizendo isso, mas não penso que isso esteja certo", objetou Elena Kagan. Isso não deteve Clement, que tinha algo a argumentar sobre Massachusetts. Os republicanos nunca têm um representante congressional em Massachusetts, observou ele, embora os republicanos constituam um terço da população do estado. "Ninguém acha que isso é injusto, porque realmente não se pode desenhar distritos para conseguir isso porque estão distribuídos regularmente. Pode ser uma infelicidade para eles, mas não creio que seja injusto".

A situação dos republicanos de Massachusetts, por acaso, também é discutida no relatório dos matemáticos. Nosso relatório basicamente está de acordo com Clement, com exceção de um detalhe importante: o que ele diz que os queixosos estão pedindo para vigorar é na verdade o que os queixosos estão pedindo para proibir. *Não é* injusto que os republicanos em Massachusetts não tenham representação proporcional. Pode-se fazer um ensemble de mapas, milhares deles, desenhados sem qualquer intento partidário nefasto, e *cada um deles* mandará nove democratas e zero republicanos para o congresso.[53] É por isso que a Common Cause* não estava pedindo à Suprema Corte para garantir a representação proporcional.

---

* Common Cause é o nome de um grupo não partidário com objetivo de fiscalizar órgãos do governo americano. (N. T.)

Esse é um péssimo critério de justiça. Um mapa em Massachusetts que resultasse em representação proporcional não seria imune às acusações de *gerrymandering*; na verdade, seria uma manipulação tão ruim quanto a de Joe Agressivo.

Mas muitos dos juízes persistem em tratar a representação proporcional como a questão que são chamados para decidir. Neil Gorsuch preocupava-se que, se decidisse contra a Carolina do Norte, "vamos ter que olhar, como parte mandatória da nossa jurisdição, em cada caso de redistritamento, para a evidência para ver por que houve um desvio da norma da representação proporcional. É esse... é esse... é esse o pedido?".

Não, não era esse o pedido. Parecia difícil para Gorsuch aceitar isso. Há uma conversa realmente estarrecedora perto do fim da sustentação oral ENTRE Gorsuch e Allison Riggs, representando a Liga de Mulheres Votantes em oposição ao mapa manipulado. Riggs está explicando que sua cliente está pedindo à corte apenas que descarte as manipulações mais absurdas fora da curva, cuja performance partidária as deixa fora de todas as alternativas neutras com exceção de algumas poucas. Os estados ainda teriam então um bocado de espaço de manobra para escolher livremente entre os outros 99% de todos os mapas, levando em consideração os critérios não partidários que bem desejassem. Gorsuch interrompe:

Juiz Gorsuch: Mas com... com respeito, advogada, e lamento interromper, mas espaço de manobra para quê?

Sra. Riggs: Espaço de manobra para...

Juiz Gorsuch: Para... quanto espaço de manobra, em relação a que padrão? E será que... não é a resposta que a senhora acabou de... entendo que a senhora não queira dizer abertamente, mas será que a resposta real aqui é que o espaço de manobra em relação à representação proporcional possa chegar a talvez 7%?

Sra. Riggs: Não.

Após um pouco mais de bate-boca, Gorsuch parece reconhecer que Riggs não vai aceitar sua paráfrase forçada. "Precisamos de uma linha para servir de base", ele diz. "E a linha de base, ainda penso eu, se não é a representação proporcional, qual seria a linha de base a ser usada?".

Ele está fazendo uma pergunta que havia sido respondida, um momento antes, por Elena Kagan: "O que não é permitido é um desvio de qualquer coisa a que o estado pudesse ter chegado sem levar em conta considerações partidárias".

Lendo a transcrição da argumentação, um matemático se sente como se estivesse dando aula num curso em que apenas um aluno tivesse lido a matéria. A juíza Kagan entende. Ela fornece uma paráfrase clara e sucinta do argumento quantitativo que está sendo solicitada a considerar. E então... todo mundo continua como se ela não tivesse dito nada. Sonia Sotomayor e John Roberts não dizem muita coisa, mas o pouco que dizem está na maior parte correto. Stephen Breyer tem seu próprio teste de manipulação, do qual nenhum dos dois lados gosta muito. E Gorsuch, Samuel Alito e, em certa medida, Brett Kavanaugh, com a ajuda de Paul Clement, colaboram para construir uma versão fictícia do caso no qual os queixosos estão pedindo à corte que imponha aos estados alguma forma de representação proporcional.

Se você estiver precisando de uma pausa dos ensembles, passeios aleatórios e pontos fora da curva, eis como a sustentação oral teria continuado se a questão fosse pedir um sanduíche:

Sra. Riggs: Eu gostaria de pedir queijo derretido.
Juiz Alito: Ok, um de pasta de atum.
Sra. Riggs: Não, eu disse queijo derretido.
Juiz Kavanaugh: Eu acho que pasta de atum está ótimo.
Juiz Gorsuch: Quer o de pasta de atum aberto ou fechado?
Sra. Riggs: Não quero pasta de atum, quero um de...
Juiz Gorsuch: Parece que a senhora não quer simplesmente dizer seu pedido, mas não é pasta de atum que a senhora quer?
Sra. Riggs: Não.
Juíza Kagan: Ela pediu queijo derretido. Não é pasta de atum porque não há atum no queijo derretido.

Juiz Gorsuch: Mas se, como a senhora diz, não quer pasta de atum, vai querer o quê? Será que devemos simplesmente inventar um sanduíche para a senhora?

Juiz Alito: A senhora vem aqui, pede um sanduíche quente no pão torrado com queijo dentro. Isso, para mim, é pasta de atum.

Juiz Breyer: Ninguém nunca pede o de fígado batidinho, mas será que alguém chegou realmente a provar?

Sr. Clement: O pessoal que monta o lanche teve toda oportunidade de lhe preparar uma pasta de atum, mas optou por não fazer.

Talvez você já saiba como isso terminou, e se não sabe, provavelmente pode adivinhar. Em 27 de junho de 2019, a Suprema Corte determinou, numa decisão de 5-4, que estava fora do escopo das cortes federais decidir se um *gerrymander* partidário era ou não constitucional; em termos técnicos, o assunto é "não judicializável". Em termos leigos, os estados podem manipular seus mapas legislativos como quiserem, sem quaisquer limites. O presidente da Corte Suprema, juiz Roberts, representando a maioria explicou:

> Alegações de *gerrymandering* partidário na elaboração de mapas distritais invariavelmente conduzem a um desejo por representação proporcional. Nas palavras da juíza O'Connor, tais reivindicações baseiam-se numa "convicção de que quanto mais distante da proporcionalidade, mais suspeito se torna um plano de parcelamento".

Robert reconhece, sim, bem mais adiante na decisão, que representação proporcional não é o que os queixosos de Rucho estão pedindo, porém muito do que ele escreve dedica-se a reiterar sua oposição a essa solicitação não solicitada. A restrição constitucional de que ninguém pode ter seu poder de voto diluído, ele insiste sem oposição, "não significa que cada parte deva ser influente em proporção ao número de seus apoiadores".

Não, não vou lhe preparar um sanduíche de pasta de atum. Você sabe que não servimos pasta de atum aqui!

Não sou advogado, e não tenho pretensão de ser. Tampouco vou fingir que as questões constitucionais nesse caso eram fáceis. Casos fáceis não chegam à Suprema Corte. Então não vou lhes dizer que a maioria aqui votou errado em termos de lei. Se é isso que você está procurando, recomendo o voto da juíza Kagan, que é tão sardônica e gelada que às vezes parece prestes a explodir numa amarga gargalhada.

Para Roberts, é crucial que certa quantidade de viés partidário no redistritamento tenha sido explicitamente permitido pelas cortes no passado. A questão perante a corte era se, em algum ponto, existe algo considerado *demais*. A maioria em Rucho disse não: se é constitucional fazê-lo, é constitucional fazê-lo demais. Ou, mais precisamente, se a corte não consegue achar uma linha universal clara, consensual, a ser traçada entre o permissível e o proibido, então a corte não pode julgar o mérito de modo algum. É uma versão jurídica do paradoxo *sorites*, que recua até os tempos de Eubulides, um velho parceiro de treinos de Aristóteles. O paradoxo *sorites* nos pede para calcular quantos grãos de trigo são necessários para fazer um monte (em grego, um *soros*). Um único grão não é um monte, nem dois grãos, com toda certeza. Na verdade, não importa quanto trigo haja sobre a mesa, é impossível imaginar uma situação em que adicionar um grão de trigo a algo que não é um monte de trigo resulte em algo que seja. Então três grãos de trigo também não são um monte, nem quatro, e assim por diante... Levar esse argumento ao limite mostra que não existe algo como um monte de trigo; no entanto, de algum modo, montes de trigo existem.*

Roberts vê o *gerrymandering* como inevitavelmente sorítico. Qualquer linha traçada entre "*gerrymandering* aceitável" e "sinto muito, mas isso já é demais" será inevitavelmente arbitrária, diz ele, e acabará por ser complicada e dependente de julgamento (ele poderia se satisfazer com uma regra onde 99 grãos não são um monte, mas cem são, porém não se o limite dependesse de os grãos serem de trigo ou de areia).

* O leitor é convidado a notar a semelhança com a ideia de prova por indução que apareceu quando falamos sobre o Nim.

Eu entendo o argumento dele. E mesmo assim não consigo deixar de pensar em Nevada. Único entre os cinquenta estados, Nevada não tem nenhuma exigência de contiguidade para seus distritos legislativos. Em princípio, a legislatura de estado de tendência democrata poderia preencher três dos 21 distritos do senado estadual inteiramente com republicanos registrados e equilibrar a composição partidária dos distritos restantes como sendo exatamente 60% democratas, tornando-os quase com certeza cadeiras seguras e garantindo uma supermaioria à prova de veto de 18-3 na Câmara alta, que persistiria mesmo se o estado se desviasse um pouquinho para a direita e elegesse um governador republicano. Pelo raciocínio de Rucho, não há modo nítido de identificar tal plano como "demais". Às vezes o raciocínio jurídico — mesmo sendo sadio em termos legais — se afasta do senso comum.

A decisão da maioria, no final, se volta para um ponto técnico: que o *gerrymandering* partidário é uma "questão política", o que significa que, mesmo que a Constituição *tenha sido* violada, a Suprema Corte está proibida de intervir. Que os resultados do *gerrymandering* "pareçam razoavelmente injustos" — que sejam, na verdade, "incompatíveis com princípios democráticos" — não está em discussão; essas são citações factuais da decisão da maioria! E os protestos pouco convincentes dos manipuladores de que seus mapas não foram *tão bons* em travar a vantagem eleitoral são desprezados quase sem comentário. Mas só porque uma coisa é injusta e incompatível com princípios democráticos e diabolicamente eficaz, escreve o juiz Roberts, isso não significa que esteja dentro da competência da corte encontrar uma violação constitucional. O *gerrymandering* fede, mas não a ponto de a Constituição poder sentir o mau cheiro.

Pode-se ver o desconforto na decisão: não só no reconhecimento de que o *gerrymandering* impede a democracia, mas no desejo fervorosamente expresso de que alguém que não os juízes da Suprema Corte faça algo a respeito. Talvez se descubra algo nas constituições estaduais que proíba essa manipulação, escreve Roberts. Ou, senão, talvez votantes nos estados afligidos se levantem e mudem o sistema por um referendo nas urnas, caso vivam num estado em que a legislação não possa reverter imediatamente os resultados de tal votação. Talvez o Congresso dos Estados Unidos faça alguma coisa, quem sabe?

Imagino Roberts como um operário que, saindo da fábrica às 17h05, nota que o prédio está pegando fogo. Há um extintor bem ali na parede — ele *poderia* pegá-lo e espalhar a espuma sobre todo o problema, mas calma aí, aqui há um princípio em jogo. Já passa das cinco horas e acabou seu horário. Os regulamentos dos sindicatos são bastante claros e ele não tem obrigação de fazer hora extra sem que ela seja paga. Se ele apagar *este* incêndio, estabelece um precedente; então isso quer dizer que vai estar preso a essa obrigação toda vez que o prédio pegar fogo depois que o apito toca? Provavelmente há alguém por perto trabalhando até mais tarde, e que pode apagar o fogo. E, afinal das contas, existe um corpo de bombeiros — e são eles que têm que apagar o fogo! É fato, não dá para saber quanto tempo eles vão levar para chegar, e a verdade é que todo mundo sabe que o corpo de bombeiros local é conhecido por demorar demais para chegar. Mesmo assim — é serviço oficial deles, não do funcionário.

"Que só uma convulsão política pode derrubar"

Para aqueles que se opõem ao *gerrymandering*, não se esperava que a decisão da Suprema Corte tivesse um final feliz. Mas poderia ser um começo feliz. Afinal, o juiz Roberts, não estava errado ao dizer que havia outras maneiras possíveis para a reforma. Em menos de um ano depois da decisão sobre Rucho, dois distritos congressionais da Carolina do Norte foram descartados por uma comissão de juízes estaduais por violarem a constituição do estado. A Suprema Corte da Pensilvânia havia feito o mesmo em 2018 (foi nesse momento que o governador introduziu Duchin, do algoritmo ReCom, para ajudar a construir mapas novos e mais justos). A Câmara aprovara uma lei,[54] atualmente bloqueada pela liderança do Senado, que criaria comissões apartidárias para desenhar os distritos da Câmara dos

Representantes dos Estados Unidos (mas não dos distritos dos legislativos estaduais, sobre os quais o Congresso não tem poder).*[55]

E a mera existência de um caso de alto perfil expôs os hábitos de *gerrymandering* a uma atenção muito mais aguçada por parte do público. O programa noticioso-humorístico da HBO *Last Week Tonight* exibiu um segmento inteiro de vinte minutos sobre redistritamento. Três irmãos no 10º Distrito Congressional do Texas, que tem um formato horrível, fizeram seu próprio jogo de tabuleiro com base no *gerrymandering*, o Mapmaker, que vendeu milhares de unidades depois que o arqui-inimigo do *gerrymandering* Arnold Schwarzenegger o anunciou nas mídias sociais. Hoje, há muito mais gente que sabe sobre *gerrymandering* do que costumava haver, e quando as pessoas ficam sabendo, não gostam. Cinquenta e cinco dos 72 condados do Wisconsin, alguns com tendências ao Partido Democrata, alguns ao Republicano, aprovaram resoluções pedindo distritamento não partidário.[56]

Votantes no Michigan e em Utah aprovaram comissões de distritamento apartidárias por referendo popular. Na Virgínia, que tinha um mapa eleitoral manipulado pelos republicanos, um grupo bipartidário na legislatura conseguiu aprovar uma emenda constitucional entregando o controle do redistritamento a uma comissão independente. Mas em 2019 o estado se inclinou tanto para a esquerda, e com tanta rapidez, que os democratas romperam a manipulação e conquistaram as duas casas do legislativo. Muitos membros da maioria recém-formada, agora ocupando o banco do motorista no próximo censo, subitamente estavam menos entusiasmados pela reforma.

O voto da juíza Kagan argumenta que não se pode esperar demais de um processo político. O processo político é exatamente o que o manipulador busca controlar. A manipulação congressional de Maryland, por exemplo, ainda está firme no lugar, mesmo com um governador republicano; os democratas detêm uma maioria à prova de veto na legislatura estadual e espera-se que o mapa continue como está.

---

* Pelo menos essa é a sabedoria convencional; mas alguns advogados têm argumentado amplamente que o Congresso pode, sim, regulamentar distritos legislativos estaduais segundo o poder da Décima Quarta Emenda.

Como o Wisconsin poderia obter um mapa mais justo? Sua constituição estadual tem tão pouco a dizer sobre fronteiras distritais (e aquilo que diz já é tão rotineiramente ignorado) que é difícil ver a ocorrência de um questionamento jurídico dos mapas atuais.* A população do Wisconsin não tem como mandar às urnas uma iniciativa de voto popular, a menos que seja iniciada pelo legislativo, e o legislativo gosta das coisas do jeito que estão. O Wisconsin poderia eleger um novo governador capaz de vetar um mapa manipulado pelo Partido Republicano — na verdade, foi exatamente isso que aconteceu em 2018. Há boatos de que a legislatura planeja pedir às cortes estaduais que declarem que o redistritamento é função do legislativo, e apenas do legislativo, não requerendo a assinatura do governador, e pode ser que encontrem simpatia por parte do judiciário. Se isso acontecesse, é difícil ver como as pessoas do Wisconsin poderiam conseguir alguma voz na questão.

No Michigan, a comissão independente de redistritamento tem sido alvo de questionamentos legais pelos republicanos do estado desde o dia em que a lei foi votada por 61% dos votantes do estado. No Arkansas, o Arkansas Voters First [Votantes do Arkansas Primeiro], grupo pela reforma do redistritamento, reuniu mais de 100 mil assinaturas no meio da pandemia para obter uma emenda constitucional nas urnas em novembro; a secretaria do estado declarou as petições sem efeito, porque o certificado de que escrutínios pagos tinham passado pelas verificações de histórico criminal estava mal redigido no formulário relevante.[57] A política estadual está cheia de pontos passíveis de veto, de modo que facções políticas com terreno a ser protegido possuem muitos meios de se proteger do público.

Por tudo isso, sou um otimista. Os americanos costumavam dar de ombros em relação a distritos legislativos de tamanhos absurdamente diversos, dizendo que era apenas o jeito de jogar o jogo; agora a maioria das pessoas com quem falo fica chocada com o fato de a prática ter sido

---

* Apesar disso, quando uma vez eu disse a um juiz aposentado do Wisconsin que não via como o texto da constituição do estado pudesse bastar para respaldar um questionamento legal, ele me fitou com um olhar de quem conhece um mundo e disse: "Vejo que o senhor não é um litigante".

permitida. Temos a tendência de não gostar do que é injusto, e nossas ideias sobre o que é justo nunca estão totalmente separadas de um modo de pensar matemático. Conversar com as pessoas sobre a obscura arte do *gerrymandering* é uma forma de ensinar matemática, e a matemática tem uma ascendência intrínseca sobre a mente humana, especialmente quando está entrelaçada com *outras coisas* com as quais nos importamos profundamente: poder, política e representação. A manipulação era um enorme sucesso quando feita a portas trancadas. Eu gostaria de acreditar que não pode persistir numa sala de aula aberta e bem iluminada.

Conclusão

Eu provo um teorema e a casa se expande

O ARQUITETO BRITÂNICO HERBERT BAKER, um dos planejadores da capital colonial indiana de Nova Delhi, argumentava que a nova cidade deveria ser construída num projeto neoclássico. Uma arquitetura com mais sabor nativo não atenderia aos interesses do império. "Enquanto nesse estilo teríamos os meios de expressar o charme e o fascínio da Índia", escreveu ele, "ele não tem, contudo, as qualidades construtivas e geométricas necessárias para incorporar a ideia de lei e ordem que foi produzida pela administração britânica a partir do caos". A geometria pode ser tomada como uma metáfora para a autoridade inquestionada-por-ser-inquestionável, a análoga matemática de uma ordem natural centrada no rei, ou no pai, ou no administrador colonial. Os monarcas da França gastaram quantias incalculáveis montando jardins cujas linhas perfeitas convergindo para o palácio representavam a ordem imutável que eles consideravam axiomática.[1]

Talvez o exemplo mais puro desse ponto de vista seja a noveleta *Planolândia*, escrita pelo mestre-escola inglês Edwin Abbott em 1884. É uma história contada por um quadrado. (As primeiras edições foram publicadas sob o pseudônimo "A. Square"* como autor.) O livro se passa num mundo bidimensional, cujos habitantes, como as minhocas de livro de Sylvester, são incapazes de conceber qualquer direção que não se estenda pelos

* "A. Square" [U. M. Quadrado] é possivelmente um trocadilho matemático: o nome completo de Abbott era Edwin Abbott Abbott, então seu monograma EAA podia ser escrito algebricamente como "E A squared" [E A ao quadrado — EA^2].

quatro pontos cardeais que eles conhecem. As pessoas no plano são figuras geométricas, cuja forma determina sua posição na sociedade. Quanto mais lados uma pessoa tem, mais alta é sua posição, sendo os seres-polígonos mais exaltados aqueles com tantos lados a ponto de serem indistinguíveis de círculos. No sentido oposto, triângulos isósceles constituem as massas, com a posição social proporcional ao tamanho de seu ângulo central. Os triângulos verdadeiramente estreitos, com seus ângulos perigosamente agudos, são soldados, sendo que as únicas pessoas abaixo deles são as mulheres, que são meros segmentos de reta, e que no romance são apresentadas como criaturas aterradoras, quase sem consciência, letalmente pontiagudas e invisíveis quando vistas de frente. (E os triângulos não isósceles? São considerados grotescamente defeituosos e trancafiados à margem da sociedade ou, se suficientemente escalenos, sofrem misericordiosa eutanásia.)

O Quadrado viaja em sono para o mundo da Linhalândia, cujo rei unidimensional é incapaz de compreender as explicações do visitante sobre o universo planar além de seus domínios. Ao acordar, o Quadrado é surpreendido por uma voz sem corpo, que se revela como vinda de um minúsculo círculo que, de alguma maneira, conseguiu entrar na casa. O círculo cresce e encolhe inexplicavelmente; mas é claro que isso ocorre porque o círculo não é círculo e sim uma esfera, cuja seção transversal dentro do universo do nosso narrador cresce e encolhe à medida que a esfera se move para cima e para baixo na terceira dimensão. A Esfera tenta se explicar ao Quadrado, mas depois que as palavras fracassam ela ergue o narrador tirando-o do seu plano natal e o inclina de modo que possa ver por si mesmo a forma do mundo, que anteriormente ele apenas inferia. Voltando ao seu plano após a revelação, o Quadrado tenta espalhar a notícia sobre o que tinha visto. Previsivelmente, ele é preso, e é aí que a história o deixa: trancafiado na prisão, com sua revelação ignorada.

Na época de sua publicação, *Planolândia* foi recebido com um misto de perplexidade e rejeição. O *New York Times* disse: “É um livro muito intrigante e muito aflitivo, e a ser apreciado por seis ou no máximo sete pessoas nos Estados Unidos e no Canadá”.[2] Mas o livro se tornou o favorito dos jovens com gosto pela geometria, adaptado diversas vezes para o cinema e continuamente impresso. Eu o li inúmeras vezes quando criança.

Quando criança eu não entendia que o livro era uma sátira, ridicularizando, e não abraçando, a já obsoleta visão de hierarquia social que balança na Planolândia. Longe de ver as mulheres como agulhas mortais de cabeça vazia, Abbott era um defensor da igualdade na educação. Serviu no conselho da Girls' Public Day School Company [Companhia de Escola Pública Diurna para Moças], que financiava educação secundária para mulheres.[3] E, como eu não sabia que Abbott era um pastor anglicano cujo registro de publicações, com exceção dessa noveleta, era basicamente de natureza teológica, *certamente* não captei a alegoria cristã que anima a história: os princípios da geometria, longe de imporem uma ordem social opressiva, são um meio de sair dela, para aqueles capazes de aceitar a realidade do mundo além.

O poder da geometria, nesse conto, é que o ser bidimensional pode inferir, por puro pensamento, as propriedades de um mundo superior que ele não pode observar diretamente. Por analogia com os quadrados que ele conhece, é capaz de deduzir que um cubo *deve* ter oito vértices e seis faces, e cada uma dessas faces um quadrado igual a ele próprio. A essa altura, a analogia com o cristianismo ou se quebra ou se torna extremamente subversiva, porque o Quadrado vai mais longe e pergunta à esfera o que ela sabe sobre a *quarta* dimensão, que pode ser inferida por raciocínio mais ou menos da mesma maneira. Isso é ridículo, a Esfera lhe responde, não existe algo como a quarta dimensão, de onde você tirou essa ideia estúpida?

A geometria que conhecemos pode ser usada para endossar modos convencionais. Mas a geometria que não conhecemos é uma ameaça. Na Itália do século XVII, os jesuítas proibiram tentativas dos matemáticos de desenvolver uma teoria rigorosa de infinitesimais e calcular áreas e volumes de figuras anteriormente inacessíveis; se fosse além de Euclides, a teoria era suspeita.[4] Na Inglaterra, a teoria de Newton do cálculo diferencial e integral passou por veementes ataques eclesiásticos, e precisou ser defendida por livros como *Geometry No Friend to Infidelity* [A geometria não é amiga da infidelidade], de James Jurin. Mas, de certa maneira, *é sim* um tipo de infidelidade, se a sua fé estiver no lugar errado! A geometria, especialmente a nova geometria, oferece um locus de autoridade que rivaliza com a ordem estabelecida. Dessa maneira, pode ser uma força desestabilizadora e uma medida radical.

A alma do fato

Rita Dove é uma ganhadora do prêmio Pulitzer, poeta laureada dos Estados Unidos e professora de inglês na Universidade da Virgínia, onde Thomas Jefferson e James Joseph Sylvester ensinaram profundos pensamentos matemáticos em seu tempo; mas no começo da década de 1960 ela era uma menina nerd em Akron, Ohio. Seu pai era um químico industrial, o primeiro químico pesquisador negro na Goodyear, a fabricante de pneus.[5] Dove se recorda:

> Meu irmão e eu nos juntávamos para resolver nossa lição de casa de matemática. Passávamos horas tentando solucionar um problema difícil sozinhos antes de desistir e abordar o meu pai porque, bem, ele era um *verdadeiro* mago da matemática, e se tivéssemos uma questão sobre álgebra, ele dizia: "Bem, seria mais fácil se usássemos logaritmos". E nós protestávamos: "Mas nós não sabemos logaritmos!". Mas aí, mesmo assim, aparecia a régua de cálculo, e duas horas depois tínhamos aprendido logaritmos, mas a noite toda tinha se passado.[6]

Essa memória se transforma num poema, "Flash Cards":

Cartões de memória

Em matemática eu era uma criança-prodígio, responsável
por guardar laranjas e maçãs. O que você não entende,
domine, *dizia meu pai; quanto mais rápido*
eu respondia, mais depressa as perguntas chegavam.

Vi um broto no gerânio da professora,
uma abelha clara se debatendo na vidraça molhada.
O liriodendro sempre se curvava após uma chuva pesada
então eu baixava a cabeça enquanto minhas botas chapinhavam para casa.

Meu pai erguia os pés depois do trabalho
e relaxava com um drinque e A vida de Lincoln.
Depois do jantar treinávamos e eu subia no escuro

antes de dormir, antes de uma voz fina sibilar
números enquanto eu girava a roleta. Eu tinha que adivinhar.
Dez, eu ficava dizendo. Tenho só dez anos.*

"Flash Cards" retrata os fatos da aritmética como uma autoridade imposta de cima. (Duplamente — há o pai rígido e o amante da matemática Abraham Lincoln, que aparece na forma de livro.) Há afeto nesse poema: como diz Dove, "você também percebe que eles amam você, já que estão passando todo o tempo com você. Meu pai era muito severo naqueles tempos; pouco antes da hora de dormir aqueles cartões de memória tinham que vir à tona. Na época eu os detestava, mas agora fico contente".[7] Mas no final você está girando uma roleta no escuro, produzindo respostas da maneira mais rápida e correta que conseguir. Essa é a matemática do jeito que muitas crianças em idade escolar a vivenciam.

A maioria dos grandes poetas nunca escreve nem um único poema de matemática, mas Dove escreveu dois, e eis aqui o outro:

---

* Tradução livre de "*In math I was the whiz kid, keeper/ of oranges and apples.* What you don't understand,/ master, *my father said; the faster/ I answered, the faster they came.// I could see one bud on the teacher's geranium,/ one clear bee sputtering at the wet pane./ The tulip tree always dragged after heavy rain/ so I tucked my head as my boots slapped home.// My father put up his feet after work/ and relaxed with a highball and* The Life of Lincoln./ *After supper we drilled and I climbed the dark// before sleep, before a thin voice hissed/ numbers as I spun on a wheel. I had to guess./ Ten, I kept saying,* I'm only ten". (N. T.)

Geometria

*Eu provo um teorema e a casa se expande:**
as janelas se soltam para pairar perto do teto,
o teto flutua para longe com um suspiro.

Conforme as paredes se livram de tudo
exceto da transparência, o aroma de cravos
vai junto com elas. Eu estou fora, a céu aberto

E acima as janelas se prenderam a borboletas,
a luz do sol cintilando onde se intersectaram,
*Estão indo para algum ponto verdadeiro e não provado.***

Que diferença! Onde a aritmética é uma labuta pesada, geometria é uma espécie de libertação. Uma percepção súbita tão poderosa que faz as paredes explodirem para os lados (ou as torna invisíveis — isso é poesia, não creio que precisemos ser muito claros em relação à física precisa do cenário). As intersecções de planos no espaço tornam-se seres vivos que podem se afastar flutuando, lindamente *visíveis* mesmo que não possamos prendê-las à página bidimensional. O que acontece na mente, quando uma prova se revela dessa maneira, é qualquer coisa menos uma marcha lógica.

Há algo de especial na geometria, algo que faz com que ela seja digna de se escreverem poemas a seu respeito. Em qualquer outra parte do currículo escolar, é preciso, no final, render-se à autoridade do professor, ou do livro-texto, quando se trata de saber quem lutou nas Guerras Franco-

---

* Não penso que Dove esteja fazendo alguma referência velada a expandir a Câmara dos Representantes [House of Representatives] para produzir igual representação no Colégio Eleitoral, mas um verso poético contém muitos significados que se sobrepõem, então se você quiser entender assim, digamos que é isso.

** Tradução livre do poema "Geometry": "*I prove a theorem and the house expands:/ the windows jerk free to hover near the ceiling,/ the ceiling floats away with a sigh.// As the walls clear themselves of everything/ but transparency, the scent of carnations/ leaves with them. I am out in the open// And above the windows have hinged into butterflies,/ sunlight glinting where they've intersected./ They are going to some point true and unproven*". (N. T.)

-Indígenas ou quais são os principais produtos de Portugal. Em geometria, você faz o seu próprio conhecimento. O poder está nas suas mãos.

Esse, obviamente, é justo o motivo pelo qual a geometria foi vista como perigosa pelos habitantes de Planolândia e pelos jesuítas italianos. Ela representa uma fonte alternativa de autoridade. O Teorema de Pitágoras não é verdadeiro porque Pitágoras disse que era; é verdadeiro porque podemos, nós mesmos, *provar* que é verdade. É só observar!

Mas verdade e prova não são a mesma coisa. É aí que termina o poema de Dove; como "ponto verdadeiro, mas não provado". Poincaré termina no mesmo lugar, quando insiste no papel necessário da intuição. Ele escreve:

> O que acabei de dizer é suficiente para mostrar o quanto seria vão tentar substituir a livre iniciativa dos matemáticos por um processo mecânico de qualquer tipo. Para obter um resultado que tenha algum valor real, não é suficiente triturar cálculos, nem ter uma máquina para colocar as coisas em ordem: não se trata apenas de ordem, mas de uma ordem inesperada, que tenha valor. Uma máquina pode cuidar do fato nu e cru, mas a alma do fato sempre lhe escapará.[8]

Nós usamos a prova formal como um andaime, para ampliar o alcance da nossa intuição, mas ela seria inútil, uma escada para lugar nenhum, se não a estivéssemos usando para chegar a um ponto que, de algum modo, inexplicavelmente, pudéssemos ver.

Nós, matemáticos, nos apresentamos para o mundo como as pessoas cujo conhecimento é eterno e inatacável, porque nós o provamos por inteiro. Para nós a prova é uma ferramenta essencial — a medida da nossa certeza, da mesma maneira que era para Lincoln. Mas não é o ponto essencial. O ponto essencial é compreender as coisas. Não queremos apenas fatos, mas as almas dos fatos. É no momento da compreensão que as paredes ficam transparentes, o teto voa e flutua, e estamos fazendo geometria.

Alguns anos atrás, um matemático russo chamado Grigori Perelman provou a Conjectura de Poincaré. Não foi a única conjectura de Poincaré, mas foi aquela que permaneceu atrelada ao seu nome, porque era difícil e porque tentativas de solucioná-la tendiam a produzir ideias novas interessantes; é assim que uma boa conjectura, por assim dizer, prova a si mesma.

Não vou enunciar aqui a Conjetura de Poincaré exata. Ela diz respeito a espaços tridimensionais, mas não necessariamente um que habitemos; em lugar disso, Poincaré faz indagações sobre espaços tridimensionais com um pouco mais de riqueza, espaços que poderiam ser curvos e dobrados sobre si mesmos.* Imagine se o Quadrado, erguido da Planolândia pela sua visitante tridimensional, descobrisse que o plano onde ele julgava viver era na verdade a superfície de uma esfera,** ou a superfície de algum tipo complicado de rosquinha, e então dissesse à sua nova amiga de dimensão superior: e se o *seu* mundo tridimensional na verdade fosse alguma forma complicada visível apenas da quarta dimensão? Como poderíamos saber?

Eis um jeito de saber se vivemos numa rosquinha ou numa esfera. Na superfície da rosquinha pode-se criar um círculo fechado de um barbante suavemente elástico

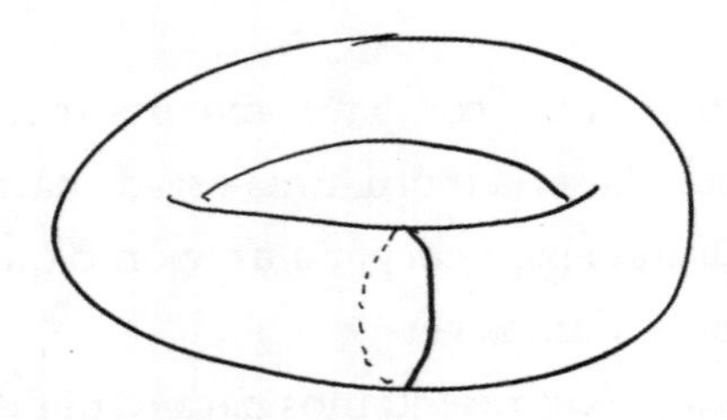

* Espere aí, não foi exatamente isso que Einstein demonstrou que o nosso espaço realmente é? Mais ou menos isso, mas na relatividade estamos fazendo o tipo de geometria em que ângulos são invariantes, enquanto a pergunta de Poincaré envolve o sabor mais solto da geometria, o tipo que temos chamado de topologia (porque é assim que ela é chamada), no qual um círculo e um quadrado e um triângulo são todos a mesma coisa.

** Esse é na verdade o enredo de uma sequência de *Planolândia*, escrito pelo professor escolar holandês Dionys Burger na década de 1950, apropriadamente intitulada *Sphereland* [Esferolândia], na qual a sociedade é abalada pela descoberta de que triângulos muito grandes têm ângulos que somam mais de 180 graus.

que, não importa quanto você o gire em torno da superfície da rosca, não pode ser puxado até fechar. A esfera é outra história: qualquer laço de um barbante sobre sua superfície pode ser contraído até virar um ponto.

É um pouco difícil imaginar isso no nosso próprio mundo tridimensional, mas por que não tentar? Um laço de barbante que você pode segurar na mão pode com certeza ser contraído sem deixar o universo. Mas e uma espaçonave que viaje gigaparsecs da Terra só para se descobrir novamente em casa? Se você pensar nesse trajeto como um laço longo, muito longo no espaço, fica claro que você consegue puxá-lo até que se feche? A geometria em larga escala do universo é, a seu modo, tão inacessível para a nossa observação direta quanto a esquisitice em pequena escala dentro de um elétron.

Poincaré viu que essa noção de laços fecháveis e não fecháveis era realmente fundamental. Sua conjectura era que havia apenas *um* tipo de espaço tridimensional com laços não fecháveis, e é aquele com o qual estamos familiarizados. Basta verificar que todos os laços podem ser puxados de maneira a se fechar, e saberemos tudo que há para saber sobre a forma do espaço.

Para ser sincero, Poincaré não conjecturou exatamente isso. Ele meramente indagou, num artigo de 1904, o ano da exposição, se era realmente assim, sem tomar partido de um lado ou de outro. Talvez tenha sido seu temperamento conservador que fez com que ele evitasse se comprometer; ou talvez tenha sido pelo fato de que, quatro anos antes, ele publicara uma conjectura diferente na mesma linha, a qual o artigo de 1904 mostrou que estava completamente errada. Isso é mais comum do que se poderia pensar. Até mesmo grandes matemáticos dão um monte de palpites errados. Se você nunca dá um palpite errado, isso significa que você não anda dando palpites suficientes sobre as coisas realmente difíceis.

Perelman respondeu à pergunta de Poincaré, cem anos depois, usando métodos que matemáticos mais antigos mal poderiam ter imaginado. Sua prova sobe de nível, explorando a geometria de todas as geometrias, deixando um misterioso espaço tridimensional sem laçadas fluir através do espaço de todos os espaços até se tornar o espaço tridimensional padrão que conhecemos e amamos.

Não é uma prova fácil.

Mas as ideias novas no trabalho de Perelman liberaram uma onda gigantesca de trabalho sobre esses fluxos abstratos — elas alargaram a compreensão dos matemáticos do que a geometria poderia ser. Perelman mesmo não fez parte disso.[9] Tendo lançado sua bomba de conhecimento, ele se recolheu em reclusão no seu pequeno apartamento em São Petersburgo, recusando tanto a medalha Fields quanto o prêmio de 1 milhão de dólares vinculado ao problema pela Fundação Clay.

Quero agora propor um experimento mental. E se a Conjectura de Poincaré tivesse sido provada não por um introvertido geômetra russo mas por uma máquina? Digamos, por um neto de um neto do Chinook, que em vez de resolver problemas de damas tivesse conseguido resolver essa parte da geometria tridimensional. E suponhamos que a prova, como a estratégia perfeita do Chinook para damas, fosse algo ilegível para a mente humana, uma sequência de números ou símbolos formais que podemos verificar que está correta mas que não podemos, em nenhum sentido significativo, entender.

Então, eu diria, apesar do fato de uma das mais famosas conjecturas da geometria ter sido solucionada, definitivamente provada como estando agora e para sempre correta, eu não me importaria. Eu não daria a mínima bola! Porque a questão não é saber o que é verdadeiro ou falso. Verdade e falsidade simplesmente não são tão interessantes. São fatos sem alma. Bill Thurston, o grande navegador de geometrias tridimensionais não euclidianas da era moderna, e o responsável por projetar uma grande estratégia para classificar todas essas geometrias que o trabalho de Perelman teve êxito em completar, não tinha tempo para uma visão industrial da matemática como uma fábrica de verdades: "Não estamos tentando cumprir uma cota abstrata de produção de definições, teoremas e provas. A medida do nosso sucesso é se o que estamos fazendo possibilita *às pessoas* compreender e pensar mais clara e efetivamente sobre a matemática".[10] O matemático David Blackwell aborda o tema com ainda mais franqueza: "Basicamente, não estou interessado em fazer pesquisa e nunca estive", disse ele. "Estou interessado em entender, o que é algo bem diferente."[11]

A geometria é feita de pessoas. Ela dá a sensação de ser universal e eterna, manifestando-se aproximadamente da mesma forma em toda comunidade humana que já existiu; mas também está bem aqui, localizada num tempo e espaço e entre seres humanos. Ela está aqui para nos ensinar coisas — para fazer a casa se expandir.

Blackwell era um probabilista, que fez montes de trabalho com as cadeias de Markov, mas, como Lincoln, como Dove, como Ronald Ross, encontrou inspiração no plano de Euclides. Geometria, disse ele, foi "o único curso que me fez ver que a matemática é realmente bela e cheia de ideias". Ele se recorda de uma prova, talvez até mesmo a prova do *pons asinorum*: "Ainda me lembro do conceito de *linha auxiliar*. Você tem uma proposição que parece muito misteriosa. Alguém desenha uma linha e de repente ela se torna óbvia. Isso é uma coisa linda!".[12]

Meus filhos me derrotaram!

Uma famosa história talmúdica: o forno de Akhnai.[13] Um grupo de rabinos está discutindo acaloradamente, como costumam fazer os grupos de rabinos. O tema em discussão é se um forno cortado em pedaços e depois grudado novamente com argamassa está sujeito às mesmas exatas leis de limpeza ritual que governariam um forno de pedra não cortada. Não importa realmente sobre o que eles discutiam, só que um dos rabinos, Eliezer ben Hircanus, está se apegando a uma opinião minoritária contrária à visão de todos os outros na sala. O clima esquenta. O rabino Eliezer, diz o Talmude, apresenta "todas as provas do mundo", mas seus oponentes não se convencem. Eliezer recorre a formas de demonstração mais dramáticas. "Se a minha interpretação da Torá está correta, que a alfarrobeira o prove!", diz ele. E a árvore próxima arranca sozinha suas raízes da terra e salta cem cúbitos para longe. "Não importa", diz o rabino Yoshua, o líder da oposição, "uma alfarrobeira não é prova." "Tudo bem", diz o rabino Eliezer, "se eu estiver certo, que o riacho o prove!" E o riacho começa a correr para trás em seu curso. "Quem se importa?", dizem os rabinos, "um riacho não é prova." "Se eu estiver certo", diz Eliezer, "que as paredes da academia o provem!" E as paredes começam a se curvar. Mas nem isso impressiona os rabinos do outro lado.

Porém o rabino Eliezer tinha mais uma carta na manga. "Se eu estiver certo sobre a lei da Torá", diz ele, "que o céu prove que estou certo." E a voz de Deus ecoa lá do alto, dizendo: "Por que vocês todos estão criando tanto problema para o rabino Eliezer? Vocês sabem que ele está sempre certo nesses assuntos".

É nessa hora que o rabino Yoshua se levanta e diz: "A voz de Deus não é prova! A Torá não está mais no céu, está aqui na terra, redigida e anotada, e as regras que nos foram dadas são claras; as regras são determinadas pela opinião da maioria, e a maioria se opõe ao ponto de vista do rabino Eliezer".

E Deus ri. "Meus filhos me derrotaram! Meus filhos me derrotaram!", declara, deleitada, a voz celestial, e silencia.

Essa história sobre discordância gera um bocado de discordância. Alguns veem Yoshua como o herói, pela sua postura de arrebatar a autoridade de Deus, como Prometeu. Ele é o advogado local na história, e penso que Abraham Lincoln ficaria do lado dele. Como Herndon, sócio de Lincoln, o descreve: "Ele não tinha remorsos na sua análise de fatos e princípios. Quando todos os exaustivos processos tinham sido repassados, ele podia formar uma ideia e exprimi-la. Mas não antes disso. Ele não tinha fé nem respeito pelo 'diga isto', viesse da tradição ou da autoridade".[14]

Outros preferem Eliezer, por se levantar pelas suas crenças contra uma oposição unificada. Elie Wiesel comenta sobre seu xará rabínico: "Também gosto de Eliezer por causa da sua solidão... Ele era quem ele era, nunca tentava se entregar, permanecia fiel às suas ideias, não importando o que os outros dissessem. Ele estava pronto para ficar só".[15] Isso faz eco a Alexander Grothendieck, que refez a geometria do zero nos anos 1960, e em cujo trabalho chegamos ao final do livro sem tocar — bem, quem sabe da próxima vez —, que recorda seus primeiros dias de estudante em Paris:

> Naqueles anos críticos, aprendi como estar sozinho [...], como tentar alcançar da minha própria maneira as coisas que eu desejava aprender, em vez de

> depender das noções do consenso, abertas ou tácitas, provenientes de um clã mais ou menos extenso do qual eu me via como membro, ou que, por alguma outra razão, reivindicava ser tomado como autoridade. Esse consenso silencioso havia me informado, tanto no liceu como na universidade, que não devemos nos preocupar com aquilo que realmente se queria dizer usando um termo como "volume", que era "obviamente autoevidente", "de conhecimento geral", "sem problemas" etc. É nesse gesto de "ir além", em ser algo em si mesmo em vez de um peão do consenso, na recusa de ficar dentro de um círculo rígido que os outros desenharam em torno de nós — é nesse ato solitário que encontramos a verdadeira criatividade. Todos as outras coisas se seguem como consequência do curso.[16]

E, no entanto, Grothendieck só se tornou Grothendieck por causa do solo fértil da geometria francesa, que alimentou suas ideias, e a aceitação instantânea de suas inovações por dezenas de outros matemáticos do círculo de Paris.

Quando pensamos com verdade e profundidade sobre coisas geométricas — seja querendo mapear o curso de uma pandemia, ou percorrendo a árvore de estratégias que governam um jogo, ou desenvolvendo um protocolo de trabalho para representação democrática, ou compreendendo que coisas caem perto umas das outras, ou tentando visualizar o exterior da casa a partir de dentro, ou, como Lincoln, criticando rigorosamente nossas crenças e premissas —, estamos, de certa maneira, sozinhos. Mas estamos sozinhos junto com todo mundo na Terra. Todo mundo faz geometria de maneira diferente, mas todo mundo faz. É simplesmente, justo como diz o nome, o modo como medimos o mundo, e por conseguinte (somente em geometria costumamos dizer "por conseguinte") o modo como medimos a nós mesmos.

Agradecimentos

Meu agente, Jay Mandel, sua assistente Shian-Ashleigh Edwards, e todos na William Morris Endeavor foram incansáveis em seu incentivo e apoio ao livro desde seus estágios iniciais. E foi um prazer trabalhar de novo com meu editor, Scott Moyers, na Penguin Press. Eles são consistentemente dedicados a publicar livros que os autores se sentem livres para escrever, não a fazer os autores escreverem livros que a casa quer vender. Agradecimentos a toda a equipe de lá, especialmente a Mia Council, Liz Calamari e Shina Patel, e a Laura Stickney na Penguin do Reino Unido, e a Stephanie Ross, que fez a impressionante imagem da capa.

Agradeço a Riley Malone, que no verão passado me escreveu do nada perguntando se eu precisava de uma assistente de pesquisa — eu precisava sim! O livro se beneficiou enormemente das horas que ela passou rastreando respostas para minhas perguntas esquisitas, conferindo meus fatos, e questionando meu fraseado. O editor de texto Greg Villepique passou com perícia por todo o manuscrito original usando um nanopente finíssimo, e me poupou de vários erros factuais constrangedores, inclusive o ano do meu próprio bar mitzvah.

Sou afortunado em poder contar com amigos, conhecidos e estranhos para responder perguntas, ideias de workshops, e me explicar pacientemente direito constitucional e física quântica. Algumas das pessoas que me ajudaram foram Amir Alexander, Martha Alibali, David Bailey, Tom Banchoff, Mira Bernstein, Ben Blum-Smith, Barry Burden, David Carlton, Rita Dove, Charles Franklin, Andrew Gelman, Lisa Goldberg, Margaret Graver, Elisenda Grigsby, Patrick Honner, Katherine Horgan, Mark Hughes, Patrick Iber, Kellie Jeffris, John Johnson, Malia Jones, Derek Kaufman, Emmanuel Kowalski, Justin Levitt, Wanlin Li, os arquivistas da London School of Hygiene and Tropical Medicine, Jeff Mandell, Jonathan Mattingly, Ken Mayer, Lorenzo Najt, Jennifer Nelson, Rob Nowak, Cathy O'Neil, Ben Orlin, Charles Pence, Wes Pegden, Jonathan Schaeffer, Tom Scocca, Ajay Sethi, Jim Stein, Jean-Luc Thiffeault, Charles Walker, Travis Warwick, Amie Wilkinson, Rob Yablon, Tehshik Yoon, Tim Yu e Ajai Zutshi.

Agradecimentos especiais são devidos àqueles que efetivamente leram as seções do livro na sua condição não terminada e nada adorável e as tornaram mais adoráveis: Carl Bergstrom, Meredith Broussard, Stephanie Burt, Alec Davies, Lalit Jain, Adam Kucharski, Greg Kuperberg, Douglas Poland, Ben Recht, Lior Silberman, Steve

Strogatz e, acima de todos, a supereditora Michelle Shih, que leu a maior parte do livro e me ajudou a acreditar que ele fazia sentido.

Sou grato a Moon Duchin por me mostrar que o *gerrymandering* não era só um problema politicamente importante, mas também um problema contendo matemática profunda e interessante, e a Gregory Herschlag por executar uma análise adicional nos dados das eleições de 2018 no Wisconsin.

Como sempre, tenho sorte de trabalhar na Universidade do Wisconsin-Madison, que tem apoiado infalivelmente o meu trabalho como escritor. Um campus como o nosso é simplesmente o ambiente mais agradável para escrever um livro de amplo alcance como este; há um especialista em *tudo* dentro de uma distância percorrível a pé. E também uma porção de lugares para tomar um café.

A primeira pessoa que me ensinou geometria foi Eric Walstein, que morreu de covid-19 em novembro de 2020. Eu gostaria que ele tivesse podido ensinar matemática a mais crianças.

Algo mais que eu gostaria de reconhecer são todas as coisas que teria sido maravilhoso poder introduzir num livro sobre geometria, mas não estão aqui porque esgotei o tempo e o espaço. Eu tinha intenção de escrever sobre "aglutinadores e divisores" [*lumpers* e *splitters*] e a teoria da aglomeração; Judea Pearl e o uso de grafos acíclicos direcionados no estudo da causalidade; cartas de navegação das Ilhas Marshall; exploração predatória versus exploração responsável e bandidos de múltiplos traços; visão binocular em larvas de louva-a-deus; tamanho máximo de um subconjunto de uma grade N por N sem três pontos formando um triângulo isósceles (se na verdade você já resolveu isso, por favor me informe); muito mais sobre dinâmica, começando por Poincaré e passando por bilhar, Sinai e Mirzakhani; muito mais sobre Descartes, que lançou a unificação da álgebra e geometria, e, de algum modo, terminou quase ausente aqui; e muito mais sobre Grothendieck, que levou essa unificação muito mais longe do que Descartes poderia ter sonhado e que, idem, também acabou quase ausente aqui; teoria da catástrofe; a árvore da vida. Fazer geometria no mundo real sempre envolve colocar diante dos olhos ao mesmo tempo o real e o ideal, e escrever livros é mais ou menos a mesma coisa; o ideal deste livro é algo que você e eu teremos que simplesmente imaginar, e espero que você tenha achado a coisa real que tem nas mãos um esboço suficientemente bom.

Um livro é um esforço familiar. Meu filho, CJ, limpou e analisou muitos anos e dados de eleições no Wisconsin, e minha filha, AB, desenhou algumas das figuras, e todo mundo teve paciência comigo quando eu começava a resmungar: por que escrever um livro inteiro sobre um tema que uma proporção substancial das pessoas acredita odiar? E Tanya Schlam, como sempre, foi a parede na qual eu me apoio, e a primeira e última leitora de tudo que você vê nas páginas, suavizando sentenças duras, endireitando passagens enroladas e esclarecendo explicações obscuras. Sem ela, nada disto existiria.

Notas

Introdução: Onde as coisas estão e qual é a aparência delas [pp. 11-9]

1. Do artigo de Benny Shanon "Ayahuasca Visualizations: A Structural Typology", *Journal of Consciousness Studies*, v. 9, n. 2, pp. 10, 2002 — para o caso de você achar que eu estava falando por experiência pessoal.
2. Jillian E. Lauer e Stella F. Lourenco, "Spatial Processing in Infancy Predicts Both Spatial and Mathematical Aptitude in Childhood", *Psychological Science*, v. 27, n. 10, pp. 1291-8, 2016.
3. Ibid.
4. Como citado, por exemplo, em Newton P. Stallknecht, "On Poetry and Geometric Truth", *The Kenyon Review*, v. 18, n. 1, p. 2, 1956. Wordsworth revisou bastante *The Prelude*, e algumas versões do poema trazem nesse ponto "*herself*" em vez de "*itself*".
5. John Newton, *An Authentic Narrative of Some Remarkable and Interesting Particulars in the Life of John Newton*, 4. ed. (Impresso para J. Johnson, 1775), pp. 75-82.
6. Thomas De Quincey, *The Works of Thomas De Quincey*, v. 3-4. Cambridge, MA: Houghton, Mifflin, and Co.; The Riverside Press, 1881, p. 325.
7. Ver a carta de 26 de junho de 1791 da irmã do poeta, Dorothy Wordsworth, para Jane Pollard — em *Letters of the Wordsworth Family From 1787 to 1855*, v. 1, org. William Knight. Cambridge: Ginn and Company, 1907, p. 28 —, que relata o fracasso de Wordsworth ao tentar obter uma bolsa para Cambridge por não ser capaz de se forçar a estudar matemática. "Ele lê italiano, espanhol, francês, grego, latim e inglês, mas nunca abre um livro de matemática."
8. Joan Baum, "On the Importance of Mathematics to Wordsworth", *Modern Language Quarterly*, v. 46, n. 4, p. 392, 1985.
9. Carta de Hamilton ao seu primo Arthur, 4 set. 1822, reproduzida em Robert Perceval Graves, *Life of Sir William Rowan Hamilton*, v. 1. Dublin: Hodges Figgis, 1882, p. 111.
10. Pelo menos assim diz Robert Perceval Graves em seu perfil de Hamilton na *Dublin University Magazine*, v. 19, 1842, p. 95, escrito enquanto seu amigo Hamilton ainda estava vivo, e isso ele repete na página 78 de seu *Life of Sir William Rowan Hamilton*, op. cit. A história aparece em praticamente toda biografia de Hamilton mais recente, todas elas, até onde posso ver, se baseando em Graves como fonte. As cartas de Hamilton descrevem um encontro com Colburn em 1829, e tendo "visto" Colburn realizar feitos de cálculos, mas não encontrei nenhuma carta que se refira

a uma competição; tampouco Colburn menciona tal disputa, ou sequer um encontro com Hamilton, nas suas próprias memórias, citadas em seguida, embora relate com bastante orgulho prodígios de outras crianças em relação às quais se sentiu superior. Será que a competição realmente aconteceu?

11. Zerah Colburn, *A Memoir of Zerah Colburn: Written by Himself. Containing an Account of the First Discovery of His Remarkable Powers; His Travels in America and Residence in Europe; a History of the Various Plans Devised for His Patronage; His Return to this Country, and the Causes which Led Him to His Present Profession; with His Peculiar Methods of Calculation*. Springfield, MA: G. and C. Merriam, 1833, p. 72.
12. Robert Perceval Graves, op. cit., pp. 78-9.
13. Carta de WRH para Eliza Hamilton, 16 set. 1827, citado em R. P. Graves, op. cit., p. 261.
14. Tom Taylor, *The Life of Benjamin Robert Haydon*, v. 1. Londres: Longman, Brown, Green, and Longmans, 1853, p. 385.

1. "Eu voto em Euclides" [pp. 21-47]

1. "Mr. Lincoln's Early Life: How He Educated Himself", *New York Times*, 4 set. 1864. É claro que essa "citação" de Lincoln aqui provém de uma recordação de Gulliver e não pode ser tomada como um registro exato de sua fala.
2. Recordação de Herndon citada em Jesse William Weik, *The Real Lincoln: A Portrait*. Boston: Houghton Mifflin, 1922, p. 240. Fiquei conhecendo a história por meio do maravilhoso livro de Dave Richeson *Tales of Impossibility* (Princeton: Princeton University Press, 2019), que tem tudo o que se possa querer saber sobre a quadratura do círculo, trissecção de ângulos e assim por diante. "Mr. Lincoln's Early Life: How He Educated Himself", *New York Times*, 4 set. 1864. É claro que essa "citação" de Lincoln aqui provém de uma recordação de Gulliver e não pode ser tomada como um registro exato de sua fala.
3. A tradução de *"misurar lo cerchio"* do original como "quadrar o círculo" é convincentemente justificada por R. B. Herzman e G. W. Towsley em "Squaring the Circle: *Paradiso 33* and the Poetics of Geometry", *Traditio*, v. 49, pp. 95-125, 1994.
4. John Aubrey, *Brief Lives, Chiefly of Contemporaries, Set down by John Aubrey, between the Years 1669 & 1696*, v. 1, org. Andrew Clark. Oxford: Oxford University Press, 2016, p. 332. Disponível em: <www.gutenberg.org/files/47787/47787-h/47787- h.htm>.
5. F. Cajori, "Controversies in Mathematics Between Hobbes, Wallis, and Barrow", *Mathematics Teacher*, v. 22, n. 3, p. 150, mar. 1929.
6. Resenha de *Geometry without Axioms, from Quarterly Journal of Education*, v. XIII, p. 105, 1833.
7. Este insight provém de Adam Kucharski, "Euclid as Founding Father", *Nautilus*, 13 out. 2016. Disponível em: <dev.nautil.us/issue/41/selection/euclid-as-founding-father>.

8. Abraham Lincoln, *The Collected Works of Abraham Lincoln*, v. 3, org. Roy P. Basler et al. New Brunswick, NJ: Rutgers University Press, 1953, p. 375. Disponível em: <name.umdl.umich.edu/lincoln3>.
9. Thomas Jefferson, *The Essential Jefferson*, org. Jean M. Yarbrough. Indianápolis: Hackett Publishing, 2006, p. 193.
10. Thomas Jefferson, *The Papers of Thomas Jefferson, Retirement Series*, v. 4, org. J. Jefferson Looney. Princeton: Princeton University Press, 2008, p. 429. Disponível em: <press.princeton.edu/books/ebook/9780691184623/the-papers-of-thomas-jefferson-retirement-series-volume-4>.
11. Sobre a diferença entre a concepção de geometria de Lincoln e a de Jefferson e para quem se destinavam, ver Drew R. McCoy, "An 'Old-Fashioned' Nationalism: Lincoln, Jefferson, and the Classical Tradition", *Journal of the Abraham Lincoln Association*, v. 23, n. 1, pp. 55-67, 2002.
12. Mesmo autor, e mesma resenha, citado anteriormente sobre quadradores do círculo; *Quarterly Journal of Education*, v. XIII, p. 105, 1833. Esse resenhista anônimo era extremamente citável!
13. William George Spencer, *Inventional Geometry: A Series of Problems, Intended to Familiarize the Pupil with Geometrical Conceptions, and to Exercise His Inventive Faculty*. Nova York: D. Appleton, 1877, p. 16. A edição britânica surgiu em 1860.
14. James J. Sylvester, "A Plea for the Mathematician", *Nature*, v. 1, pp. 261-3, 1870.
15. Kenneth E. Brown, "Why Teach Geometry?", *Mathematics Teacher*, v. 43, n. 3, pp. 103-6, 1950. Disponível em: <www.jstor.org/stable/27953519>.
16. H. C. Whitney, *Lincoln the Citizen*. Nova York: Baker & Taylor, 1908, p. 177. Sendo sincero, o exemplo de uma falácia que Whitney menciona depois disso, envolvendo uma questão sobre se uma corporação pode ser dita como tendo uma alma, na realidade não me parece uma falha de lógica dedutiva.
17. Ibid., p. 178.
18. O material de Orlin é do seu artigo de 16 out. 2013, "Two-Column Proofs That Two-Column Proofs Are Terrible", disponível em: <mathwithbaddrawings.com/2013/10/16/two-column-proofs-that-two-column-proofs-are-terrible/>.
19. O material sobre o Comitê de Dez e a história da prova em duas colunas são de P. G. Herbst, "Establishing a Custom of Proving in American School Geometry: Evolution of the Two-Column Proof in the Early Twentieth Century", *Educational Studies in Mathematics*, v. 49, n. 3, pp. 283-312, 2002.
20. Ben Blum-Smith, "Uhm Sayin", disponível em: <researchinpractice.wordpress.com/2015/08/01/uhm-sayin/>.
21. Bill Casselman, "On the Dissecting Table", *Plus Magazine*, 1 dez. 2000. Disponível em: <plus.maths.org/content/dissecting-table>.
22. Henri Poincaré, *The Value of Science*, trad. p/ inglês G. B. Halsted. Nova York: The Science Press, 1907, p. 23.
23. Mitchell J. Nathan et al., "Actions Speak Louder with Words: The Roles of Action and Pedagogical Language for Grounding Mathematical Proof", *Learning and Instruction*, v. 33, pp. 182-93, 2014.

24. Jeremy Gray, *Henri Poincaré: A Scientific Biography*. Princeton: Princeton University Press, 2012, p. 26.

2. Quantos buracos tem um canudo? [pp. 48-67]

1. David Lewis e Stephanie Lewis, "Holes", *Australasian Journal of Philosophy*, v. 48, n. 2, pp. 206-12, 1970.
2. Disponível em: <forum.bodybuilding.com/showthread.php?t=162056763&page=1>.
3. O vídeo tem sido reproduzido em muitos locais on-line, por exemplo, em: <metro.co.uk/2017/11/17/how-many-holes-does-a-straw-have-debate-drives-internet-insane-7088560/>.
4. Disponível em: <www.youtube.com/watch?v=WotYRVQvKbM>.
5. Para dizer a verdade, entre aqueles que fazem bagels há os que formam uma cobrinha e depois juntam as pontas, e os que fazem um bolinho de massa e abrem um buraco no meio, mas decididamente nenhum que remova o meio para fazer um buraco depois da massa já assada sem buraco no meio.
6. Galina Weinstein, "A Biography of Henri Poincaré. 2012 Centenary of the Death of Poincaré", 3 jul. 2012, p. 6. Disponível em: <arxiv.org/pdf/1207.0759.pdf>.
7. Jeremy Gray, *Henri Poincaré: A Scientific Biography*. Princeton: Princeton University Press, 2012, pp. 18-9.
8. June Barrow-Green, "Oscar II's Prize Competition and the Error in Poincaré's Memoir on the Three Body Problem", *Archive for History of Exact Sciences*, v. 48, n. 2, pp. 107-31, 1994.
9. G. Weinstein, op. cit., p. 20.
10. Tobias Dantzig, *Henri Poincaré: Critic of Crisis*. Nova York: Charles Scribner's Sons, 1954, p. 3.
11. J. Gray, op. cit. p. 67.
12. *"La Géométrie est l'art de bien raisonner sur des figures mal faites"*. Henri Poincaré, "Analysis situs", *Journal de l'École Polytechnique*, v. 2, n. 1, p. 2, 1895.
13. T. Dantzig, op. cit., p. 3.
14. Para ser justo com Poincaré, Leopold Vietoris, que estava lá na aurora da topologia e morreu com 110 anos em 2002, diz que Poincaré entendia que buracos formavam um espaço, mas não expressou o fato dessa maneira em seu próprio trabalho por uma questão de "gosto". Eu prefiro o gosto de Noether; Saunders Mac Lane, "Topology Becomes Algebraic with Vietoris and Noether", *Journal of Pure and Applied Algebra* 39, pp. 305-7, 1986. O próprio Vietoris, independentemente de Noether e mais ou menos na mesma época, formalizou a mesma noção; mas naqueles tempos, a matemática que acontecia em Viena não ficava sendo imediatamente conhecida em Göttingen, e vice-versa.

15. Paul Alexandroff e Heinz Hopf, *Topologie I.* V. 1, *Grundbegriffe der Mengentheoretischen Topologie. Topologie der Komplexe Topologische Invarianzsätze und Anschliessende Begriffsbildungen Verschlingungen im n-Dimensionalen Euklidischen Raum Stetige Abbildungen von Polyedern.* Berlim: Springer-Verlag, 1935. Agradeço a Andreas Seeger por ter me ajudado a traduzir este parágrafo para o inglês.
16. O material biográfico sobre Listing é todo ele extraído de Ernst Breitenberger, "Johann Benedikt Listing", *History of Topology*, org. I. M. James, pp. 909-24, Amsterdam: North-Holland, 1999.
17. H. Poincaré, "Analysis situs", p. 1.

3. Dando o mesmo nome a coisas diferentes [pp. 68-81]

1. Carta de W. R. Hamilton ao Rev. Archibald Hamilton, 5 ago. 1865. Disponível em: <https://www.maths.tcd.ie/pub/HistMath/People/Hamilton/Letters/BroomeBridge.html>.
2. De anotações privadas escritas antes da Guerra Civil. Michael Burlingame, *Abraham Lincoln: A Life*. Baltimore: Johns Hopkins University Press, 2013, p. 510.
3. As informações sobre a exposição são em sua maioria tiradas de D. R. Francis, *The Universal Exposition of 1904*, v. 1. St. Louis: Louisiana Purchase Exposition Company, 1913.
4. Henri Poincaré, "The Present and the Future of Mathematical Physics", trad. p/ inglês J. W. Young, *Bulletin of the American Mathematical Society*, v. 37, n. 1, p. 25, dez. 1999.
5. Ibid., p. 38.
6. Colin McLarty, "Emmy Noether's First Great Mathematics and the Culmination of First-Phase Logicism, Formalism, and Intuitionism", *Archive for History of Exact Sciences*, v. 65, n. 1, p. 113, 2011.
7. "Professor Einstein Writes in Appreciation of a Fellow-Mathematician", *New York Times*, p. 12, 4 maio 1935.

4. Um fragmento da Esfinge [pp. 82-119]

1. *St. Louis Post-Dispatch*, p. 3, 17 set. 1904.
2. A data da palestra de Ross pode ser encontrada em Hugo Munsterberg, *Congress of Arts and Science, Universal Exposition, St. Louis, 1904: Scientific Plan of the Congress.* Boston: Houghton, Mifflin, 1905, p. 68.
3. David Rowland Francis, *The Universal Exposition of 1904*, v. 1. St. Louis: Louisiana Purchase Exposition Company, 1913, p. 285.
4. Ronald Ross, "The Logical Basis of the Sanitary Policy of Mosquito Reduction", *Science* 22, n. 570, pp. 689-99, 1905.

5. Houshmand Shirani-Mehr et al., "Disentangling Bias and Variance in Election Polls", *Journal of the American Statistical Association*, v. 113, n. 522, pp. 607-14, 2018. Um dos autores é o estatístico de Columbia Andrew Gelman, cujo blog é o núcleo incandescente da internet quando se trata de comentários estatísticos ácidos. Ver também um relato popular desse artigo por mais dois de seus autores, David Rothschild e Sharad Goel, "When You Hear the Margin of Error Is Plus or Minus 3 Percent, Think 7 Instead", *The New York Times*, 5 out. 2016.
6. Andrew Prokop, "Nate Silver's Model Gives Trump an Unusually High Chance of Winning. Could He Be Right?", *Vox*, 3 nov. 2016. Disponível em: <www.vox.com/2016/11/3/13147678/nate-silver-fivethirtyeight-trump-forecast>.
7. *The New Republic*, 14 dez. 2016.
8. Egon S. Pearson, "Karl Pearson: An Appreciation of Some Aspects of His Life and Work", *Biometrika*, v. 28, n. 3/4, p. 206, dez. 1936. Egon S. Pearson é filho de Karl Pearson.
9. Exceto que, conforme observado, os dados biográficos sobre Pearson nesses dois parágrafos são de M. Eileen Magnello, "Karl Pearson and the Establishment of Mathematical Statistics", *International Statistical Review*, v. 77, n. 1, pp. 3-29, 2009.
10. Carta de 9 jun. 1884, citada em E. S. Pearson, op. cit., p. 207.
11. Carta de 12 nov. 1884, citada em M. Eileen Magnello, "Karl Pearson and the Origins of Modern Statistics: An Elastician Becomes a Statistician", *New Zealand Journal for the History and Philosophy of Science and Technology*, v. 1, 2005. Disponível em: <www.rutherfordjournal.org/article010107.html>.
12. M. Eileen Magnello, "Karl Pearson's Gresham Lectures: W. F. R. Weldon, Speciation and the Origins of Pearsonian Statistics", *British Journal for the History of Science*, v. 29, n. 1, pp. 47-8, mar. 1996.
13. E. S. Pearson, op. cit., p. 213.
14. Ibid., p. 228.
15. Carta de 11 fev. 1895, citada em Stephen M. Stigler, *The History of Statistics*. Cambridge: The Belknap Press of Harvard University Press, 1986, p. 337.
16. Carta de 6 mar. 1895, citada em S. M. Stigler, op. cit, p. 337.
17. "Karl Pearson and Sir Ronald Ross", *Library and Archives Service Blog*. Disponível em: <blogs.lshtm.ac.uk/library/2015/03/27/karl-pearson-and-sir-ronald-ross>.
18. Karl Pearson, "The Problem of the Random Walk", *Nature*, v. 72, p. 342, ago. 1905.
19. Pelo menos assim conta Bernard Bru em Murad S. Taqqu, "Bachelier and His Times: A Conversation with Bernard Bru" (*Finance and Stochastics* 5, n. 1, p. 5, 2001), de onde é extraída a maior parte desse relato. Jean-Michel Courtault et al., in "Louis Bachelier on the Centenary of *Theorie de la Speculation*", *Mathematical Finance*, v. 10, n. 3, pp. 341- 53, jul. 2000, dizem na página 343 que as notas de Bachelier não eram muito boas.
20. Todo o material sobre Poincaré e o caso Dreyfus vem de Gray, *Henri Poincaré*, pp. 166-9.
21. J.-M. Courtault et al., op. cit., p. 348.
22. A história de Bachelier é tirada de M. S. Taqqu, op. cit., pp. 3-32.

23. Louis Bachelier, "Théorie de la Playstation", *Annales Scientifiques de l'É. N. S.*, série 3, tomo 17, 1900, p. 34.
24. Robert Brown, "XXVII. A Brief Account of Microscopical Observations Made in the Months of June, July and August 1827, on the Particles Contained in the Pollen of Plants; and on the General Existence of Active Molecules in Organic and Inorganic Bodies", *Philosophical Magazine*, v. 4, n. 21, p. 167, 1828.
25. O material sobre a Academia Olympia foi extraído da introdução de Maurice Solovine a Albert Einstein, *Letters to Solovine, 1906-1955*. Nova York: Philosophical Library/Open Road, 2011. Solovine se refere a um "trabalho científico de Karl Pearson" não especificado como o primeiro item lido, mas outras fontes identificam isso com *The Grammar of Science*.
26. Fatos e citação sobre Nekrasov são de E. Seneta, "The Central Limit Problem and Linear Least Squares in Pre-Revolutionary Russia: The Background", *Math Scientist*, v. 9, p. 40, 1984.
27. Eugene Seneta, "Statistical Regularity and Free Will: L. A. J. Quetelet and P. A. Nekrasov", *International Statistical Review/Revue Internationale de Statistique*, v. 71, n. 2, p. 325, ago. 2003.
28. Gely P. Basharin, A. N. Langville e V. A. Naumov, "The Life and Work of A. A. Markov", *Linear Algebra and Its Applications*, v. 386, p. 8, 2004.
29. E. Seneta, "Statistical Regularity and Free Will", op. cit., p. 331.
30. A história dos sapatos é de G. P. Basharin, A. N. Langville e V. A. Naumov, "The Life and Work of A. A. Markov", p. 8. A relação do Kubu, que enviava os sapatos, com o partido é de N. Kremenstov, "Big Revolution, Little Revolution: Science and Politics in Bolshevik Russia", *Social Research*, v. 73, n. 4, pp. 1173-204, Baltimore: Johns Hopkins University Press, 2006.
31. E. Seneta, "Statistical Regularity and Free Will", op. cit., pp. 322-3.
32. G. P. Basharin, A. N. Langville e V. A. Naumov, op. cit., p. 13.
33. Peter Norvig, "English Letter Frequency Counts: Mayzner Revisited, or ETAOIN SRHLDCU", 2013. Disponível em: <norvig.com/mayzner.html>. Algumas das frequências de bigramas e trigramas são tiradas do artigo anterior de Norwich "Natural Language Corpus Data", em T. Segaran e J. Hammerbacher (Orgs.), *Beautiful Data*, Sebastopol, CA: O'Reilly, 2009.
34. Claude E. Shannon, "A Mathematical Theory of Communication", *Bell System Technical Journal*, v. 27, n. 3, p. 388, 1948.
35. Todo o texto gerado por cadeia de Markov aqui foi executado pelo divertidíssimo "Drivel Generator" de Brian Hayes, acessível em: <bit-player.org/wp- content/extras/drivel/drivel.html>, usando dados de nomes públicos de bebês da U.S. Social Security Administration. Uma tentativa mais séria das práticas de Markovize de dar nomes a bebês atribuiria pesos aos nomes conforme a frequência com que são usados; eu simplesmente usei toda a lista de nomes sem dar qualquer atenção a quais eram populares. Ver Brian Hayes, "First Links in the Markov Chain" (*American Scientist*, v. 101, n. 2, p. 252, 2013), que cobre parte do mesmo terreno que esta seção e tem figuras realmente bonitas.

5. "Seu estilo era a invencibilidade" [pp. 120-69]

1. L. Renner, "Crown Him, His Name Is Marion Tinsley", *Orlando Sentinel*, 27 abr. 1985.
2. Gary Belsky, "A Checkered Career", *Sports Illustrated*, 28 dez. 1992.
3. O material biográfico sobre os primeiros tempos da vida de Tinsley provém em sua maior parte de Jonathan Schaeffer, *One Jump Ahead*. Nova York: Springer-Verlag, 1997, pp. 127-33. Parte do material sobre Tinsley vs. Chinook também foi extraído de A. Madrigal, "How Checkers Was Solved", *Atlantic*, 19 jul. 2017.
4. L. Renner, "Crown Him, His Name Is Marion Tinsley".
5. J. Schaeffer, op. cit., p. 1.
6. Ibid., p. 194.
7. Citado em J. Propp, "Chinook", *American Chess Journal*, nov. 1997. Disponível em: <http://www.chabris.com/pub/acj/extra/Propp/Propp01.html>.
8. Matt Groening, *Life in Hell*, 1977-2012.
9. Esta é a figura 6 de Ronald S. Chamberlain, "Essential Functional Hepatic and Biliary Anatomy for the Surgeon", *IntechOpen*, 13 fev. 2013. Disponível em: <www.intechopen.com/books/hepatic-surgery/essential-functional-hepatic-and-biliarya-natomy-for-the-surgeon>.
10. Da Galeria de Arte Walters. Disponível em: <www.thedigitalwalters.org/Data/WaltersManuscripts/W72/data/W.72/sap/W72_000056_sap.jpg>.
11. Ahmet G. Agargün e Colin R. Fletcher, "Al-Fārisī and the Fundamental Theorem of Arithmetic", *Historia Mathematica*, v. 21, n. 2, pp. 162-73, 1994.
12. Lisa Rougetet, "A Prehistory of Nim", *College Mathematics Journal*, v. 45, n. 5, pp. 358-63, 2014.
13. Patricia Fajardo-Cavazos et al., "Bacillus Subtilis Spores on Artificial Meteorites Survive Hypervelocity Atmospheric Entry: Implications for Lithopanspermia", *Astrobiology*, v. 5, n. 6, pp. 726-36, dez. 2005. Disponível em: <www.ncbi.nlm.nih.gov/pubmed/16379527>.
14. Jessica Wang, "Science, Security, and the Cold War: The Case of E. U. Condon", *Isis*, v. 83, n. 2, p. 243, 1992.
15. "Fair's Ticket Sale Is 'Huge Success,' with Late Rush On", *The New York Times*, p. 9, 6 maio 1940. O material sobre o sr. Nimatron é seguido por um anúncio de que Elsie, "a estrela bovina do Mundo dos Laticínios de Amanhã de Borden", está começando a sua residência na feira, exposta num "boudoir especial de vidro".
16. Edward U. Condon, "The Nimatron", *American Mathematical Monthly*, v. 49, n. 5, p. 331, 1942.
17. S. Barry Cooper e J. Van Leeuwen, *Alan Turing*. Amsterdam: Elsevier Science & Technology, 2013, p. 626.
18. Ibid.
19. Na realidade parece haver alguma disputa sobre o jogo de xadrez teoricamente mais longo possível, mas 5,898 é o número que me parece mais comumente ale-

gado. A partida de 269 movimentos foi jogada em 1989 em Belgrado entre Ivan Nikolić e Goran Arsović. Na notação usual do xadrez um "movimento" consiste em suas peças se movendo, uma para cada jogador; então o trajeto desse jogo na árvore do xadrez na verdade teria 538 ramos.

20. Robert Lowell, "For the Union Dead" (1960), do seu livro de 1964 com o mesmo título. Pode-se ler o poema em: <www.poetryfoundation.org/poems/57035/for-the-union-dead>.

21. Provado em 1988, quase simultaneamente por James D. Allen e Victor Allis. Ver a tese de mestrado de Allis: Victor Allis, "A Knowledge-Based Approach of Connect--Four — The Game is Solved: White Wins" (Amsterdam: Vrije Universiteit, 1988, Tese de mestrado).

22. Claude E. Shannon, "XXII. Programming a Computer for Playing Chess", *London, Edinburgh, and Dublin Philosophical Magazine and Journal of Science*, v. 41, n. 314, pp. 256-75, 1950.

23. Imagem de C. J. Mendelsohn, "Blaise de Vigenère and the Chiffre Carré", *Proceedings of the American Philosophical Society*, v. 82, n. 2, p. 107, 22 mar. 1940.

24. Stephen M. Stigler, "Stigler's Law of Eponymy", *Transactions of the New York Academy of Sciences*, v. 39, pp. 147- 58, 1980.

25. A informação sobre Vigenère aqui é toda tirada de C. J. Mendelsohn, op. cit.

26. Augusto Buonafalce, "Bellaso's Reciprocal Ciphers", *Cryptologia*, v. 30, n. 1, pp. 40-7, 2006.

27. C. J. Mendelsohn, op. cit., p. 120.

28. Cristina Flaut et al., "From Old Ciphers to Modern Communications", *Advances in Military Technology*, v. 14, n. 1, p. 81, 2019.

29. *William Rattle Plum, The Military Telegraph During the Civil War in the United States: With an Exposition of Ancient and Modern Means of Communication, and of the Federal and Confederate Cipher Systems; Also a Running Account of the War Between the States*, v. 1. Chicago: Jansen, McClurg, 1882, p. 37.

30. Nigel Smart, "Dr Clifford Cocks CB", citação de doutorado honorário, Universidade de Bristol, 19 fev. 2008. Disponível em: <www.bristol.ac.uk/graduation/honorary-degrees/hondeg08/cocks.html>.

31. De *Pryme Knumber*, um romance de 2012 do autor e candidato a subgovernador do Wisconsin Matt Flynn. Na sequência de 2017, Bernie prova a Hipótese de Riemann e precisa fugir correndo da inteligência chinesa. A razão de ser engraçado é que não podem fatorar números primos — eles são primos!

32. Brian Christian, *The Most Human Human*. Nova York: Doubleday, 2011, p. 124. Christian, junto com muitas outras fontes, diz que havia quarenta jogos, dos quais 21 eram o mesmo jogo, mas muita gente nos fóruns de damas parece pensar agora que 28/50 está correto.

33. Jim Propp, "Chinook", *American Chess Journal* (1997), publicado originalmente no site da ACJ. Disponível em: <www.chabris.com/pub/acj/extra/Propp/Propp01.html>.

34. Citado em *The Independent*, 17 ago. 1992; de J. Schaeffer, op. cit., p. 285.
35. "Go Master Lee Says He Quits Unable to Win Over AI Go Players", Agência de Notícias Yonhap, 27 nov. 2019. Disponível em: <en.yna.co.kr/view/AEN20191127004800315>.
36. "Checkers Group Founder Pleads Guilty to Money Laundering Charges", Associated Press State & Local Wire, 30 jun. 2005. Disponível em: <advance-lexis-com/api/document?collection=news&id=urn:contentItem:4GHN-NTJ0-009FS3X-V-00000-00&context=1516831>.
37. "King Him Checkers? Child's Play. Unless You're Thinking 30 Moves Ahead. Like a Mathematician. This Mathematician", *Orlando Sentinel*, 7 abr. 1985.
38. Martin Sandbu, "Lunch with the FT: Magnus Carlsen", *Financial Times*, 7 dez. 2012.
39. Citado em *Conversations with Tyler* (podcast), episódio 22 maio 2017.
40. Ibid.

6. O misterioso poder de tentativa e erro [pp. 170-93]

1. Colin R. Fletcher, "A Reconstruction of the Frénicle-Fermat Correspondence of 1640", *Historia Mathematica*, v. 18, pp. 344-51, 1991.
2. André Weil, *Number Theory: An Approach Through History from Hammurabi to Legendre*. Boston: Birkhäuser, 1984, p. 56.
3. A. J. Van Der Poorten, *Notes on Fermat's Last Theorem*. Nova York: Wiley, 1996, p. 187.
4. A. Weil, op. cit., p. 104.
5. Weil sugere que os dois cautelosamente ocultavam um do outro seus teoremas mais fortes, e talvez intencionalmente escrevessem enunciados enganosos para impedir o oponente de ficar com a melhor mão de cartas. A. Weil, op. cit., p. 63.
6. Qi Han e Man-Keung Siu, "On the Myth of an Ancient Chinese Theorem About Primality", *Taiwanese Journal of Mathematics*, v. 12, n. 4, pp. 941-9, jul. 2008.
7. J. H. Jeans, "The Converse of Fermat's Theorem", *Messenger of Mathematics*, v. 27, p. 174, 1898.
8. A história do turco mecânico é amplamente narrada, e com muitos detalhes, por exemplo em Tom Standage, *The Turk: The Life and Times of the Famous Eighteenth--Century Chess-Playing Machine*. Nova York: Berkley, 2002. A melhor história sobre o turco, contada por Alan Turing no artigo "Digital Computers Applied to Games", em *Faster Than Thought*, org. B. V. Bowden (Londres: Sir Isaac Pitman & Sons, 1932), é que o esquema foi exposto quando alguém gritou "Fogo" durante o jogo, o que fez com que o homem dentro da máquina fizesse uma apressada saída pública. No entanto, não consigo encontrar nenhuma razão convincente para achar que essa história seja verdadeira, e por isso ela fica relegada a estas notas finais.
9. Toda a informação sobre o problema da ruína do jogador e a correspondência entre Pascal e Fermat a respeito do assunto é de A. W. F. Edwards, "Pascal's Problem: The 'Gambler's Ruin'", *International Statistical Review/Revue Internationale de Statistique*, v. 51, n. 1, pp. 73-4, abr. 1983.

10. Alexandre Sokolowski, "June 24, 2010: The Day Marathon Men Isner and Mahut Completed the Longest Match in History", *Tennis Majors*, 24 jun. 2010. Disponível em: <www.tennismajors.com/our-features/on-this-day/june-24-2010-the-daymarathon-men-isner-and-mahut-completed-the-longest-match-in-history-267343.html>.
11. Greg Bishop, "Isner and Mahut Wimbledon Match, Still Going, Breaks Records", *The New York Times*, 23 jun. 2010.
12. O material sobre formatos alternativos para a Série Mundial é adaptado de J. Ellenberg, "Building a Better World Series", *Slate*, 29 out. 2004. Disponível em: <slate.com/human-interest/2004/10/a-better-way-to-pick-the-best-team-in-baseball.html>.
13. Sylvain Gelly et al., "The Grand Challenge of Computer Go: Monte Carlo Tree Search and Extension", *Communications of the ACM*, v. 55, n. 3, pp. 106-13, 2012.

7. Inteligência artificial como montanhismo [pp. 194-218]

1. MSNBC, *Velshi & Ruhle*, 11 fev. 2019. Disponível em: <www.msnbc.com/velshi-ruhle/watch/trump-to-sign-an-executive-order-launching-an-ai-initiative-1440778307720>.
2. Apenas para os fãs de cálculo: se $f(x, y)$ é a função que estamos maximizando, a fórmula para a derivada de uma função implícita nos diz que a tangente à curva $f(x, y) = c$ (também conhecida como a reta no mapa topográfico) tem inclinação $-(df/dx)/(df/dy)$, enquanto o gradiente é o vetor $(df/dx, df/dy)$, que é ortogonal à tangente.
3. Frank Rosenblatt, "The Perceptron: A Probabilistic Model for Information Storage and Organization in the Brain". *Psychological Review*, v. 65, n. 6, p. 386, 1958. A percepção de Rosenblatt era uma generalização de um modelo menos refinado de processamento neural desenvolvido nos anos 1940 por Warren McCulloch e Walter Pitts.
4. Palestra 2c das notas de Geoffrey Hinton para "Neural Networks for Machine Learning". Disponível em: <www.cs.toronto.edu/~tijmen/csc321/slides/lecture_slides_lec2.pdf>.
5. Para a relação familiar entre os dois Hinton ver K. Onstad, "Mr. Robot", *Toronto Life*, 28 jan. 2018.

8. Você é seu próprio primo-irmão negativo, e outros mapas [pp. 219-31]

1. Dmitri Tymoczko, *A Geometry of Music*. Nova York: Oxford University Press, 2010.
2. Seymour Rosenberg, Carnot Nelson e P. S. Vivekananthan, "A Multidimensional Approach to the Structure of Personality Impressions", *Journal of Personality and Social Psychology*, v. 9, n. 4, p. 283, 1968. Mas eu li sobre o assunto quando criança no capítulo "The Meaning of Words", de Joseph Kruskal, no livro *Statistics: A Guide*

to the Unknown, org. Judith Tanur (Oakland: Holden-Day, 1972), uma grande obra de exposição matemática cujas lições permanecem vivas até hoje e que deveria ser lida por mais gente.

3. Estou aqui me referindo a *DW-Nominative scores*, desenvolvidos por Keith Poole e Howard Rosenthal e disponíveis em: <voteview.com>. O método de produzir esses escores na verdade não é escalamento multidimensional e não envolve, estritamente falando, a noção de "distância" entre legisladores; para mais detalhes, ver Keith T. Poole e Howard Rosenthal, "D-Nominate After 10 Years: A Comparative Update to Congress: A Political-Economic History of Roll-Call Voting", *Legislative Studies Quarterly*, v. 26, n. 1, pp. 5-29, fev. 2001.
4. A fonte de todos esses nomes é o meu laptop; os vetores de palavras produzidos pelo Word2vec podem ser baixados gratuitamente e você mesmo pode brincar com eles no Python.

9. Três anos de domingos [pp. 232-8]

1. O que eu digo sobre "parecer estúpido" é em grande parte inspirado por um fio do Twitter postado pelo meu colega Sami Schalk (@DrSamiSchalk) em 8 de maio de 2019.
2. Andrew Granville, *Number Theory Revealed: An Introduction*. Pawtucket, RI: American Mathematical Society, 2019, p. 194.
3. Usando o comando ntheory.factorint no pacote SymPy do Python, caso você queira verificar por si mesmo o quanto ele é rápido.
4. Andrew Trask et al., "Neural Arithmetic Logic Units", *Advances in Neural Information Processing Systems*, v. 31, NeurIPS Proceedings 2018, org. S. Bengio et al. Disponível em: <arxiv.org/abs/1808.00508>. A introdução explica como arquiteturas tradicionais de redes neurais fracassam neste problema específico, e o corpo principal do artigo sugere um possível modo de consertar isto.
5. CBS, "The Thinking Machine" (1961), YouTube, 16 jul. 2018. David Wayne e Jerome Wiesner de 1'40" a 1'50" da compilação de vídeo. Disponível em: <www.youtube.com/watch?time_continue=154&v=cvOTKFXpvKA&feature=emb_title>.
6. Lisa Piccirillo, "The Conway Knot Is Not Slice", *Annals of Mathematics*, v. 191, n. 2, pp. 581-91, 2020. Para um relato não técnico da descoberta de Piccirillo, ver E. Klarreich, "Graduate Student Solves Decades-Old Conway Knot Problem", *Quanta*, 19 maio 2020. Disponível em: <www.quantamagazine.org/graduate-student-solves-decades-old-conway-knot-problem-20200519>.
7. Jordan S. Ellenberg e Dion Gijswijt, "On Large Subsets of F n/q with No Three--Term Arithmetic Progression", *Annals of Mathematics*, pp. 339-43, 2017.
8. Mark C. Hughes, "A Neural Network Approach to Predicting and Computing Knot Invariants", *Journal of Knot Theory and Its Ramifications*, v. 29, n. 3, p. 2050005, 2020.

10. O que aconteceu hoje acontecerá amanhã [pp. 239-76]

1. Ronald Ross, *Memoirs, with a Full Account of the Great Malaria Problem and Its Solution*. Londres: J. Murray, 1923, p. 491.
2. Eileen Magnello, *The Road to Medical Statistics*. Leiden: Brill, 2002, p. 111.
3. Mary E. Gibson, "Sir Ronald Ross and His Contemporaries", *Journal of the Royal Society of Medicine*, v. 71, n. 8, p. 611, 1978.
4. Edwin Nye e Mary Gibson, *Ronald Ross: Malariologist and Polymath: A Biography*. Berlim: Springer, 1997, p. 117.
5. R. Ross, op. cit., p. 233-4.
6. Ibid., p. 49.
7. Quase idêntico a "A única educação verdadeira e é autoeducação", de *Inventional Geometry*, de William Spencer — poderia Ross ter lido?
8. R. Ross, op. cit., p. 50.
9. Ibid., p. 8.
10. Essa citação, e muito do resto do material sobre Ross, Hudson e a teoria dos acontecimentos, deve muito a *The Rules of Contagion*, de Adam Kucharski. Nova York: Basic Books, 2020.
11. Hilda P. Hudson, "Simple Proof of Euclid II, 9 and 10", *Nature*, v. 45, pp. 189-90, 1891.
12. H. P. Hudson, *Ruler & Compasses*. Londres: Longmans, Green, 1916.
13. H. P. Hudson, "Mathematics and Eternity", *Mathematical Gazette* 12, n. 174, pp. 265-70, 1925.
14. Ibid.
15. Luc Brisson e Salomon Ofman, "The Khora and the Two-Triangle Universe of Plato's *Timaeus*" (pré-impressão, 2020), arXiv:2008.11947, p. 6.
16. Platão, *Timaeus*, trad. p/inglês Donald J. Zeyl. Indianapolis: Hackett Publishing, 2000, p. 17.
17. Valores de R_0 são de P. van den Driessche, "Reproduction Numbers of Infectious Disease Models", *Infectious Disease Modelling*, v. 2, n. 3, pp. 288-303, ago. 2017.
18. Essas figuras são feitas por Cosma Shalizi, um estatístico e teórico de redes maravilhosamente opinativo, e aparecem em suas notas de aula sobre epidemia. Disponível em: <www.stat.cmu.edu/~cshalizi/dm/20/lectures/special/epidemics.html#(16)>.
19. M. I. Meltzer, I. Damon, J. W. LeDuc e J. D. Millar, "Modelling Potential Responses to Smallpox as a Bioterrorist Weapon", *Emerging Infectious Diseases*, v. 7, n. 6, pp. 959-69, 2001.
20. Mike Stobbe, "CDC's Top Modeler Courts Controversy with Disease Estimate", Associated Press, 10 ago. 2015.
21. Parte do material desta seção é adaptado de Jordan Ellenberg, "A Fellow of Infinite Jest", *The Wall Street Journal*, 14 ago. 2015.
22. István Hargittai, "John Conway, Mathematician of Symmetry and Everything Else", *Mathematical Intelligencer*, v. 23, n. 2, pp. 8-9, 2001.

23. Richard H. Guy, "John Horton Conway: Mathematical Magus", *Two-Year College Mathematics Journal*, v. 13, n. 5, pp. 290-9, nov. 1982.
24. Donald Knuth, *Surreal Numbers: How Two Ex-Students Turned on to Pure Mathematics and Found Total Happiness*. Boston: Addison-Wesley, 1974. O livro de Knuth apresenta o novo sistema numérico de Conway, mas a ligação entre esses números com jogos vem no livro de Conway de 1976 *On Numbers and Games*.
25. Essa é a Figura 1 em John H. Conway, "An Enumeration of Knots and Links, and Some of Their Algebraic Properties". In: *Computational Problems in Abstract Algebra*. Oxford: Pergamon, 1970, p. 330.
26. John H. Conway e C. McA. Gordon, "Knots and Links in Spatial Graphs", *Journal of Graph Theory*, v. 7, n. 4, pp. 445-53, 1983. Este artigo possui vários teoremas, inclusive aquele descrito no livro, que também foi provado por Horst Sachs.
27. Todas as estatísticas nesta seção são de Dana Mackenzie, "Race, covid Mortality, and Simpson's Paradox", *Causal Analysis in Theory and Practice* (blog). Disponível em: <causality.cs.ucla.edu/blog/index.php/2020/07/06/race-covid-mortality-and-simpsons-paradox-by-dana-mackenzie>. Os números enquanto escrevo isto (set. de 2020) não são os mesmos, mas aparecem para mostrar o mesmo efeito paradoxal de Simpson.
28. Esta seção é adaptada de Jordan Ellenberg, "Five People. One Test. This Is How You Get There", *The New York Times*, 7 maio 2020.
29. Paul de Kruif, "Venereal Disease", *The New York Times*, p. 74, 23 nov. 1941.
30. A informação biográfica sobre Dorfman e a história da testagem de grupo é tirada de "Economist Dies at 85", *Harvard Gazette*, 18 jul. 2002, e Dingzhu Du e Frank K. Hwang, *Combinatorial Group Testing and Its Applications* (Series on Applied Mathematics v. 12). Singapura: World Scientific, 2000, pp. 1-4.
31. Robert Dorfman, "The Detection of Defective Members of Large Populations", *Annals of Mathematical Statistics*, v. 14, n. 4, pp. 436-40, dez. 1943.
32. D. Du e F. Hwang, op. cit., p. 3.
33. Katrin Bennhold, "A German Exception? Why the Country's Coronavirus Death Rate Is Low", *The New York Times*, 5 abr. 2020.
34. J. Ellenberg, "Five People. One Test. This Is How You Get There", op. cit.
35. Reportagem da bbc em 8 de junho de 2000. Disponível em: <www.bbc.com/news/world-asia-china-52651651>.
36. James Norman Davidson, "William Ogilvy Kermack, 1898-1970", *Biographical Memoirs of Fellows of the Royal Society*, v. 17, pp. 413-4, 1971.
37. M. Takayasu et al., "Rumor Diffusion and Convergence During the 3.11 Earthquake: A Twitter Case Study", *PLoS ONE*, v. 10, n. 4, p. 1-18, 2015. Em "The covid-19 Social Media Infodemic" (pré-impressão 2020), M. Cinelli e colegas argumentam que a disseminação da informação em torno do início da pandemia de covid-19 deveria ser similarmente analisada, e que rumores no Instagram têm um R_0 mensuravelmente mais elevado que os do Twitter.

38. O material sobre prosódia indiana é de Parmanand Singh, "The So-Called Fibonacci Numbers in Ancient and Medieval India", *Historia Mathematica*, v. 12, n. 3, pp. 229-44, 1985.
39. Henri Poincaré, "The Present and the Future of Mathematical Physics", trad. p/ inglês J. W. Young, *Bulletin of the American Mathematical Society*, v. 37, n. 1, p. 26, 1999.

11. A terrível lei do aumento [pp. 277-300]

1. Y. Furuse, A. Suzuki e H. Oshitani, "Origin of Measles Virus: Divergence from Rinderpest Virus Between the 11th and 12th Centuries", *Virology Journal*, v. 7, n. 52, 2010. Disponível em: <doi.org/10.1186/1743-422X-7-52>.
2. S. Matthews, "The Cattle Plague in Cheshire, 1865-1866", *Northern History*, v. 38, n. 1, pp. 107-19, 2001. Disponível em: <doi.org/10.1179/nhi.2001.38.1.107>.
3. A. B. Erickson, "The Cattle Plague in England, 1865-1867", *Agricultural History*, v. 35, n. 2, p. 97, abr. 1961.
4. A história de Snow, Farr e a epidemia de cólera é muito contada; este relato é tirado de N. Paneth et al., "A Rivalry of Foulness: Official and Unofficial Investigations of the London Cholera Epidemic of 1854", *American Journal of Public Health*, v. 88, n. 10, pp. 1545-53, out. 1998.
5. British Medical Association, *British Medical Journal*, v. 1, n. 269, p. 207, 1866.
6. General Register Office, *Second Annual Report of the Registrar-General of Births, Deaths, and Marriages in England*. Londres: W. Clowes and Sons, 1840, p. 71.
7. Ibid., p. 91.
8. Ibid., p. 95.
9. O método estilo Farr de "feche os olhos e finja que é uma progressão aritmética" não é a única opção; uma abordagem semelhante chamada método de Newton (baseada, como o nome sugere, no cálculo) produz uma aproximação de 5,4 neste caso, praticamente tão boa quanto $5 + 4/11$, e se sai notavelmente melhor para números cuja raiz quadrada é muito próxima de um número inteiro. Ser o Grande Raizão Quadrado requer versatilidade de recursos.
10. A informação sobre os primórdios da história da interpolação é de E. Meijering, "A Chronology of Interpolation: From Ancient Astronomy to Modern Signal and Image Processing", *Proceedings of the IEEE*, v. 90, n. 3, pp. 319-42, 2002.
11. Charles Babbage, *Passages from the Life of a Philosopher*. Londres: Longman, Green, 1864, p. 17.
12. Ibid, p. 42.
13. De qualquer modo, é o meu melhor palpite. Hassett não apresentou o mecanismo exato que produziu sua curva, apenas denominou-a "ajuste cúbico", mas encaixar um polinômio cúbico no registro dos números observados, que é o que Farr fez, me forneceu um acerto muito bom para a curva do press release.
14. Justin Wolfers (@JustinWolfers), Twitter, 28 mar. 2020, 14h30.

15. British Medical Association, *British Medical Journal*, v. 1, n. 269, pp. 206-7, 1866.
16. O Gateway Arch, do arquiteto Eero Saarinen, na realidade é uma "catenária achatada". Ver R. Osserman, "How the Gateway Arch Got Its Shape", *Nexus Network Journal*, v. 12, n. 2, pp. 167-89, 2010.
17. Robert Plot e Michael Burghers, *The Natural History of Oxford-Shire: Being an Essay Towards the Natural History of England* (Impresso no Teatro em Oxford, 1677), pp. 136-9. Biodiversoty Heritage Library. Disponível em: <www.biodiversitylibrary.org/item/186210#page/11/mode/1up>.
18. Zeynep Tufekci, "Don't Believe the COVID-19 Models", *Atlantic*, 2 abr. 2020. Disponível: <www.theatlantic.com/technology/archive/2020/04/coronavirus-models-arent-supposed-be-right/609271>.
19. Foto de Jim Mone/ Associated Press. Disponível em: <journaltimes.com/news/national/photos-protesters-rally-against-coronavirus-restrictions-in-gatherings-across-us/collection_b0cd8847-b8f4-5fe0-b2c3-583fac7ec53a.html#48>.
20. Yarden Katz, "Noam Chomsky on Where Artificial Intelligence Went Wrong", *Atlantic*, 10 nov. 2012. Disponível em: <www.theatlantic.com/technology/archive/2012/11/noam-chomsky-on-where-artificial-intelligence-went-wrong/261637/>, e o combativo, mas muito informativo, Peter Norvig, "On Chomsky and the Two Cultures of Statistical Learning". Disponível em: <norvig.com/chomsky.html>.

12. A fumaça na folha [pp. 301-39]

1. J. Conway, "The Weird and Wonderful Chemistry of Audioactive Decay", *Eureka*, v. 46, jan. 1986.
2. Karl Fink, *A Brief History of Mathematics: An Authorized Translation of Dr. Karl Fink's* Geschichte der Elementarmathematik, 2. ed., trad. p/ inglês Wooster Woodruff Beman e David Eugene Smith. Chicago: Open Court Publishing, 1903, p. 223.
3. H. Becker, "An Even Earlier (1717) Usage of the Expression 'Golden Section'", *Historia Mathematica*, v. 49, pp. 82-3, nov. 2019.
4. A informação sobre Zu Chongzhi e *milü* é de L. Lay-Yong e A. Tian-Se, "Circle Measurements in Ancient China". *Historia Mathematica*, v. 13, pp. 325-40, 1986.
5. De uma resenha de *Geschichte der Elementär-Mathematik in Systematischer Darstellung* publicada em *Nature*, v. 69, n. 1792, pp. 409-10, 1904; a resenha é assinada com apenas GBM, porém Matthews é o membro óbvio da Royal Society a ter escrito isto. Agradeço a Jennifer Nelson pelo trabalho de detetive feito aqui.
6. O livro de Mario Livio *The Golden Ratio* (Nova York: Broadway Books, 2002) é bastante definitivo sobre a longa história de alegações de que obras de arte canônicas são secretamente áureas em sua natureza.
7. Edwin I. Levin, "Dental Esthetics and the Golden Proportion", *Journal of Prosthetic Dentistry*, v. 40, n. 3, pp. 244-52, 1978.

8. Julie J. Rehmeyer, "A Golden Sales Pitch", Math Trek, *Science News*, 28 jun. 2007. Disponível em: <www.sciencenews.org/article/golden-sales-pitch>.
9. Steven Lanzalotta, *The Diet Code*. Nova York: Grand Central, 2006. As reais recomendações do livro não são puramente de razão áurea, mas também envolvem o número 28, que "variadamente representa o ciclo lunar, uma era iogue de desenvolvimento espiritual, uma das medidas do cúbito egípcio e uma fundamental coordenada de cálculo dos maias". Disponível em: <www.diet-code.com/f_the-code/right_ proportions.htm>.
10. Disponível em muitos lugares na internet, por exemplo em: <www.goldennumber.net/wp-content/uploads/pepsi-arnell-021109.pdf>.
11. O material biográfico sobre Elliott é tirado do perfil de 64 páginas que abre o livro *R. N. Elliott's Masterworks: The Definitive Collection*, org. Robert R. Prechter Jr. Gainesville, GA: New Classics Library, 1994.
12. Ralph Nelson Elliott, *The Wave Principle* (s/e, 1938), p. 1.
13. Todo o material sobre Babson é de Martin Gardner, *Fads and Fallacies in the Name of Science*, capítulo 8. Mineola, NY: Dover Publications, 1957. O rancor de Babson contra a gravidade parece ter brotado de um acidente na infância no qual sua irmã se afogou, como ele próprio relata em seu ensaio "Gravity: Our Enemy Number One".
14. Merrill Lynch, *A Handbook of the Basics: Market Analysis Technical Handbook*, 2007, p. 48.
15. Paul Vigna, "How to Make Sense of This Crazy Market? Look to the Numbers", *The Wall Street Journal*, 13 abr. 2020.
16. James Joseph Sylvester, "The Equation to the Secular Inequalities in the Planetary Theory", *Philosophical Magazine*, v. 16, n. 100, p. 267, 1883.
17. Há uma porção de artigos sobre isto, mas um particularmente influente é a pré-impressão de M. G. M. Gomes et al., "Individual Variation in Susceptibility or Exposure to SARS- CoV-2 Lowers the Herd Immunity Threshold", medarXiv (2020). Disponível em: <doi.org/10.1101/2020.04.27.20081893>.
18. Robert B. Ash e Richard L. Bishop, "Monopoly as a Markov Process", *Mathematics Magazine*, v. 45, n. 1, pp. 26-9, 1972. Um artigo posterior traz a mesma computação e obtém números ligeiramente diferentes, por razões que não entendo totalmente, mas concordo que a avenida Illinois é a propriedade visitada com mais frequência. Paul R. Murrell, "The Statistics of Monopoly", *Chance*, v. 12, n. 4, pp. 36-40, 1999.
19. Fiquei sabendo pela primeira vez sobre esse tipo de argumento não no contexto da física quântica, mas num seminário sobre geometria não comutativa dado por Tom Nevins, um magnífico geômetra e professor premiado na Universidade de Illinois, que morreu, com apenas 48 anos, em 1º de fevereiro de 2020.
20. Ver, por exemplo, Robert Fettiplace, "Diverse Mechanisms of Sound Frequency Discrimination in the Vertebrate Cochlea", *Trends in Neurosciences*, v. 43, n. 2, pp. 88-102, 2020.

13. Uma bagunça no espaço [pp. 340-85]

1. David Link, "Chains to the West: Markov's Theory of Connected Events and Its Transmission to Western Europe", *Science in Context*, v. 19, n. 4, pp. 561-89, 2006. O artigo de Eggenberger-Pólya ao qual me refiro é Florian Eggenberger e George Pólya, "Über die Statistik verketteter Vorgänge", *ZAMM — Zeitschrift für Angewandte Mathematik und Mechanik*, v. 3, n. 4, pp. 279-89, 1923.
2. Jim Warren, "Feeling Flulike? It's the Epizootic", *Baltimore Sun*, 17 jan. 1998. Ver também a entrada para *"epizootic"* [epizoótico] no *Dictionary of American Regional English*.
3. A. B. Judson, "History and Course of the Epizootic Among Horses upon the North American Continent in 1872-73", *Public Health Papers and Reports*, v. 1, pp. 88-109, 1873.
4. Sean Kheraj, "The Great Epizootic of 1872-73: Networks of Animal Disease in North American Urban Environments", *Environmental History*, v. 23, n. 3, pp. 495-521, 2018. Disponível em: <doi.org/10.1093/envhis/emy010>.
5. Ibid., p. 497.
6. A. B. Judson, op. cit., p. 108.
7. Ver J. H. Webb, "A Straight Line Is the Shortest Distance Between Two Points", *Mathematical Gazette*, v. 58, n. 404, pp. 137-8, jun. 1974.
8. Detalhes biográficos sobre Mercator são de Mark Monmonier, *Rhumb Lines and Map Wars: A Social History of the Mercator Projection*. Chicago: University of Chicago Press, 2004, capítulo 3.
9. Minha filha/checadora de fatos insiste que com algum esforço pode-se realmente dobrar o pedaço de pizza para baixo, então talvez seja melhor dizer que a segurada em U dificulta que a ponta da fatia se dobre para baixo. Para uma exposição mais longa sobre o teorema da pizza, ver Atish Bhatia, "How a 19th Century Math Genius Taught Us the Best Way to Hold a Pizza Slice", *Wired*, 5 set. 2014.
10. S. Krantz, resenha de *The Man Who Loved Only Numbers*, de Paul Hoffman, *College Mathematics Journal*, v. 32, n. 3, pp. 232-7, maio 2001.
11. Todas as distâncias são calculadas com a ferramenta Collaboration Distance, fornecida pela Sociedade Matemática Americana. Disponível em: <mathscinet.ams.org/mathscinet/freeTools.html>.
12. Melvin Henriksen, "Reminiscences of Paul Erdös (1913-1996)", *Humanistic Mathematics Network Journal*, v. 1, n. 15, p. 7, 1997.
13. Henri Poincaré, *The Value of Science*, trad. p/ inglês George Bruce Halsted. Nova York: The Science Press, 1907, p. 138.
14. Brandon Griggs, "Kevin Bacon on 'Six Degrees' Game: 'I Was Horrified'", CNN, 12 mar. 2014. Disponível em: <www.cnn.com/2014/03/08/tech/web/kevin-bacon-six-degrees-sxsw/index.html>.
15. James Joseph Sylvester, "On an Application of the New Atomic Theory to the Graphical Representation of the Invariants and Covariants of Binary Quantics,

with Three Appendices [Continued]", *American Journal of Mathematics*, v. 1, n. 2, p. 109, 1878.

16. Ibid.
17. O material sobre a origem do termo "grafo" é de N. Biggs, E. Lloyd e R. Wilson, *Graph Theory 1736-1936*. Oxford: Oxford University Press, 1999, pp. 64-7.
18. Quem está falando é o primeiro aluno de ph.D. de Sylvester, George Bruce Halsted, citado em E. E. Slosson, *Major Prophets of To-Day*. Nova York: Little, Brown, 1914, p. 137. Halsted parece ter herdado do seu orientador o gosto pela contenda, sendo demitido de uma série de universidades por criticar a administração e acabou trabalhando como eletricista na loja da família enquanto continuava a publicar geometria não euclidiana.
19. Carta de F. Galton para K. Pearson, 31 dez. 1901, em *The Life, Letters, and Labours of Francis Galton*, v. 1, org. K. Pearson. Cambridge: Cambridge University Press, 1924.
20. Drew R. McCoy, "An 'Old-Fashioned' Nationalism: Lincoln, Jefferson, and the Classical Tradition", *Journal of the Abraham Lincoln Association*, v. 23, n. 1, p. 60, inverno 2002. As outras duas exigências eram ser capaz de ler autores clássicos e traduzir do inglês para o latim.
21. Clarence Deming, "Yale Wars of the Conic Sections," *The Independent... Devoted to the Consideration of Politics, Social and Economic Tendencies, History, Literature, and the Arts (1848-1921)*, v. 56, n. 2886, p. 667, 24 mar. 1904.
22. Lewis Samuel Feuer, *America's First Jewish Professor: James Joseph Sylvester at the University of Virginia*. Cincinnati: American Jewish Archives, 1984, pp. 174-6.
23. O material biográfico sobre Sylvester é de Karen H. Parshall, *James Joseph Sylvester: Jewish Mathematician in a Victorian World*. Baltimore: Johns Hopkins University Press, 2006, pp. 66-80. As circunstâncias precisas da abrupta partida de Sylvester da Virgínia são tema de discussão: teria Sylvester renunciado por causa da briga com Ballard, ou do incidente com a bengala-espada? Feuer, *America's First Jewish Professor*, argumenta em favor da última hipótese.
24. Alexander Macfarlane, "James Joseph Sylvester (1814-1897)", *Lectures on Ten British Mathematicians of the Nineteenth Century*. Nova York: John Wiley & Sons, 1916, p. 109. Disponível em: <projecteuclid.org/euclid.chmm/1428680549>.
25. James Joseph Sylvester, "Inaugural Presidential Address to the Mathematical and Physical Section of the British Association", republicado em *The Laws of Verse: Or Principles of Versification Exemplified in Metrical Translations*. Londres: Longmans, Green, 1870, p. 113.
26. James Joseph Sylvester, "Address on Commemoration Day at Johns Hopkins University", 22 fev. 1877. Incluído em *The Collected Mathematical Papers of James Joseph Sylvester*, v. 3. Cambridge: Cambridge University Press, 1909, pp. 72-3.
27. James Joseph Sylvester, "Mathematics and Physics", *Report of the Meeting of the British Association for the Advancement of Science*. Londres: J. Murray, 1870, p. 8.
28. J. J. Sylvester, "Address on Commemoration Day", op. cit., p. 81.
29. James Joseph Sylvester, *The Collected Mathematical Papers of James Joseph Sylvester*, v. 4. Londres: Chelsea Publishing, 1973, p. 280.

30. Os comentários de Poincaré no jantar de 30 de novembro de 1901 na Royal Society e a presença de Ross ali vêm de *The Times*, 2 dez. 1901, p. 13, referência que obtive de G. Cantor, "Creating the Royal Society's Sylvester Medal" (*British Journal for the History of Science*, v. 37, n. 1, pp. 75-92, mar. 2004). *The Times* se refere somente a um "Major Ross" como estando presente, mas Ronald Ross havia sido eleito Membro da Royal Society naquele ano, posteriormente viria a ser seu vice-presidente, e é mencionado como "Major Ross" em outros documentos contemporâneos, de modo que estou muito confiante de que se tratava do nosso homem dos mosquitos.
31. Toda a informação biográfica sobre Jordan e o truque da leitura da mente é de Persi Diaconis e Ron Graham, *Magical Mathematics*. Princeton: Princeton University Press, 2015, pp. 190-1.
32. Florian Cajori, "History of Symbols for N Factorial", *Isis*, v. 3, n. 3, p. 416, 1921.
33. Oscar B. Sheynin, "H. Poincaré's Work on Probability", *Archive for History of Exact Sciences*, v. 42, n. 2, pp. 159-60, 1991.
34. A expressão-chave para a medida do grau de embaralhamento aqui usada é "distância da variação total em relação à distribuição uniforme".
35. Dorian M. Raymer e Douglas E. Smith, "Spontaneous Knotting of an Agitated String", *Proceedings of the National Academy of Sciences*, v. 104, n. 42, pp. 16432-7, 2007.
36. H. Poincaré, *The Value of Science*, pp. 110-1.
37. Estou parafraseando aqui um recente teorema de Harald Helfgott, Ákos Seress e Andrzej Zuk ("Random Generators of the Symmetric Group: Diameter, Mixing Time and Spectral Gap", *Journal of Algebra*, v. 421, pp. 349-68, 2015), e sem acurácia exata, mas a ideia certa é transmitida, penso eu.
38. Clay Dillow, "God's Number Revealed: 20 Moves Proven Enough to Solve Any Rubik's Cube Position", *Popular Science*, 10 ago. 2010.
39. Charles Korte e Stanley Milgram, "Acquaintance Networks Between Racial Groups: Application of the Small World Method", *Journal of Personality and Social Psychology*, v. 15, n. 2, pp. 101-8, 1970.
40. Althea Legaspi, "Kevin Bacon Advocates for Social Distancing with 'Six Degrees' Initiative", *Rolling Stone*, 18 mar. 2020. Disponível em: <www.rollingstone.com/movies/movie-news/kevin-bacon-social-distancing-six-degrees-initiative-969516>.
41. A informação sobre o grafo do Facebook vem de Lars Backstrom et al., "Four Degrees of Separation", *Proceedings of the 4th Annual ACM Web Science Conference*, pp. 33-42, 22-24 jun. 2012, e de Johan Ugander et al., "The Anatomy of the Facebook Social Graph" (pré-impressão, 2011). Disponível em: <arxiv.org/abs/1111.4503>.
42. Descrito no blog de pesquisa do Facebook. Disponível em: <research.fb.com/blog/2016/02/three-and-a-half-degrees-of-separation>.
43. J. Ugander et al., "The Anatomy of the Facebook Social Graph". O assim chamado "paradoxo da amizade" foi descrito pela primeira vez em Scott L. Feld, "Why Your Friends Have More Friends Than You Do", *American Journal of Sociology*, v. 96, n. 6, pp. 1464-77, 1991.

44. Duncan J. Watts e Steven H. Strogatz, "Collective Dynamics of 'Small-World' Networks", *Nature*, v. 393, n. 6684, pp. 440-2, 1998.
45. Ver Judith S. Kleinfeld, "The Small World Problem" (*Society*, v. 39, n. 2, pp. 61-6, 2002), para uma descrição informativa, usando pesquisa extensiva nos arquivos de Milgram, da diferença entre os achados científicos e a forma como ele os apresentou na imprensa popular.
46. Para o histórico da pesquisa sobre redes de mundo pequeno estou em dívida com Duncan Watts, *Small Worlds: The Dynamics of Networks Between Order and Randomness* (Princeton: Princeton University Press, 2003), e Albert-László Barabási, Mark Newman e Duncan Watts, *The Structure and Dynamics of Networks* (Princeton: Princeton University Press, 2006).
47. Jacob L. Moreno e Helen H. Jennings, "Statistics of Social Configurations", *Sociometry*, v. 1, n. 3/4, pp. 342-74, 1938.
48. Citado em A. L. Barabási, M. Newman e D. Watts, *The Structure and Dynamics of Networks*, op. cit., pp. 21-6, em tradução para o inglês de Adam Makkai.

14. Como a matemática quebrou a democracia (e ainda pode salvá-la)

[pp. 386-464]

1. Distritos 49 e 51. Sou grato a John Johnson da Marquette University pelos dados subjacentes a esse fato e pelo gráfico de dispersão acima.
2. Molly Beck, "A Blue Wave Hit Statewide Races, but Did Wisconsin GOP Gerrymandering Limit Dem Legislative Inroads?", *Milwaukee Journal Sentinel*, 8 nov. 2018.
3. Conforme documentado no livro de Dave Daley *Ratf**ked* (Nova York: Liveright, 2016), ou, se preferir ouvir da boca de quem realmente está por dentro do assunto, Karl Rove, "The GOP Targets State Legislatures: He Who Controls Redistricting Can Control Congress", *Wall Street Journal*, 4 mar. 2010.
4. Informação biográfica sobre e citações de Joe Handrick são de R. Keith Gaddie, *Born to Run: Origins of the Political Career*. Lanham, MD: Rowman & Littlefield, 2003, pp. 43-55.
5. Informação sobre o mapa "Joe Agressivo" é das pp. 14-5 da decisão em Whitford vs. Gill, de 21 nov. 2016. Disponível em: <www.scotusblog.com/wp-content/uploads/2017/04/16-1161-op-bel-dist-ct-wisc.pdf>. Para ser preciso, "Joe Agressivo" era um entre vários mapas muitos semelhantes, todos eles por sua vez muito similares se não exatamente idênticos ao mapa implantado pela Lei 43; ver notas de rodapé 56 e 57 da decisão Whitford vs. Gill.
6. O estado do Wisconsin disponibiliza publicamente detalhamentos zona por zona de eleições passadas; então se você vê um número como esse sem uma citação externa, isso significa que eu ou meu empenhado filho/assistente de dados metemos as mãos nas planilhas e fizemos os cálculos nós mesmos.

7. Baumgart vs. Wendelberger, caso n. 01-C-0121, 02-C-0366 (E.D. Wis., 30 maio 2002), p. 6.
8. Matthew DeFour, "Democrats' Short-Lived 2012 Recall Victory Led to Key Evidence in Partisan Gerrymandering Case", *Wisconsin State Journal*, 23 jul. 2017.
9. O material sobre sistemas de distritamento ao redor do mundo, junto com algum outro material ocasional neste capítulo, é adaptado de J. Ellenberg, "Gerrymandering, Inference, Complexity, and Democracy", *Bulletin of the American Mathematical Society*, v. 58, n. 1, pp. 57-77, 2021.
10. Claude Lynch, "The Lost East Anglian City of Dunwich Is a Reminder of the Destruction Climate Change Can Wreak", *New Statesman*, 2 out. 2019.
11. E. Burke, "Speech on the Plan for Economical Reform", 11 fev. 1780. Reimpresso em *Selected Prose of Edmund Burke*, org. Sir Philip Magnus. Londres: The Falcon Press, 1948, pp. 41-4.
12. "Proposals to Revise the Virginia Constitution: I. Thomas Jefferson to 'Henry Tompkinson' (Samuel Kercheval), 12 July 1816", Founders Online, National Archives. Disponível em: <founders.archives.gov/documents/Jefferson/03-10-02-0128-0002>.
13. I. L. Smith, "Some Suggested Changes in the Constitution of Maryland", 4 jul. 1907, publicado em *Report of the Twelfth Annual Meeting of the Maryland State Bar Association*, 1907, p. 175.
14. Ibid., p. 181.
15. Não sei se são disponíveis transcrições das sustentações orais; eu mesmo transcrevi esta citação da gravação, e para ter o pleno efeito é preciso realmente ouvir a argumentação apresentada em sua absoluta fúria sulista. Ela pode ser acessada em: <www.oyez.org/cases/1963/23>.
16. A. Balsamo-Gallina e A. Hall, "Guam's Voters Tend to Predict the Presidency—but They Have No Say in the Electoral College", Public Radio International, *The World*, 8 nov. 2016. Disponível em: <www.pri.org/stories/2016-11-08/presidential-votes-are-guam-they-wont-count>.
17. Opinião de Robert Warren, procurador-geral do Wisconsin, 58 OAG 88 (1969).
18. A informação sobre a criação dessas zonas eleitorais e suas propriedades manipulatórias é de Malia Jones, "Packing, Cracking and the Art of Gerrymandering Around Milwaukee", WisContext, 8 jun. 2018. Disponível em: <www.wiscontext.org/packing-cracking-and-art-gerrymandering-around-milwaukee>.
19. *Baldus vs. Members of the Wis. Gov't Accountability Bd.*, 843 F. Supp. 2d 955 (E.D. Wis. 2012).
20. E. C. Griffith, *The Rise and Development of the Gerrymander*. Chicago: Scott, Foresman, 1907.
21. Ibid, pp. 26-7.
22. O talvez-*gerrymander* de Henry é tratado em Griffith, *The Rise and Development of the Gerrymander*, pp. 31-42, e em termos mais modernos em T. R. Hunter, "The First Gerrymander? Patrick Henry, James Madison, James Monroe, and Virginia's

1788 Congressional Districting", *Early American Studies*, v. 9, n. 3, pp. 781-820, outono 2011.

23. United States Department of State, *Papers Relating to the Foreign Relations of the United States* (Washington, D.C.: Government Printing Office, 1872), xxvii.
24. Corwin D. Smidt, "Polarization and the Decline of the American Floating Voter", *American Journal of Political Science*, v. 61, n. 2, pp. 365-81, abr. 2017.
25. Trip Gabriel, "In a Comically Drawn Pennsylvania District, the Voters Are Not Amused", *The New York Times*, 26 jan. 2018.
26. Um relato detalhado da história pode ser encontrado em V. Blasjo, "The Isoperimetric Problem", *American Mathematical Monthly*, v. 112, n. 6, pp. 526-66, jun.-jul. 2005.
27. Não calculei os escores de compacidade para os distritos do Wisconsin do Ato 43, mas os questionamentos ao mapa em corte não atacam a Lei 43 com fundamentação na compacidade, então, de qualquer modo, sinto-me seguro para assumir que estejam em ordem.
28. Philip Bump, "The Several Layers of Republican Power-Grabbing in Wisconsin", *The Washington Post*, 4 dez. 2018.
29. Apesar de Justin Amash, do Michigan, eleito como republicano, ter deixado o partido e se registrado como libertário ainda durante seu mandato. Ele declinou de concorrer à reeleição depois de mudar de partido.
30. Anthony J. Gaughan, "To End Gerrymandering: The Canadian Model for Reforming the Congressional Redistricting Process in the United States", *Capital University Law Review*, v. 41, n. 4, p. 1050, 2013.
31. R. MacGregor Dawson, "The Gerrymander of 1882", *Canadian Journal of Economics and Political Science/Revue Canadienne D'Economique et De Science Politique*, v. 1, n. 2, p. 197, 1935.
32. "The Full Transcript of Alec's 'How to Survive Redistricting' Meeting", *Slate*, 2 out. 2019. Disponível em: <slate.com/news-and-politics/2019/10/full-transcript-alec-gerrymandering-summit.html>.
33. E se o comparecimento *não for* o mesmo em todo distrito? A relação entre lacuna de eficiência e voto popular nessa situação mais geral é elaborada em Ellen Veomett, "Efficiency Gap, Voter Turnout, and the Efficiency Principle", *Election Law Journal: Rules, Politics, and Policy*, v. 17, n. 4, pp. 249-63, 2018.
34. Relatório para o estado do Wisconsin como *amicus curiae*, *Benisek vs. Lamone*, 585 U.S. (2018).
35. Parte do material sobre Rucho vs. Common Cause é adaptado de J. Ellenberg, "The Supreme Court's Math Problem", *Slate*, 29 mar. 2019. Disponível em: <slate.com/news-and-politics/2019/03/scotus-gerrymandering-case-mathematicians-briefelena-kagan.html>.
36. Ovetta Wiggins, "Battles Continue in Annapolis over the Use of Bail and Redistricting", *The Washington Post*, 21 mar. 2017.
37. No caso de Maryland Committee for Fair Representation vs. Tawes, 377 U.S. 656 (1964).

38. J. R. R. Tolkien, *The Two Towers*. Londres: George Allen & Unwin, 1954, livro 3, cap. 4.
39. O número 706 152 947 468 301 foi calculado por Bob Harris em sua pré-impressão de 2010 "Counting Nonomino Tilings and Other Things of That Ilk".
40. Gregory Herschlag, Robert Ravier e Jonathan C. Mattingly, "Evaluating Partisan Gerrymandering in Wisconsin" (pré-impressão 2017), arXiv:1709.01596.
41. As análises em G. Herschlag, R. Ravier e J. C. Mattingly, "Evaluating Partisan Gerrymandering in Wisconsin", só vão até a eleição de 2016, mas Greg Herschlag foi suficientemente gentil para rodar uma situação similar para mim referente à corrida para o governo do estado em 2018.
42. Mais precisamente, 52% é a parcela da votação em todo o estado que os republicanos teriam obtido, estimam Herschlag e companhia, caso tivesse havido uma corrida disputada em todo distrito da assembleia.
43. G. Herschlag, R. Ravier e J. C. Mattingly, "Evaluating Partisan Gerrymandering in Wisconsin", dados resumidos na figura 3, p. 3.
44. O material na página é adaptado de Jordan Ellenberg, "How Computers Turned Gerrymandering into a Science", *New York Times*, 6 out. 2017.
45. Daryl DeFord, Moon Duchin e Justin Solomon, "Recombination: A Family of Markov Chains for Redistricting" (pré-impressão, 2019). Disponível em: <arxiv.org/abs/1911.05725>.
46. John C. Urschel, "Nodal Decompositions of Graphs", *Linear Algebra and Its Applications*, v. 539, pp. 60-71, 2018. Entrevistei John e escrevi sobre seu interessante, e ainda assim também tipicamente estranho trajeto para entrar na matemática na revista on-line *Hmm Daily* ("John Urschel Goes Pro", 28 set. 2018). Disponível em: <hmmdaily.com/2018/09/28/john-urschel-goes-pro>.
47. Tirada da página de Russ Lyon na web em: <pages.iu.edu/~rdlyons/maze/maze-bostock.html>. Russ fez isto usando uma implementação do algoritmo de Wilson feita por Mike Bostock.
48. Subhrangshu S. Manna, Deepak Dhar e Satya N. Majumdar, "Spanning Trees in Two Dimensions", *Physical Review* A 46, n. 8, R4471-R4474, 1992.
49. Melanie Matchett Wood, "The Distribution of Sandpile Groups of Random Graphs", *Journal of the American Mathematical Society*, v. 30, n. 4, pp. 915-58, 2017.
50. Alexander E. Holroyd et al., "Chip-Firing and Rotor-Routing on Directed Graphs", *In and Out of Equilibrium* 2, orgs. Vladas Sidoravicius e Maria Eulália Vares. Basileia: Birkhäuser, 2008, pp. 331-64.
51. O testemunho de Hofeller é citado na decisão majoritária pelo juiz James Wynn em *Rucho vs. Common Cause*, 318 F. Supp. 3d 777, 799 (M.D.N.C., 2018), p. 803.
52. *Brief for Common Cause Appellees, Rucho vs. Common Cause.*
53. M. Duchin et al., "Locating the Representational Baseline: Republicans in Massachusetts", *Election Law Journal: Rules, Politics, and Policy*, v. 18, n. 4, pp. 388-401, 2019.
54. H.R. 1, 116th Congress, "For the People Act of 2019", especialmente título II, subtítulo E.

55. G. Michael Parsons, "The Peril and Promise of Redistricting Reform in H.R. 1", *Harvard Law Review Blog*, 2 fev. 2021. Disponível em: <blog.harvardlawreview.org/the-peril-and-promise-of-redistricting-reform-in-h-r-1/>; também Peter Kallis, "The Boerne-Rucho Conundrum: Nonjusticiability, Section 5, and Partisan Gerrymandering", p. 15, *Harvard Law and Policy Review* (a publicar) que argumenta que a decisão em Rucho pode ser lida de modo a dar ao Congresso dos Estados Unidos o poder de supervisionar também o distritamento estadual.
56. Editorial, "11 More Wisconsin Counties Should Vote 'Yes' to End Gerrymandering", *Wisconsin State Journal*, 12 set. 2020.
57. Michael R. Wickline, "3 Ballot Petitions in State Ruled Insufficient", *Arkansas Democrat-Gazette*, 15 jul. 2020. Para o número de assinaturas reunidas, John Lynch, "Backers of Change in Arkansas' Vote Districting Sue in U.S. Court", *Arkansas Democrat-Gazette*, 3 set. 2020. O referendo não apareceu na cédula de novembro de Arkansas.

Conclusão: Eu provo um teorema e a casa se expande [pp. 465-77]

1. A citação de Baker e essa interpretação de jardins formais franceses são do livro de Amir Alexander *Proof! How the World Became Geometrical*. Nova York: Scientific American/Farrar, Straus and Giroux, 2019. Vale a pena notar: enquanto Baker vê a construção geométrica estrita como uma afirmação da autoridade colonial britânica, um inglês anterior, Anthony Trollope, via as linhas retilíneas das cidades americanas do século XIX como surpreendentemente não britânicas, comentando sobre a "febre paralelogrâmica" da Filadélfia e da alta Manhattan.
2. *The New York Times*, 23 fev. 1885.
3. Edwin Abbott Abbott, William Lindgren e Thomas Banchoff, *Flatland: An Edition with Notes and Commentary*. Cambridge: Cambridge University Press, 2010, p. 262.
4. Para essa história, ver a primeira parte do livro *Infinitesimal*, de Amir Alexander. Nova York: Scientific American/Farrar, Straus and Giroux, 2014.
5. "Comprehensive Biography of Rita Dove", University of Virginia. Disponível em: <people.virginia.edu/~rfd4b/compbio.html>.
6. "A Chorus of Voices: An Interview with Rita Dove", *Agni*, v. 54, p. 175, 2001.
7. Ibid.
8. Henri Poincaré, "The Future of Mathematics" (1908), trad. p/inglês F. Maitland, aparecendo em *Science and Method*. Mineola, NY: Dover Publications, 2003, p. 32.
9. Luke Harding, "Grigory Perelman, the Maths Genius Who Said No to $1m", *The Guardian*, 23 mar. 2010.
10. William P. Thurston, "On Proof and Progress in Mathematics", *Bulletin of the American Mathematical Society*, v. 30, n. 2, pp. 161-77, 1994.
11. William Grimes, "David Blackwell, Scholar of Probability, Dies at 91", *The New York Times*, 17 jul. 2010.

12. Donald J. Albers e Gerald L. Alexanderson, *Mathematical People: Profiles and Interviews*. Boca Raton, FL: CRC Press, 2008, p. 15.
13. Bava Metzia 59a-b. Ver D. Luban, "The Coiled Serpent of Argument: Reason, Authority, and Law in a Talmudic Tale", *Chicago-Kent Law Review*, v. 79, n. 3 (2004), <scholarship.kentlaw.iit.edu/cklawreview/vol79/iss3/33>, para comentário sobre esta história e sua relevância para o pensamento jurídico contemporâneo. O momento em que uma prova curva as paredes do edifício é ecoado no poema "Geometria", de Dove — coincidência?
14. William Henry Herndon e Jesse William Weik, *Herndon's Lincoln*, orgs. Douglas L. Wilson e Rodney O. Davis. Champaign: University of Illinois Press, 2006, p. 354.
15. Wiesel citado em "Wiesel: 'Art of Listening' Means Understanding Others' Views", *Daily Free Press*, 15 nov. 2011. Disponível em: <dailyfreepress.com/2011/11/15/wiesel-art-of-listening-means-understanding-others-views>.
16. De Alexander Grothendieck, *Récoltes et Semailles*, trad. p/inglês Roy Lisker, na revista *Ferment*. Disponível em: <www.fermentmagazine.org/rands/promenade2.html>.

Créditos das imagens

p. 63: J. B. Listing, *Vorstudien zur Topologie*, Gőttingen: Vandenhoeck und Ruprecht, 1848, p. 56.

p. 73: H. S. M. Coxeter e S. L. Greitzer, *Geometry Revisited*, Washington, D.C.: The Mathematical Association of America, 1967, p. 101; ilustração da árvore genealógica © 1967 by American Mathematical Society.

p. 83: R. Ross, "The Logical Basis of the Sanitary Policy of Mosquito Reduction", *Science* (nova série), v. 22, n. 570, dez. 1905, p. 693.

p. 129: *Speculum Virginum*, fólio 25v. Reprodução digital de Walters Art Museum. Disponível em: <https://thedigitalwalters.org/Data/WaltersManuscripts/W72/data/W.72/sap/W72_000056_sap.jpg>.

p. 130: Imagem de Nova York e Erie Railroad Company, 1855. Reprodução digital de Library of Congress. Disponível em: <https://www.loc.gov/item/2017586274>.

p. 148, topo: Edward U. Condon, Gerald L. Tawney e Willard A. Derr, Máquina de jogar Nim. U.S. Patent 2215544, pedido 26 jun. 1940 e emitido 24 set. 1940. Reprodução digital by Google Patents.

p. 148, base: E. U. Condon, Westinghouse Electric and Manufacturing Co., "The Nimatron," *The American Mathematical Monthly*, v. 49, n. 5, maio 1942. Reproduzido com permissão do editor (Taylor & Francis Ltd., <http://www.tandfonline.com>).

p. 219: Imagem digital de Manchester Archive.

p. 225, topo: Seymour Rosenberg, Carnot Nelson e P. S. Vivekananthan, "A Multidimensional Approach to the Structure of Personality Impressions", *Journal of Personality and Social Psychology*, v. 9, n. 4, 1968, p. 283. Copyright by American Psychological Society.

p. 252: Imagens usadas com permissão de Cosma Shalizi.

p. 257: Reproduzido de "An Enumeration of Knots and Links, and Some of Their Algebraic Properties", in *Computational Problems in Abstract Algebra*, Oxford: Pergamon, 1970, p. 330, com permissão de Elsevier.

p. 343: Adoniram B. Judson, "History and Course of the Epizootic Among Horses upon the North American Continent in 1872-73", *American Public Health Association Reports*, v. 1, 1873.

p. 415: A partir de The Philadelphia Inquirer. © 2018 Philadelphia Inquirer, LLC. Todos os direitos reservados. Usado com permissão.

p. 449: Imagem digital usada com permissão de Russell Lyons.

Índice remissivo

As páginas em *itálico* indicam imagens.

ESTA OBRA FOI COMPOSTA POR MARI TABOADA EM DANTE PRO E
IMPRESSA EM OFSETE PELA GRÁFICA SANTA MARTA SOBRE PAPEL PÓLEN SOFT
DA SUZANO S.A. PARA A EDITORA SCHWARCZ EM JANEIRO DE 2023